Qualité de service sur IP

CHEZ LE MÊME ÉDITEUR ————————————————————————————————

Réseaux et télécoms ————————————————————————————————

I. Rudenko. – **Configuration IP des routeurs Cisco**.
N°9238, 2001, 386 pages.

C. Lewis. – **Installer et configurer un routeur Cisco**.
N°9102, 1999, 450 pages.

G. Pujolle. – **Initiation aux réseaux**.
N°9155, 2000, 448 pages.

G. Pujolle. – **Les réseaux**.
N°9119, 3ᵉ édition, 2000, 950 pages.

Wap Forum – **Le guide officiel du Wap 1.2**
N°9186, 2001, 1200 pages.

J.-F. Susbielle. – **L'Internet multimédia et temps réel**.
Réseaux haut débit – Terminaux fixes et mobiles – routage et QoS – voix et audio-vidéo sur IP.
N°9118, 2000, 750 pages.

J.-L. Montagnier. – **Pratique des réseaux d'entreprise**
N°9031, 1998, 552 pages.

J.-L. Mélin. – **Pratique des réseaux ATM**.
N°8970, 1997, 280 pages.

H. Holz, B. Schmitt, A. Tikart. – **Internet et intranet sous Linux**.
N°9101, 1999, 474 pages + CD-Rom.

Solutions Windows 2000 ————————————————————————————————

D.L. Shinder, T. Shinder – **TCP/IP sous Windows 2000**
N°9219, 2001, 540 pages.

D.L. Shinder, T. Shinder – **Administrer les services réseau sous Windows 2000**
N°9168, 2000, 600 pages.

M. Craft – **Active Directory pour Windows 2000 Server**
N°9167, 2000, 360 pages.

Sous la direction de Guy Hervier

Qualité de service sur IP

Jean-Louis Mélin

E3 Eyrolles

ÉDITIONS EYROLLES
61, Bld Saint-Germain
75240 Paris Cedex 05
www.editions-eyrolles.com

À mon épouse Michèle et à mes enfants Guillaume, Vincent et Matthieu.

Remerciements

Je tiens naturellement à remercier en premier lieu mon épouse et mes enfants pour leur soutien (et leur patience) lors de la rédaction de cet ouvrage. Mes amis biarrots et ma ville de Biarritz m'ont également beaucoup aidé en m'offrant un cadre de travail propice à la réflexion.

Je voudrais également remercier mes collègues de travail d'ACTE Ingénierie et d'ACTE Service qui m'ont permis de trouver le temps nécessaire à la rédaction de cet ouvrage durant le dernier semestre 2000 et qui ont participé activement à sa relecture.

Je salue le travail des différents groupes de l'IETF et de l'ensemble des personnes ayant rédigé des documents servant de base à cet ouvrage. Pour finir, je tiens à remercier mes clients pour les remarques qu'ils ont formulées sur les technologies décrites dans cet ouvrage et pour leur bienveillante compréhension.

Avant-propos

La qualité de service ou QoS (Quality of Service) est un nouveau concept incontournable dans le monde des réseaux et des télécommunications. Bien que complexe, il n'a rien de révolutionnaire, puisqu'il se fonde sur des technologies préexistantes, qu'il vise à rationaliser, et souvent à simplifier, afin d'en faciliter la mise en œuvre. Néanmoins, la normalisation n'est pas encore achevée et de nombreuses philosophies s'affrontent, avec pour principal enjeu le « leadership » de tel ou tel constructeur.

Fervent de la technologie ATM qui a introduit de nombreux concepts repris dans les techniques de QoS réseau (voir *Pratique des réseaux ATM*, publié chez le même éditeur), je dois pourtant admettre que sa généralisation dans les réseaux n'a pas été aussi rapide que prévue, et ce pour deux raisons essentielles : la gestion de la QoS n'est pas chose aisée (comme nous aurons l'occasion de le voir) et les principaux acteurs du marché ne l'ont pas adoptée, alléguant l'inefficacité du support du protocole IP.

Sans ouvrir un débat qui n'est pas le propos de l'ouvrage, nous rappellerons cependant que ces arguments reposent sur des postulats fort discutables, liés notamment à la puissance marketing des acteurs qui les avancent. Dans le domaine des systèmes informatiques, cela reviendrait à affirmer que le poste de travail est assimilé à Windows !

Pour autant, l'ATM n'est pas une technologie moribonde : elle est largement utilisée par les opérateurs et dans les réseaux fédérateurs (*backbones*) des grandes entreprises. De plus, son héritage technologique a engendré des techniques de QoS qui faciliteront une mise en œuvre conjointe dans les prochaines années. Mais revenons à la QoS, qui a pour objectif de fournir une qualité de service à l'utilisateur. De fait, la nouveauté vient surtout de l'utilisateur, la prédominance des applications fondées sur le protocole IP ayant largement contribué à l'émergence d'une QoS adaptée à IP. Inversement, on a modifié le protocole IP pour qu'il puisse tirer parti d'une qualité de service disponible sur le réseau, au prix malheureusement d'une certaine complexité. Or, le succès du protocole IP reposait largement sur sa simplicité, simplicité qui occultait les besoins actuels en matière de QoS et de sécurité. On se retrouve donc face à un paradoxe : d'un côté, l'indéniable succès du protocole IP (et d'Internet !) en raison de sa simplicité, et de l'autre la nécessité de le complexifier pour développer de nouveaux usages.

Le débat ne s'arrête pas là, puisqu'un autre problème se pose : qui doit en effet prendre en charge la gestion de la QoS ? « Les équipements du réseau » répondent en chœur les constructeurs d'équipements réseau. Pas forcément, rétorquent les jeunes pousses ou startup, qui proposent des produits de gestion de bande passante présents en périphérie du réseau. En effet, à supposer que le réseau ne soit pas trop sous-dimensionné, il est préférable d'agir sur les extrémités et de contrôler la bande passante allouée aux applications, au lieu d'imaginer des mécanismes réseau complexes, même si ces derniers sont aujourd'hui plus simples que ceux conçus pour ATM. Si les gestionnaires de bande passante permettent aujourd'hui de proposer concrètement une gestion de la QoS, il n'en reste pas moins que cette gestion suppose que le réseau dispose déjà d'une certaine forme de QoS, et en particulier, qu'il ne soit pas saturé. En effet, si la gestion en périphérie de réseau convient aux trafics informatiques dans leur ensemble, elle est insuffisante pour des trafics voix ou vidéo qui doivent, outre l'accès à la bande passante aux extrémités du réseau, être traités prioritairement par les nœuds du réseau, afin de conserver leurs caractéristiques isochrones. Enfin, une troisième solution très pragmatique consiste à surveiller en permanence le trafic et à l'orienter vers les parties du réseau sous-utilisées, un peu comme on traite à ce jour la circulation automobile. Cette gestion, appelée *traffic engineering* ou ingénierie des trafics et faisant appel, comme son nom l'indique, à des règles d'ingénierie, a l'avantage de pouvoir être mise en œuvre sans qu'il soit nécessaire de préjuger des futurs équipements, en attendant une normalisation totale des standards de QoS. Ces principes ne sont que les principaux exemples d'application de la QoS, mais il en existe bien d'autres, comme nous aurons l'occasion de le voir.

La qualité de service est donc un concept qui revêt de multiples aspects technologiques, et qui doit être précisé selon ses objectifs et son contexte d'utilisation. Nous nous garderons ici d'orienter le lecteur vers telle ou telle technologie ou concept de QoS, sachant que la prudence s'impose en la matière. Hélas, la seule valeur technologique ne suffit pas à imposer une technique sur le marché, comme ATM l'a démontré. L'engouement actuel pour la technologie MPLS s'apparente à celui qu'a connu ATM il y a quelques années. Mais parviendra-t-elle à s'imposer ? Nous gageons plutôt que les différentes technologies sont condamnées à cohabiter, car elles répondent chacune à un champ d'application particulier.

Objectif de cet ouvrage

Cet ouvrage a tout d'abord pour dessein de définir les caractéristiques essentielles de la QoS, puis d'expliquer les principes de fonctionnement des différentes technologies de QoS et leurs domaines de mise en œuvre. Les nombreuses informations fournies dans ce livre vous permettront de juger de l'opportunité d'introduire des technologies de QoS, en fonction du problème à traiter.

Dès lors, nous avons choisi de ne pas entraîner le lecteur dans des détails trop techniques, nuisant à la compréhension générale. Nous indiquons néanmoins des références à l'attention de ceux qui souhaitent approfondir un domaine particulier, dans le cadre d'un projet, et renvoyons notamment le lecteur à des sites Web. Le site de référence est incontestablement celui de l'IETF (Internet Engineering Task Force), où de nombreux groupes de travail présentent les différents aspects de la QoS et de sa gestion. De nombreuses parties de cet ouvrage se fondent sur la première mouture des documents de l'IETF ou *drafts*, ces documents étant ensuite finalisés en RFC (Request For Comment). La plupart des RFC constituent les standards de l'IETF. Nous préciserons donc, le cas échéant, si les principes exposés correspondent à un draft ou à un RFC.

Les parties de cet ouvrage plus spécifiques, et partant, non indispensables au lecteur visant une approche générale du sujet, sont clairement identifiées.

À qui s'adresse-t-il ?

Cet ouvrage est destiné en premier lieu aux personnes participant à l'évolution des réseaux de communication, en d'autres termes évoluant dans le milieu de l'informatique réseau et des télécommunications. Il vise également les développeurs, notamment dans le domaine multimédia. Enfin, il s'adresse à toute personne intéressée par les technologies de l'information, à savoir les marchés des télécommunications, de l'informatique et de l'audiovisuel.

Il est souhaitable de posséder des connaissances de base sur les réseaux afin d'aborder certains chapitres de cet ouvrage, et de savoir utiliser les outils de navigation sur l'Internet pour approfondir certains aspects de la QoS présentés sur des sites Web donnés en référence. Cependant, un bref rappel sur le fonctionnement des protocoles réseau, et tout particulièrement de la pile de protocole IP, sera fourni au chapitre 2.

Précisons enfin qu'il s'agit davantage d'un ouvrage généraliste sur les technologies de QoS que d'un ouvrage spécialisé. En ce sens, il tend davantage à démontrer l'utilité comparée des différents mécanismes de QoS qu'à expliquer de manière circonstanciée le fonctionnement individuel de chaque mécanisme. Toutefois, un niveau minimal d'explications sur chaque mécanisme est fourni au lecteur pour qu'il en saisisse le fonctionnement.

Structure de l'ouvrage

Il se compose de trois parties :

- Première partie : *Principes de la qualité de service* (chapitres 1 à 4)

Cette partie, très généraliste, permet d'appréhender rapidement les objectifs et les enjeux de la QoS ainsi que les principaux mécanismes existants.

  – Le chapitre 1 définit la qualité de service (QoS) dans les réseaux et les domaines d'utilisation, et présente les différentes approches ou principes de mise en œuvre.

  – Le chapitre 2 rappelle les principes de base du fonctionnement des réseaux, et tout particulièrement de la pile de protocole IP. Les mécanismes susceptibles d'être utilisés pour la QoS y sont également évoqués. La lecture de ce chapitre n'est pas indispensable pour les personnes familiarisées avec les technologies réseau.

  – Le chapitre 3 propose un modèle de référence pour les technologies de QoS et fournit un aperçu des principales technologies utilisées, y compris celles qui sont périphériques au réseau.

  – Le chapitre 4 traite des mécanismes de QoS intégrés aux équipements. Ils constituent les éléments de base pour la mise en œuvre des modèles de QoS décrits dans la suite de l'ouvrage.

- Deuxième partie : *Détail des modèles de QoS* (chapitres 5 à 8)

Nettement plus technique, cette partie traite plus particulièrement des mécanismes de QoS intégrés au réseau, étant entendu qu'à terme, ce sera vraisemblablement l'approche qui s'imposera. Elle suppose donc certaines connaissances de base sur les réseaux, et notamment sur le modèle ISO de l'OSI. Le lecteur ne désirant pas approfondir les mécanismes internes de la QoS peut passer directement à la troisième partie de l'ouvrage consacrée aux applications de la QoS, quitte à revenir ultérieurement sur cette partie.

- Le chapitre 5 présente de façon détaillée les mécanismes de QoS liés aux liens réseau (couche 2 du modèle ISO) Ethernet, Frame Relay et ATM.
- Le chapitre 6 aborde de manière circonstanciée les mécanismes de QoS afférents au protocole IP (couche 3 et supérieures du modèle OSI).
- Compte tenu de l'importance du protocole IP, le chapitre 7 précise les conditions d'interopérabilité et les domaines d'utilisation des différents modèles de QoS faisant appel au protocole IP (IntServ, DiffServ et MPLS).
- Le chapitre 8 dresse, après un rappel sur la gestion de réseaux, le bilan de la gestion et de l'administration de la QoS.

• Troisième partie : *Les applications de la QoS* (chapitres 9 à 11)

Cette partie résume l'ensemble des technologies de QoS et de gestion de la QoS, en les rapportant aux applications. En effet, les technologies de QoS sont généralement présentées indépendamment des applications, ce qui contribue à augmenter le clivage entre spécialistes réseau et spécialistes système/application.

- Le chapitre 9 décrit les mécanismes complémentaires indispensables à la QoS pour la mise en œuvre d'applications multimédias. Il présente le mécanisme du multicast, qui permet d'optimiser la diffusion d'informations multimédias vers plusieurs destinataires. Il précise également les problématiques spécifiques liées au support de la QoS dans le cadre de cette technique. Le multicast en environnement IP est illustré par des exemples. Enfin, sont également décrits les protocoles additionnels à IP pour le support des *streams,* audio et vidéo.
- Le chapitre 10 est consacré au suivi opérationnel de la QoS proposée par les opérateurs. Les possibilités de mesure de la QoS y sont abordées, ainsi que les engagements contractuels des opérateurs sous la forme de SLA (Service Level Agreement).
- Le chapitre 11 résume les concepts et technologies de QoS présentés dans cet ouvrage. Les cas suivants y sont traités : l'implémentation des applications sur des réseaux supportant la QoS, l'intégration des flux voix sur les réseaux (et plus particulièrement la voix sur IP) et la mise en place de réseaux privés virtuels avec le support de la QoS.

• Conclusion

Elle regroupe les références bibliographiques et les adresses de sites Web, dont celui du QoS Forum contenant un glossaire QoS.

Guide de lecture

Vous souhaitez	Chapitres à consulter	
Une première vue générale sur la QoS	1, 2, 3 et 4	
Appréhender le fonctionnement des mécanismes de QoS	*Idem*	5,6,7,8
Examiner les possibilités d'utilisation de la QoS et les principes d'intégration des applications	*Idem*	9,10,11
Posséder une vue complète	Tous les chapitres	

Concernant la présentation détaillée des mécanismes de QoS, le livre est organisé selon le schéma ci-dessous (ce schéma sera commenté au chapitre 3).

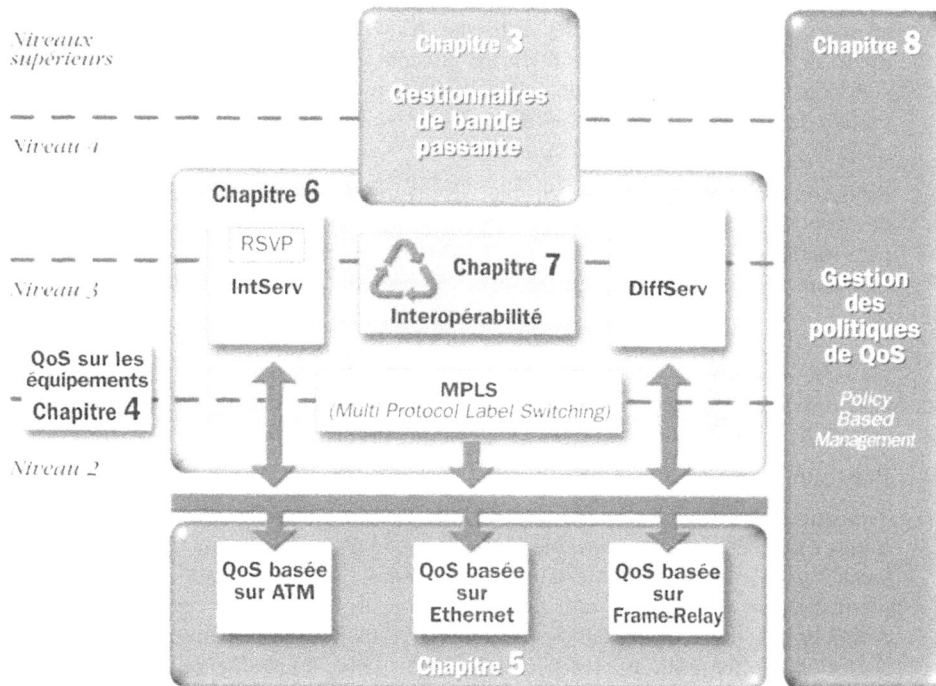

Figure 0-1

Présentation des mécanismes de QoS

Conventions

Conventions typographiques

Les principales conventions typographiques utilisées sont les suivantes :

1. les notions importantes sont indiquées en italique ou en gras ;
2. un certain nombre de termes anglais sont utilisés dans la mesure où la traduction n'est pas d'usage. Quand les deux sont utilisés, le mot anglais figure entre parenthèses ;
3. les unités de débits sont représentées de la façon suivante : Kb/s signifie kilobits/seconde, Mbit/s signifie mégabits/seconde et Gb/s signifie gigabits/seconde.

Nature évolutive de l'ouvrage

Si certains aspects techniques deviennent obsolètes, il n'en demeure pas moins que les concepts fondamentaux restent valides. Cet ouvrage est d'ailleurs volontairement plus orienté sur les concepts que sur les détails techniques. Ces derniers peuvent être approfondis par le lecteur à partir des normes, projets de normes ou standards indiqués.

À propos de l'ouvrage

La gestion des trafics et de la QoS est une discipline complexe. Une bonne compréhension nécessite de posséder quelques notions de base sur la modélisation OSI et les principaux protocoles de réseau de niveau 2 (Ethernet, ATM, Frame Relay) et de niveau 3 (IP principalement). Même si cet ouvrage s'intéresse davantage à l'utilisation de la QoS, des explications sont fournies sur les principaux mécanismes mis en en œuvre. En conséquence, certaines parties de l'ouvrage pourront paraître obscures aux personnes peu familières des techniques réseau.

En outre, on ne peut envisager aborder sérieusement la QoS sans une connaissance minimale des applications qu'elle requiert, à savoir le son, la vidéo mais également des applications informatiques « sensibles », de type ERP (Enterprise Ressource Planning) ou e-business. Il faut donc réunir une vision cohérente des mécanismes réseau et des applications.

Questions/Réponses sur la QoS

Afin d'évacuer quelques lieux communs sur le sujet et permettre une lecture plus sereine, nous évoquons ci-après quelques grandes questions relatives au sujet.

Pourquoi parle-t-on de QoS ?

Transmettre du son, des données ou des images sur un même réseau implique des caractéristiques différentes, voire contradictoires. Ainsi, le transport du son s'accompagne de quelques erreurs de transmission, matérialisées par exemple par des grésillements ou une voix légèrement métallique. L'oreille humaine est en mesure de corriger ces erreurs, mais elle est en revanche sensible à des variations de débit de transmission. À l'inverse, les systèmes informatiques sont plus tolérants à des variations de débit, mais s'accommodent mal d'erreurs de transmission. Ainsi, on désigne par qualité de service l'ensemble de ces paramètres de transmission. Il est alors nécessaire que le réseau propose différents paramètres de transmission en fonction des besoins propres à chaque application.

Pourquoi un ouvrage en français sur le sujet ?

La QoS est un sujet déroutant dans la mesure où les différentes approches utilisées pour la mettre en œuvre utilisent des acronymes nombreux et parfois contradictoires. La lecture de documents en langue anglaise ne facilite pas, de ce point de vue, la compréhension. Sans pour autant prétendre constituer une référence en la matière, cet ouvrage propose un certain nombre de termes équivalents dans la langue de Molière, chaque fois que la traduction fait sens, les termes anglo-saxons équivalents étant rappelés entre parenthèses.

Existe-t-il plusieurs façons de gérer la QoS ?

Il en existe de nombreuses, selon le niveau de qualité de service souhaité. Il est donc nécessaire de définir les objectifs à atteindre en fonction avant tout des applications et des utilisations : les technologies de QoS à appliquer en découleront. Ainsi, la QoS varie selon les attentes des applications et des utilisateurs.

Quel est le rapport entre la QoS et la bande passante ?

La QoS ne crée pas de bande passante. Elle permet en revanche d'exploiter au mieux la bande passante existante et de la répartir en fonction des différents besoins. En ce sens, elle évite une augmentation systématique de la bande passante.

Que font les gestionnaires de bande passante ?

Ce sont des outils disposés en périphérie du réseau, qui permettent de définir quels flux ont prioritairement accès à la bande passante selon différents critères de sélection : adresse IP source ou destination, type de trafic (HTTP, Telnet, FTP, etc.). Les critères d'accès à la bande passante sont généralement définis à l'aide d'outils graphiques et ils autorisent une bien plus grande finesse que ce qu'il est possible d'obtenir avec un routeur. En outre, avec la plupart des outils de gestion de bande passante il est possible d'établir une comptabilisation des trafics gérés. Les gestionnaires de bande passante sont faciles à mettre en œuvre et permettent de répondre graduellement aux besoins de QoS. Au lieu d'affirmer, à l'instar des constructeurs réseau, qu'ils sont condamnés à disparaître au profit d'un QoS réseau, nous pensons plutôt qu'ils seront à terme complémentaires d'une QoS gérée par le réseau.

Qu'est ce que l'ingénierie des trafics ?

C'est une méthode qui consiste à répartir les trafics sur le réseau, en fonction des possibilités des différentes artères de communication. Elle permet d'éviter la saturation ou la sous-utilisation des artères. Cette tâche incombe généralement à l'opérateur.

L'offre du marché est-elle prête ?

Non, sans hésitation ! Si les gestionnaires de bande passante sont des produits qui peuvent s'installer indépendamment en périphérie du réseau et si les briques de base de la QoS sont de plus en plus intégrées aux équipements, la gestion et l'administration de la QoS réseau conduisent souvent à ce jour à des solutions propriétaires.

Qui s'occupe de la normalisation ?

De nombreux organismes ont pour rôle de normaliser des éléments faisant partie de la QoS. L'IETF (Internet Engineering Task Force), organisme de normalisation de l'Internet, développe les deux modèles globaux de QoS afférents au protocole IP : IntServ et DiffServ. Il élabore également un certain nombre de protocoles complémentaires à IP, afin qu'il joue un rôle de convergence entre le son, les données et les images.

Où en est la normalisation ?

Elle est complexe. Même si l'adoption du protocole IP comme protocole unique a pour effet d'accélérer la convergence des solutions de QoS autour de ce dernier, il reste de nombreux éléments à préciser. Il est important de remarquer que la démarche de normalisation afférente au protocole IP diffère fondamentalement de celle qui a prévalu à la définition de la technologie ATM. En effet, la technologie ATM a été construite à partir d'un cahier des charges précis pour supporter toutes sortes d'applications (son, données, images). Cette initiative a débouché sur une réussite technique, mais non commerciale. A contrario, la normalisation relative au protocole IP se fonde sur son succès dû à l'Internet et sur l'expérimentation progressive de nouveaux mécanismes destinés à prendre en charge de nouvelles applications. De ce point de vue, il est erroné de prétendre aujourd'hui que la technologie IP est simple, eu égard aux nombreux ajouts nécessaires pour que cette technologie, initialement conçue pour transporter des flux informatiques, soit en mesure de transporter tout type de flux. La différence du degré d'appréciation provient donc du niveau de richesse (et donc de complexité) des mécanismes de QoS que l'on souhaite mettre en œuvre.

Quel est le coût d'un réseau bénéficiant de la QoS ?

Cela dépendra bien sur du niveau de QoS à assurer. S'il s'agit de mettre en œuvre des mécanismes permettant à certaines applications informatiques un traitement privilégié sur un nombre limité de destinations, il sera possible de minimiser les frais. En revanche, s'il est demandé à un réseau IP de supporter des flux de type son de bonne qualité, le coût pourra être élevé, non seulement en termes d'acquisition mais également d'exploitation. Il faut également ajouter la nécessaire formation des équipes d'exploitation.

Quand les technologies de QoS seront-elles déployées ?

C'est une question à laquelle il est difficile de répondre dans la mesure où les besoins et les possibilités de mise en œuvre sont extrêmement variés. De plus, il est nécessaire de dissocier les marchés auxquels s'adressent ces technologies. Concernant les entreprises, le marché actuel correspond à celui des gestionnaires de bande passante, qui permettent aux entreprises d'affecter de manière simple des priorités à leurs applications sensibles (ERP, e-business, etc.). Certains opérateurs utilisent déjà des techniques de QoS sur les réseaux afin de proposer des services différenciés à leurs clients ou des RPV (Réseaux privés virtuels) avec la QoS. L'absence d'outils de gestion standard ne représente pas pour eux un problème majeur, dans la mesure où, la plupart du temps, ils développent des outils spécifiques.

Que faut-il faire pour intégrer la QoS sur ses réseaux ?

En premier lieu s'informer. C'est le but de cet ouvrage. Ensuite, il est nécessaire de définir les besoins de manière précise ainsi que l'échéancier à respecter. Dans la plupart des cas, des solutions simples peuvent répondre aux premiers besoins et permettre d'attendre que les technologies soient stabilisées et les produits interopérables. Évidemment, le point de vue du consultant vous recommanderait de vous appuyer sur l'expertise d'un cabinet d'études et ce, sous deux conditions : premièrement qu'il soit réellement indépendant de tout constructeur réseaux et télécommunications – il risquerait sinon de vous entraîner vers une solution propriétaire – et deuxièmement qu'il possède une réelle expérience (qu'il ait à son actif différents cas de mise en œuvre). En effet, les technologies de QoS sont très diverses et s'appliquent à de nombreuses situations différentes. Ainsi, on ne peut généraliser une expérience de conception et de mise en œuvre conduite dans un domaine d'utilisation précis à d'autres domaines. Bien évidemment, l'utilisation d'une méthodologie de conception et de mise en œuvre adaptée à de tels projets est également indispensable. Enfin, une connaissance pratique de l'ensemble des acteurs du marché (constructeurs et opérateurs) s'impose.

Table des matières

Principes de la QoS

La QoS est aujourd'hui un concept connu, auquel on se réfère volontiers. La QoS au sens réseau répond à des objectifs précis. Cette partie aborde donc les objectifs et concepts généraux de la QoS.

La QoS est définie à plusieurs niveaux sur les réseaux. Cependant, considérant la place prépondérante du protocole IP, les modèles de QoS fondés sur IP sont au centre de la présentation. Il s'agit en l'occurrence de définir des mécanismes complémentaires au fonctionnement IP de base. C'est la raison pour laquelle, après avoir rappelé quelques principes de base relatifs aux interconnexions réseau, nous revenons sur le fonctionnement actuel des réseaux IP.

Par rapport à ce mode de fonctionnement par défaut, appelé best effort, nous vous proposons une classification des différents modèles de QoS.

Historique et enjeux de la QoS

Genèse de la QoS

Historique

La célèbre loi de Moore, qui précise que la puissance des processeurs double tous les 18 mois, est en relation directe avec l'augmentation des trafics engendrés par ces derniers. En effet, une plus grande capacité de traitement permet de prendre en compte des fonctions plus sophistiquées et plus nombreuses, qui requerront plus de place en termes de stockage et, par voie de conséquence, en transmission. À titre d'exemple, il suffit de comparer la taille et le nombre de fichiers bureautiques présents sur les PC actuellement à ceux d'il y a quelques années pour se convaincre de l'augmentation des besoins en débit. Conséquence parallèle de cette augmentation de puissance de calcul : la numérisation progressive de la voix et de l'image, qui permettent à ce jour de disposer sur l'Internet de services audio ou vidéo, principalement disponibles en temps différé, en raison du manque de QoS sur l'Internet.

Ainsi, le trafic sur les réseaux de données a augmenté considérablement ces dernières années non seulement en volume, en raison d'un nombre plus important d'utilisateurs, de l'apparition de nouvelles applications et de la sophistication des applications existantes, mais également en nature, établissant clairement une alternative (pour l'instant encore balbutiante) aux réseaux voix et vidéo existants.

La question est alors de savoir si l'augmentation de la bande passante sur les réseaux de données est suffisante pour prendre en compte les nouvelles demandes. Sans hésitation, la réponse est non : les applications informatiques critiques et les applications multimédias possèdent de nouvelles exigences de service qui n'ont pas été prises en compte dans la conception des réseaux informatiques. En effet, le principe de base utilisé pour concevoir les réseaux orientés données a consisté à définir des mécanismes réseau simples, en considérant que les systèmes à raccorder (les ordinateurs) étaient dotés d'intelligence. Ainsi, le succès de l'Internet s'est bâti grâce à la simplicité de mise en œuvre du protocole IP et des protocoles associés en faisant appel à l'intelligence des systèmes à raccorder (les *hosts* dans la terminologie IP). Cette simplicité du réseau a permis de se concentrer sur l'essentiel : les applications. *A contrario*, le réseau téléphonique a dû prendre en compte un certain nombre de contraintes dues au manque d'intelligence du terminal téléphonique.

Il ne s'agit donc pas d'établir si les réseaux de données vont intégrer les réseaux voix et audiovisuels, mais plutôt de définir les conditions pour assurer une convergence des réseaux vers ce qu'il est convenu d'appeler un réseau multiservice (voix, données, images). Ces nouveaux réseaux multiservices se doivent donc de posséder les caractéristiques de service qu'offraient hier de multiples réseaux (réseau voix, réseau SNA, réseau X25, etc.). Au-delà de la rationalisation des coûts, l'enjeu essentiel du tout numérique est de permettre le développement de nouvelles applications [1] réellement multimédias (c'est-à-dire associant voix, données et images). Ainsi, la seule transposition en numérique de la voix n'a aucun intérêt (si ce n'est pour la rationalisation des infrastructures des opérateurs). Les entreprises et les utilisateurs doivent donc être guidés par les usages. Concilier les caractéristiques d'un réseau voix, d'un réseau informatique et d'un réseau audiovisuel suppose alors l'existence de mécanismes particuliers qui permettront à ces réseaux multiservices de s'imposer valablement. L'ensemble de ces mécanismes représentent ce qu'il est convenu d'appeler la qualité de service (ou QoS, Quality of Service). Une chose est sûre : la mise en œuvre de la QoS est synonyme de complexité. Notons toutefois que la complexité reprochée naguère à ATM, en raison de la prise en compte de la QoS, est aujourd'hui présentée comme inéluctable !

En résumé, la QoS sur les réseaux constitue un paradoxe : la simplicité de construction des réseaux informatiques (IP), qui a permis de se concentrer sur les applications, est à la base du succès de l'Internet. Cependant, de nouvelles applications exigent aujourd'hui de complexifier ces réseaux informatiques pour qu'ils fonctionnent correctement.

Définition de la QoS réseau

La qualité de service d'un réseau désigne sa capacité à transporter dans de bonnes conditions les flux issus de différentes applications.

Les applications concernées peuvent alors générer des flux de type : informatique (transfert de fichiers, transactionnel, interactif, etc.), voix (stream audio), ou images (vidéo : stream vidéo). Les flux engendrés par les applications étant très divers, ils donneront lieu à des mises en œuvre variées selon le niveau de QoS exigé par les applications.

Cette définition générique de la QoS réseau se traduit par les **caractéristiques techniques** suivantes (nous y reviendrons plus précisément au chapitre 3) :

- la fiabilité : le service d'acheminement du réseau doit être fiable et disponible (reliability) ;
- la bande passante : il doit proposer suffisamment de bande passante (débit) pour absorber les trafics générés par les utilisateurs (bandwidth) ;
- le délai : il doit permettre aux trafics utilisateur qui le désirent un service d'acheminement rapide, l'appellation technique correspondant à latence (delay) ;

---

1. Le mot application est pris au sens large. Ainsi, la téléphonie est considérée comme une application et non comme un réseau.

- la régularité : il doit assurer aux trafics utilisateur qui le désirent un acheminement régulier du trafic, l'appellation technique étant gigue (jitter) ;
- le taux d'erreurs : il doit assurer aux trafics utilisateur qui le désirent un service d'acheminement sans perte (loss ratio).

Architecture de la QoS : une vue d'ensemble

Pas de panique, il ne s'agit pas d'aborder d'emblée le code de la QoS, mais d'en exposer les grandes lignes afin de définir les problématiques, qui ne sont pas forcément les mêmes pour tout le monde. La mise en œuvre d'une solution globale de QoS impose de disposer :

- **de mécanismes spécifiques de bout en bout du réseau (mécanismes horizontaux)** permettant de signaler aux différents nœuds du réseau le comportement à adopter pour traiter tel ou tel flux issu d'une application. Prenons comme analogie le réseau postal : l'acheminement d'un pli express suppose que tous les nœuds du réseau traitent ce pli de manière prioritaire par rapport à un pli normal. La signalisation aux différents nœuds du réseau postal sera alors assurée par la mention express apposée sur le pli. Cette forme de signalisation ne représente qu'une possibilité parmi d'autres. Les formes de signalisation adoptées permettent d'identifier différentes architectures de QoS réseau. À ce stade, on peut remarquer que le non-respect de la QoS par un des nœuds du réseau peut entraîner une perte de la QoS sur l'ensemble de l'acheminement.

- **de mécanismes verticaux** permettant d'offrir aux applications, par le biais d'une interface appropriée, la QoS requise en se fondant sur des mécanismes de plus bas niveau. C'est le même principe que le découpage en couches, popularisé par le modèle ISO. Les mécanismes de plus bas niveau d'un niveau donné s'appuieront également sur des mécanismes fournis par un niveau inférieur. Ainsi, les mécanismes de QoS mis en œuvre au sein des équipements du réseau (les routeurs) devront également se référer aux mécanismes de QoS des liens de communication utilisés (ATM, Ethernet, etc.). À cet égard, il est important de remarquer que la QoS proposée par un niveau est dépendante de l'existence d'une QoS de niveau inférieur (une agence de voyage ne peut pas proposer un transport rapide sur un trajet Paris-Biarritz si elle n'a pas accès au système de réservation aérien pour délivrer le billet). Le chapitre 5 expose les mécanismes de QoS intégrés aux liens de communication, tandis que le chapitre 6 présente les mécanismes globaux inhérents aux réseaux (fondés sur IP). Cette hiérarchie de mécanismes fait bien sûr appel à la modélisation en couches du modèle ISO (voir chapitre 2 *Rappels sur le fonctionnement des réseaux*), même si elle ne s'applique pas toujours très bien à la QoS.

De fait, il convient que le lecteur ait conscience de la multiplicité des mécanismes de QoS qui devront être assemblés au sein d'une architecture de QoS pour parvenir à une solution finale intégrée. Il s'agit d'une grande construction dont les briques de base ne sont pas toutes normalisées à ce jour. Pour assurer le support de la QoS, une intégration complexe de mécanismes horizontaux (mécanismes de bout en bout) et de mécanismes verticaux est nécessaire.

Cet ouvrage traite à la fois des mécanismes horizontaux liés à la signalisation aux composants réseau des besoins en QoS et des mécanismes verticaux afférents à l'intégration des mécanismes de QoS à différents niveaux (lien, réseau, transport, etc.) pour apporter une solution opérationnelle de bout en bout entre applications.

Figure 1-1

Intégration des mécanismes de QoS : assemblage des composants dans une architecture de QoS

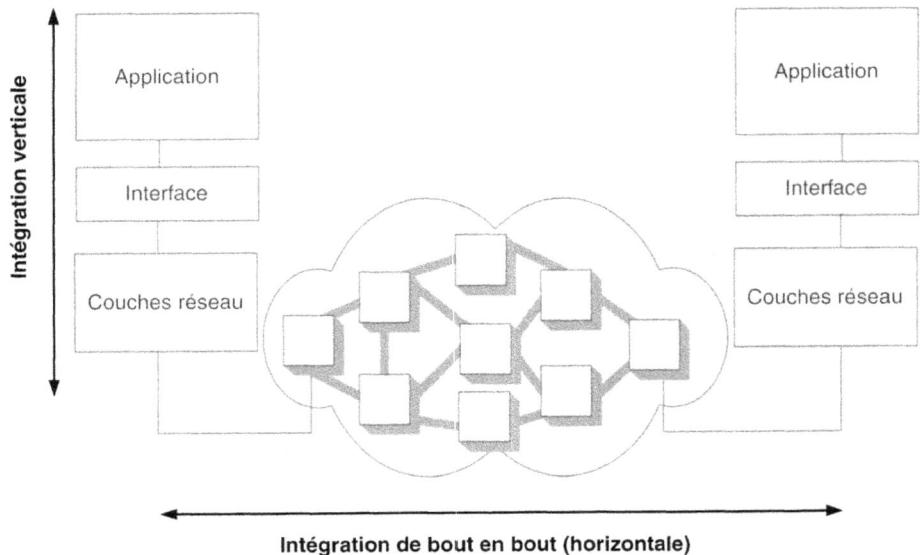

Spécificité des réseaux IP

Outre le fait que les réseaux IP s'appuient la plupart du temps sur des réseaux de niveau 2, de type ATM ou Frame Relay, et doivent donc savoir tirer parti de la QoS proposée par ces réseaux, il ne faut pas oublier qu'un réseau IP peut lui même s'étendre sur plusieurs réseaux IP, gérés par des entités administratives différentes, avec potentiellement des politiques de routage et de QoS différentes. C'est notamment le cas pour un réseau d'entreprise qui relie plusieurs LAN (sur les sites de l'entreprise) par l'intermédiaire de fournisseurs d'accès différents, faisant eux-mêmes éventuellement appel à divers opérateurs. En termes de QoS, cette **hiérarchie de réseaux IP** suppose qu'à un niveau de la hiérarchie, on puisse caractériser le service offert de bout en bout par le réseau sur lequel on s'appuie. De la sorte, il est possible de modéliser un niveau de réseau par un lien unique possédant certaines caractéristiques de QoS. La figure 1-2, qui montre un réseau global reposant sur un backbone international, illustre ce principe.

Gestion de la QoS

Il est impératif de disposer d'outils de gestion de la QoS car, contrairement à la plupart des réseaux actuels, cette dernière n'est pas une option, mais fait partie intégrante de la QoS.

En effet, l'intégration manuelle de mécanismes de QoS aux équipements montre rapidement ses limites et constitue une source d'erreurs. De plus, elle ne permet pas de tenir compte de l'aspect dynamique de l'utilisation d'un réseau. Or, il est nécessaire de disposer d'outils permettant, par exemple, de configurer dynamiquement le réseau pour des événementiels (visioconférence, discours du président !) ou des impératifs d'exploitation (sauvegarde des serveurs).

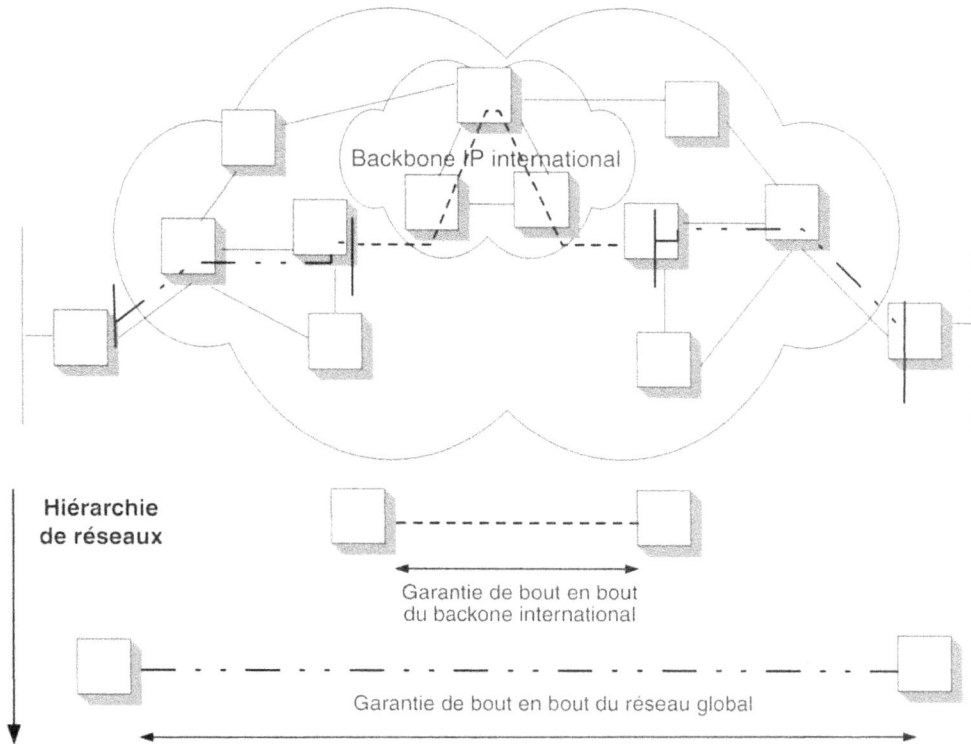

Figure 1-2
Hiérarchie de réseaux IP

Le rôle des applications

Si l'on s'attarde quelques instants sur les applications, on constate une convergence des applications vers le tout IP. L'ensemble des investissements consentis par les constructeurs et les opérateurs dans le domaine de la *Voix sur IP* (VoIP) attestent de cette réalité. Ainsi, même s'il faudra encore du temps avant que la majorité des téléphones ne soient IP, ou encore qu'il soit possible au grand nombre de regarder la télévision sur un réseau IP, il se dessine néanmoins un mouvement de fond qui paraît incontournable. Certes, cette évolution nécessitera d'aménager le protocole IP, initialement non prévu pour supporter toutes ces nouvelles applications. À cet égard, il paraît intéressant de souligner la différence d'approche entre l'industrie des télécommunications, qui a construit son infrastructure de réseau en fonction des besoins d'une application spécifique (la téléphonie), et la démarche actuelle de l'industrie informatique qui consiste, à partir des technologies Internet liées à IP, à expérimenter toutes les nouvelles applications possibles (y compris la téléphonie, considérée comme une des applications possibles).

Cet ouvrage traite principalement de la convergence des réseaux et explore donc l'ensemble des technologies permettant le support d'applications diverses (faisant appel ou non à IP).

Néanmoins, eu égard à la convergence des applications vers le tout IP, le support d'IP sur ces technologies est largement développé.

Toutefois, n'oublions pas que la technologie ATM est une technologie de QoS multiservice disponible et qui permet dès aujourd'hui de relier le monde IP et le monde non-IP (téléphonie, vidéo). Aux détracteurs de cette technologie et protagonistes du tout IP, nous rappellerons que cette technologie joue à l'heure actuelle un rôle majeur dans la migration des applications vers IP. Ainsi IP est condamné à cohabiter avec ATM, au moins pendant une période de transition.

Les besoins

Besoins des applications

Pour les applications informatiques, la convergence vers le tout IP est une réalité. La plupart des applications se contentent d'une priorité et d'une bande passante faibles, avec une bonne tolérance aux délais de transfert sur le réseau. Cependant, les applications interactives ont des exigences strictes, notamment les applications de type ERP ou celles liées à l'e-business. Il est surprenant de constater que la plupart des entreprises engagées vers de nouvelles applications de ce type n'ont souvent pas conscience des répercussions de ces applications sur leur réseau. Il est en effet souvent nécessaire d'envisager une refonte complète du réseau intranet de l'entreprise pour assurer la prise en compte des flux de ces applications. Les conséquences peuvent être catastrophiques : soit les applications considérées ne fonctionnent pas correctement ou il faut, à la dernière minute, mettre en œuvre des moyens de communication dédiés à ces applications, ce qui est contraire au principe d'intégration des réseaux dont le but est de diminuer les coûts d'investissement et d'exploitation.

Les applications voix nécessitent, quant à elles, des caractéristiques réseau très précises. Si la bande passante utilisée est modeste (environ 8 kb/s avec un bon algorithme de compression) et ne constitue donc pas un problème, le délai de traversée du réseau représente l'enjeu principal. Il ne doit en aucun cas dépasser les 250 ms, ce qui constitue un vrai défi pour un réseau orienté données. Toutefois, les conditions de mise en œuvre sont généralement mieux maîtrisées, car il s'agit d'un nouveau service où les contraintes réseau sont bien identifiées.

Concernant la radio et la vidéo, la convergence vers un réseau unique est en route et certains réseaux audiovisuels utilisent déjà des réseaux de type ATM, soit pour des applications de production (transport de sons numériques professionnels AES ou de flux vidéo numériques professionnels de type 4:2:2) ou pour des applications de diffusion (MPEG 2, par exemple). D'une façon plus générale, la diffusion de séquences vidéo nécessite dès aujourd'hui la mise en œuvre de mécanismes de multicast (une source vers plusieurs récepteurs), permettant d'éviter la multiplication des flux. Le multicast IP qui répond parfaitement à ce besoin, est pourtant rarement mis en œuvre sur les réseaux.

Une vision résumée des caractéristiques techniques de la QoS consiste à ne retenir dans un premier temps que les deux paramètres ci-après.

1. Le besoin en bande passante : il sera soit constant (mode stream), soit immédiat (mode burst), c'est-à-dire que l'application utilise toute la bande passante disponible. Le mode stream est majoritairement utilisé par les applications audio/vidéo et par les applications informatiques interactives (ERP, accès aux bases de données). Le mode burst est privilégié par les applications de type transfert de fichiers. Le défi pour le réseau consiste alors à

limiter leur consommation de bande passante afin de permettre aux applications de type stream de fonctionner.

2. Le délai de traversée du réseau : les besoins seront variables, des applications n'ayant pas de contraintes de délais (transfert de fichiers, messagerie électronique, etc.) aux applications à forte contrainte temporelle (isochrone), telles que la voix. Il appartient alors au réseau de rendre prioritaires les flux de certaines applications sensibles.

Support d'un mécanisme de multicast

Beaucoup des nouvelles applications implémentées sur l'Internet ou les intranets d'entreprises impliquent des communications de type un-à-plusieurs ou plusieurs-à-plusieurs, comme l'audio et la visioconférence, la diffusion d'informations vers des groupes d'utilisateurs, etc. Ainsi que nous l'avons déjà évoqué, le support d'un mécanisme de multicast permet à une source d'envoyer une copie unique à de multiples destinataires qui indiquent explicitement qu'ils souhaitent recevoir l'information. Le réseau se charge alors de dupliquer le flux aux différents participants les plus proches, ce qui bien plus efficace que de demander à la source d'envoyer le même message individuellement à chaque destinataire. Il en résulte une économie de ressources de traitement pour la source et une économie de bande passante sur le réseau. Ainsi, même s'il ne s'agit pas d'une technique de QoS à proprement parler, les mécanismes de multicast seront détaillés dans cet ouvrage, car ils seront utilisés conjointement avec les services de QoS pour supporter le multimédia en temps réel. En résumé, les mécanismes de multicast ne sont pas une option de la QoS. Ils lui sont étroitement associés pour assurer le support multiservice.

Les besoins des utilisateurs

On peut différencier les domaines de mise en œuvre de la QoS en fonction de la finalité de l'exploitant du réseau. Les technologies de QoS implémentées seront alors différentes selon le nombre de connexions à supporter et les moyens techniques et humains disponibles pour les gérer.

Le marché des entreprises

La mise en œuvre de la QoS sur un réseau d'entreprise répond au besoin d'offrir un service réseau adapté entre autres aux applications suivantes :

• applications critiques interactives de l'entreprise (ERP, e-business, etc.),

• applications de voix sur IP,

• applications multimédias.

Ce marché se caractérise par le fait que l'exploitant du réseau n'a qu'un nombre limité de connexions à gérer et qu'il est censé connaître *a priori* les applications devant transiter sur le réseau. Ainsi, la stratégie de support d'applications nécessitant une QoS se fait souvent au coup par coup, tant que ces applications ne sont pas trop nombreuses. Si l'ajout systématique de bande passante (principalement sur le LAN) est la principale méthode utilisée (nous démontrerons ultérieurement les limites de cette approche), de nombreux exploitants commencent à s'équiper de matériels conformes aux normes de QoS en cours de définition. Malheureusement, les solutions d'administration de cette QoS restent insatisfaisantes.

De plus, comme nous l'avons déjà souligné, la connaissance des besoins des applications devant transiter sur le réseau est souvent insuffisante. Cette affirmation vaut notamment pour les applications critiques de type ERP ou e-business. Il faut souligner à cet égard le manque d'informations précises et fiables de la part des éditeurs de logiciels concernant les règles d'ingénierie à appliquer pour dimensionner le réseau afin de supporter leurs applications. La plupart du temps, le recours à une phase de maquettage s'avère indispensable pour établir de manière précise les flux des applications sensibles. Dans tous les cas, il est nécessaire de bien évaluer l'impact de ces applications sur les réseaux et partant de transcender le clivage existant entre experts réseau et experts application.

En résumé, la demande des entreprises relative à la mise en œuvre de la QoS vise d'abord le support des applications critiques. Il est donc erroné de penser que la QoS ne s'applique qu'au multimédia ou à la téléphonie sur IP, qui ne sont généralement mis en œuvre que dans un deuxième temps et ne concernent à ce jour qu'un très faible pourcentage des entreprises. Le nombre plus limité de connexions nécessitant la QoS autorise une mise en œuvre partielle de la QoS (au moins dans un premier temps).

Le marché des opérateurs

Un opérateur est une entreprise qui commercialise des services de communication et qui possède ses infrastructures (définition retenue au sens de la loi française sur la réglementation du secteur des télécommunications). Ainsi, un opérateur désirant œuvrer sur le territoire national doit disposer d'une licence de type L 33.1. La liste des opérateurs est disponible sur le site de l'ART (Autorité de régulation des télécommunications) à l'adresse suivante : *www.art-telecom.fr/telecom/index.htm.*

Pour l'opérateur, le support de la QoS doit répondre à la demande des entreprises souhaitant interconnecter leurs sites disposant déjà de ces mécanismes, ou plus généralement à la demande des clients souhaitant disposer d'une qualité de service suffisante pour un fonctionnement correct de leurs applications critiques de type ERP ou e-business.

Face à ce besoin, les opérateurs peuvent répondre de deux façons :

• soit proposer une infrastructure de type circuit virtuel, Frame Relay ou ATM, dotée de certaines caractéristiques de QoS et à laquelle le client devra adapter ses trafics (IP ou non IP : voix, visioconférence) ;

• soit proposer une infrastructure de type IP, comportant plusieurs classes de service pour le transport des flux des clients. On peut par exemple imaginer une offre d'opérateurs proposant 4 classes de trafic adaptées à différents types de trafic :

– une classe de trafic Premium, destinée à véhiculer les trafics en temps réel d'un client de type VoIP (Voix sur IP) ou visioconférence, caractérisée par un délai d'acheminement constant et très court sur le réseau,

– une classe de trafic Gold, transportant les trafics des applications critiques (ERP), caractérisée par un délai d'acheminement court,

– une classe de trafic Silver, véhiculant les trafics des applications client-serveur non critiques (Web sur l'intranet, etc.) caractérisée par un délai d'acheminement minimal,

– une classe de trafic best effort, acheminant les trafics des applications non prioritaires (transfert de fichiers, messagerie électronique, Web sur l'Internet), ne disposant d'aucune garantie particulière.

Contrairement au marché précédent, les flux applicatifs sont plus diversifiés et le nombre de connexions est très élevé. L'engagement en termes de qualité de service dépendra de la faculté de l'opérateur à planifier les trafics sur son réseau, en fonction des profils de trafic déclarés par ses clients, tout en autorisant des trafics non planifiés. Il sera donc nécessaire, pour les opérateurs, de fixer les conditions d'utilisation du réseau dans un contrat avec le client, et en fonction de l'ensemble des contrats signés, de faire évoluer l'architecture afin d'y répondre correctement. Il proposera pour ce faire un SLA (Service Level Agreement, Contrat de niveau de service) fixe pour les applications planifiées et un SLA dynamique pour les applications non planifiées (visioconférence par exemple). 80 % du trafic est planifié, et seulement 20 % occasionnel (à la demande). Le réel enjeu pour l'opérateur est alors de trouver le juste milieu entre un surdimensionnement de son réseau pour accepter de nouveaux clients et une bonne exploitation de l'architecture existante, notamment grâce aux techniques de QoS. En effet, comme précisé antérieurement, la QoS permet de tirer parti au mieux de la bande passante disponible.

L'administration revêt ici un aspect particulièrement important pour connaître l'état qualitatif du réseau à tout moment et servir de base de référence dans les rapports de fonctionnement remis au client. Ces rapports permettront alors de vérifier les engagements du SLA. La complexité tient au fait qu'il est nécessaire de mettre en place une tarification qui sera non seulement liée au volume des trafics, mais également aux différentes classes de trafic utilisées par les clients. Il en va de même des rapports de qualité de service (SLA) remis au client ; ils devront être détaillés pour chaque classe de service utilisé par le client.

Le marché des FAI (fournisseurs d'accès à Internet ou ISP, Internet Service Provider)

Un FAI (ISP) est une société qui fournit un service de connexion à l'Internet. Elle peut posséder son infrastructure ou louer de la capacité à un opérateur de télécommunication. La liste des FAI (ISP) en France est disponible sur le site du NIC France, à l'adresse suivante : *www.nic.fr/prestataires/*

Jusqu'à présent, le réseau Internet fonctionne selon le schéma du *best effort*, à savoir qu'aucune garantie n'est offerte sur les données à transporter. En effet, le modèle économique des ISP est d'offrir les coûts les plus bas à un très grand nombre de clients. Ainsi, au grand étonnement des industriels, la valeur boursière des ISP est davantage liée au nombre d'abonnés qu'à ses réels résultats financiers.

Toutefois, face au succès de ce réseau et à la pression des utilisateurs, de nombreux ISP commencent à faire évoluer leurs architectures afin d'attirer la clientèle des entreprises. Ils proposent à cet effet des connexions sécurisées sur IP, de type VPN (Virtual Private Network), qui consistent à mettre en place des tunnels cryptés entre les points de raccordement des différents sites de l'entreprise, tout en offrant pour certains d'entre eux plusieurs classes de service. Ainsi, la mise en œuvre des techniques de QoS répond au double objectif de se singulariser face à la concurrence et d'offrir des tarifs variés, selon l'exigence de QoS demandée. On peut donc imaginer qu'à l'aide des techniques de QoS, les ISP pourront continuer à proposer des coûts de raccordement extrêmement réduits pour des connexions en best effort ou avec une faible QoS, et dans le même temps séduire une clientèle prête à dépenser un peu plus pour avoir accès à des services exigeants relevant de la même qualité de service que celle concernant le marché des opérateurs.

Finalement, on constate une convergence entre le marché des opérateurs contraints d'évoluer vers une offre IP et celle des ISP obligés de développer leurs propres infrastructures pour conserver une offre réseau attrayante, ou bien de se transformer en revendeurs à valeur ajoutée de l'offre IP des opérateurs.

Les différentes solutions

Les trois approches ci-dessous permettent de faire face aux besoins de gestion de trafic exposés précédemment, et qui supposent la mise en œuvre de solutions de QoS.

• Ne rien faire : gestion en best effort : c'est la solution par défaut utilisée aujourd'hui.

• Mettre en place une gestion de trafic au sein du réseau : c'est la solution définitive vers laquelle se dirigent les opérateurs et certaines entreprises. Il faut cependant insister sur le fait qu'il n'existe pas une politique de mise en œuvre de la QoS sur un réseau, mais plusieurs. L'approche retenue dépendra bien évidemment des objectifs du réseau à gérer. Ainsi, les mécanismes techniques à mettre en œuvre pourront différer d'un réseau à l'autre. Un des desseins de cet ouvrage est précisément d'exposer les différents mécanismes techniques existants, leur champ d'application et leur interopérabilité.

• Mettre en place une gestion de trafic aux extrémités du réseau : c'est un ensemble de solutions implémentées par les entreprises pour résoudre ponctuellement des problèmes de saturation sur des liaisons identifiées et qui peuvent être complémentaires à l'approche précédente.

Gestion en best effort

La gestion en best effort correspond en fait à l'absence de mécanismes de QoS sur le réseau. Les flux des applications expérimentent alors des conditions de traversée du réseau qui peuvent être aléatoires. C'est le cas actuellement du réseau Internet qui offre des conditions d'utilisation très diverses. Il en va de même de la majorité des réseaux d'entreprise pour lesquels aucune politique de priorité des flux n'a été mise en œuvre sur les routeurs. Si la situation n'est pas gênante pour les applications de messagerie ou de transfert de fichiers, elle devient critique pour l'accès à des serveurs Web interactifs, ou encore pour l'accès aux applications critiques de l'entreprise.

Figure 1-3

Réseau en best effort.

*En « best effort »
les nœuds du réseau
ne font qu'acheminer
les paquets suivant
le principe « premier
arrivé-premier servi ».*

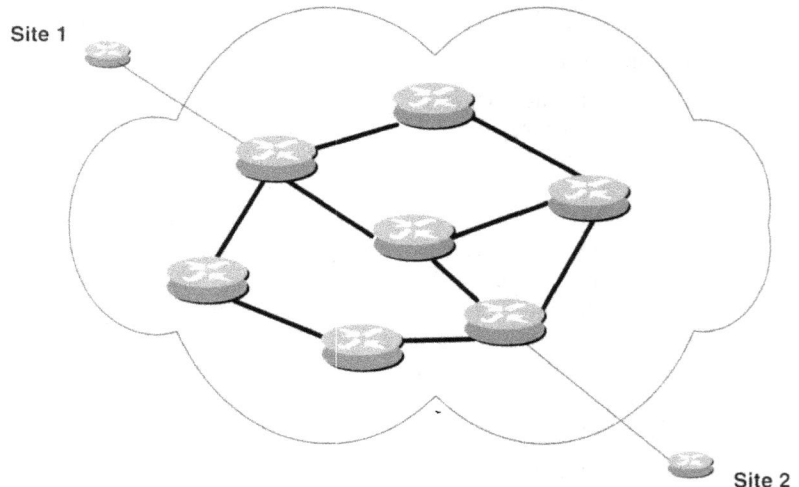

Les partisans de cette approche considèrent que l'évolution rapide des débits satisfait les besoins sans qu'il soit nécessaire de mettre en œuvre une gestion complexe des trafics. La multiplication de la bande passante disponible sur les fibres optiques grâce aux technologies DWDM (Dense Wave Data Multiplexing) abonde d'ailleurs dans ce sens. Cette approche prévaut à ce jour largement dans les réseaux locaux (LAN), où la disponibilité du Gigabit Ethernet a également contribué à la populariser. Si cette pratique est envisageable sur un réseau local (LAN), l'exercice devient rapidement onéreux sur les liaisons WAN malgré la baisse constante du coût des liaisons. C'est un exercice qu'ont bien compris les opérateurs de télécommunication qui, sous prétexte d'une bande passante plus abordable et d'une augmentation inévitable des trafics du client, n'hésitent pas à proposer systématiquement des évolutions de débits sur les liaisons WAN, sans même se préoccuper du mode d'utilisation des liens. L'analyse de trafic montre généralement que les lignes WAN des entreprises sont chargées 20 % du temps et que la mise en œuvre de règles simples de priorité des trafics interactifs face aux trafics de gros volumes d'information suffit la plupart du temps à résoudre, tout du moins temporairement, la situation.

Figure 1-4

L'abondance de bande passante.

La qualité de service est supposée liée à l'abondance de bande passante.

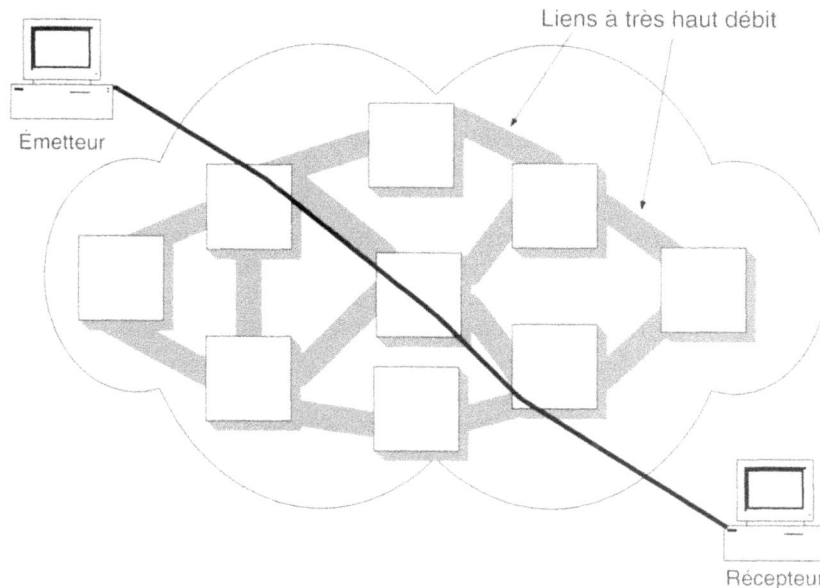

Liens à très haut débit

Emetteur

Récepteur

Quoi qu'il en soit, deux objections majeures s'opposent à l'unique argument de la bande passante.

1. La courte histoire des réseaux et télécommunications a démontré que l'abondance de bande passante était souvent rapidement comblée par de nouvelles applications encore plus « gourmande » ou par des usagers encore plus nombreux. En bref, la nature a horreur du vide !

2. Il est de toute façon nécessaire de mettre en œuvre des mécanismes de gestion de QoS pendant la période de déploiement des liens à haut débit, qui s'étalera forcément sur 5 à 10 ans.

En outre, ce mode de gestion des réseaux, ou plutôt cette absence de gestion planifiée, est condamné à disparaître au fur et à mesure que ceux-ci transportent des informations sans cesse plus critiques. En effet, si l'ajout de bande passante améliore les performances de la plupart des applications, il subsiste plusieurs problèmes liés à cette approche. Nous les avons répertoriés ci-après.

• **Le surplus de bande passante coûte cher** : comme nous l'avons déjà signalé, afin d'obtenir des performances correctes, le réseau doit être dimensionné sur les pics de trafics. Résultat : la facture dépend d'une capacité souvent peu utilisée !

• **Le surplus de bande passante ne privilégie pas le trafic prioritaire** : le surplus de bande passante ne dote pas le réseau d'une intelligence des trafics. Les trafics sensibles au délai d'acheminement reçoivent toujours un service de type best effort et peuvent donc être pénalisés par le traitement FIFO (First In First Out) des nœuds d'interconnexion. Cela se vérifie chaque fois qu'un routeur émet un paquet volumineux lié au transfert d'un fichier par exemple. Il doit en effet faire attendre un petit paquet voix très sensible au délai de transfert, ce premier pouvant expérimenter plusieurs délais d'attente préjudiciables dans les routeurs du réseau, sans pour autant que les liens du réseau soient saturés. Il est donc nécessaire de disposer de mécanismes appropriés permettant aux nœuds (routeurs) du réseau de traiter l'acheminement des paquets prioritaires.

• **Le surplus de bande passante n'est pas disponible à l'endroit et au moment adéquats** : si le surplus de bande passante augmente la probabilité d'un service rapide, elle ne permet pas d'allouer de la bande passante pour des applications spécifiques, telles que la Voix sur IP. En conséquence, elle n'est pas en mesure d'assurer la qualité de transmission indispensable à certaines applications.

• **Le surplus de bande passante n'est pas viable en environnement WAN et Internet** : si l'ajout de bande passante peut réduire la congestion en environnement LAN, ce n'est pas une solution pertinente sur le WAN et l'Internet, où les modèles de trafic varient considérablement et où les liens sont gérés par plusieurs entités.

Il devient alors nécessaire de privilégier le traitement d'applications sensibles dans des conditions connues à l'avance, sans pour autant surdimensionner le réseau. Réaffirmons, une fois de plus, que la QoS ne crée pas de bande passante, mais qu'*a contrario* elle gère au mieux la bande passante existante en fonction des intérêts des applications devant transiter sur le réseau.

Gestion de trafic au sein du réseau

Cette gestion, préconisée par les constructeurs d'équipements réseau s'imposera à terme. Elle consiste à disposer de mécanismes inhérents aux équipements réseau permettant de favoriser certains flux prioritaires, grâce à leur analyse préalable (demande implicite), ou à leur demande explicite de QoS (préalablement au transfert). Les flux moins prioritaires seront mis en file d'attente dans les nœuds du réseau et écoulés dès que possible, à moins qu'une saturation trop importante du réseau n'oblige à les détruire partiellement ou en totalité. Il est alors supposé que les mécanismes des couches supérieures des émetteurs (couche transport et au-delà) du modèle de l'ISO réagiront à ces pertes d'informations et adapteront les flux à transmettre.

Cette gestion implique donc que les nœuds du réseau soient en mesure d'assurer les trois fonctionnalités suivantes :

• la classification,

• la mise en file d'attente,

• l'ordonnancement.

Afin de simplifier les équipements, certains modèles de QoS proposent d'effectuer la classification complexe des paquets à l'entrée du réseau pour leur affecter une marque. Les éléments centraux du réseau n'auront plus besoin d'opérer une classification complexe des paquets, mais les ordonneront plus simplement en fonction de leur marque.

Figure 1-5

Gestion de trafic au sein du réseau.

Les nœuds du réseau participent activement à la Qos

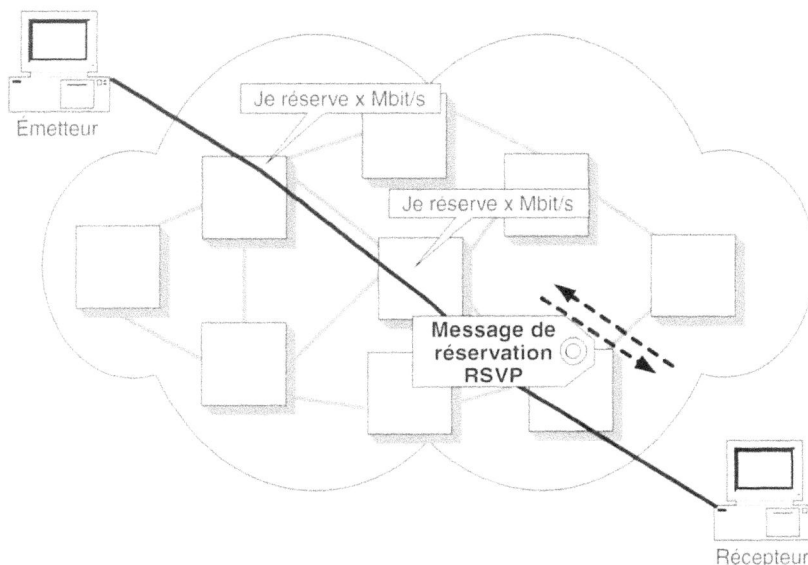

Les détracteurs de cette approche prétendent que, dans le cas d'une congestion du réseau, les émetteurs des applications les moins prioritaires, s'apercevant de la destruction des paquets émis, vont tenter de les ré-émettre, ce qui a pour effet d'aggraver la situation de congestion. Signalons à cet égard que des mécanismes d'anticipation de congestion existent sur les équipements réseau afin d'éviter semblable situation, et que, par ailleurs, des améliorations sont en cours de définition pour permettre un meilleur couplage entre les émetteurs et les possibilités du réseau en temps réel. En outre, couplée à cette gestion de trafic au sein du réseau, la mise en œuvre de mécanismes périphériques de contrôle des trafics renforcera la stabilité du réseau. Ainsi, les mécanismes de file d'attente au sein du réseau ne sont utilisés que pour absorber des saturations de trafic temporaires, et non permanentes. Dans le dernier cas, une augmentation des capacités du réseau est nécessaire et elle sera rendue évidente grâce à des outils de surveillance des trafics.

Gestion de trafic aux extrémités du réseau

Elle est exclusivement liée au monde IP et promue par de nombreuses jeunes pousses, dont certaines ont déjà atteint des parts de marché significatives. Les équipements utilisés sont très variés et principalement destinés aux entreprises. On distingue principalement :

1. les gestionnaires de bande passante,
2. les équipements de médiation application/réseau.

Les gestionnaires de bande passante

Un des apports essentiels de ces solutions consiste en la capacité d'analyse fine des trafics qui n'est pas limitée à celle des informations de l'en-tête IP ou de l'en-tête UDP/TCP, mais qui peut s'étendre jusqu'à la couche applicative, par l'analyse de l'URL consultée par exemple. Ces équipements, très orientés exploitant-utilisateur, sont faciles à mettre en œuvre. Ils sont généralement dotés d'une interface graphique permettant d'indiquer les applications à privilégier.

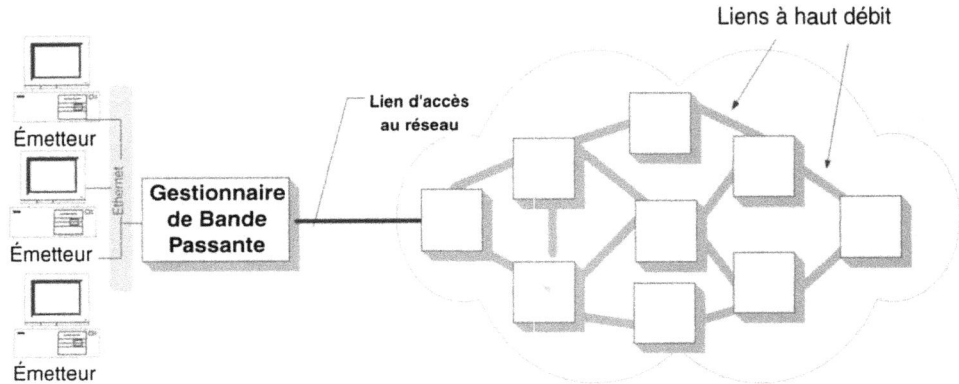

Figure 1-6

Gestion des trafics aux extrémités du réseau

Ce mode de gestion a pour conséquence de décharger au maximum les équipements du réseau de la gestion de la QoS, dont le rôle se résume alors à acheminer les données. Il possède l'avantage de ne rien réclamer au sein du réseau et de permettre une mise en œuvre graduelle entre les points d'accès nécessitant une gestion de la bande passante.

Ce mode souffre toutefois d'un certain nombre de limites, car il suppose implicitement que :

• le réseau ne soit pas saturé et que ses ressources soient partagées de manière équitable entre tous les systèmes raccordés ;

• la principale limitation provienne de l'encombrement sur la ligne d'accès au réseau.

Dans la pratique, il est difficile de garantir la première condition dans un réseau d'entreprise. En effet, les conditions de charge d'un réseau sont très variables, et il est impossible de garantir qu'un des nœuds du réseau à traverser ne sera pas saturé momentanément, en raison d'un trafic non maîtrisé. Il faut donc nécessairement que le réseau traversé (généralement celui de l'opérateur) dispose déjà d'une certaine forme de QoS qui puisse définir les limites de performance acceptables, en fonction des applications à faire transiter. En l'occurrence, il s'agit essentiellement de gérer la bande passante à l'accès au réseau, dans la mesure où ce dernier (le réseau de l'opérateur) est suffisamment provisionné. Ces équipements font fonction de complément à la QoS réseau de l'opérateur (quand elle existe). Il reste toutefois à assurer un fonctionnement complémentaire pour garantir un maximum d'efficacité.

Deux typologies d'équipements s'affrontent :

• le contrôle de débit TCP (TCP Rate Control), qui consiste à modifier le débit des applications TCP (majoritaires) en fonction des conditions de charge du réseau et de la priorité respective des applications. À cet effet, les équipements utilisent et modifient le contrôle de flux TCP qui sera exposé au chapitre 2. Le principal protagoniste de cette approche est la société Packeteer et ses produits PacketShaper ;

- la gestion de files d'attentes personnalisées (CBQ, Custom Based Queuing), qui consiste à affecter les flux à l'entrée du réseau à différentes files d'attente, selon la nature de l'application. Le principal protagoniste de cette approche est la société Xedia (intégrée désormais à Lucent) et ses produits AccessPoint.

Les équipements fondés sur le contrôle de débit TCP peuvent être utilisés à deux desseins différents :

1. Répartir la bande passante d'accès vers un réseau en favorisant les applications prioritaires.

2. Contrôler les flux issus du réseau vers une ressource (serveur, application, etc.).

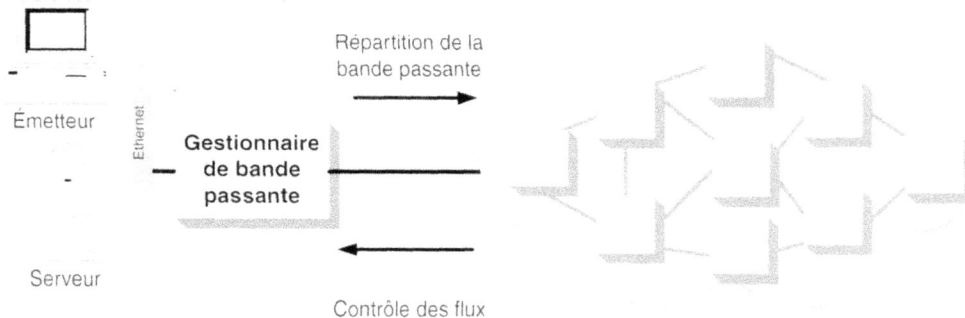

Figure 1-7
Utilisations du contrôle de débit TCP

Ces produits rencontrent un vif succès sur des liaisons point à point ou point à multipoint. C'est fréquemment le cas des réseaux d'entreprises faisant appel à des lignes spécialisées, des circuits virtuels Frame Relay/ATM. Ils font également office de complément pour accéder à un réseau IP doté d'un minimum de garanties de QoS. Dans l'exemple ci-dessous, le siège d'une société est relié par l'intermédiaire de circuits virtuels sur Frame Relay à 4 sites distants. La mise en place d'un seul équipement de type gestionnaire de bande passante dans cette configuration en étoile permet d'assurer une priorité efficace des trafics TCP. Il procure également aux clients ERP un accès prioritaire au serveur ERP, en ralentissant les flux TCP des autres applications.

Il en résulte que la mise en œuvre de ces équipements est souvent la solution à court terme pour les réseaux d'entreprise actuels qui font fréquemment appel à des lignes spécialisées ou des circuits virtuels Frame Relay ou ATM. L'étape suivante consiste alors pour ces entreprises à interconnecter ses sites directement, à l'aide d'un réseau d'opérateurs au niveau IP, prenant en charge la QoS. Comme nous l'avons souligné, compte tenu de la capacité d'analyse des trafics de ces équipements d'extrémité de réseau, il est souhaitable qu'ils constituent à terme des équipements périphériques de réseaux gérant la QoS.

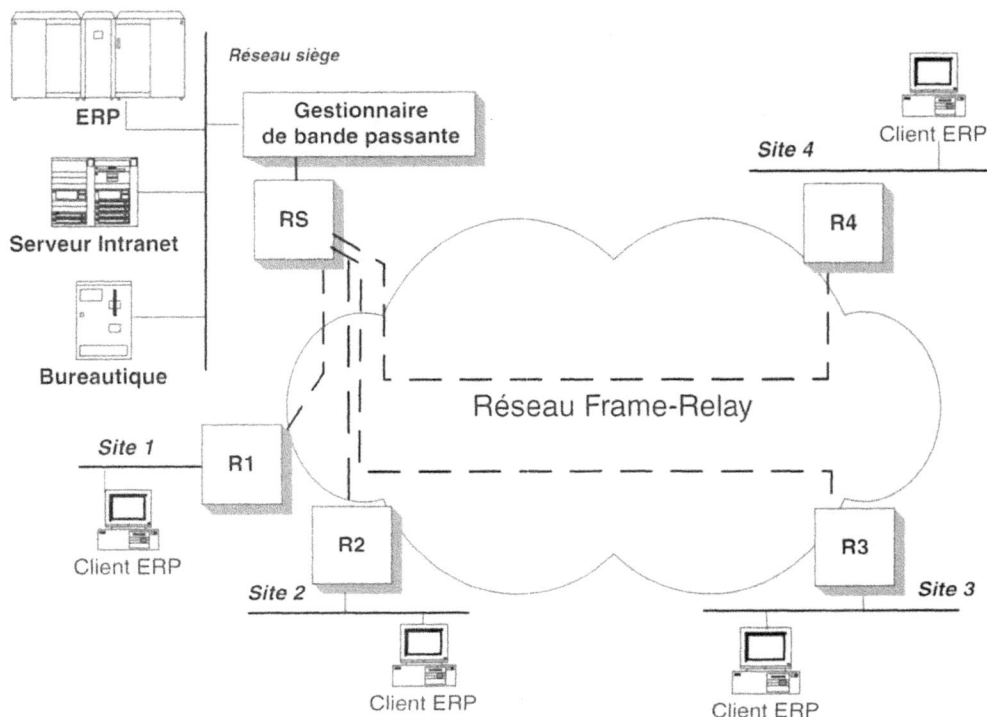

Figure 1-8

Exemple de mise en œuvre de gestionnaire de trafics

Les équipements de médiation

En complément des solutions de gestion de la QoS évoquées jusqu'ici, il est souvent nécessaire de disposer de *services de médiation* qui désignent un ensemble d'outils destinés à permettre une *exploitation critique* des applications réseau. Ces outils se placent à la frontière du domaine réseau et du domaine des applications. Ils sont particulièrement utilisés pour les applications jugées critiques : applications de gestion (SAP, Oracle Financial, etc.) ou de commerce électronique (e-business).

L'exploitation critique de ces applications doit répondre à deux objectifs principaux :

* La haute disponibilité du service applicatif pour les utilisateurs,
* La performance de l'application.

Il faut donc assurer à la fois une bonne QoS sur le réseau, mais également au niveau des serveurs. La QoS est considérée sur l'ensemble de la chaîne de liaison : client-réseau-serveur.

Les principaux outils assurent donc :

* la répartition de charge :
  – d'accès à des serveurs (locaux ou distants) : accès avec une même URL à des serveurs physiques distincts (locaux ou distants),

- d'accès à de multiples réseaux (multihoming) : accès à l'Internet (ou à un extranet) par plusieurs ISP, par exemple.

- la haute disponibilité grâce à la redondance des serveurs et des liens réseau de façon transparente pour l'utilisateur ;

- les techniques de cache.

Le principal protagoniste de ces outils est la société Radware avec ses équipements LinkProof (équilibrage de charge réseau) et Web Server Director (répartition de charge serveur).

Positionnement de l'ouvrage

Cet ouvrage est principalement consacré à la qualité de service dans les réseaux. Il ne s'agit pas de faire l'éloge des technologies de QoS intégrées au réseau par rapport aux technologies de QoS externes au réseau, dans la mesure où ces approches sont complémentaires. Toutefois, il est avéré que les technologies de QoS réseau sont mal perçues par les utilisateurs. Cela tient en grande partie au fait que ces dernières sont principalement mises en œuvre par les opérateurs de télécommunications, et qu'elles le seront de plus en plus, puisque ces derniers souhaitent progressivement devenir des opérateurs de services IP.

Il est donc important de bien comprendre les caractéristiques de ces technologies afin de déterminer lesquelles sont les plus pertinentes en fonction des besoins considérés, au lieu de succomber aux argumentaires marketing des différents protagonistes. De ce point de vue, la gestion de la QoS nécessite une démarche rigoureuse (comme c'est le cas pour les problèmes de sécurité) qui doit être maîtrisée par les entreprises. Confier l'exploitation à un prestataire externe se justifie si ce dernier s'acquitte bien de sa tâche. Pour ce faire, il est nécessaire de le contrôler *via* des rapports mensuels pour vérifier que le CQS (Contrat de qualité de service) est respecté. Pour autant, ce contrat doit être adapté aux besoins de l'entreprise, ce qui suppose de modifier le CQS (SLA)[1] standard proposé par l'opérateur. Cette procédure implique donc une bonne maîtrise des éléments sous-traités à un prestataire externe. Pour vous en convaincre, nous vous invitons à observer les paramètres d'un SLA, au chapitre 10. Vous constaterez que les spécifications techniques du service de l'opérateur sont très précises.

Vous trouverez donc, dans la suite de cet ouvrage, des informations utiles à une bonne compréhension des enjeux techniques de l'externalisation. Il vous faudra la compléter par une méthode de mise en œuvre, qui sera souvent envisagée conjointement avec la sécurité.

Les niveaux de service de la QoS réseau

L'analyse des besoins exposée précédemment a établi que le niveau de QoS à fournir par une infrastructure donnée est étroitement lié aux exigences des applications à mettre en œuvre. Dans la pratique, l'usage semble distinguer trois niveaux principaux de service de QoS dans les réseaux, que nous présentons ci-après.

- **Les services au mieux ou best effort** : ce service ne propose pas de QoS, mais un service primaire de connectivité entre deux points quelconques du réseau ;

---

1. Le SLA (*Service Level Agreement*) est le terme anglais pour désigner le CQS (Contrat de qualité de service). Son usage étant très répandu, nous utiliserons ce terme par la suite.

- **Les services différenciés ou Differentiated Services** : ces services proposent un traite-ment préférentiel de certains types de trafic. Il s'agit d'une préférence relative et non d'une garantie absolue. En d'autres termes, les trafics prioritaires expérimenteront un meilleur délai d'acheminement que des trafics non prioritaires, mais il n'y aura pas de garantie sur une valeur du temps d'acheminement. Le service postal constitue à cet égard un bon exemple : le courrier affranchi au tarif normal est délivré plus rapidement que le courrier affranchi au tarif lent. En revanche il n'existe pas de garantie sur le délai d'acheminement.

- **Les services garantis ou Guaranteed Services** : ces services proposent des caractéristiques de QoS garanties grâce à la réservation de ressources sur le réseau. Dans ce cas, pour reprendre l'exemple précédent, l'acheminement d'un pli sera garanti sous 24 heures, par exemple.

La mise en œuvre de ces niveaux de service va dépendre à la fois des besoins des applications et des niveaux d'investissements à consentir pour atteindre le plus haut niveau de service. En effet, on peut penser que les entreprises ont d'abord besoin d'un niveau de service différencié pour assurer l'implémentation d'applications critiques interactives de type ERP et/ou e-busi-ness, et qu'elles évolueront par la suite vers des services garantis pour assurer la mise en œuvre d'applications de type visioconférence ou voix et/ou vidéo.

Cependant, certaines entreprises et la plupart des opérateurs optent pour la mise en œuvre simultanée de ces trois niveaux de service. Dans ce cas, l'utilisation du niveau de service sera fonction des applications et donnera lieu, le cas échéant, à la facturation correspondante. Les services *garantis* constituent alors les trafics prioritaires du réseau, les services *différenciés* le seront à un moindre niveau et, enfin, les services au *mieux* seront les moins prioritaires. On retrouve cette similitude pour les classes de services CBR, VBR et UBR, envisagées en tech-nologie ATM (voir, au chapitre 5, un rappel de ces classes de services).

Figure 1-9

Les niveaux de service de QoS

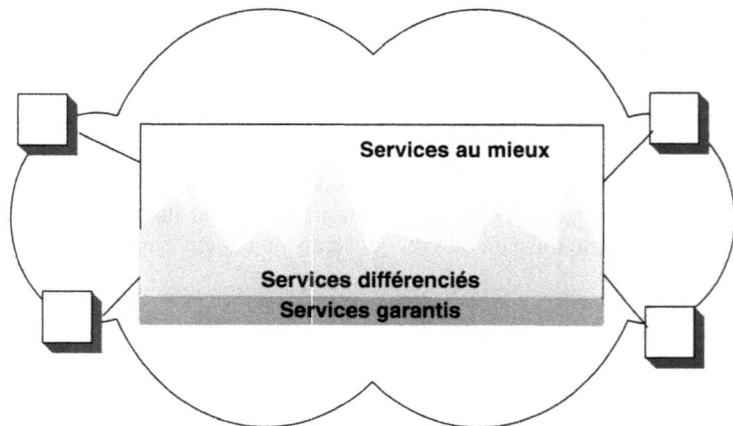

Services au mieux

Services différenciés
Services garantis

Les composants de la QoS réseau

Après avoir mis en évidence la nécessité d'une gestion des trafics au sein du réseau et les différents niveaux de service de QoS possibles, nous allons distinguer les principaux compo-sants nécessaires à cette gestion. Nous nous référerons dans la suite de cet ouvrage à la termi-nologie QoS réseau pour désigner la gestion de trafic au sein du réseau. Les besoins d'une

QoS globale (c'est-à-dire qui permet la mixité des flux voix-données-images en tout point du réseau) vont nécessiter une architecture réseau adaptée et susceptible de favoriser les trafics sensibles à chaque nœud de transit du réseau. Il est alors nécessaire de coordonner le fonctionnement de chaque nœud et de proposer des outils de gestion de l'ensemble. Ainsi, une architecture de QoS réseau comprend les éléments ci-après.

• Des mécanismes de QoS intégrés aux équipements du réseau : ils permettent d'appliquer localement la politique de gestion des flux, en soumettant les paquets reçus à des traitements particuliers. En outre, ces équipements doivent savoir utiliser les caractéristiques de QoS fournies par les liens réseau les reliant à d'autres équipements.

• Des mécanismes de signalisation pour la QoS : ces mécanismes permettent de coordonner la QoS de bout en bout entre les éléments du réseau.

• Une gestion et un contrôle de la QoS sur le réseau : ces mécanismes permettent une administration centralisée, qui débouchera sur la facturation.

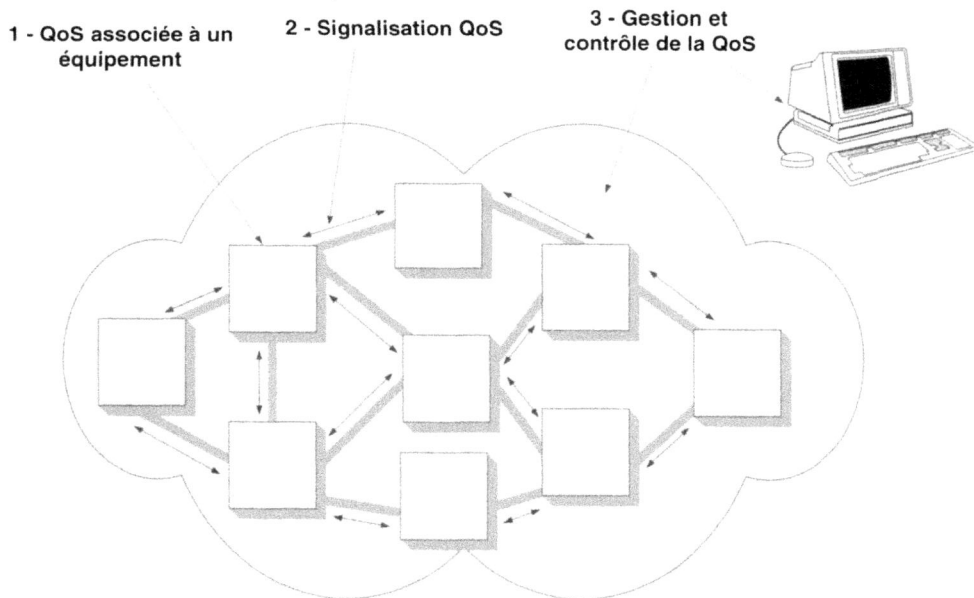

Figure 110
Composants de la QoS réseau

Nous expliquons ci-dessous le principe et les caractéristiques de chacun des 3 éléments.

QoS associée à un équipement

Les mécanismes de QoS associés à un équipement permettent à ce dernier de modifier son fonctionnement selon la priorité des paquets reçus. Comme nous l'avons déjà souligné, cela suppose que l'ensemble des nœuds du réseau mette en œuvre les trois fonctionnalités suivantes :

- la classification : cette fonction permet de trier les trafics entrants pour les affecter à des files d'attente [1] ;
- la mise en file d'attente : les files d'attente permettent le partage de la bande passante du lien de sortie ;
- l'ordonnancement : cette fonction permet de servir les files d'attente en fonction de leur priorité respective.

Ces fonctionnalités de QoS liées aux équipements sont décrites au chapitre 4.

Signalisation QoS

Complémentarité des signalisations et domaine de validité

La signalisation QoS est un processus qui permet, sur chaque nœud du réseau, d'appliquer de façon cohérente la QoS et ce, de bout en bout du réseau. À ce stade, il faut remarquer que de nombreux mécanismes de signalisation existent. À titre d'exemple, l'en-tête d'une trame Ethernet peut inclure un niveau de priorité signalant aux commutateurs Ethernet le comportement à adopter pour acheminer la trame sur un réseau local d'établissement. Comme le montre cet exemple, le mécanisme de signalisation utilisé peut avoir un domaine de validité plus ou moins large. Dans le cas d'Ethernet, ce domaine de validité sera restreint à un réseau local. Pour ATM, la signalisation sera réalisée grâce à un processus d'appel préalable au transfert des informations. Lors de la phase d'appel, des messages de signalisation indiqueront aux équipements du réseau la façon de traiter les informations transmises sur un circuit virtuel déterminé. Le domaine de validité sera cette fois circonscrit au réseau ATM. Si l'on suppose que deux LAN Ethernet sont interconnectés *via* un WAN ATM, il est nécessaire de faire correspondre la signalisation QoS d'Ethernet et celle d'ATM, afin de proposer aux applications une QoS de bout en bout. Dans la réalité, comme le modèle d'architecture de QoS l'a déjà suggéré, les mécanismes de signalisation de niveau 2 (ATM ou Ethernet par exemple) seront intégrés dans un mécanisme de signalisation au niveau IP (niveau 3), qui présente l'avantage d'être par nature un protocole de bout en bout (présent dans les systèmes terminaux ou host). Cette universalité de la connectique IP est la raison pour laquelle les mécanismes de signalisation liés à IP jouent un rôle fondamental. Il reste bien entendu à intégrer ces mécanismes de signalisation IP à ceux de plus bas niveau (c'est la problématique de l'intégration verticale des mécanismes de signalisation, déjà évoquée en début de chapitre).

Nature de la signalisation

Les deux exemples cités ci-dessus, ont permis de mettre en évidence deux natures de signalisation :

---

1. La fonction complexe de classification pourra être déportée en périphérie du réseau afin de soulager les équipements du cœur de réseau.

- la signalisation *in band* : ici, les données de signalisation sont portées par l'information à véhiculer. C'est le cas des trames Ethernet de l'exemple ci-dessus, qui comprennent dans l'en-tête de la trame le niveau de priorité à appliquer à la trame ;

- la signalisation *out band* : là, les données de signalisation sont véhiculées vers les équipements réseau préalablement au transfert des informations, et indépendamment. C'est notamment le cas de la signalisation sur un réseau ATM qui permet, lors de la phase d'appel, d'indiquer aux commutateurs ATM la façon dont il convient de traiter les informations véhiculées sur un circuit virtuel. Ce mode de signalisation présente entre autres conséquences celle d'obliger les équipements du réseau à mémoriser les contraintes de QoS pour chaque flux à traiter ultérieurement. En conséquence, cette technique de signalisation pose quelques problèmes de mise en œuvre sur des réseaux comportant plusieurs milliers de connexions. Nous reviendrons ultérieurement sur cette problématique.

Nous avons déjà évoqué les deux principaux niveaux de services de QoS : services différenciés et services garantis. Le premier niveau de service sera généralement mis en œuvre grâce à des techniques de signalisation in band, tandis que les services garantis seront généralement implémentés à l'aide d'une signalisation out-band.

Point d'application de la signalisation

Il est important de savoir si cette signalisation est gérée par l'application, ou bien si elle est limitée au réseau. On parle de point d'application de la signalisation. Le point d'application remonte jusqu'à l'application s'il est situé en P0, il reste sinon circonscrit aux limites du réseau gérant la QoS : point P1.

Figure 1-11

*Points d'application
de la QoS grâce
à la signalisation*

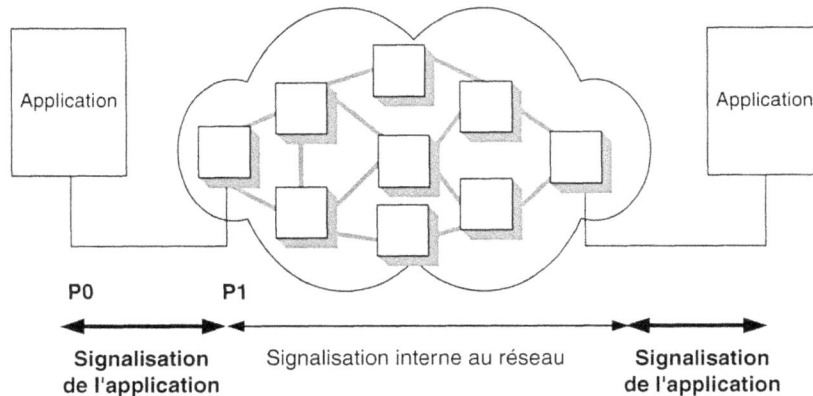

Afin que les applications indiquent au réseau leurs besoins en termes de QoS, certains éditeurs de logiciels ont intégré à leurs systèmes d'exploitation le protocole RSVP (Resource Reservation Protocol), défini par l'IETF dans le modèle de service garanti IntServ. C'est le cas notamment de Windows 2000 au travers de l'interface Winsock 2, qui permet aux applications de spécifier leurs besoins en QoS. Notons à ce sujet que la plupart des applications informatiques critiques ont d'ores et déjà intégré cette interface. Dans le cas où l'application ne sait pas spécifier ses besoins à l'interface Winsock 2, aucune signalisation dynamique RSVP ne sera générée. Il sera alors nécessaire d'indiquer statiquement, dans le premier élément du réseau (routeur) mettant en œuvre la gestion de la QoS, les paramètres de QoS à affecter à l'application (le point P1 dans notre exemple). Cette allocation statique sera réalisée soit manuellement (par programmation du routeur) soit à l'aide d'outils spécifiques de configuration de la Qos.

> **REMARQUE** L'identification de l'application par l'élément réseau sera réalisée à l'aide d'une information (n°port) contenue dans le paquet IP et permettant d'identifier l'application. Pour plus de détails sur l'architecture TCP/IP, reportez-vous au chapitre 2, *Rappels sur le fonctionnement des réseaux.*

Interopérabilité

Nous avons déjà souligné la nécessité d'interopérabilité des signalisations de QoS. A ce sujet, nous avons mis en avant l'utilité d'une signalisation au niveau IP, en raison de l'universalité de la connectique IP. Cependant, il est nécessaire de préciser qu'il existe plusieurs mécanismes de signalisation au niveau IP. La QoS sur IP de type service garanti définie par le groupe de travail de l'IETF IntServ a établi RSVP comme protocole de signalisation (signalisation de type out-band). La QoS sur IP de type service différencié définie par le groupe de travail DiffServ de l'IETF requiert quant à elle une signalisation in band dans les paquets IP (utilisation d'un champ de l'en-tête IP pour indiquer la priorité du paquet). Afin de rendre compatible la signalisation RSVP (issue du modèle IntServ : réseau à service garanti) avec un réseau DiffServ (réseau à services différenciés), l'IETF a défini les modes d'interopérabilité. Cela permet donc à une application reposant sur la signalisation RSVP de fonctionner sur un réseau DiffServ, mais également à un réseau DiffServ d'interopérer avec un réseau IntServ. L'utilité de ces interconnexions et les conditions d'interopérabilité apparaîtront plus clairement lors de la présentation de ces modèles de qualité de service sur IP, au chapitre 3 *Vue générale des mécanismes de QoS.*

Gestion et contrôle de la QoS

La mise en œuvre de différents niveaux de service de QoS pose concrètement les problèmes suivants :

- Comment vais-je pouvoir affecter un niveau de service à une application, un groupe d'utilisateurs ou bien les deux, soit de manière statique (définitive) soit de façon dynamique (exemple : les personnes du service comptabilité ont un accès privilégié à l'application SAP de 10 h à 15 h) ?

- Comment vais-je m'assurer que les trafics non prioritaires (l'équivalent de la classe économique dans le transport aérien) ne vont pas essayer d'obtenir un meilleur service (celui de la première classe, pour reprendre notre exemple) ?

- Comment vais-je pouvoir facturer l'utilisation des différents niveaux de service ?

Ces trois problématiques sont l'objet d'une intense activité de normalisation qui est loin d'être achevée. Pourtant, leur résolution est essentielle pour que puissent se développer des réseaux supportant la qualité de service. En outre, elle est fortement couplée à la signalisation de la QoS réseau qui a pour objet de mettre en place le niveau de service exigé de bout en bout sur le réseau et de l'associer au trafic d'un utilisateur déterminé.

Deux niveaux de gestion sont alors possibles :

- l'utilisation d'une signalisation dynamique au niveau de l'utilisateur : dans ce cas, l'application pourra demander une qualité de service à l'aide d'un protocole de signalisation comme RSVP. L'opérateur devra alors disposer de mécanismes automatisés permettant de provisionner dynamiquement les ressources sur le réseau, de contrôler et de comptabiliser les trafics. Ce mode suppose l'allocation dynamique de ressources sur le réseau. Il sera fondé sur un SLA dynamique (contrat de service) entre l'opérateur et le client. Toutefois, si l'opérateur ne sait pas fournir une allocation dynamique de ressources, une correspondance entre la signalisation dynamique RSVP fournie par l'usager et un certain nombre de classes de service disponibles sur le réseau de l'opérateur sera établie. C'est actuellement le mode de fonctionnement utilisé par les opérateurs ;

- L'utilisation de niveaux de services selon des profils d'utilisation convenus à l'avance entre l'utilisateur et l'opérateur : ce mode suggère une relation plus traditionnelle entre l'opérateur et ses clients, l'utilisateur définissant *a priori* les caractéristiques des trafics qu'il soumettra à l'opérateur. Ce mode fait appel à l'allocation statique de ressources dans le réseau de l'opérateur. Il se fonde sur la mise en œuvre d'un SLA statique avec l'usager. L'opérateur pourra implémenter des systèmes de gestion permettant le paramétrage de ces équipements, en fonction des contrats (SLA) de ses clients. Cette facilité évitera de recourir à une gestion plus manuelle de ses équipements.

Quoi qu'il en soit, il s'agit de problématiques complexes qui nécessiteront probablement encore du temps avant d'être utilisables, comme le prouve la difficulté des opérateurs à proposer une offre de circuits virtuels commutés sur Frame Relay ou ATM (service de QoS garanti). La difficulté ne provient pas tant du protocole de signalisation permettant une utilisation dynamique du réseau, que de la difficulté à gérer l'authentification des appels, la facturation et les problèmes de sécurité associés. On peut donc affirmer que les offres d'opérateurs seront fondées, dans un premier temps, sur l'allocation statique de ressources.

En résumé, l'objectif du composant de gestion et de contrôle de la QoS consiste à faciliter la gestion des réseaux en la rendant aussi transparente et automatique que possible.

Cette gestion des niveaux de service de QoS est appelée *politique* (policy) de QoS. Elle définit les règles qui déterminent comment, quand et où la QoS doit être appliquée à différents trafics réseaux.

L'objectif final est de parvenir à un réseau intelligent faisant appel à des serveurs de règles et capable d'assurer les trois fonctions suivantes :

- allocation dynamique de ressources :
  - à des utilisateurs, groupes d'utilisateurs et applications,
  - tenant compte de l'état actuel du réseau,
  - selon des règles définies à l'avance (plages horaires, etc.) ;
- contrôle d'utilisation des ressources ;
- facturation de l'utilisation des ressources.

L'ensemble de ces problématiques est détaillée au chapitre 8, *Gestion et administration de la QoS*. La figure ci-après schématise un fonctionnement type.

Figure 1-12

Réseau disposant d'une gestion des politiques de QoS

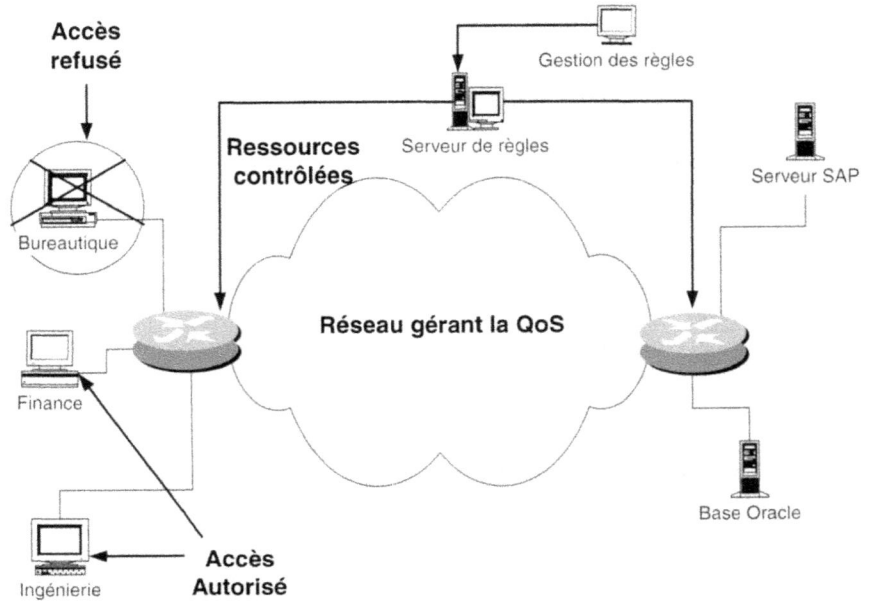

Rappel sur le fonctionnement des réseaux

Avant d'examiner en détail les mécanismes de QoS, revoyons les techniques de base sur les réseaux afin de fixer la terminologie utilisée et de présenter les mécanismes qui ont prévalu à la mise en œuvre des techniques de QoS. Après quelques rappels sur le fonctionnement général des protocoles, nous examinons plus particulièrement le mode de fonctionnement des réseaux IP actuels, qui font appel au service en best effort. Une brève analyse permettra d'expliquer les raisons du succès du protocole IP et des réseaux qui se fondent sur ce protocole et, dans le même temps, d'en signaler les limites.

Rappels sur le fonctionnement des protocoles

Le but de ces rappels est de formaliser un cadre de présentation des technologies de QoS et de rappeler le rôle respectif des différents éléments constitutifs d'un réseau. La difficulté provient d'abord du fait que le cadre normatif de l'OSI (Organisation de standardisation internationale) représenté par le modèle ISO(Interconnexion des systèmes ouverts) ne s'accorde pas complètement avec le découpage en couches des réseaux IP, même si les deux modèles sont voisins. Dans un souci de rigueur, nous exposerons en premier lieu les principes du modèle ISO, puis nous observerons la pile de protocole TCP/IP dans la seconde partie de ce chapitre.

> **AVERTISSEMENT** Les technologies de QoS font souvent appel à des mécanismes situés dans différentes couches (approche transversale). Il en résulte souvent une grande difficulté de représentation de ces mécanismes, voire des présentations différentes.

La classification du modèle ISO

Le modèle ISO est un modèle théorique, exposant les principales problématiques à résoudre pour l'interconnexion de systèmes ouverts. La démarche se propose de décomposer la problématique complexe de l'interconnexion en problématiques plus simples à appréhender (les couches) et surtout indépendantes. Ainsi, le modèle prévoit 7 couches indépendantes, traitant chacune une partie de la problématique complexe d'interconnexion.

Ainsi, la place des équipements d'interconnexion existants (passerelles, routeurs, commutateurs ou ponts, etc.), et traitant de manière plus ou moins complète l'interconnexion, est fonction de ce modèle. Par exemple, un commutateur opère au niveau de la couche liaison de données et examine donc l'en-tête des trames (Ethernet par exemple) pour acheminer l'information. Un routeur intervient pour sa part au niveau de la couche réseau. Il examine donc les en-têtes de paquets du niveau 3 (IP par exemple) pour décider de l'acheminement des informations. Il faut rappeler que ce modèle conceptuel remonte aux années 70 et qu'il est parfois mal adapté pour représenter la réalité des protocoles réseau actuels (situés sur deux couches, ce qui théoriquement est impossible dans le modèle). Quoi qu'il en soit, ce modèle sert toujours de référence pour placer les différents protocoles réseau et tout particulièrement ceux mettant en œuvre des mécanismes de QoS. En fonction de la position sur le modèle d'un protocole donné (le niveau de couche sur lequel il se situe), on peut rapidement en déduire les problématiques traitées par le protocole. C'est donc un modèle de représentation très utile et dont on se servira pour présenter les différents mécanismes de QoS.

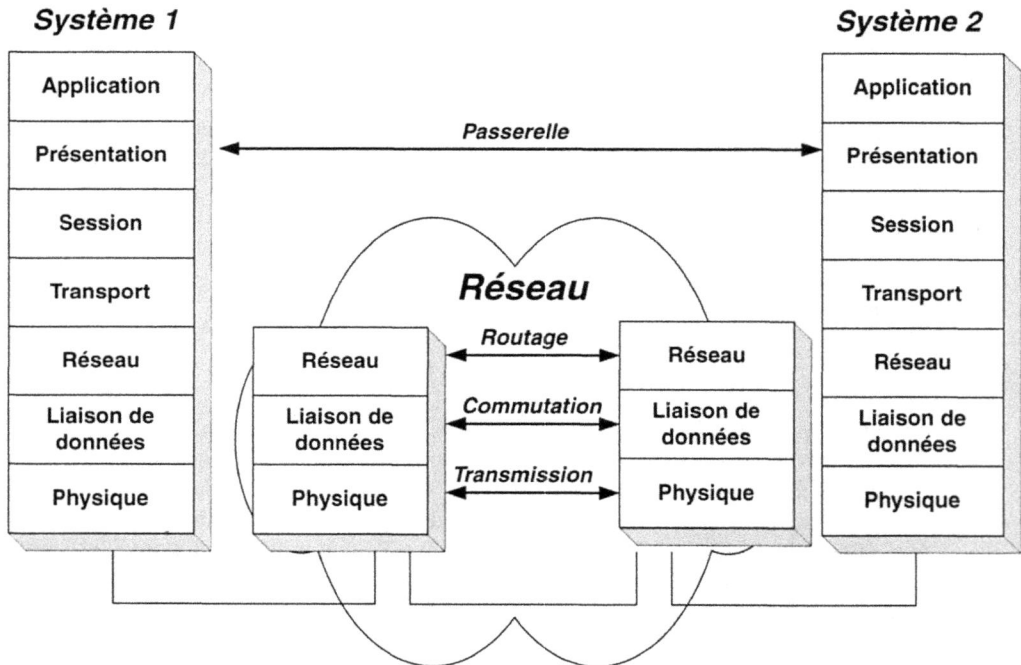

Figure 2-1

Modélisation en couches de l'OSI

Ce modèle repose sur un certain nombre de principes et de règles de fonctionnement exposés ci-après.

- Principes du modèle :

    - division des fonctions en niveaux ou en couches ;

    - deux utilisateurs d'une même couche peuvent communiquer entre eux au moyen des protocoles propres à leur couche. Exemple : le protocole de transport TCP permet d'établir une connexion de transport entre système 1 et système 2. TCP s'appuie à cet effet sur les services de la couche réseau IP, qui elle-même se réfère aux couches de liaisons de données (Ethernet, Frame Relay, etc.) pour assurer le cheminement de proche en proche ;

    - les utilisateurs (ou entités) d'une même couche sont appelés *pairs* (peer) ;

    - chaque couche utilisera les services fournis par les couches inférieures ;la teneur du dialogue n'est pas affectée par les couches inférieures, dites transparentes.

- Règles de fonctionnement :

    - les protocoles d'un niveau N doivent agir uniquement à l'intérieur d'une même couche ;

    - des frontières doivent être créées entre les couches, avec des interfaces aussi simples que possible (**SAP** : Service Access Point) ;

    - la modification intérieure des couches ne doit pas affecter les services qu'elles offrent, ni les fonctions qu'elles sont censées fournir ;

    - chaque couche ajoute aux données qu'elle véhicule des informations de contrôle dans un en-tête qui lui est spécifique (exemple : en-tête IP de la couche 3, en-tête MAC pour Ethernet, etc.).

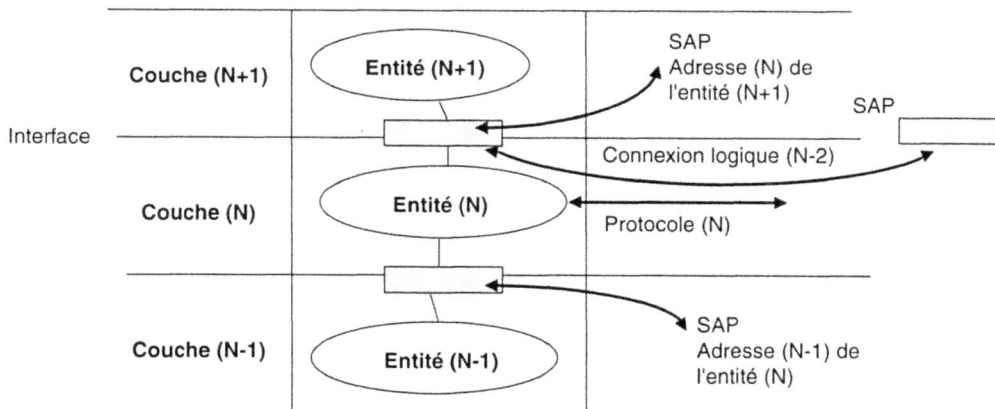

Figure 2-2
Principe de fonctionnement des couches

La dernière règle de fonctionnement implique que les informations de contrôle de chaque couche soient encapsulées dans les informations à véhiculer par la couche inférieure. Nous obtenons ainsi (pour le modèle IP qui ne comprend que 4 couches au lieu des 7 de l'ISO) le principe présenté à la figure 2-3.

Figure 2-3

Encapsulation des données de protocole IP

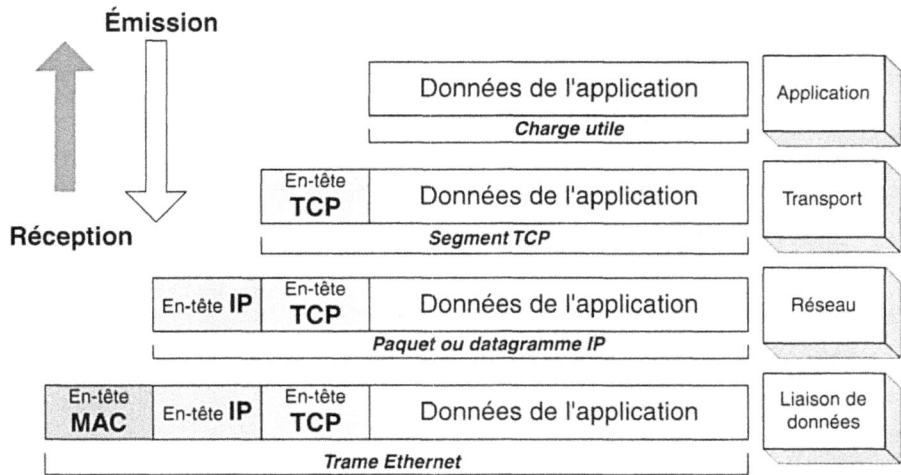

Émission

Réception

| Données de l'application | | | | Application |

Charge utile

| En-tête **TCP** | Données de l'application | | | Transport |

Segment TCP

| En-tête **IP** | En-tête **TCP** | Données de l'application | | Réseau |

Paquet ou datagramme IP

| En-tête **MAC** | En-tête **IP** | En-tête **TCP** | Données de l'application | Liaison de données |

Trame Ethernet

Le nom des entités de protocole véhiculées est précisé dans la figure ci-dessus (segment TCP, paquet ou datagramme IP, trame Ethernet). Dans la pratique, l'empilement des couches protocolaires induit une charge inutile sur la ligne (en comparaison de la charge utile constituée par les données de l'application). Cette surcharge protocolaire est particulièrement sensible lorsque les données de l'utilisateur sont de faible longueur. Nous y reviendrons au chapitre 11 *Mise en œuvre de la QoS*, lorsque nous aborderons la VoIP (Voix sur IP). Des mécanismes de compression des en-têtes peuvent être mis en œuvre sur des lignes à faible débit.

Le rôle des différentes couches

Nous allons rapidement décrire le rôle de chaque couche, en précisant son rapport avec la qualité de service. Il faut tout d'abord noter que la mise en œuvre des protocoles associés à chaque couche requiert des informations de service contenues dans l'en-tête de l'unité d'informations à traiter.

La couche physique

- Elle gère les aspects mécaniques et électriques de la communication.
- La transmission s'effectue en séquence d'unités de données (bits) sur le support physique.
- Exemple de protocole niveau 1 : X21, couche physique Ethernet.

La couche liaison de données (Data link)

- Établissement et libération de connexions de liaison (point à point).
- Détection d'erreurs et reprise sur erreur.
- Délimitation et synchronisation des trames.
- Exemples de protocoles : HDLC, MAC Ethernet, Token Ring ou FDDI.

Il faut noter que les protocoles de niveau 2 induisent plus ou moins de perturbation sur le délai d'acheminement. Ainsi, le protocole Ethernet (CSMA/CD) est par nature dépourvu de QoS puisque son fonctionnement repose sur le principe de retransmission aléatoire, en cas d'émission simultanée de trames sur un même segment. Cet effet est diminué par la vitesse du protocole, mais il devient gênant en présence d'un trafic très important (cas d'un segment Ethernet reliant de nombreuses stations de travail et serveurs).

Le recours à des commutateurs Ethernet pour connecter les différents hosts (stations ou serveurs) permet de neutraliser l'effet néfaste du fonctionnement aléatoire d'Ethernet, mais il introduit potentiellement des délais supplémentaires liés au traitement de l'acheminement des trames d'une part, et à la mise en file d'attente des trames d'autre part, dans l'hypothèse d'un lien congestionné. Aussi, les fonctions d'interconnexion liées à la couche 2 (**fonction de commutation**) et présentées comme l'alternative absolue à celles de la couche 3 (fonctions de routage) comportent-elles également des inconvénients dans le cas de la mise en œuvre de la QoS. Cependant, des mécanismes particuliers pour le support de la QoS ont été définis pour certains protocoles de la couche 2 (802.1pour Ethernet) ou directement intégrés au protocole (ATM par exemple). Ils seront détaillés au chapitre 5 *Modèles et protocoles du niveau 2.*

La couche réseau (Network)

Elle se caractérise par :

- le transport de données de bout en bout ;
- le routage et le relais des informations, c'est-à-dire le choix d'un itinéraire (d'une route) parmi les différents possibles à l'intérieur du réseau ;
- la coexistence, à l'intérieur d'un réseau, de plusieurs types de liaisons. La couche garantit le fonctionnement de l'ensemble comme un tout homogène ;
- la gestion d'adressage des entités du réseau : adressage IP, IPX, etc. ;
- la segmentationet le ré-assemblage des paquets : un paquet IP peut être fragmenté en plusieurs paquets IP si la charge utile d'un lien réseau sur un tronçon de sa route est inférieur à la longueur du paquet. À noter dans ce cas que le ré-assemblage du paquet se fait sur le système (host) de destination ;
- Exemple : X25 niveau 3, IP Internet, IPX Novell.

Une **adresse réseau** est constituée :

- d'un numéro de réseau,
- du numéro du nœud (host dans la terminologie IP) de ce réseau.

Cet adressage dépend du type de protocole utilisé (IP, IPX, etc.). L'adressage actuel d'IP est la version 4 (la version IP v6 est définie mais peu utilisée). Une adresse IP est définie sur 4 octets (32 bits) qui sont représentés par convention sous une forme décimale séparée par des points (exemple : 10.64.40.1).

La fonction de routage, liée au niveau 3 est dans la pratique mise en œuvre dans les routeurs de façon distribuée (c'est-à-dire que chaque routeur dispose de sa propre capacité à déterminer la route à emprunter) à l'aide des deux fonctions distinctes ci-après.

1. Le calcul des routes : tâche de fond qui tourne en arrière-plan dans les routeurs pour déterminer le chemin (la route) à emprunter pour atteindre le réseau de destination.
   - Il se fonde sur l'utilisation d'algorithmes de routage.
   - Ces algorithmes de routage initialisent et mettent à jour des tables de routage qui contiennent la liste des réseaux distants existants et l'adresse du routeur suivant (et par

conséquent de l'interface) à utiliser pour atteindre ces réseaux par le plus court chemin. Selon l'algorithme de routage utilisé, le calcul de la route sera plus ou moins rapide, et le nombre de routes « gérables » pourra varier. Il est possible de paramétrer certains algorithmes de routage afin d'influencer le choix de route selon différents critères (coût de la route, débit du lien, etc.).

- Les routeurs communiquent entre eux à l'aide de messages de *routing update* pour s'informer mutuellement des changements topologiques intervenus sur le réseau : lien indisponible, panne de routeur, nouvelle adresse réseau, etc. La rapidité de prise en compte de ces changements topologiques (vitesse de convergence) dépendra du protocole (algorithme) de routage retenu. Le choix d'un protocole de routage est donc un élément essentiel dans le fonctionnement d'un réseau.

2. L'acheminement des paquets (*forwarding*) : tâche en avant-plan qui traite effectivement les paquets pour les acheminer selon les informations fournies par la précédente fonction de calcul des routes.

- Le forwarding est une opération simple qui consiste, à la réception du paquet, à analyser son en-tête afin de déterminer le réseau de destination du paquet et de consulter la table de routage pour connaître l'adresse du prochain routeur (*next hop*), et donc l'interface à utiliser pour acheminer ce paquet.

- Lorsque le routeur ne connaît pas l'adresse du réseau de destination contenu dans le paquet, celui-ci est détruit. Le modèle suppose que la couche supérieure (TCP ou UDP dans le cas d'IP) s'apercevra de l'erreur et agira en conséquence.

En routage distribué, chaque routeur décide indépendamment du prochain routeur (next hop) vers lequel le paquet doit être acheminé, en fonction de l'adresse de destination contenue dans le paquet. Nous verrons au chapitre 3 que les décisions de routage peuvent se fonder sur d'autres critères afin de mieux satisfaire aux exigences de la QoS.

Le calcul de routes est généralement réalisé sur une carte processeur du routeur, réservée à cet effet. La (ou les) table(s) de routage générée(s) par l'exécution du (ou des) protocole(s) de routage est (ou sont) alors chargée(s) sur les cartes d'interface qui prennent en charge l'acheminement (forwarding) des paquets. Ainsi, ce processus est indépendant des mécanismes de routage utilisés. Lors de l'acheminement, il se peut que l'interface de sortie soit déjà mobilisée par un paquet en cours d'émission. Dans ce cas, il sera nécessaire de stocker le paquet en cours dans une file d'attente afin de résoudre cette congestion momentanée. De même, si un nouveau paquet doit être acheminé vers la même destination, le paquet sera également mis dans la file d'attente derrière le précédent. Cette dernière sera alors vidée selon le principe du premier arrivé, premier servi (ou FIFO, First In, First Out). Cette gestion par défaut de files d'attente pose évidemment un problème pour les applications sensibles au délai d'acheminement. Nous verrons au chapitre 3 les mécanismes de QoS intégrés aux équipements pour prendre en compte localement les contraintes de QoS.

Le rôle de la couche 4 (Transport)

C'est une couche présente uniquement sur les extrémités du réseau, c'est-à-dire dans les systèmes terminaux (les hosts).

Elle sert principalement à :

- établir un système de synchronisation du transport de bout en bout, entre l'émetteur et le destinataire : contrôle de flux de l'émetteur par rapport aux possibilités du récepteur ;

- garantir la fiabilité de la liaison : comptabilisation du nombre de paquets à émettre côté émetteur et vérification du nombre de paquets reçus côté récepteur, puis, éventuellement, ré-ordonnancement des paquets reçus. En effet, les paquets étant acheminés individuellement sur le réseau, rien ne garantit qu'ils arrivent dans le même ordre suite à une modification topologique du réseau (panne d'un routeur, etc.) entraînant une modification du routage et donc un changement de route.

Les caractéristiques de contrôle de flux sont utiles pour réaliser certains mécanismes de QoS. Les gestionnaires de trafic y recourent fréquemment pour ralentir les trafics les moins prioritaires et réserver davantage de bande passante aux trafics prioritaires.

Nous n'aborderons pas les autres couches qui n'ont que peu de rapport avec les technologies de QoS décrites dans cet ouvrage.

Routage et commutation

Comme nous venons de le signaler, le routage est un processus dans lequel un routeur collecte, maintient et diffuse l'information sur les chemins utilisables, pour atteindre différentes destinations à l'intérieur d'un réseau. On possède ainsi une vue de l'interconnexion au niveau 3 du modèle ISO (le plus souvent une vue IP). Cependant, la mise en œuvre de réseaux commutés, tels que Frame Relay ou ATM, vient compliquer la vue du réseau. En effet, ce type de réseau commuté dispose également de mécanismes de routage, mais pas dans le même sens qu'au niveau paquet. En effet, le routage de niveau 3 est par nature sans connexion et l'acheminement est réalisé paquet par paquet (analyse de chaque paquet puis décision de routage). A *contrario*, les techniques de commutation visent à établir une connexion de bout en bout à l'aide de la mise en place d'un circuit virtuel. Ce circuit virtuel (appelé ainsi par analogie au circuit téléphonique) garantit le caractère séquentiel des paquets reçus. Chaque circuit virtuel dispose de caractéristiques particulières : débit, support de la QoS, etc.

Ainsi, les technologies de commutation n'ont pas de rapport avec les protocoles de plus haut niveau, et notamment les technologies de routage de niveau 3. En raison de cette indépendance, il n'est pas aisé de propager les caractéristiques de QoS qui, comme nous l'avons déjà signalé, doivent être intégrées verticalement (transversales à l'ensemble des couches).

Cette superposition de fonctions (routage/commutation) est souvent appelée mode *Overlay* pour souligner le double niveau de routage (sélection de route).

- Au niveau 2, le protocole de routage (PNNI dans ATM, par exemple) permet l'établissement dynamique de circuits virtuels (Circuit virtuel commuté).

- Au niveau 3, le protocole de routage (OSPF au niveau IP, par exemple) permet de sélectionner une route qui utilisera le CV mis en place précédemment. Toutefois, le protocole de routage de niveau 3 n'a pas la connaissance topologique du niveau 2 et considère le chemin de ce dernier (circuit virtuel) comme un lien.

Figure 2-4

Commutation et routage

Routeurs IP

R1

R2

Circuit virtuel traversant plusieurs commutateurs ATM

RA1

R3

R4

Réseau de niveau 2 basé sur des circuits ATM. Les commutateurs ATM ne sont pas représentés) dans cette représentation du niveau IP

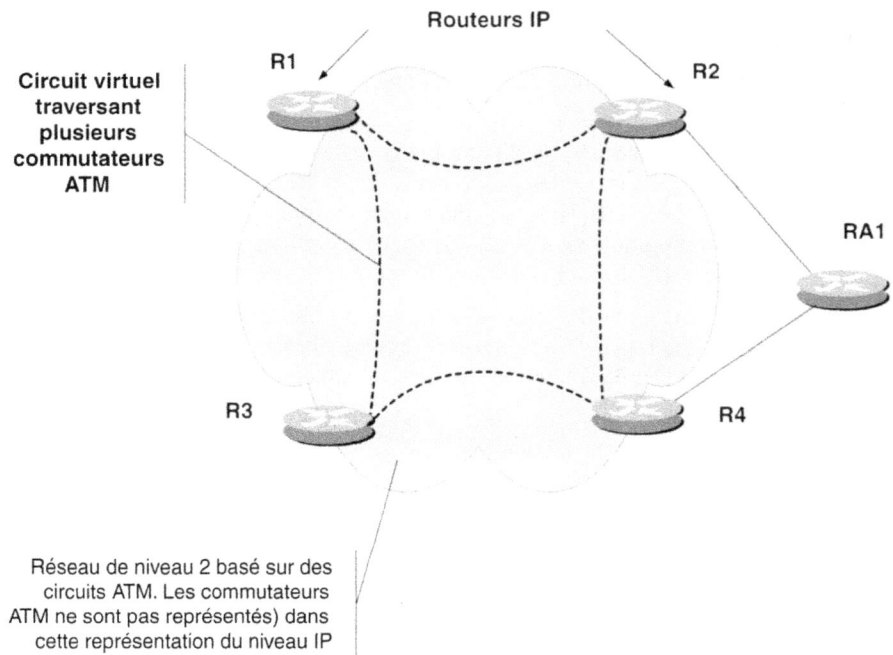

Les inconvénients du mode *Overlay* sont alors :

- la nécessité de maintenir des espaces d'adresses disjoints (adressage ATM et IP par exemple) et une plus grande difficulté de gestion ;

- de maintenir des protocoles de routage qui ne dialoguent pas entre eux (ATM/PNNI et IP/OSPF par exemple), ce qui peut conduire à des chemins réseaux non optimaux (la logique de routage ATM et celle du niveau IP ne sont pas forcément compatibles) ;

- la non-propagation des caractéristiques de QoS au travers des couches (QoS ATM et QoS IP).

L'intégration du routage et de la commutation est donc une nécessité pour obtenir une QoS efficace pour les applications IP. À moins de considérer, comme le prônent certains, qu'en raison de l'omniprésence du protocole IP, la commutation est devenue inutile, et qu'un routage rapide des paquets IP sur des supports optiques est la solution à adopter. Nous reviendrons sur ces différentes options, mais à supposer que cette solution soit effectivement la bonne, le temps de convergence vers un monde tout IP prendra suffisamment de temps pour qu'il soit nécessaire d'envisager d'autres solutions.

Les types de connexion et le multicast

La diffusion restreinte multicast consiste à distribuer de façon sélective un flux unique, l'objectif visé étant principalement l'économie de bande passante sur le réseau et de ressources de calcul sur l'émetteur. De nombreuses applications émergeantes utilisent le multicast, parmi lesquelles la visio- et l'audioconférence, les réplications de bases de données, la communication d'informations à de multiples correspondants, etc. L'ensemble de ces applications nécessitent également la mise en œuvre de la QoS. Ainsi, on peut affirmer que les techniques de multicast et de QoS sont complémentaires et indispensables. Les technologies de multicast sont détaillées au chapitre 9. Voici pour le moment un bref rappel terminologique.

L'unicast

Le dialogue *unicast* représente un point à point entre deux stations (équipements) du réseau. On considère dans ce cas le dialogue en duplex, car il y a interactivité entre les équipements qui sont à la fois émetteur et récepteur. Ce type de trafic est le plus courant en environnement réseau. Dans l'exemple ci-dessous, les stations communiquent avec le serveur en mode unicast, cas typique d'une application client-serveur, de navigation Web, d'accès aux fichiers et autres ressources centralisées. Les multiples débits sur le lien serveur sont donc cumulatifs. On peut noter que, en dehors du trafic réseau généré, la charge CPU du serveur est mobilisée pour émettre plusieurs fois le même flux vers plusieurs destinataires.

Figure 2-5

Diffusion Unicast

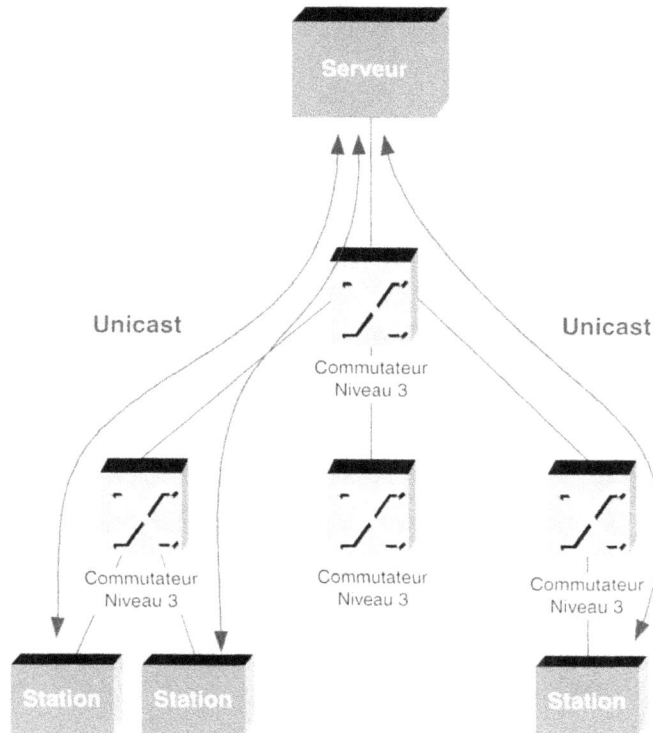

Le broadcast

Le *broadcast* est le concept de diffusion équivalent et bien connu dans le monde audiovisuel (télévision ou radio). Il y a un émetteur et plusieurs récepteurs. Dans les réseaux, le broadcast est utilisé principalement dans les phases de découverte d'un correspondant (par exemple le protocole ARP de la pile IP). Cette méthode est peu optimisée, car le trafic de broadcast est propagé dans toutes les branches du réseau et le charge inutilement. Cette méthode est à proscrire pour la diffusion de programmes TV, radio ou d'informations par le réseau.

Figure 2-6

Diffusion Broadcast

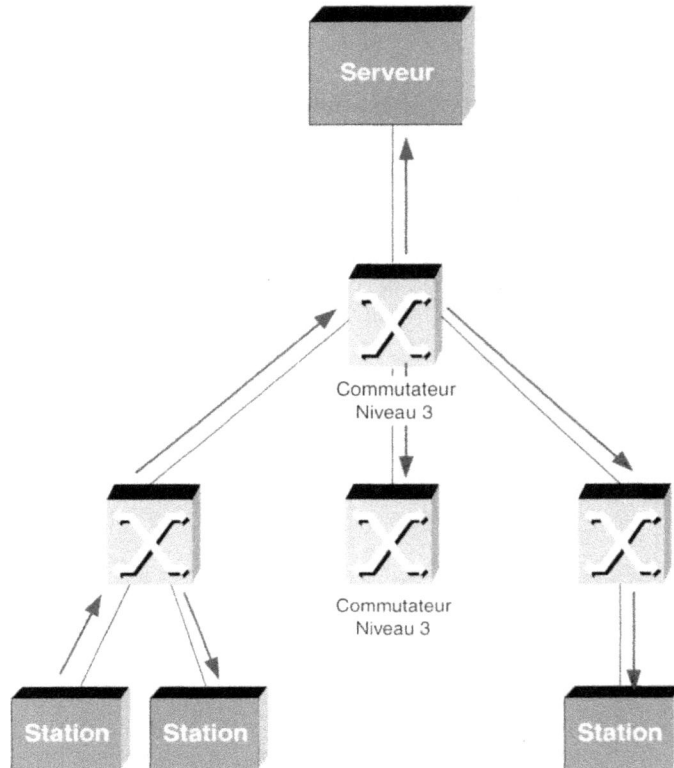

Le multicast

Le multicast

Le multicast est un concept intermédiaire puisque qu'il permet de diffuser du trafic vers un groupe identifié de destinataires. Le réseau peut sélectivement distribuer le trafic dans les branches possédant des stations enregistrées dans le groupe multicast.

En multicast, le flux n'est pas multiplié sur les différents liens du réseau. De plus, le serveur n'émet qu'un seul flux, ce qui économise ses ressources. Cette technique est particulièrement adaptée à la distribution de programmes par le réseau (radio, TV, Channel WEB) et doit être retenue systématiquement au détriment de techniques unicast. Le multicast économise de la bande passante sur les réseaux constitués de routeurs ou de commutateurs de niveau 3 (IP, IPX, Appletalk…). Sur les réseaux de niveau 2 (Ethernet, Token Ring, FDDI), le multicast n'est pas utilisé dans cette optique.

Pour mettre en œuvre les techniques de multicast, les conditions ci-après doivent être réunies.

• Un adressage de niveau 3 (IP) spécifique doit être défini pour identifier les stations d'un groupe multicast. Il faut également un mécanisme pour découvrir les adresses physiques (MAC, ATM,…) à partir des adresses logiques IP.

Figure 2-7

Diffusion multicast

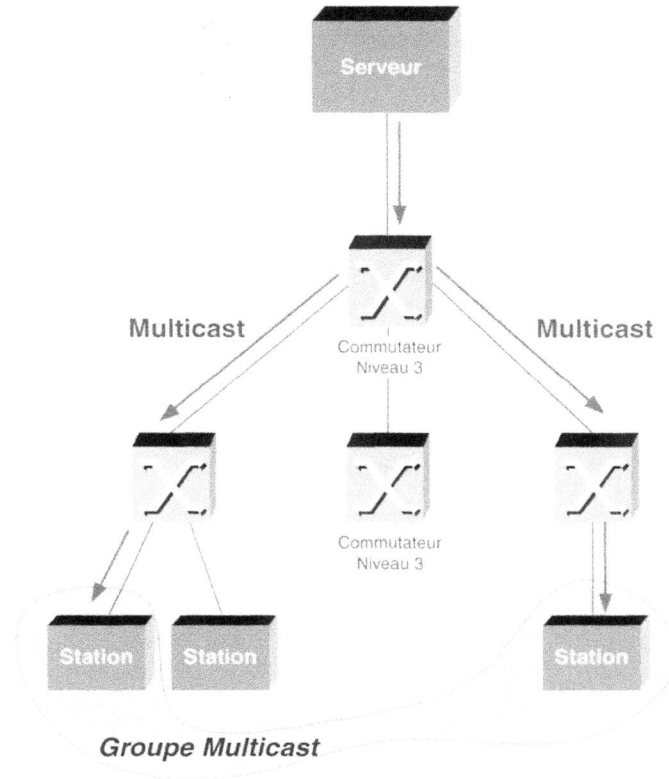

- L'enregistrement dynamique d'une nouvelle station auprès du groupe multicast, et plus spécifiquement auprès de l'équipement auquel elle est rattachée.

- Le routage multicast est le dernier point important, et de loin le moins simple, à traiter. Le réseau doit être capable de diriger et de distribuer les paquets vers les récepteurs situés dans le groupe multicast, l'objectif étant de faire en sorte qu'un paquet existe en un seul exemplaire sur chaque tronçon du réseau.

Ces points seront développés au chapitre 9, *Les compléments de la QoS pour le multimédia*, , ainsi que la relation entre multicast et QoS.

Les réseaux IP

Le succès de ce protocole quasiment généralisé sur tous les réseaux informatiques impose qu'on lui consacre une place centrale dans les mécanismes de QoS. Cependant, avant d'exposer les mécanismes de QoS spécifiquement adaptés à IP, il est indispensable de revenir sur le mode de fonctionnement des réseaux IP actuels. L'objectif de la seconde partie de ce chapitre est donc de revenir sur les caractéristiques actuelles d'IP et de souligner, à ce propos, les principales limites du support de la QoS.

> **REMARQUE** *Par souci de simplification, cet ouvrage se réfère à IPv4, qui est la version IP la plus utilisée à ce jour. La majeure partie des spécifications s'applique également à IPv6.*

La pile de protocole IP

Il ne s'agit pas de décrire de façon circonstanciée la pile de protocole TCP/IP, car cet ouvrage n'y suffirait pas, mais simplement de souligner les mécanismes utilisables pour la qualité de service. Nous décrivons les spécificités de TCP/IP par rapport aux caractéristiques générales évoquées dans le cadre du modèle OSI. Il faut tout d'abord rappeler que la pile de protocole TCP/IP n'est pas une norme ISO. C'est un standard (norme *de facto*) de l'IETF (Internet Engineering Task Force). Cependant, il est possible de mettre en correspondance la pile de protocole IP et la modélisation en couches de l'ISO, que nous avons évoqué dans la première partie de ce chapitre.

Figure 2-8

Modèle ISO et IP

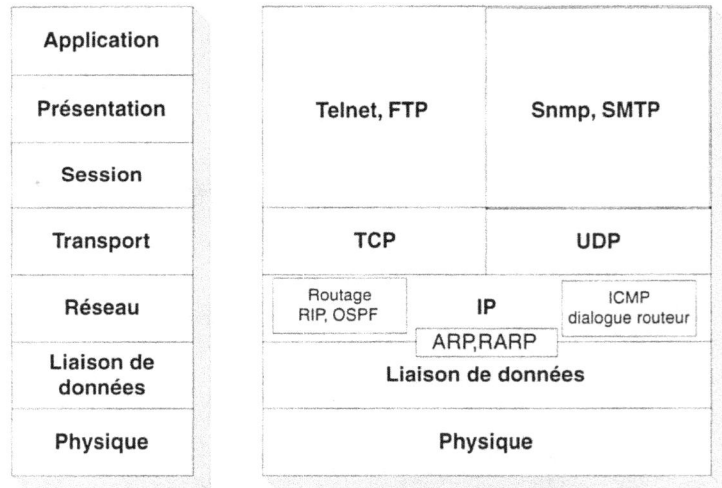

Les spécifications de la pile de protocole TCP/IP sont intégrées aux documents RFC (Request for Comments) de l'IETF. L'ensemble des RFC est disponible sur le Web à l'adresse suivante : *www.ietf.org*.

Il est également important de préciser la terminologie d'adressage utilisée dans l'environnement TCP/IP (figure 2-9).

La couche IP

Elle traite, comme nous l'avons déjà vu, les problématiques suivantes :

- adressage des entités (host dans la terminologie IP) ;
- routage des datagrammes (paquets) ;
- fragmentation et ré-assemblage des paquets : si la taille d'un paquet IP dépasse la MTU (Maximum Transfert Unit) d'un réseau (1 500 octets en Ethernet, 4 500 octets en FDDI), le paquet doit être fragmenté. Seul le destinataire (host) pourra le ré-assembler.

Figure 2-9

Terminologie IP

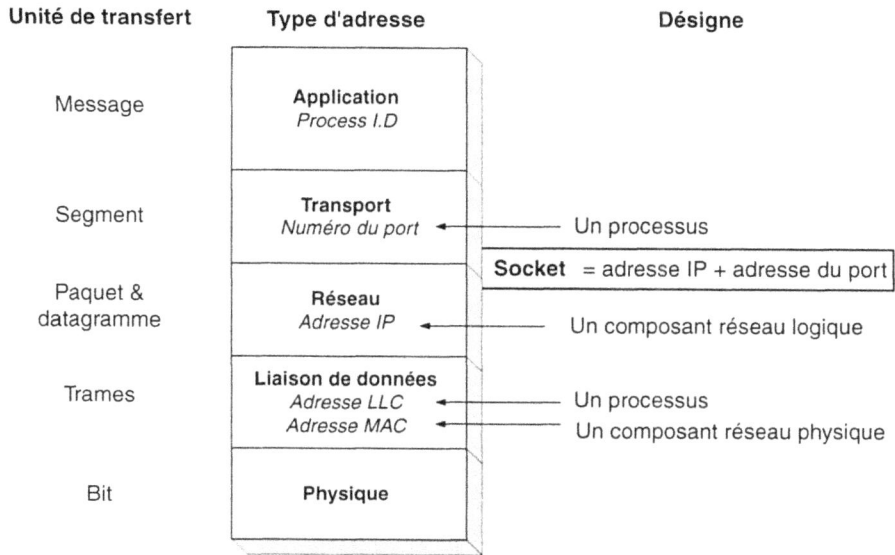

Le service fourni est caractérisé par les éléments suivants :

- un service non fiabilisé (pas de garantie d'acheminement des paquets),
- un service sans connexion (les paquets sont traités indépendamment les uns des autres, d'où l'éventuelle réception de paquets désynchronisés),
- un service en best effort.

Figure 2-10

Format du paquet IP

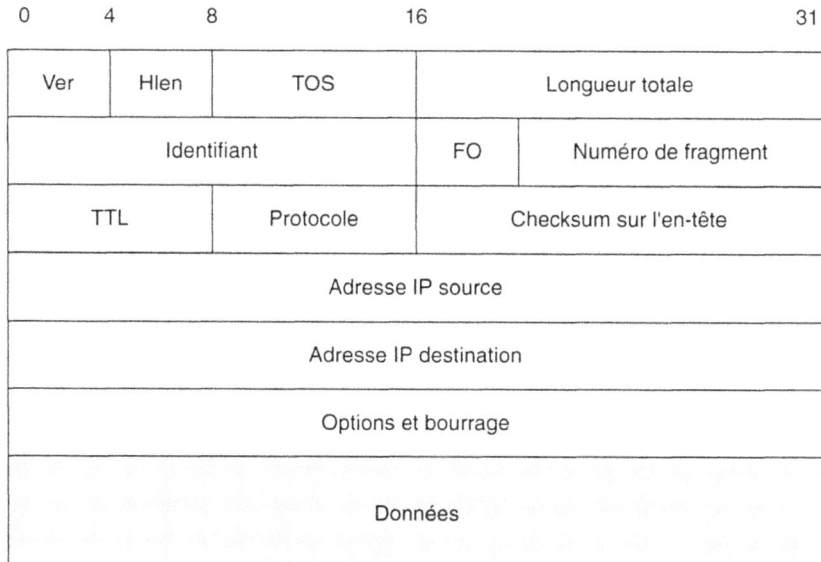

La signification des champs du paquet IP est la suivante :

- version : indique le numéro de version du protocole IP (Version 4 actuellement) ;
- HLEN (Header Length) : indique la longueur de l'en-tête par multiples de 32 bits ;
- TOS (Type of Service, Type de service) (*):indique comment le datagramme doit être géré sur le réseau ;
- longueur : longueur totale en octets du paquet incluant l'en-tête ;
- identifiant : numéro permettant d'identifier les fragments d'un même paquet (après fragmentation) ;
- FO (Fragment Offset) : le premier bit indique si le fragment est le dernier d'un paquet. Si le second bit est à 1, cela empêche la fragmentation. Le troisième bit est inutilisé ;
- numéro de fragment : indique le numéro de fragment d'un paquet fragmenté ;
- TTL (Time to Live) : indique le nombre de sauts (routeurs) que le paquet peut encore franchir. Lorsque cette valeur est nulle, le paquet est détruit par le dernier routeur, pour qu'il ne transite indéfiniment sur le réseau. Ce routeur renvoie alors un message vers l'émetteur. Cette caractéristique est utilisée par l'utilitaire TRACEROUTE (voir chapitre 10) ;
- protocole : indique le type de protocole utilisant le service IP (TCP, UDP, etc.) ;
- Checksum : permet de détecter les erreurs dans l'en-tête des paquets IP. Cette détection incombe aux couches supérieures ;
- options : champ facultatif. Un des services offerts est l'enregistrement de routes : les adresses IP des routeurs traversés sont enregistrées ;
- données : la taille peut varier de 2 à 65 517 octets.

(*) Le champ TOS sur 8 bits (PPPD TRC0) est composé des éléments suivants :

- champ PRECEDENCE sur 3 bits (PPP) : il indique la priorité du datagramme. Une valeur de 000 indique un transport normal et la valeur 111 (7) indique le transport d'une information la plus prioritaire. Cette valeur doit être définie par les couches hautes de l'émetteur. Cependant, elle est généralement ignorée par les équipements du réseau ;
- les bits D,T,R et C : ils indiquent le mode de transport du datagramme, D = délai court, T = débit élevé, R = transport fiable, C = coût ;
- le dernier bit est inutilisé.

Ce champ, rarement utilisé à ce jour à des fins de traitement de la QoS, si ce n'est dans des mises en œuvre propriétaires, a fait l'objet d'une nouvelle définition dans le modèle DiffServ de l'IETF, pour le traitement de la QoS. (voir le chapitre 6).

L'adressage IP

Nous avons vu que le routage consiste à acheminer un paquet selon l'adresse de destination, en consultant une table de routage contenant, pour chaque destination, l'adresse du saut suivant (next hop). Le routeur achemine alors le paquet sur l'interface menant à ce prochain saut. Si le réseau contient un nombre limité de réseaux, ce processus est adapté. Toutefois, dans des très grands réseaux comme l'Internet, il n'est pas possible d'envisager que les routeurs connaissent l'ensemble des réseaux de destination, car cela conduirait à des tables de routage gigantesques. Afin de résoudre ce problème, il est nécessaire d'introduire une hiérarchie dans l'adressage IP. Le système postal constitue un bon exemple de hiérarchie d'adresses.

En effet, une adresse postale est composée de l'indication du pays de destination (le cas échéant), de la ville de destination, de la rue, du numéro dans la rue et enfin du nom de la personne. Ces différentes informations seront exploitées tout au long de l'acheminement de la lettre par des centres postaux et des personnes possédant au fur et à mesure une connaissance plus précise de la destination finale. De la même façon, les routeurs IP pourront, grâce à une hiérarchie d'adressage, acheminer les paquets sans posséder une connaissance exacte du réseau de destination final.

- **Adressage *classful*** : Au début de l'Internet, l'adressage IP (sur 32 bits) se composait de trois classes : A, B et C (plus la classe D pour le multicast et la classe D réservée). Ainsi, une adresse de classe A (repérée dans les routeurs par le premier bit à 0) comprend une adresse réseau sur les 8 premiers bits (de 1 à 126) et les 24 bits restants servent à coder l'adresse du host sur le réseau. Une adresse de classe B est repérée par le premier bit à 1 et le second à 0 : elle comprend une adresse réseau codée sur 16 bits (de 128.0 à 191.254) et une adresse de host dans le réseau, sur les 16 derniers bits de l'adresse. Enfin, une adresse de classe C est indiquée par les deux premiers bits de l'adresse à 1 et le troisième bit de l'adresse à 0. Dans ce cas, les adresses réseau vont de 192.0.0 à 223.255.254 et les adresses de host sont codées sur les 8 derniers bits, soit 254 hosts possibles par réseau (la combinaison de tous les bits à 1, soit 255, est interdite car elle correspond à l'adresse de broadcast sur le réseau).

Figure 2-11

L'adressage IP classful

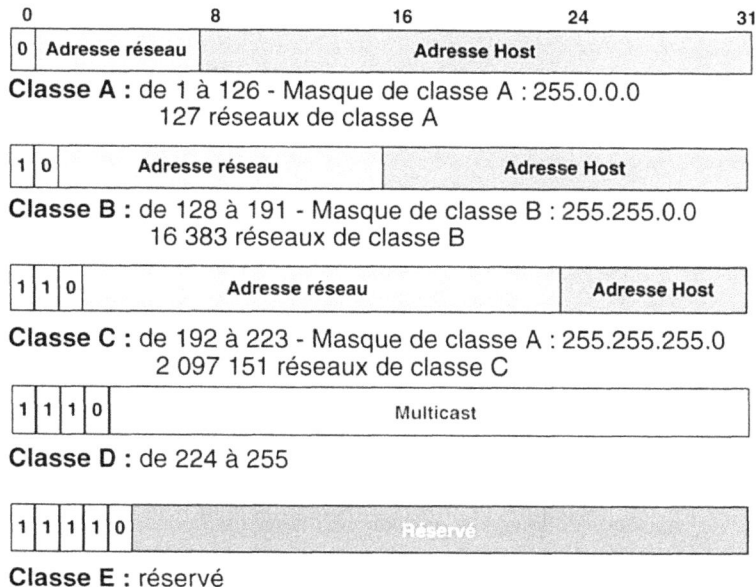

0   8   16   24   31

| 0 | Adresse réseau | | Adresse Host | |

Classe A : de 1 à 126 - Masque de classe A : 255.0.0.0
127 réseaux de classe A

| 1 | 0 | Adresse réseau | | Adresse Host |

Classe B : de 128 à 191 - Masque de classe B : 255.255.0.0
16 383 réseaux de classe B

| 1 | 1 | 0 | Adresse réseau | Adresse Host |

Classe C : de 192 à 223 - Masque de classe A : 255.255.255.0
2 097 151 réseaux de classe C

| 1 | 1 | 1 | 0 | Multicast |

Classe D : de 224 à 255

| 1 | 1 | 1 | 1 | 0 | Réservé |

Classe E : réservé

- **Adressage CIDR** : L'adressage rigide classful présente l'inconvénient de gaspiller de nombreuses adresses. C'est la raison pour laquelle on a conçu l'adressage CIDR (Classless Inter Domain Routing). Dans ce mode d'adressage, la notion de classes A, B et C disparaît au profit d'un adressage spécifiant combien de bits représentent l'adresse réseau, grâce à l'utilisation d'un préfixe CIDR. À cet égard, une nouvelle représentation des adresses IP est proposée sous la forme suivante :

Notation CIDR : Numéro réseau/Taille du préfixe

À titre d'exemple, le réseau 164.40.0.0 se présente comme suit : 164.40/16. Avec cette nouvelle technique d'adressage, il est possible d'assigner des adresses au-delà de la classe C. Ainsi, les ISP sont aujourd'hui en mesure d'attribuer quelques adresses réseau à leurs clients, sans gaspiller une classe C entière.

- *Subnetting* : L'adressage CIDR que nous venons d'évoquer concerne essentiellement le routage entre les principaux réseaux (domaines) de l'Internet. Le subnetting est une technique de hiérarchisation d'adresses à l'intérieur de chaque réseau raccordé à un réseau fédérateur : elle le décompose en sous-réseaux, qui comportent chacun un préfixe de sous-réseau (*subnet mask*), lui-même correspondant à un sous-ensemble du préfixe réseau de classe (en classful) ou CIDR (en classless).

Figure 2-12
Le subnetting

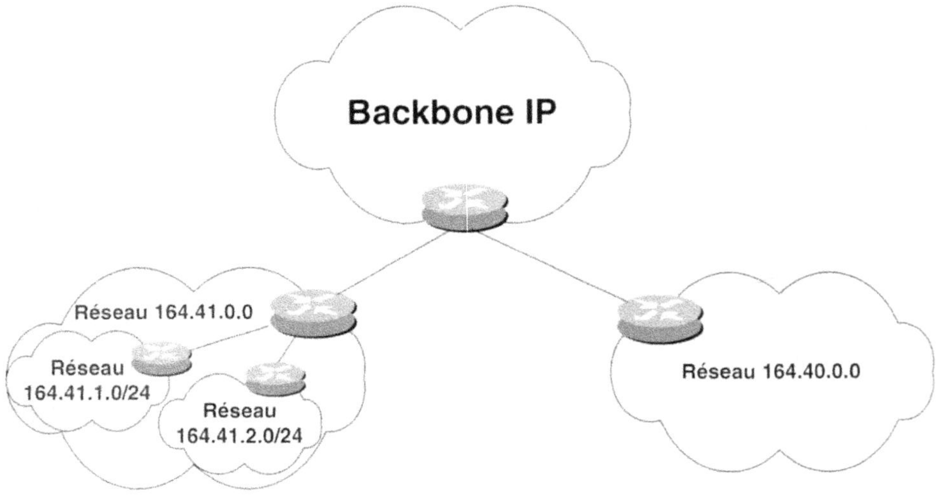

- **VLSM** (Variable Length Subnet Mask) : jusqu'à maintenant, nous avons considéré que les masques de sous-réseau étaient de longueur fixe. En VLSM, il est possible d'utiliser des masques de longueur variable. L'intérêt est là encore d'optimiser l'espace d'adressage. Il faut toutefois noter que ce processus a une incidence sur le protocole de routage. En effet, le support de VLSM impose aux protocoles de routage de propager, lors des mises à jour de routage, non seulement les numéros de réseau, mais également les subnet masks associés. Le protocole de routage RIP Version 1 n'ayant pas été conçu à cet effet, il est impossible d'utiliser des masques de longueur variable en RIP Version 1, ce qu'autorisent en revanche OSPF et RIP Version 2. La richesse de VLSM a une contrepartie : elle est difficile à mettre en œuvre, ce qui explique que peu de réseaux y recourent. Aujourd'hui, les réseaux d'entreprise tendent à adopter un plan d'adressage privé, faisant appel aux adresses recommandées dans la RFC 1918, et non utilisées sur l'Internet. Ainsi, le réseau 10.0.0.0 est une adresse de classe A, non utilisée sur l'Internet. Elle est donc à la disposition de toute entreprise qui possédera ainsi suffisamment d'adresses pour ne pas avoir recours à VLSM, dans un souci d'économie d'adresses. Il conviendra alors de procéder à la translation d'adresses pour interconnecter le réseau d'entreprise avec l'Internet ou à d'autres réseaux.

Enfin, précisons que, dans la terminologie IP, on désigne par système autonome (AS : Autonomous System) l'ensemble des réseaux IP administrés par une seule autorité (entreprise, opérateur, etc.). Dans l'exemple précédent, on peut supposer que le réseau 164.40 forme un AS et que le 164.41 en constitue un autre.

L'influence de l'adressage sur la QoS est logiquement limitée. Toutefois, cette méthode est souvent utilisé pour affecter une priorité à un ensemble d'adresses IP (les personnes du service comptabilité, par exemple). En conséquence, un plan d'adressage IP cohérent doit être mis en place.

Par ailleurs, nous reviendrons au chapitre 9 sur l'utilisation de la classe d'adresse D, pour les applications multicast.

Le protocole ICMP

Le protocole ICMP (Internet Control Message Protocol) permet d'envoyer des messages de contrôles ou d'erreurs vers des stations (host) ou des routeurs (gateway). Le principe de mise en œuvre de ce protocole répond aux caractéristiques ci-après.

- Les messages ICMP sont véhiculés à l'intérieur d'un datagramme IP et sont routés comme n'importe quel datagramme. Pour identifier ICMP, le champ type de protocole du datagramme IP contient la valeur 1.

- ICMP rapporte les messages d'erreur à l'émetteur.

- Une erreur engendrée par un message ICMP ne peut donner naissance à un autre message ICMP.

Le protocole ICMP réalise les principales fonctions suivantes :

- contrôle de flux : lorsque les datagrammes arrivent trop rapidement sur un routeur, celui-ci renvoie un message de congestion à la source (*source quench*), pour lui indiquer de suspendre l'envoi de datagrammes ;

- détection de destination inaccessible : le système qui détecte la défection envoie un message « destination inaccessible » à la source ;

- re-direction de route : un routeur peut envoyer un message de re-direction de route, pour indiquer à une station reliée à une de ses interfaces d'utiliser un autre routeur ;

- vérification des stations distantes : une station peut envoyer un message ICMP d'écho pour vérifier que le protocole IP de la station distante est opérationnel. C'est cette fonction qui est utilisée par les utilitaires PING et TRACEROUTE(voir chapitre 10) ;

- synchronisation des horloges : le demandeur envoie un message ICMP de demande d'horodatage (*timestamp request*) vers une autre machine, afin de recevoir l'heure d'arrivée de la demande et l'heure de départ de la réponse (*timestamp reply*).

Chaque message ICMP possède sa structure, mais les trois premiers champs sont identiques.

Figure 2-13

Message ICMP

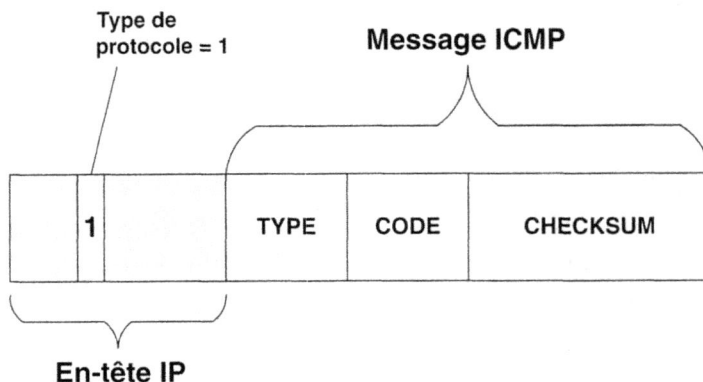

Le champ type possède les valeurs suivantes :

TYPE	Message ICMP
0	Echo reply
3	Destination Unreachable
4	Source Quench
5	Redirect
8	Echo Request
11	Time Exceeded (TTL)
12	Parameter Problem with a datagram
13	Timestamp Request
14	Timestamp Reply
15	Information Request
16	Information Reply
17	Address Mask Request
18	Address Mask Reply

On recourt fréquemment au protocole ICMP (et aux utilitaires PING et TRACEROUTE qui les mettent en œuvre) pour mesurer la disponibilité d'un host distant et le temps de traversée d'un réseau. Certains utilitaires permettent de répéter la commande PING à intervalle régulier (toutes les minutes par exemple) et, à l'aide des mesures reportées sur un graphe, d'obtenir très simplement une mesure du temps de réponse entre un poste client et un serveur. Il faut toutefois préciser que la mesure obtenue n'est pas forcément objective. En effet, les paquets ICMP peuvent être véhiculés, selon les cas, soit de manière prioritaire sur le réseau ou, à l'inverse, de manière non prioritaire. Il est donc important, avant d'utiliser ces outils, de se renseigner sur la façon dont sont traités les messages ICMP sur le réseau. Dans certains cas, ce type de message est même filtré par des ISP. Signalons enfin que, dans la mesure où il est possible de générer des messages ICMP de 64 kilo-octets, un trop grand nombre de messages peut constituer une attaque redoutable par saturation de certains sites.

La couche TCP

Caractéristiques

On considère un flot de données TCP comme une suite d'octets divisée en *segments*. Un segment TCP est alors transmis dans un datagramme IP. La couche TCP définit un service fiable de transport de niveau 4 (couche Transport du modèle OSI) caractérisé par :

- un service en mode connecté : une connexion de type circuit virtuel de niveau 3 (par opposition au circuit virtuel Frame Relay ou ATM de niveau 2) est établie avant le transfert des données entre les deux extrémités de connexion, qui sont caractérisées par le couple adresse IP et numéro de port). Tout comme UDP (transport non fiabilisé d'IP), TCP utilise le concept de *port* pour multiplexer et démultiplexer les datagrammes. Un numéro de port est affecté aux applications, soit de manière générique (ports réservés ou encore *well known ports*), soit de manière dynamique (ports de valeur supérieure à 1 000). TCP garantit que les paquets sont dans le bon ordre avant de les délivrer à l'application destinatrice. Il les place en mémoire tampon en attendant que l'ensemble des paquets soit reçus. Notons que TCP permet des connexions en full duplex (les données peuvent être échangées dans les deux directions, sur une même connexion) ;

- un contrôle de flux entre émetteur et récepteur est réalisé grâce au découpage en segments des informations à transmettre (dans un datagramme IP) et au recours à un mode d'acquittement des segments faisant appel au fenêtrage. Précisons que les messages d'acquittement sont véhiculés dans un paquet de données (il n'y a pas de paquet spécifique pour le contrôle).

Nous rappelons ci-dessous le format de l'en-tête TCP.

Figure 2-14

Format de l'en-tête TCP

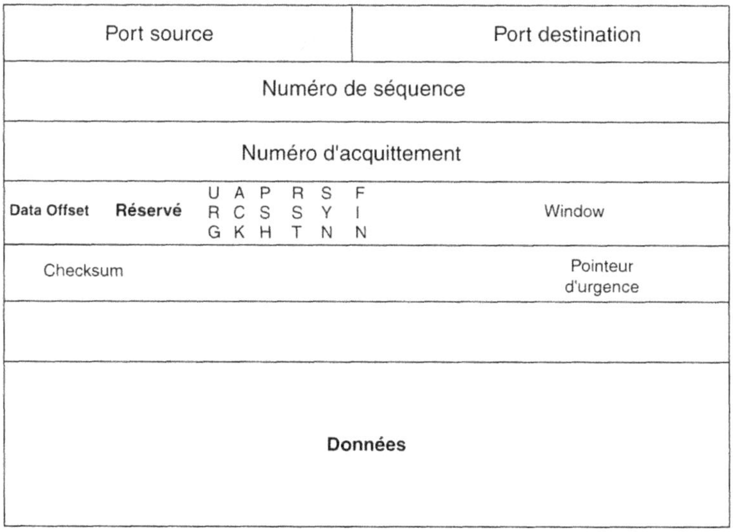

Nous exposons ci-après la signification des divers champs.

- Le port source et destination indiquent le processus (application) qui utilise la trame.

- Numéro de séquence : comme nous l'avons vu, le contrôle de flux est réalisé grâce à un mécanisme de fenêtrage. Sans entrer dans le détail, signalons simplement que le mécanisme de fenêtrage opère au niveau de l'octet (et non du segment). Les octets à transmettre sont numérotés séquentiellement. Ainsi, le champ « numéro de séquence » permet de préciser le numéro de séquence du premier octet de ce segment TCP.

- Numéro d'acquittement : il indique le numéro de séquence attendu par l'émetteur de cet acquittement, et a pour effet d'acquitter implicitement tous les octets de numéro de séquence inférieur.

- Window (fenêtre) : indique la quantité de données que le récepteur de ce segment est capable de recevoir.

- Les flags sont les suivants :

    - URG = flag d'urgence, signalant la présence d'informations dans le champ urgence ;

    - ACK = le champ ACK est pertinent, il s'agit d'une trame d'acquittement ;

    - PSH = le récepteur doit délivrer immédiatement le segment reçu ;

    - RST = Remise à zéro de la connexion ;

    - SYN = Demande de connexion ;

    - FIN = Terminaison de connexion.

La gestion de flux

Concernant la gestion de flux, des améliorations ont été apportées pour pallier l'inconvénient du mode fenêtrage simple, qui est un processus contrôlé par le destinataire et qui ne peut donc éviter l'engorgement des réseaux. TCP utilise à cet égard quatre mécanismes de contrôle de congestion (voir la RFC 2001 pour plus de détails) qui permettent de tenir compte des capacités d'acheminement du réseau :

- le démarrage lent (slow start),

- le contournement de la congestion (congestion avoidance),

- la retransmission rapide (fast retransmit),

- la récupération rapide (fast recovery).

Ces algorithmes permettent de définir la quantité de données transmissibles au réseau en l'absence d'accusé de réception du destinataire et de retransmettre les segments qui ont été perdus.

En effet, comme nous venons de le voir, en mode fenêtrage simple, l'émetteur TCP introduit sur le réseau plusieurs segments TCP jusqu'à concurrence de la taille de fenêtre précisée par le récepteur. Si l'on imagine un cas simple de deux réseaux locaux interconnectés à faible débit, l'émission quasi simultanée de nombreux hosts d'un LAN vers l'autre peut provoquer un engorgement de la file d'attente sur le routeur d'interconnexion. Cette situation est schématisée à la figure 2-15.

Figure 2-15

TCP en mode fenêtrage simple

Le routeur a la possibilité de déclencher des messages ICMP à l'attention de l'émetteur pour l'inviter à ralentir, messages qui sont effectivement interprétés par TCP. Cependant, ce mécanisme n'empêchera pas d'autres hosts d'émettre, rendant ainsi ce mécanisme inefficace.

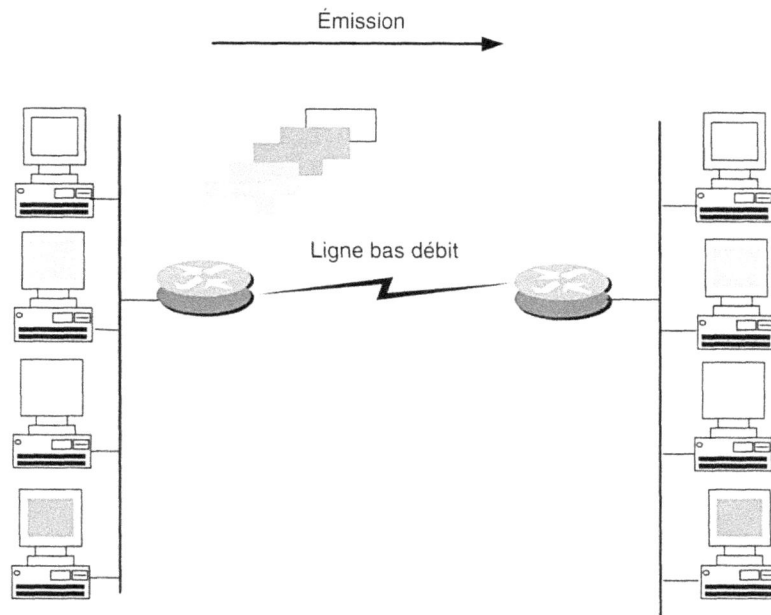

Émission

Ligne bas débit

Dans cette situation d'engorgement, le routeur peut être conduit à éliminer des paquets et provoquer ainsi la ré-émission d'un nombre plus important de paquets en raison du mécanisme de fenêtrage. Il est possible d'éviter cette situation à l'aide d'un mécanisme de contrôle de flux TCP apportant des fonctions de contrôle du débit : mécanisme de slow start.

Le mécanisme de démarrage lent (slow_start) constate que la vitesse à laquelle les segments TCP doivent être introduits sur le réseau doit correspondre à la vitesse à laquelle les acquittements de réception sont retournés par le récepteur. Il s'agit donc d'asservir les capacités d'émission de l'émetteur sur les capacités de réception du récepteur.

À cet égard, il existe, en complément de la fenêtre de transmission du récepteur (fenêtre _réception), la fenêtre de congestion *cwnd* (congestion_window : fenêtre_congestion). Quand une nouvelle connexion est établie avec un système distant, la fenêtre_congestion (cwnd) est initialisée à 1. Chaque fois que le récepteur reçoit un accusé de réception, la fenêtre _congestion (cwnd) est doublée. L'émetteur peut émettre un nombre de segments égal au minimum de fenêtre_congestion/fenêtre_réception. Dans cette situation, la fenêtre _congestion représente le contrôle de flux imposé par la source, tandis que la fenêtre _réception correspond au contrôle de flux imposé par le récepteur. La fenêtre_congestion constitue la perception de la congestion sur le réseau par l'émetteur et la fenêtre_réception est liée au nombre de mémoires tampon disponibles chez le récepteur pour cette connexion. La croissance de fenêtre _congestion est exponentielle et, en situation finale de non-congestion, est identique à la fenêtre_récepteur. Les implémentations actuelles de TCP mettent toutes ce mécanisme en œuvre.

Le mécanisme de contournement de la congestion (congestion_avoidance) permet de réactiver le mécanisme de slow_start en situation de congestion. À cet effet, une seconde variable

est utilisée : c'est le seuil de slow start (*ssthresh* : slow start threshold). Cette variable détermine l'algorithme idoine pour augmenter la valeur de cwnd. Si cwnd est inférieur à ssthresh,
on recourt à l'algorithme slow start pour augmenter la valeur de cwnd. En revanche, si cwnd
est supérieur ou égal à ssthresh, l'algorithme de congestion _avoidance est utilisé. La valeur
initiale de ssthresh correspond à la taille de la fenêtre_réception annoncée par le récepteur. En
cas de détection de congestion, la valeur de ssthresh est mise à 1, ce qui force le slow_start. Si
cwnd est supérieur à ssthresh, c'est le mécanisme de congestion_avoidance qui fait croître le
compteur cwnd linéairement (et non exponentiellement). Bien que ces deux mécanismes
soient logiquement indépendants, ils sont toujours implémentés conjointement.

Ces deux mécanismes présentent l'inconvénient de ralentir le canal de transmission vers le
récepteur. En effet, au démarrage, l'émetteur est obligé d'attendre le premier ACK avant
d'émettre un deuxième segment. Ce phénomène est particulièrement visible lors d'un transfert de fichiers sur l'Internet. Il se manifeste par un taux de transfert qui croit progressivement
jusqu'à une valeur maximale en fonction des capacités de la connexion réseau et/ou de la
capacité du site consulté. Cet inconvénient est particulièrement sensible sur des liaisons satel-
lites où, en raison du temps de propagation, les acquittements tardifs induisent une mauvaise
utilisation du canal satellite.

En complément de ces deux algorithmes, on met en œuvre les algorithmes de retransmission
rapide (*Fast Retransmit*) et de récupération rapide (*Fast Recovery*) pour traiter efficacement la
perte de segment. En effet, le mécanisme de TCP utilisé par défaut pour détecter les segments
perdus est un time-out. Cela signifie que si l'émetteur n'a pas reçu un ACK pour un segment
au bout de la valeur du time-out, le segment sera retransmis. La valeur du time-out (RTO :
retransmission time-out) se fonde sur l'observation du RTT (Round Trip Delay), correspondant au délai d'aller/retour entre l'émetteur et le récepteur. En l'absence de ces deux mécanismes, TCP retransmet un segment à l'expiration du RTO et en déduit que le réseau est
congestionné. Les mécanismes slow_start et congestion_avoidance expliqués précédemment
s'appliquent alors. Ainsi, le compteur cwnd est placé sur 1 par congestion_avoidance, ce qui
a pour effet de relancer slow_start.

Les ACK TCP servent d'accusés de réception pour le plus haut segment, dans l'ordre
d'arrivée (un ACK du segment 4 est donc implicitement un ACK pour les segments 1 à 3).
Dans le cas de la perte du segment 3, le destinataire enverra un ACK dupliqué, acquittant ainsi
les segments 1 et 2. L'algorithme *fast retransmit* utilise ces ACK dupliqués pour détecter les
segments perdus. Dans ce cas, TCP retransmet le segment manquant, sans attendre que le
time-out (RTO) expire. Après qu'un segment a été ré-envoyé par l'intermédiaire du *fast
retransmit,* l'algorithme *fast recovery* est utilisé pour ajuster la fenêtre de congestion. Le
mécanisme *fast retransmit* est conçu pour ré-émettre uniquement un segment par fenêtre de
données envoyée. Quand plusieurs segments sont perdus dans une fenêtre de données, l'un
d'entre eux sera ré-envoyé grâce à l'algorithme *fast retransmit* et le reste devra attendre que le
time-out RTO expire, provoquant le retour de TCP en mode slow_start.

Le principe de ces deux mécanismes est de considérer que, en cas de réception d'ACK, seul
un segment est perdu et que d'autres segments circulent encore correctement sur le réseau. En
résumé, cela signifie que la congestion était temporaire, mais ne prêtait pas à conséquence.
Cependant, si plusieurs segments sont perdus, TCP ne peut pas tirer de conclusion sur l'état
du réseau et, de ce fait, renvoie des nouveaux segments en mode slow_start, par mesure de
précaution.

Les ports standard TCP (well-known ports)

Nous précisons ci-dessous les ports standard affectés aux applications TCP les plus courantes.

N° Port	Application
20	FTP-DATA
21	FTP
23	TELNET
25	SMTP
53	DNS
80	HTTP
110	POP3

Ces numéros de port seront utilisés pour mettre en œuvre, dans les routeurs du réseau, une QoS associée à une application particulière.

La couche UDP

La couche UDP est un protocole de datagramme sans connexion et moins fiable que TCP. Contrairement à TCP, elle ne réalise pas de contrôle d'erreurs, ni de contrôle de flux.

Figure 2-16

Format de l'en-tête UDP

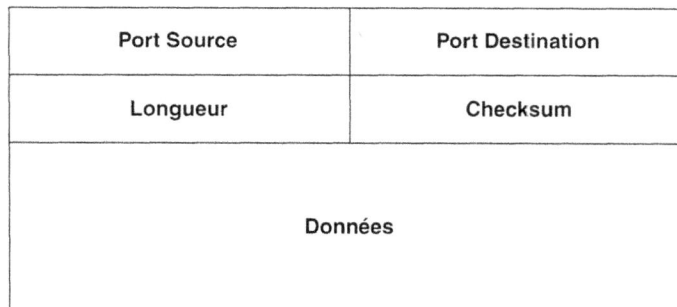

Port Source	Port Destination
Longueur	Checksum
Données	

Les ports source et destination indiquent le processus qui utilise la trame. La longueur est celle de l'en-tête et des données. Le checksum porte sur l'intégralité de la trame.

Ports standard UDP (well-known port)

Voici les ports standard affectés aux applications UDP les plus utilisées.

N° Port	Application
7	ECHO
53	DNS
69	TFTP
161	SNMP

UDP permet généralement de transmettre des données en faible quantité, pour lesquelles le coût de la création d'une connexion TCP et son maintien seraient supérieurs à la retransmission des données en cas d'erreur. UDP est également utilisé dans des applications conformes à un mode requête/réponse, où la réponse fait office d'accusé de réception positif de l'interrogation. Enfin, UDP convient aux applications isochrones (Voix sur IP, visioconférence) pour lesquelles une ré-émission des paquets perdus (non-respect de l'isochronisme) n'a pas de sens. Il est donc souvent utilisé dans un contexte de QoS multimédia.

Les protocoles de routage

Principes de base

Nous allons aborder à présent les protocoles de routage en mode distribué dans le monde TCP/IP, mais notre propos peut être élargi à d'autres types de protocoles. Rappelons que, dans un contexte de routage distribué, l'objectif d'un protocole de routage est de renseigner et mettre à jour les tables des routeurs qui contiennent les informations de routage permettant d'acheminer les paquets jusqu'à leur destination finale.

Un protocole de routage doit permettre de :

• découvrir la topologie du réseau ;

• déterminer le plus court chemin (au sens du protocole de routage) vers une destination et construire une table de routage en conséquence, indiquant le routeur suivant à emprunter (prochain saut ou next hop) ;

• réagir aux changements topologiques du réseau (perte d'un lien, panne d'un routeur, etc.).

La mise en œuvre d'un protocole de routage se caractérise par :

• l'échange de messages de *routing update* entre les routeurs, pour découvrir le réseau et réagir aux changements topologiques ;

• le calcul de route ayant pour objet de calculer le plus court chemin en fonction des routing updates reçus. Ce calcul sera réalisé selon un type d'**algorithme** dépendant du protocole de routage utilisé ;

• la définition de **métriques** utilisées par les algorithmes pour trouver le meilleur chemin. Les métriques utilisables pour chaque lien varient selon les protocoles. On peut citer les métriques suivantes : hop count (nombre de franchissement d'un routeur), coût (valeur arbitraire configurée par l'administrateur et, par défaut inversement proportionnelle à la bande passante), bande passante (capacité du lien), délai, charge, MTU, etc. La richesse des métriques permet de supporter plus ou moins bien la QoS.

En fonction des éléments qui précèdent, on peut déduire plusieurs familles de protocoles de routage. On distingue tout d'abord :

• les protocoles IGP (Interior Gateway Protocol) : ce sont des protocoles de routage qui s'exécutent à l'intérieur d'un système autonome (ou AS, ensemble de réseaux gérés par une seule autorité). RIP et OSPF sont des exemples de protocoles IGP ;

• les protocoles EGP (Exterior Gateway Protocol) : ce sont des protocoles de routage qui permettent d'interconnecter des AS entre eux. BGP 4 est un exemple de protocole EGP. Ils sont conçus pour transporter un très grand nombre de routes.

Protocoles intérieurs (IGP)

À l'intérieur de la famille des protocoles IGP, on distingue les deux types de protocoles ci-dessous.

Les **protocoles de type vecteur de liens** (Distance vector) : ces protocoles sont établis à partir de l'algorithme Bellman-Ford. Le représentant le plus connu de cette famille est le protocole RIP (Routing Information Protocol, RFC 1988). Il utilise une seule métrique pour calculer le meilleur chemin : le hop count, c'est-à-dire le nombre de routeurs (hop) qu'il est nécessaire de traverser pour atteindre le réseau destination. Ainsi, en protocole RIP, le meilleur chemin entre deux points est le chemin qui contient le nombre minimal de routeurs (valeur de hop count la plus faible). L'apprentissage de la topologie du réseau pour un routeur se fait à partir de l'annonce des routes connues par ses voisins. Ainsi, à intervalles réguliers (généralement toutes les 30 secondes), les routeurs diffusent l'intégralité de leurs tables de routage à leurs voisins. Ces derniers peuvent ainsi déterminer si ces premiers connaissent une route qu'eux ignoreraient. Dans une telle situation, ils mettront la nouvelle route apprise dans leur table de routage, en indiquant le voisin qui a annoncé la route avec le hop count minimal.

On déduit de ce principe de fonctionnement que les routeurs n'ont pas une vision topologique du réseau. Ils connaissent uniquement le routeur voisin à emprunter pour progresser vers la destination. Il s'ensuit deux inconvénients majeurs :

1. un temps de convergence relativement long : c'est le temps nécessaire pour que l'ensemble des routeurs du réseau connaissent l'ensemble des routes ;
2. des problèmes de boucles de routage.

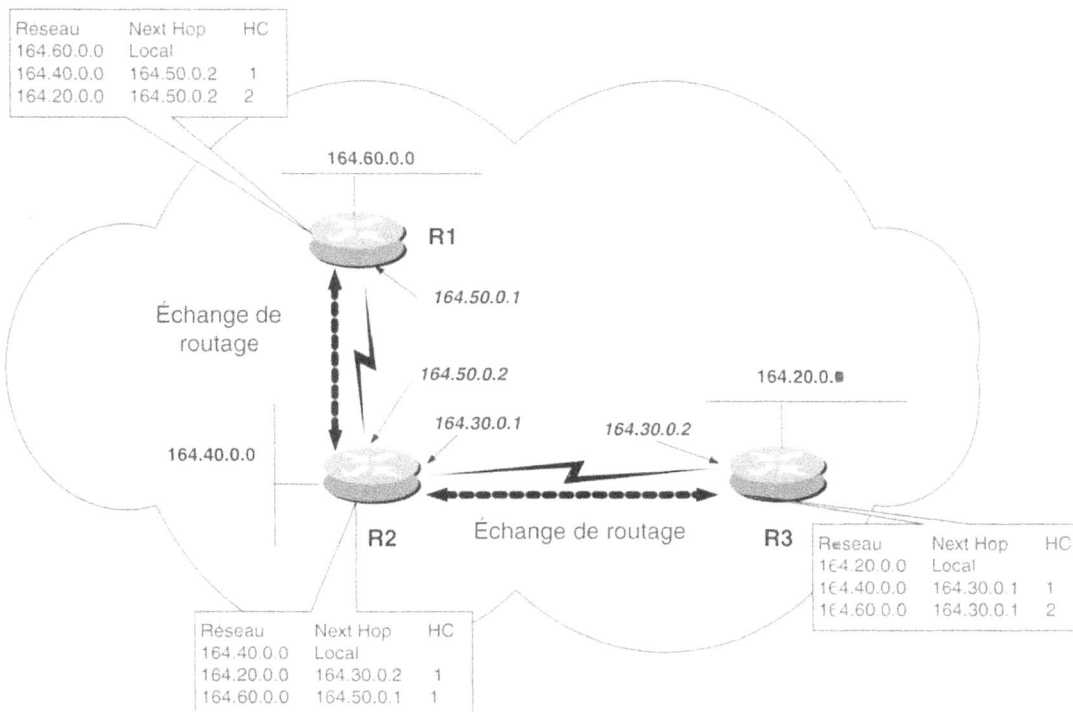

Figure 2-17

Le protocole de routage RIP

Différentes solutions techniques pallient ces problèmes de stabilité :

- limite du nombre de sauts : au-delà de 16 sauts (routeurs), le réseau est considéré injoignable et le paquet perdu ;
- Split horizon : ce mécanisme empêche les boucles de routage entre routeurs adjacents. Il stipule qu'un routeur ne peut renvoyer des informations de routage concernant une route par l'interface sur laquelle il a pris connaissance de cette route ;
- Poison reverse : ce mécanisme est destiné à empêcher les grandes boucles de routage.
- Hold down : ce mécanisme indique au routeur de ne pas considérer les mises à jour concernant les routes récemment détruites. En effet, un routeur proche d'un réseau supprimé sera mis à jour assez rapidement. Toutefois, compte tenu du délai de convergence du protocole RIP, un routeur éloigné peut continuer à annoncer le réseau supprimé.

Les **protocoles de type état de liens** (Link State) : avec les algorithmes à état de liens, chaque routeur maintient une base topologique du réseau et une matrice des coûts des liens[1]. Le représentant le plus connu de cette famille est le protocole OSPF (Open Shortest Path First). Dans ces protocoles, les routeurs ont obligation de diffuser à l'ensemble des routeurs du réseau l'ajout ou la suppression d'un réseau qui leur est attaché. Ce mécanisme de diffusion global s'effectue *via* des messages de type LSA (Link State Advertisement). Ils permettent ainsi à tous les routeurs du réseau d'avoir une vision topologique identique de l'ensemble du réseau (voir figure ci-dessous).

Figure 2-18

*Vision topologique
des routeurs OSPF*

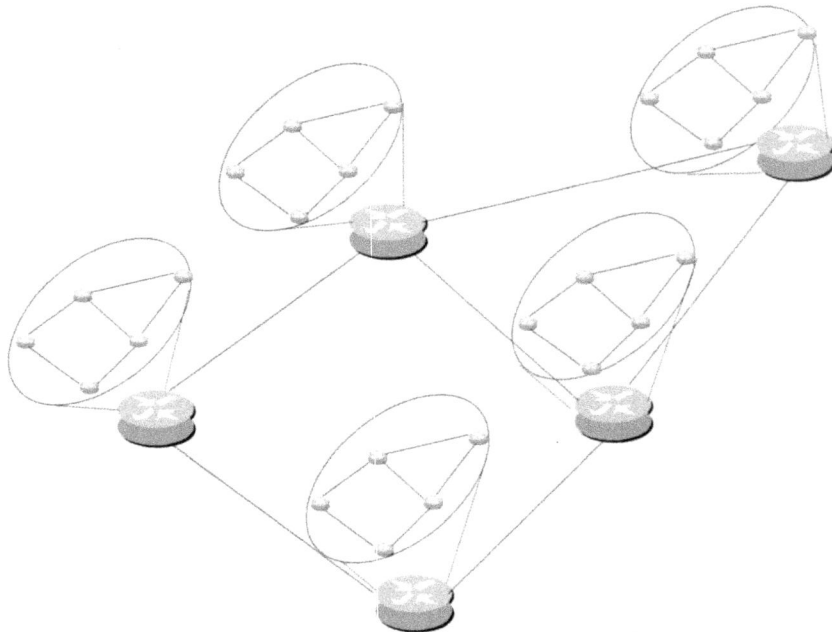

---

1. Le coût d'un lien est une valeur arbitraire fixée par l'administrateur. Par défaut, le coût d'un lien OSPF est inversement proportionnel à la bande passante.

À partir de cette vision topologique complète (enregistrée localement dans une base topologique), chaque routeur détermine pour chaque réseau distant le plus court chemin. Dans les explications précédentes, on notera que la génération des tables de routage fait appel à deux étapes distinctes et indépendantes : la première concerne l'apprentissage de la topologie et la construction de la base de données topologique du réseau (link state database), à l'aide des messages LSA. La seconde étape consiste, à des instants déterminés, à calculer la table de routage à partir de la base de données topologique (link state database). En résumé :

1. Étape n°1 : construction et mise à jour de la base de données topologique du routeur à partir des informations (LSA, Link State Adverstisement) diffusées par les routeurs ;

2. Étape n°2 : génération de la table de routage à partir de cette base de données topologique.

Pour ce protocole, la métrique utilisée pour calculer le meilleur chemin est le coût des liens. En d'autres termes, le meilleur chemin entre deux points est celui dont le coût cumulé des liens est le plus faible. Le coût d'un lien peut être administratif (c'est-à-dire fixé par l'administrateur), ou calculé à partir de la bande passante. Dans ce dernier cas, généralement le cas par défaut, le coût d'un lien est inversement proportionnel à sa bande passante, ce qui implique généralement qu'en OSPF, la meilleure route reliant deux points sera la route dont les liens physiques sont les plus rapides (mais pas forcément les moins chargés !). Pour limiter les effets néfastes du mécanisme de diffusion des messages LSA, on a créé le concept d'aire OSPF (OSPF Area). Dans ce cas, la diffusion des LSA est limitée à l'aire OSPF et ainsi, l'ensemble des routeurs d'une aire commune possède la même base de données topologique. Il est alors prévu que les différentes aires soient interconnectées *via* une aire fédératrice (backbone area). Les informations de routage entre une aire quelconque et l'aire fédératrice seront véhiculées par l'intermédiaire d'un

Figure 2-19

Configuration multi-aire

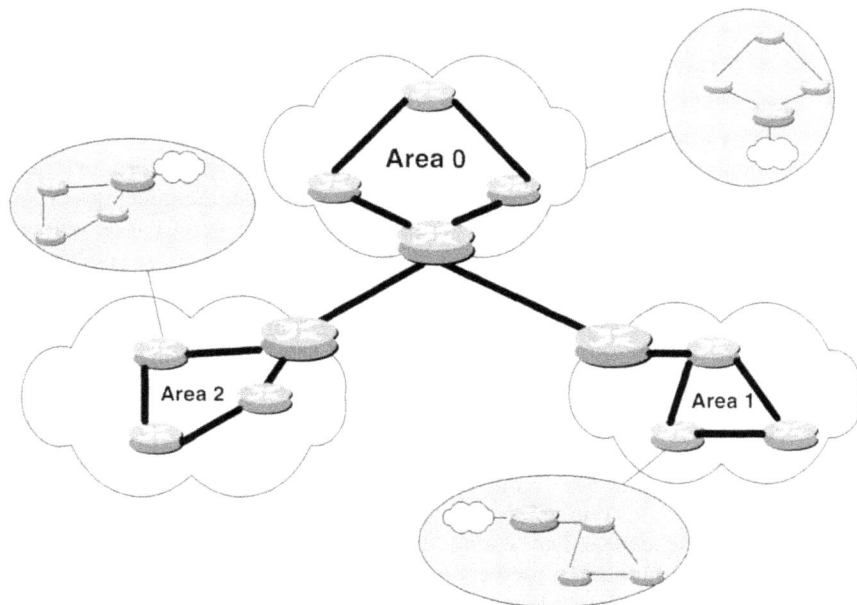

routeur frontière, appelé ABR (Area Boundary Router). Ce routeur possèdera une interface dans l'aire fédératrice (backbone area) et une interface dans l'aire secondaire. Il faut noter, dans ce cas, que les routeurs de l'aire secondaire ne disposent pas de la vision topologique de l'aire principale (ils savent juste que les réseaux existent *via* le routeur frontière). Nous verrons ultérieurement que cette perte de visibilité sur une aire différente peut avoir des conséquences pour la QoS. En effet, de nouveaux protocoles fondés sur OSPF comportent des métriques permettant d'inclure des paramètres de QoS. Avec de tels protocoles, il sera donc possible d'effectuer un routage tenant compte de manière optimale des critères de QoS à l'intérieur de la même aire. En revanche, si l'on souhaite acheminer des informations d'une aire vers une autre, les informations de QoS seront perdues. Nous représentons ci-dessous la visibilité des informations que possèdent les routeurs internes à une aire (routeur inter-aire). Les routeurs intra-aire (routeurs de bordure) fournissent des résumés de routes vers le réseau externe.

Protocoles extérieurs (EGP)

ATTENTION Cette section complexe n'est pas indispensable pour les lecteurs n'ayant pas à manipuler ce type de protocoles, utilisés principalement par les opérateurs.

Le rôle des protocoles extérieurs est de distribuer les informations de routage entre les systèmes autonomes pour leur indiquer où sont localisés les réseaux. Ce type de protocole est principalement utilisé au sein du réseau Internet par les ISP (Internet Service Provider). Les entreprises pourront néanmoins y recourir dans les cas suivants :

- si un réseau est raccordé à l'Internet par plus d'un lien (Dual ou multi-homed). C'est notamment le cas de certaines entreprises disposant de plusieurs accès Internet par différents ISP ;
- s'il est nécessaire d'avoir connaissance des routes sur l'Internet (pour mettre en œuvre une application spécifique par exemple) ;
- s'il est intéressant de connaître les systèmes autonomes à traverser pour atteindre un réseau distant.

Dans tous les autres cas, un réseau privé sera raccordé à l'Internet à l'aide d'une route par défaut (c'est le cas le plus fréquent). Toutefois, les protocoles extérieurs peuvent également être utilisés au sein de grandes organisations souhaitant découper (pour différentes raisons) leur réseau en plusieurs systèmes autonomes (AS), gérés par des entités différentes.

Le principal protocole extérieur utilisé est le protocole BGP-4 (Border Gateway Protocol Version 4). Comme son nom l'indique, il s'exécute sur des routeurs de bordure entre différents systèmes autonomes (AS). Il possède un certain nombre de caractéristiques fort intéressantes, qui permettent d'influencer les décisions de routage. C'est pourquoi nous fournissons quelques détails à cet égard, même si, nous le rappelons, sa mise en œuvre est généralement du ressort des ISP et des opérateurs.

Contrairement aux autres protocoles de routage, les échanges de messages entre routeurs s'effectuent sur des connexions TCP (port 179) afin d'assurer un acheminement fiable. Au démarrage, les routeurs pairs échangent l'intégralité de leurs tables de routages, qui peuvent être conséquentes. Par la suite, seules les modifications sont échangées. Chaque routeur pair mémorise un numéro de version de sa table de routage ; il doit être identique à celui de ses routeurs pairs durant le temps de sa connexion.

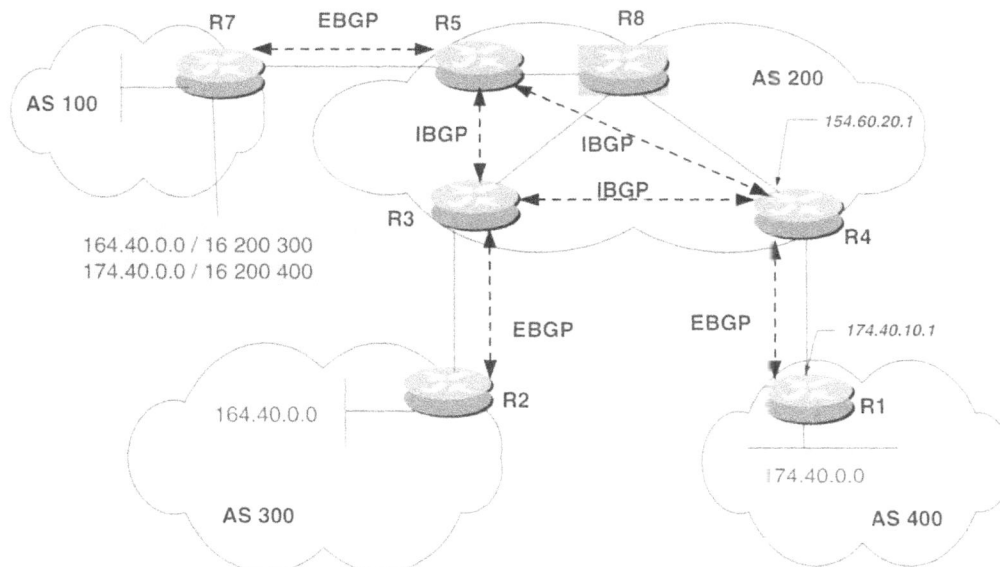

Figure 2-20

Configuration BGP-4

Il existe deux configurations principales de BGP :

- Le BGP externe (EBGP) : les routeurs BGP se situent ici dans des AS distincts. Les routeurs BGP voisins doivent être reliés sur un même réseau physique ;

- Le BGP interne (IBGP) : les routeurs BGP se trouvent dans un même AS. Cette configuration permet de mieux associer la vision interne du réseau (maintenue par les protocoles de routage internes de type OSPF) et la vision externe du réseau (maintenue par BGP). En effet, la présence de plusieurs routeurs BGP au sein d'un AS évite la redistribution de routes dans le protocole de routage interne (ce qui peut être très dangereux eu égard aux nombreuses routes externes) et contribue donc à une meilleure stabilité du routage. Inversement, cela permet de définir quel routeur servira de point de connexion avec un AS externe. Dans la mesure où il existe un protocole de routage interne à l'AS, il n'est pas nécessaire que les routeurs IBGP soient directement (physiquement) connectés entre eux. Ainsi, dans la figure précédente, les routeurs R3, R4 et R5 sont interconnectés *via* le routeur R8 à l'aide du protocole de routage interne (OSPF par exemple). Le protocole de routage IBGP est identique au protocole de routage EBGP. La seule différence est qu'une route apprise par un routeur EBGP d'un autre routeur EBGP ne sera pas diffusée vers le routeur EBGP pair. Il est donc impératif que les routeurs IBGP soient tous interconnectés entre eux (configuration *fully meshed*) de manière logique. À la figure précédente, si le routeur R4 ne possédait pas une connexion logique (*via* TCP) avec R5, ce dernier n'aurait pas connaissance de la route 164.40.0.0, car R3 ayant appris cette route par R4 (en IBGP), il ne la retransmet pas à R5. Cette restriction de ré-annonce est réalisée pour éviter les boucles. Des mécanismes complémentaires existent pour limiter les configurations fully meshed dans le cas de nombreux routeurs IBGP. Ils sortent du cadre de cet ouvrage sur la

QoS et ne seront donc pas développés. Dans la suite, nous ne distinguerons plus IBGP et EBGP.

Dans BGP, une route est définie comme l'association d'une destination (un préfixe réseau) et des attributs du chemin vers cette destination.

Ce protocole est de type vecteur de chemins (path vector), c'est-à-dire qu'il annonce le nombre d'aires (area) à traverser pour atteindre un réseau donné. Ainsi, dans l'exemple précédent, la table de routage de R7 contiendra pour le préfixe 164.40.0.0/16 le chemin AS 200 – AS 300 et pour le préfixe 174.40.0.0/16 le chemin AS 200 – AS 400. Un routeur BGP peut s'assurer qu'une annonce de route ne comporte pas de boucle, si le numéro d'aire du routeur BGP n'apparaît pas dans le vecteur des chemins. À l'issue de cette vérification, le routeur BGP insère son propre numéro d'aire dans le vecteur de chemins et le transmet à ses voisins.

La notion d'*attributs du chemin* (path attribute) constitue un autre concept clé de ce protocole ; elle apporte à BGP de la flexibilité et de l'évolutivité. Un attribut décrit les caractéristiques du chemin vers le préfixe réseau. Ainsi, quand plusieurs chemins sont disponibles vers une destination (un préfixe réseau), les attributs permettent aux routeurs de sélectionner le meilleur chemin. Un certain nombre d'attributs sont obligatoires et d'autres optionnels. Les routeurs ne sont d'ailleurs pas obligés de reconnaître l'ensemble des attributs. Si un routeur ne reconnaît pas un attribut, il redonnera cet attribut inchangé à ses voisins. Nous énumérons ci-après les principaux attributs d'un chemin (13 sont définis dans la norme : il existe toutefois des mises en œuvre propriétaires définissant d'autres attributs).

- **AS_PATH** : cette variable contient la liste des AS traversés pour atteindre une destination. Ainsi, dans l'exemple précédent, l'attribut AS_PATH pour atteindre le réseau 164.40.0.0 depuis le routeur R7 est 200,300.
- **Next_HOP** : c'est l'adresse IP du saut suivant (hop) qui sera utilisée pour atteindre une destination. Pour EBGP, c'est celle du voisin. IBGP présente cependant une subtilité : BGP spécifie en effet que l'adresse du prochain saut d'une route apprise en EBGP doit être transportée sans modification en IBGP. Pour cette raison, en reprenant l'exemple précédent, le routeur R4 annoncera le réseau 174.40.0.0 à ses routeurs pairs IBGP (routeurs R3 et R5), avec un attribut NEXT_HOP de 174.40.10.1. Ainsi, vu du routeur R5 par exemple, le prochain saut pour atteindre 174.40.0.0 est 174.40.10.1 au lieu de 154.60.20.1. Il faut donc s'assurer que le routeur R5 puisse atteindre 174.40.10.1 *via* un protocole de routage interne (OSPF par exemple).
- Préférence locale (**Local Preference**) : voir description ci-dessous.
- Discriminateur de sortie multiple (**MED** : Multi-Exit Discriminator) : voir description ci-dessous.
- Communauté BGP (**BGP Community**) : voir description ci-dessous.

Par défaut, quand un routeur BGP compare deux routes possédant le même préfixe, il choisira celle qui contient le nombre le plus faible d'AS de transit (ce qui signifie la longueur la plus faible de l'attribut AS_PATH ou encore le chemin le plus court). Il existe cependant de nombreuses méthodes pour modifier ce choix par défaut, et notamment les principaux outils suivants :

- filtrage de l'attribut AS_PATH : les routeurs BGP ont la faculté de filtrer les annonces en provenance ou à destination d'un routeur BGP voisin sur l'attribut AS_PATH ;

- AS_PATH Prepend : les routeurs ont également la possibilité de manipuler l'attribut AS_PATH en rallongeant le chemin (en indiquant par exemple deux fois le numéro de son AS), ce qui rendra alors le chemin potentiellement moins optimal pour les routeurs en aval ;

- préférence locale (Local Preference) : cette variable est échangée uniquement entre les routeurs appartenant au même AS. Elle n'est pas propagée à l'extérieur Elle permet de déterminer le chemin préféré pour atteindre une destination quand il existe plusieurs chemins. Ainsi, la figure suivante schématise deux chemins équivalents pour rejoindre R6. Dans la mesure où l'on privilégie le chemin avec la plus haute préférence, c'est le chemin passant par R3 qui sera retenu. La valeur par défaut de la variable local_pref est 100 ;

Figure 2-21

Utilisation de l'attribut de préférence locale

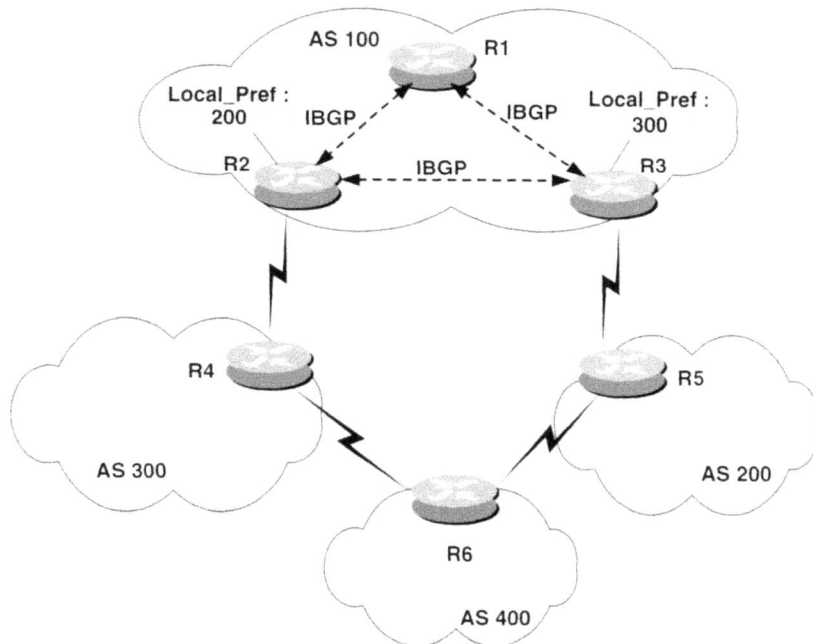

- discriminateur de sortie multiple (MED, Multi-Exit Discriminator) : contrairement à la variable précédente qui permettait de sélectionner un chemin de sortie, l'administrateur d'un AS peut, grâce à la variable MED, déclarer à un AS voisin par quel lien il est préférable de lui envoyer du trafic. On privilégie une valeur faible pour MED, la valeur par défaut étant 0. Ainsi, dans la figure suivante, on retiendra de préférence le trafic entrant par R3. L'attribut MED n'est propagé d'un AS qu'à ses AS voisins.

En complément de l'utilisation des variables pour influencer la sélection de chemins, il est également possible de se servir des variables afin de mettre en œuvre des politiques de QoS par exemple. Ainsi, la variable « communauté » (community) permet de grouper des destinations en communauté et d'appliquer ensuite un traitement approprié. L'administrateur de l'AS100 de la figure 2-20 peut par exemple classifier les AS pairs lui étant rattachés en leur affectant une valeur de communauté différente. Il pourra ensuite se servir de cette valeur pour modifier la valeur du champ TOS (Type Of Service) dans l'en-tête des paquets IP.

Figure 2-22

Utilisation de l'attribut
MED

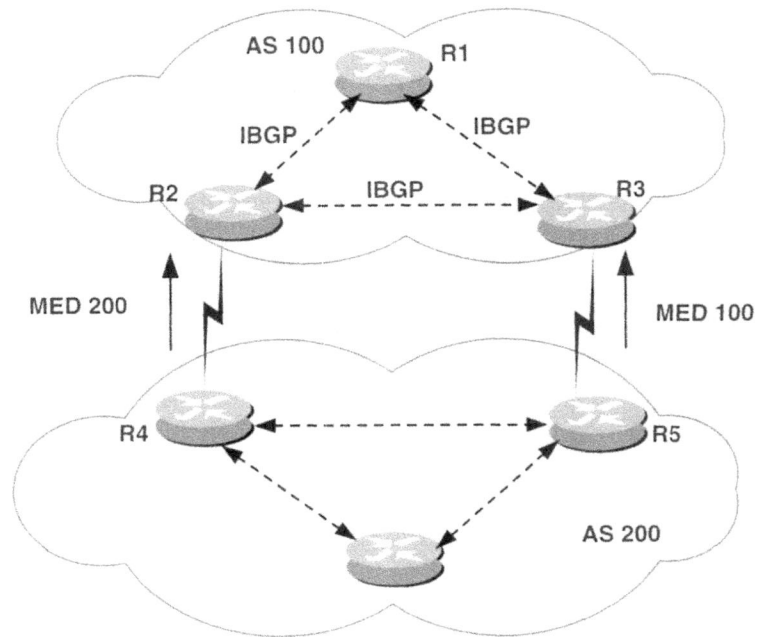

Limites des protocoles de routage traditionnels

Le routage est asymétrique

Le trafic sur l'Internet et les réseaux est bi-directionnel : l'émetteur possède un chemin pour rejoindre le destinataire, qui en retour contient un chemin pour rejoindre l'émetteur. En raison des différentes politiques de routage, il est fréquent que le chemin de retour soit complètement différent du chemin aller. Cette asymétrie peut poser un problème dans la mesure où les chemins empruntés à l'aller et au retour ne possèdent pas les mêmes caractéristiques de QoS (notamment en ce qui concerne le temps de traversée du réseau). Ainsi, une application de visioconférence sur l'Internet peut expérimenter une voie montante de bonne qualité (permettant au destinataire de recevoir une bonne image de l'appelant) et une voie de retour de qualité médiocre (ne permettant pas à l'appelant de recevoir une bonne image du destinataire).

La QoS n'est pas prise en compte

Nous déduisons des détails fournis sur les différents protocoles de routage que ces derniers ne permettent pas de tenir compte de la qualité de service demandée pour un datagramme, car le choix des routes ne fait pas intervenir de métrique liée à la QoS. Il est tout au plus possible de jouer sur les métriques des algorithmes link state pour améliorer la qualité du service rendu.

En réalité, de nouveaux protocoles de routage intègrent des métriques de QoS ; il s'agit des CBR (Constraint Based Routing). Citons comme exemple le PNNI (Private Network to Network Interface), utilisé dans les réseaux ATM. Dans ce cas, les métriques utilisées sont : le poids administratif (fixé par l'administrateur, comme en OSPF), le MCTD (Maximum Cell Transfert Delay), qui comptabilise le délai d'acheminement, le CDV (Cell Delay Variation), qui mesure la régularité d'acheminement, ou gigue. On peut ainsi, grâce à la richesse des métriques, choisir un chemin optimal en termes de distance, mais qui aura également comme contrainte de respecter les critères de QoS de délai et de gigue. Cependant, le principale reproche adressé aux protocoles CBR est leur complexité.

> **REMARQUE** Généralement la QoS n'est pas prise en compte dans les protocoles de routage, sauf dans les nouveaux protocoles de type CBR (Constraint Based Routing).

Pas d'équilibrage de charge

Autre inconvénient des protocoles de routage déjà été cité par ailleurs : l'incapacité d'équilibrer la charge sur les liens réseaux. Considérons le cas suivant :

Figure 2-23

Choix du plus court chemin

Par défaut, les protocoles de routage ne permettent pas l'équilibrage des charges.

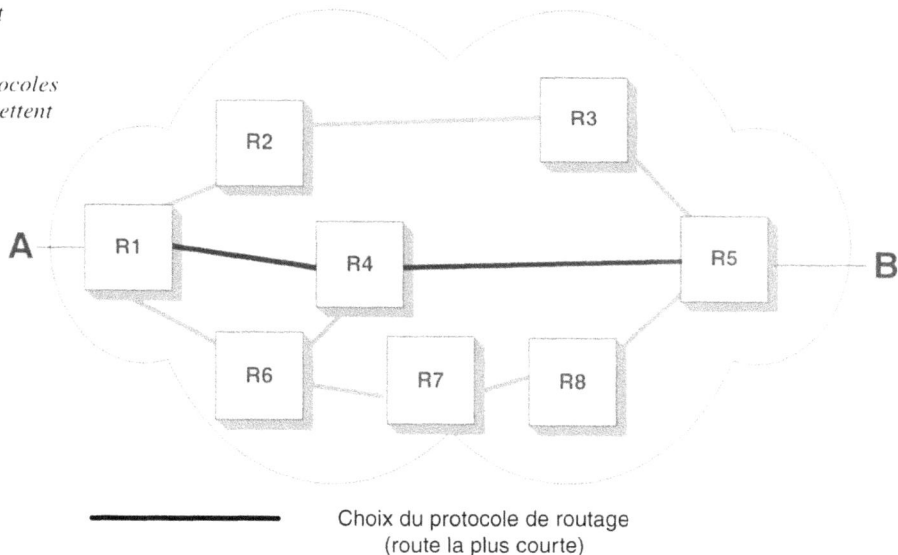

Choix du protocole de routage
(route la plus courte)

Pour aller de A vers B, un algorithme de routage de type RIP, par exemple, sélectionnera le chemin passant par R4 et R5, puisque c'est le chemin qui présente le nombre minimal de sauts (de routeurs). Notons au passage, comme nous l'évoquions ci-dessus, que ce choix n'a pas fait intervenir la qualité de la route, qui était peut-être meilleure sur R2-R3-R5 ou R6-R7-R8-R5. Quoi qu'il en soit, l'ensemble du trafic de A vers B va emprunter R4-R5, délaissant les routes alternatives, même si elles sont moins chargées.

En réalité, le protocole de routage OSPF a été amélioré pour supporter l'équilibrage de charge sur plusieurs liens de même coût. Cette option du protocole OSPF, appelée ECMP (Equal Cost Multi-Path), est décrite dans la RFC 2178. Toutefois, s'il n'existe qu'un seul lien de moindre coût, l'équilibrage de charge ne fonctionne pas. Ainsi, dans l'exemple précédent, il est nécessaire d'affecter le poids 1 sur R1-R2, R2-R3 et R3-R5, le poids 1 sur R1-R4 et le poids 2 sur R4-R5 pour obtenir un équilibrage de charge sur les deux routes. Il faut toutefois noter que si cet équilibrage de charge est possible à réaliser sur un réseau simple par configuration manuelle du poids des liens, cela devient difficile, voire impossible, sur de grands réseaux.

3

Vue générale
des mécanismes de QoS

Avant d'entrer dans le détail des techniques, nous précisons dans ce chapitre la terminologie et les concepts liés à la QoS, ainsi qu'une classification générale des modèles et protocoles de QoS. Ce premier tour d'horizon permet de dégager les objectifs respectifs des différents modèles, leurs caractéristiques principales et leurs champs d'application et, finalement, les possibilités d'interopérabilité.

Concepts et architecture relatifs à la QoS

La QoS réseau est caractérisée par un ensemble de critères techniques à respecter. Nous allons en un premier temps définir ces caractéristiques.

L'application de ces critères techniques est fonction du but poursuivi. Il est possible d'appliquer cette QoS individuellement à un trafic issu d'une application spécifique ou bien à un ensemble de trafics issus d'applications ou d'utilisateurs partageant des exigences communes. Dans un second temps, nous examinerons les mécanismes d'identification des trafics.

De la même façon, l'application des critères de QoS sera plus ou moins précise selon l'échelle de temps. Nous définirons donc les mécanismes de contrôle de trafic en fonction de l'échelle de temps sur laquelle ils s'appliquent.

Enfin, nous terminerons ce chapitre par l'architecture de base de la QoS qui nous permettra de présenter dans un premier temps les modèles de QoS et leur interopérabilité et, dans un second temps, la hiérarchie de modèles et des protocoles de QoS.

Les paramètres de la QoS

Voyons tout d'abord de façon détaillée les différents paramètres de la QoS, déjà mentionnés au chapitre 1. On notera, une fois encore, que la qualité de service réseau va au-delà du rôle commun d'un service de qualité, caractérisé principalement par la disponibilité et le taux d'erreur. On observera toutefois au chapitre 8 consacré à la gestion et à l'administration de la QoS, que les paramètres techniques de la QoS réseau doivent être complétés par des paramètres de mesure du service client, afin de constituer un contrat de niveau de service (SLA, Service Level Agreement).

Définition technique de la QoS

D'un point de vue technique, les composantes liées à la QoS comprennent :

- la disponibilité du service rendu,
- la bande passante disponible,
- le délai de traversée du réseau ou latence,
- la variation de ce délai ou gigue,
- le taux de perte expérimenté par les paquets.

> **REMARQUE** Afin de faciliter l'explication des différents paramètres de qualité de service, nous prendrons comme unité de mesure la transmission d'un paquet IP sur le réseau.

Disponibilité

La disponibilité d'un réseau se définit comme le rapport entre le temps de bon fonctionnement du service et le temps total d'ouverture du service. C'est la forme la plus évidente de QoS, puisqu'elle établit la possibilité d'utiliser le réseau. Il faut à cet égard dissocier rigoureusement la disponibilité du taux d'erreurs (voir la définition plus loin dans cette section). En effet, un réseau présentant un taux d'erreurs élevé est souvent assimilé par l'utilisateur à un réseau non disponible. Il s'agit effectivement d'un vrai problème, dans la mesure où de nombreux opérateurs de télécommunications ne font pas figurer le taux d'erreurs dans leur engagement de service (SLA), ce qui conduit naturellement l'usager à considérer une mauvaise communication comme une absence de communication.

Bande passante

Si la disponibilité d'une large bande passante sur le réseau semble représenter un gage de bonne qualité de service pour les applications, ce n'est pas la seule condition et, en tout état de cause, ce n'est pas une condition suffisante. Aussi, avant d'aborder dans le détail les mécanismes de QoS mis en œuvre sur les réseaux, il est important de rappeler que la QoS ne génère pas de la bande passante. En revanche, les mécanismes de QoS permettent de gérer de façon optimale la bande passante du réseau en fonction des demandes des applications.

Latence (delay)

La latence correspond au temps que requiert un paquet pour traverser le réseau d'un point d'entrée à un point de sortie.

La latence dépend des facteurs ci-après.

1. Du type du média de transmission (*temps de propagation*) : une liaison satellite est beaucoup plus lente qu'un lien fibre optique.

2. Du nombre d'équipements réseau traversé (*temps de traitement*) : chaque composant réseau traversé applique un certain traitement au paquet reçu et rajoute donc du délai. Ce

Figure 3-1

La latence

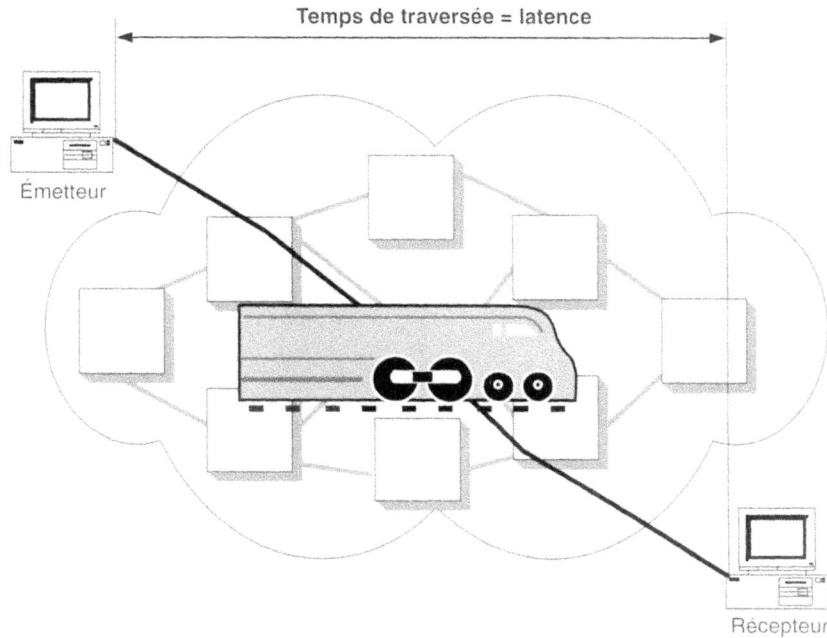

Temps de traversée = latence

Émetteur

Récepteur

dernier sera d'autant plus long que le traitement à réaliser est complexe. Ainsi, le temps de traversée d'un commutateur de niveau 3 (commutateur IP) sera inférieur à celui d'un routeur traditionnel monoprocesseur. En outre, la mise en œuvre de certaines fonctionnalités avancées dans les routeurs peut également avoir des répercussions significatives sur le délai.

3. La taille des paquets (*temps de sérialisation*) : elle correspond au temps nécessaire pour écouler les paquets sur le lien réseau, bit après bit. Ainsi, le temps étant mesuré depuis l'émission du premier bit du paquet jusqu'à la réception du dernier bit de ce même paquet, à l'autre extrémité du réseau, plus sa taille sera conséquente, plus le temps de sérialisation sera important et augmentera d'autant la latence mesurée.

Généralement, une liaison satellite aura une latence avoisinant les 400 ms. Une liaison Frame Relay en France aura une latence proche de 20 à 30 ms et de l'ordre de 100 ms sur l'ensemble de l'Europe. Enfin, une liaison ATM aura une latence de quelques ms sur le territoire français et elle sera inférieure à 10 ms en Europe. Les engagements de délai des opérateurs seront généralement fonction des géographies. Pour un opérateur international, ces engagements seront généralement spécifiés par zone géographique (Europe, Amérique du Nord, Amérique du Sud, etc.).

Variation des délais de traversée (gigue ou jitter)

La gigue se définit comme la variation des délais d'acheminement (latence) des paquets sur le réseau. Ce paramètre est particulièrement sensible pour les applications multimédias temps réel qui requièrent un délai interpaquet relativement stable.

Figure 3-2

La gigue

Variation du délai interpaquets = gigue

Émetteur

Récepteur

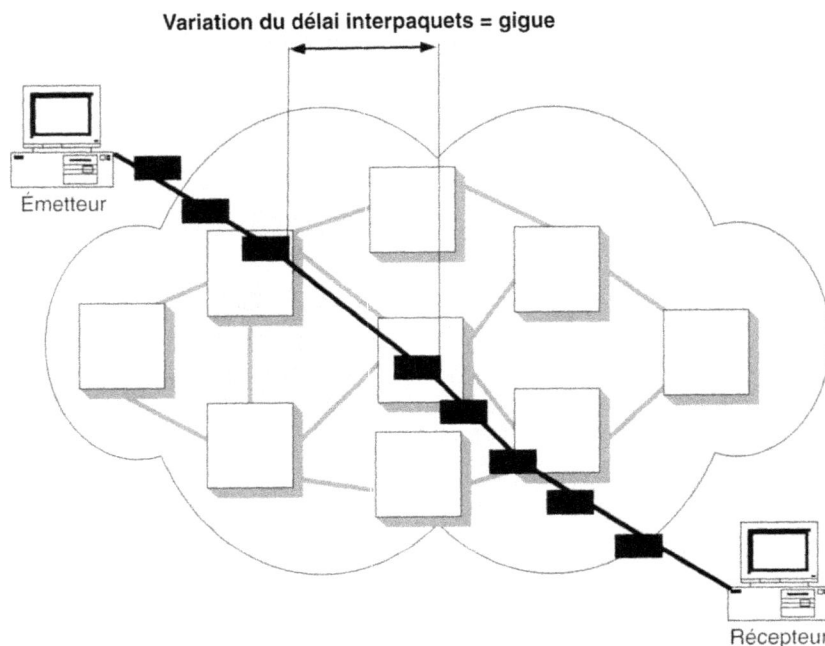

La gigue dépend principalement :

- du type et du volume de trafic sur le réseau,
- du type et du nombre d'équipements réseau.

En effet, plus le réseau est chargé et plus le nombre de paquets que les nœuds d'interconnexion doivent traiter est important. Ils devront donc d'abord traiter les paquets prioritaires, la difficulté résidant dans le fait de maintenir la vitesse du traitement indépendante de la charge du réseau.

Taux de perte

C'est le rapport du nombre d'octets émis et le nombre d'octets reçus. Il s'agit par conséquent de la mesure de la capacité utile de transmission. Insistons à nouveau sur le fait que ce paramètre de QoS est rarement fourni à l'usager par les opérateurs de télécommunications. S'il est avéré que la plupart des lignes de télécommunications se fondent sur des supports fiables, comme la fibre optique (taux d'erreurs de l'ordre de 10^{-12}), il ne faut pas oublier que les équipements d'un réseau congestionné (routeurs ou commutateurs) peuvent éliminer des paquets.

Comme nous l'avons observé pour la latence, les paramètres définis peuvent varier selon la topologie du réseau. Ainsi, dans le cas de réseaux internationaux, les engagements des opérateurs dans un contrat de service (SLA) sont souvent dépendants de la géographie.

Identification des trafics

La QoS et les règles de mise en œuvre s'appliquent aux trafics identifiés, c'est-à-dire le flux (*flow*) ou agrégats (*aggregate*). Nous définissons ces concepts ci-dessous.

Le concept de flux (Flow)

Un flux est un *stream* individuel et unidirectionnel de données, entre deux applications identifiées par cinq paramètres :

- le protocole de transport,
- l'adresse source,
- le numéro de port source,
- l'adresse destination,
- le numéro de port destination.

Dans la pratique, un flux IP sera donc identifié par une séquence de paquets échangés entre deux ports UDP ou TCP identiques, situés sur des machines distinctes.

Dans la mesure où l'application n'a pas le moyen de signaler explicitement au réseau ses besoins en QoS (à l'aide d'un protocole de réservation de ressources comme RSVP), de nombreuses méthodes de mise en œuvre de la QoS imposent au réseau d'identifier les flux en entrée (au niveau des routeurs de bordure) pour pouvoir appliquer la QoS adéquate. Cette identification se fonde sur l'analyse des paquets IP pour déterminer l'adresse source/destination et le port source/destination UDP ou TCP.

Le concept d'agrégat (Aggregate)

Un agrégat est la combinaison de deux ou plusieurs flux. Généralement, les flux à combiner possèderont des éléments communs : il pourra s'agir d'un des 5 paramètres cités précédemment, ou encore d'un niveau de priorité. L'agrégat présente l'avantage de minimiser les informations de QoS à véhiculer, ce qui est fort utile sur de grands réseaux comportant des milliers de flux. Ainsi, au lieu d'appliquer une QoS distincte pour chaque type de flux, on mettra en place une QoS par agrégat. Cette agrégation peut être appliquée en tout point du réseau pour traverser des liens multiples, ou bien dans la définition initiale des flux. La définition suivante est un exemple d'agrégat : toutes les personnes du service Études (ensemble d'adresses IP) seront prioritaires sur le réseau de 15 heures à 18 heures. L'agrégat sera, dans ce cas, le sous-réseau de toutes les personnes du service Études. Cet exemple permet de souligner l'importance d'un plan d'adressage cohérent pour l'application de la QoS.

La méthode d'identification des trafics (flux ou agrégat) sera précisée lors de l'exposé des différents modèles de gestion de la QoS.

Contrôle du trafic et échelle de temps

La gestion de la QoS revient à exercer un contrôle des trafics pour déterminer :

- qui peut accéder à la bande passante,
- à quel moment,
- dans quelles conditions.

L'objectif de l'identification des trafics que nous venons de présenter est d'aboutir à un contrôle des différents trafics, selon une politique de gestion définie à l'avance. Cette dernière sera plus ou moins précise selon le modèle de gestion de QoS utilisé, et concernera une échelle de temps plus ou moins longue. Cela se traduit concrètement par la mise en œuvre d'un ensemble de mécanismes de contrôle de trafic, qui agissent sur une échelle de temps différente.

1. La QoS associée à un équipement a pour but d'absorber les pointes de charge temporaires, spécifiques à un équipement. Nous verrons ainsi à la fin de ce chapitre que les techniques de contrôle de trafic (*policing*), de gestion des files d'attente d'un routeur, d'ordonnancement des paquets et de lissage de trafic sont efficaces pour traiter quelques paquets.

2. Sur une plus longue période, il est nécessaire de disposer de mécanismes de contrôle de congestion et de retransmission, agissant sur les sources de trafic, qui éviteront une saturation du réseau. Parmi les moyens de contrôle de débit à la source, on peut notamment citer les mécanismes de démarrage lent (slow start) et le contournement de congestion (congestion avoidance). Ils sont intégrés au protocole TCP.

3. La signalisation QoS a pour but d'appliquer de façon cohérente la QoS de bout en bout du réseau. Elle intervient sur une échelle de temps encore plus large, puisqu'elle permet aux applications (ou aux points d'accès au réseau) de notifier au réseau les besoins en QoS. À partir de là, le réseau peut prendre les dispositions pour trouver un chemin correspondant à la demande : modèles de gestion de la QoS de type DiffServ ou RSVP/IntServ.

4. L'ingénierie des trafics correspond à une vision macroscopique des flux transitant sur le réseau, dans l'objectif de les répartir sur les différentes lignes de communication. Cette tâche incombe donc principalement à l'opérateur. À ce niveau, on ne s'intéresse pas aux trafics individuels, mais à l'optimisation globale du réseau. Par conséquent, cette gestion dynamique des trafics ne fait pas expressément partie de la QoS réseau, mais elle y contribue, en maintenant le réseau à un niveau de charge correct. C'est la raison pour laquelle ces techniques sont généralement présentées conjointement avec les modèles de QoS.

5. Enfin, la gestion et le contrôle de la QoS, outre la gestion opérationnelle de la QoS par la mise en œuvre, doit déboucher sur une prévision des capacités du réseau à plus long terme. Cette ultime méthode de contrôle des trafics à long terme consiste à anticiper les évolutions de trafic, en augmentant les capacités des liens par rapport aux prévisions.

Comme nous venons de le voir, ces mécanismes de contrôle de trafic sont complémentaires. Même si l'intérêt immédiat de l'usager d'un réseau se limite aux trois premiers points, il convient d'observer que tous ces mécanismes concourent à améliorer la QoS sur les réseaux.

Nous allons nous appuyer sur l'exemple de la circulation ferroviaire pour illustrer ces complémentarités mises en évidence à la figure suivante. La gestion de la QoS relative aux équipements correspond à un agent de circulation (humain ou électronique), chargé du contrôle de trafic aux aiguillages des voies ferrées. Il a pour objectif d'écouler le trafic, tout en autorisant certains trains prioritaires à franchir l'intersection sans attendre. Dans le même temps, des trains de marchandises pourront être mis en attente. Le contrôle de congestion de bout en bout correspond à l'autorisation donnée par le réseau à un train de quitter la gare de départ. La signalisation QoS s'apparente à la possibilité d'affecter à chaque train un niveau de priorité. En fonction de cette signalisation, chaque élément du réseau ferré mettra en œuvre les mécanismes adéquats pour satisfaire le niveau de priorité du train. L'ingénierie des trafics a pour but de planifier le trafic ferroviaire journalier et de le répartir sur les différentes voies ferrées disponibles pour, d'une part, optimiser l'utilisation du réseau et, d'autre part, s'assurer que les conditions seront optimales pour obtenir un trafic général fluide. Enfin, la planification a pour but d'anticiper les évolutions du trafic à long terme et de modifier, le cas échéant, la topologie et les capacités du réseau ferroviaire, pour accepter davantage de trafic.

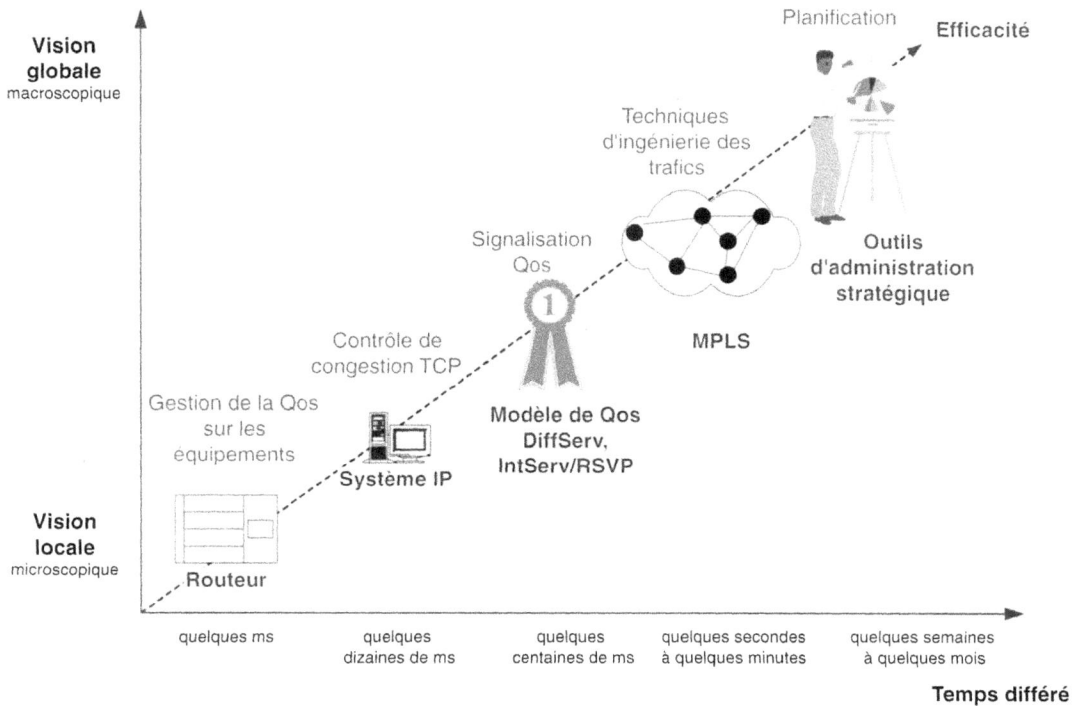

Figure 3-3

Complémentarité des mécanismes de QoS

> **REMARQUE** Les mécanismes intégrés aux routeurs agissent sur quelques paquets dans des délais très courts (quelques millisecondes). C'est une vision microscopique des trafics. De façon complémentaire, l'ingénierie des trafics s'attache à optimiser globalement les trafics sur l'ensemble du réseau et sur le moyen terme. C'est une vision macroscopique des trafics.

L'échelle de temps permet donc de classer les mécanismes de QoS selon leur domaine d'efficacité. C'est un critère important, dont nous nous servirons pour comparer les différents modèles de QoS à la section suivante.

Architecture de la QoS

Nous avons évoqué au chapitre 1 la demande croissante de besoins multiservices nécessitant la mise en œuvre de la QoS sur les réseaux. Nous avons souligné que la QoS nécessite l'intégration de mécanismes verticaux (les services de QoS d'un niveau s'appuient sur les services d'un niveau inférieur) et l'intégration de mécanismes horizontaux afin d'assurer une QoS de bout en bout du réseau. Cet aspect multidimensionnel de la QoS complique notablement la présentation des différents mécanismes.

Le schéma que nous exposons ci-dessous nous servira d'exemple de référence pour cet ouvrage. Ainsi, à l'issue de l'explication des modèles et protocoles de QoS, nous reviendrons, à la fin du chapitre 6, sur ce schéma afin de placer les principaux mécanismes présentés. De même, à la fin du chapitre 8 consacré à la gestion de la QoS, nous établirons, à partir de cet exemple, les principes de gestion exposés. Enfin, cet exemple sera également repris à la fin de l'ouvrage, pour illustrer l'intégration de l'ensemble des mécanismes de QoS étape par étape.

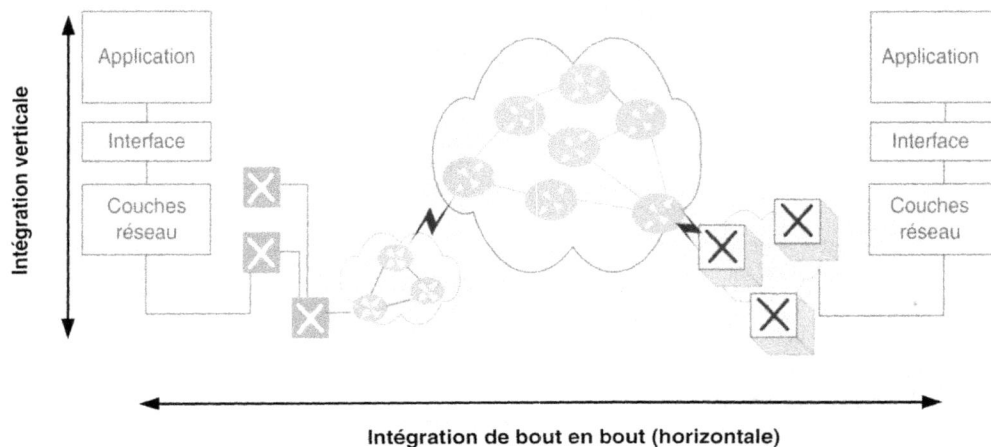

Intégration de bout en bout (horizontale)

Figure 3-4

Architecture de la QoS – Exemple de référence

La représentation précédente met en évidence :

- l'intégration verticale des mécanismes de QoS, qui se fonde sur :
  - la hiérarchie de protocoles de QoS associée aux couches du modèle ISO. Ainsi, la QoS de niveau IP (couche 3 du modèle ISO) peut s'appuyer sur les protocoles de QoS liés à Ethernet (802.1p) ou ATM, qui représentent des exemples de couche 2 du modèle ISO ;
  - la hiérarchie de réseaux IP déjà présentée au chapitre 1, qui assimile le transfert de données sur un réseau IP à celui réalisé sur une liaison dotée de caractéristiques de QoS spécifiques. Ainsi, l'interconnexion de deux sites d'un réseau IP privé d'entreprise *via* un réseau IP d'opérateurs revient à considérer ce dernier comme fournissant un lien d'interconnexion entre les deux sites possédant des caractéristiques déterminées.

- l'intégration horizontale des mécanismes de QoS, qui correspond à leur interopérabilité, ces mécanismes pouvant être différents en fonction des réseaux traversés. En effet, chaque domaine d'administration peut choisir des mécanismes de QoS adaptés à ses objectifs d'exploitation. Une entreprise pourra par exemple décider de mettre en place des méca-nismes de QoS suffisamment fins pour tenir compte des besoins individuels de chaque application. Il paraît évident que, compte tenu du nombre d'usagers transitant sur son réseau, un opérateur devra sélectionner des mécanismes de QoS globalisant les besoins de QoS pour un ensemble d'applications ou d'usagers. Il sera alors nécessaire de faire corres-pondre les mécanismes de QoS appliqués par l'entreprise à ceux du réseau de l'opérateur, en cas d'une interconnexion *via* le réseau de ce dernier.

En résumé, l'intégration verticale des mécanismes de QoS est relative à la hiérarchie des protocoles et des modèles de QoS, tandis que l'intégration horizontale des mécanismes de QoS dépend de l'interopérabilité des protocoles et des modèles de QoS.

Intégration verticale des services de QoS

Fort heureusement, pour simplifier le contexte d'application de la QoS, eu égard à la prépondérance du protocole IP et à sa présence de bout en bout sur les réseaux, jusqu'aux systèmes (hosts) à raccorder, les modèles globaux de qualité de service sont établis à partir de ce protocole.

Figure 3-5

*Intégration verticale
des mécanismes de QoS
avec IP*

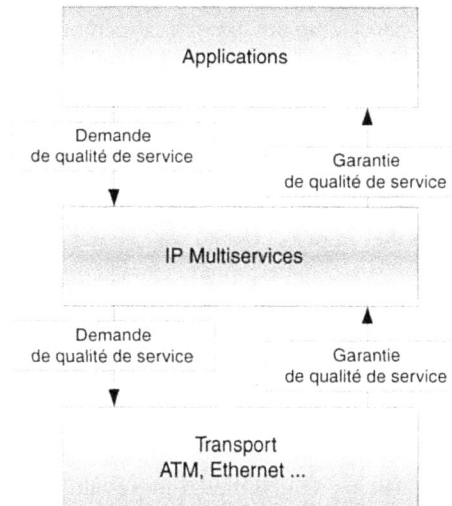

Nous allons donc principalement orienter la présentation des mécanismes de QoS autour des modèles globaux de QoS développés pour le protocole IP. Afin d'illustrer l'intégration verticale des mécanismes avec IP, on peut comparer IP à un tour operator qui vendrait des voyages vers toutes les destinations du monde, mais qui ne posséderait aucun avion, et qui de surcroît, ne les piloterait pas. La seule possibilité serait alors de réserver l'avion auprès d'une compagnie, de l'affréter pour ce voyage puis de croiser les doigts pour que les services vendus à ses clients soient respectés par la compagnie d'aviation. Dans le cas des réseaux multiservices, IP doit s'assurer que les protocoles de transport inférieurs peuvent garantir la qualité de service requise par les applications. Les équipements de communication, qu'ils soient en commutation de trames (Ethernet) ou de paquets (ATM), doivent donc intégrer les mécanismes de gestion de qualité de service (QoS). Cette illustration vaut pour la hiérarchie de protocoles liés au modèle ISO. Celle des réseaux IP s'apparenterait davantage à la garantie d'acheminement d'un transporteur routier qui dispose de ses propres moyens de transport, mais qui peut également faire appel à un autre transporteur pour assurer une liaison sur laquelle il n'a pas de moyens logistiques.

Intégration horizontale des mécanismes de signalisation QoS

Dès lors que nous recentrons le débat principalement autour d'IP, il faut rappeler que la QoS proposée aux applications est de type :

- best effort : aucune caractéristique de QoS n'est proposée. Cela convient aux applications dépourvue de contrainte temporelle, de type transfert de fichiers ou messagerie ;
- à service différencié : ce type de service est adapté à des applications possédant des contraintes temporelles standard, telles que les applications transactionnelles ou interactives ;
- à service garanti : ce type de service est destiné aux applications possédant des contraintes temporelles fortes. On cite souvent les flux voix ou visioconférence, encore que cela soit contestable dans la mesure où les technologies de *codecs* (codeurs/décodeurs) employées à ce jour font abondamment appel à la mémoire tampon pour compenser les aléas de transmission sur le réseau. Il n'en va pas de même des applications audio (qualité CD) ou vidéo qui nécessitent, en raison de la qualité des flux, des performances bien supérieures.

Pour répondre à ces besoins, l'IETF (Internet Engineering Task Force) a développé deux principaux modèles de gestion de la QoS de bout en bout adaptés à IP :

- le modèle DiffServ pour la QoS à service différencié,
- le modèle IntServ pour la QoS à service garanti.

En complément de ces deux modèles de gestion qui permettent une mise en œuvre effective d'un service de QoS au sein du réseau, l'IETF a défini des techniques autorisant à gérer au mieux l'ensemble des trafics transitant sur le réseau, pour les répartir sur l'ensemble des lignes de communication. Ces techniques d'ingénierie des trafics, fondées sur MPLS (Multi Protocol Label Switching), viennent donc compléter celles de QoS, car elles contribuent à assurer, par une vision macroscopique du réseau, une meilleure gestion des trafics. Ainsi, bien que MPLS ne soit pas à proprement parler un modèle de QoS, il est souvent considéré comme tel, puisqu'il participe au maintien d'un réseau non saturé.

> REMARQUE MPLS est souvent cité comme une technique d'ingénierie des trafics. Dans la réalité, son domaine d'application est très large (voir chapitre 6).

Modèle de service	Modèle de gestion de QoS
Au mieux ou best effort	Réseau IP traditionnel (Internet)
Services différenciés	DiffServ
Services garantis	IntServ
Optimisation des trafics	MPLS

La structure de présentation de ces différents modèles de gestion de la QoS se fonde sur les trois composants principaux de la QoS réseau mis en évidence au chapitre 1, et qui, dans le cas du protocole IP, se déclinent comme suit :

1. QoS associée à un équipement de type routeur, mettant en œuvre, le cas échéant, des mécanismes de QoS liées aux liens réseau utilisés.
2. Signalisation QoS entre les routeurs.
3. Gestion et contrôle de la QoS.

Hiérarchie des modèles de QoS et protocoles

La gestion de la QoS a lieu à différents niveaux du modèle ISO. Aussi, au niveau 2 (sur les liens réseau), divers protocoles de type 802.1p ou encore ATM intègrent-ils la QoS. Au niveau 3, nous avons évoqué les mécanismes IntServ ou Diffserv définis par l'IETF. De même, les gestionnaires de bande passante se fondent sur la gestion du contrôle de flux TCP (niveau 4) pour allouer plus ou moins de bande passante aux applications qui souhaitent accéder au réseau. Il est alors nécessaire d'assurer une intégration verticale de ces mécanismes, afin de fournir un fonctionnement global de la QoS. Pour représenter cette intégration verticale, il convient de faire appel à la modélisation en couches de l'ISO pour positionner hiérarchiquement les différents mécanismes de QoS.

Remarques et limites importantes

- Cette hiérarchie est néanmoins difficile à établir précisément, dans la mesure où de nombreux mécanismes de QoS chevauchent différentes couches du modèle ISO (viol de couches).

- De plus, cette hiérarchie ne permet pas de tenir compte du cas d'une hiérarchie de réseaux IP précédemment évoquée. Aussi, le schéma suivant ne permet-il pas de représenter la mise en œuvre d'IntServ (utilisé par exemple sur un réseau privé d'entreprise) sur DiffServ (utilisé par exemple par le réseau d'opérateurs interconnectant des sites du réseau privé d'entreprise).

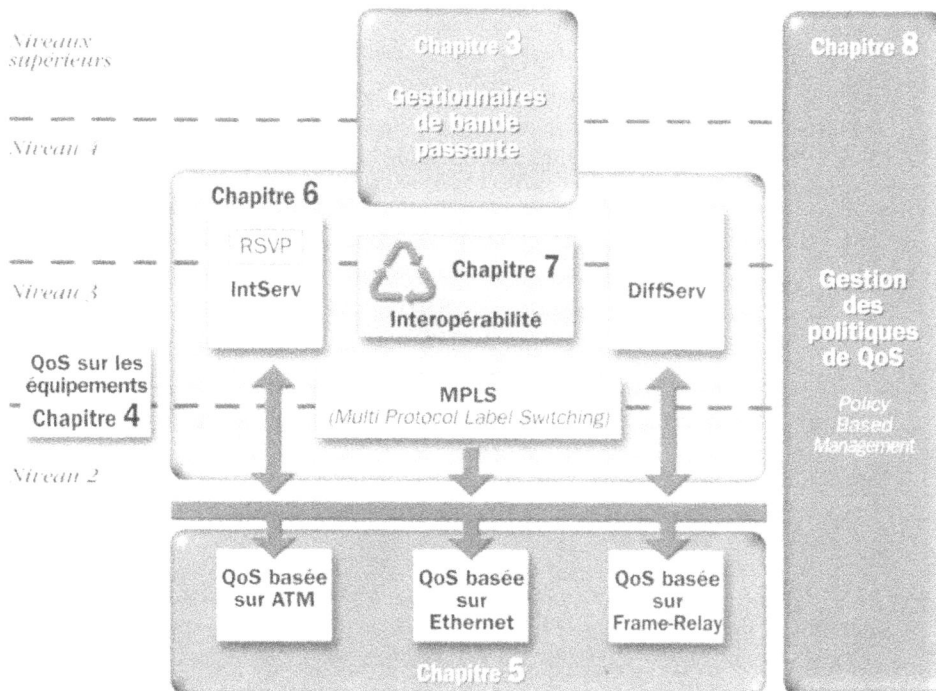

Figure 3-6

Les modèles de gestion de la QoS et le modèle ISO

En dépit des limites mentionnées ci-dessus, nous allons répertorier les différents modèles de gestion et les protocoles utilisés selon cette classification. Elle nous servira également de cadre de présentation pour la suite de cet ouvrage. Les modèles de gestion liés au niveau 2 du modèle OSI (liaison de données) seront détaillés au chapitre 5 *Modèles et protocoles du niveau 2*. Les modèles de gestion et protocoles liés à IP (couche 3 du modèle ISO) seront développés au chapitre 6 *Modèles et protocoles du niveau 3 et supérieurs*. Les techniques de gestion de trafic liées à la couche 4 et supérieures seront présentées dans ce chapitre et nous n'y reviendrons pas dans la suite de l'ouvrage, car ce sont des techniques de QoS indépendantes du réseau. Il ne s'agit nullement d'un manque d'intérêt pour ces techniques de QoS (qui demeurent les plus utilisées à ce jour), et nous évoquerons d'ailleurs comment elles s'intégreront à terme aux technologies de QoS réseau.

Enfin, les problématiques liées à la gestion de la QoS et la mise en œuvre de politiques de gestion seront abordées au chapitre 8 *Gestion et administration de la QoS*.

Les modèles et protocoles des liens réseau (couche 2)

Nous présentons de manière générale les principales technologies de liaisons de données utilisées à ce jour en soulignant leurs capacités intrinsèques à offrir des caractéristiques de QoS. L'exposé détaillé de ces technologies est fourni au chapitre 5, *Modèles et protocoles du niveau 2*.

Ethernet

La mise en œuvre de la QoS au niveau Ethernet se fonde sur la priorité des trames selon le standard 802.1 p. Ce standard permet de définir 8 classes de trafic (sur 3 bits), à l'intérieur d'un champ TAG ajouté à la trame Ethernet de base.

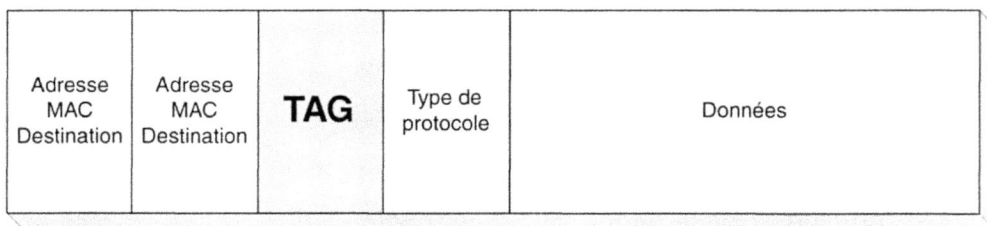

Adresse MAC Destination	Adresse MAC Destination	**TAG**	Type de protocole	Données

Figure 3-7

Ethernet 802.1p

Le standard 802.1 p constitue une extension du standard 802.1d conçu pour les ponts. Il établit notamment la façon dont ces derniers (désormais des commutateurs de trames) doivent tenir compte des classes de service dans les opérations d'acheminement. Souvent associé à 802.1 p, le standard 802.1 q définit les règles de réseaux virtuels sur Ethernet et le format de la trame Ethernet permettant d'inclure le tag 802.1p. Concrètement, cette indication de priorité dans la trame Ethernet assure, dans les commutateurs du backbone LAN, un traitement prioritaire des flux sensibles qu'il poursuit jusqu'au poste client et aux serveurs.

Frame Relay

La technologie Frame Relay est largement disponible à ce jour dans des débits de raccordement variant généralement de 64 kbit/s à 2 Mbit/s (8 Mbit/s en France sur le réseau Frame Relay de France Telecom). Fondée sur une simplification du protocole X25, elle permet de disposer de connexions nationales ou internationales à des coûts intéressants, tout en garantissant un délai d'acheminement relativement court. Ainsi, en France, le délai d'acheminement d'un paquet entre deux points situés à n'importe quel endroit du territoire est inférieur à 40 ms chez l'opérateur France Telecom. Au niveau européen, la plupart des opérateurs possèdent des délais d'acheminement contractuels inférieurs à 150 ms, et à 300 ms au niveau mondial. Bien souvent, les valeurs constatées sont inférieures aux valeurs contractuelles entre deux points. Le Frame Relay présente l'avantage de prendre en compte le trafic moyen de l'utilisateur, ou CIR (Comitted Information Rate), tout en lui permettant des pointes (*burst*) de trafic au-delà de cette valeur moyenne. La mise en œuvre de la QoS au niveau Frame Relay se fonde sur l'utilisation du débit moyen garanti par le réseau et sur les temps de transfert. En effet, on fera en sorte d'acheminer les flux critiques dans les limites du débit moyen (CIR), les flux non critiques s'accommodant du reste de bande passante disponible. Le Frame Relay Forum a ainsi publié une norme concernant le support de la voix sur les réseaux Frame Relay, dans le document FRF 11 : nous y reviendrons au chapitre 11 *Mise en œuvre de la QoS*.

ATM

La technologie ATM est une technologie hybride, issue de la commutation de trames de type X25 d'origine informatique, et de la commutation de circuit de type ISDN (RNIS), d'origine téléphonique. Elle fait appel à une longueur fixe de trame émise, appelée *cellule*, d'une longueur de 53 octets. Aussi, avant d'être envoyé sur un réseau ATM, un paquet IP doit-il être découpé en cellules, pour être acheminé par le réseau. À la réception, l'ensemble des cellules est ré-assemblé pour reformer le paquet IP.

Cette technologie utilise la flexibilité du mode paquet issu de la tradition informatique, en adoptant son asynchronisme (d'où le nom ATM, Asynchronous Transfert Mode), c'est-à-dire que le flux des cellules n'est pas forcément constant. La longueur fixe des trames (cellules) permet un traitement matériel de la commutation et partant, de très bonnes performances. Comme dans le cas des réseaux commutés de type ISDN (Numéris en France), tout échange entre deux points du réseau doit d'abord donner lieu à une phase d'appel, qui aboutira à la création d'un circuit virtuel entre les deux équipements à interconnecter. Lors de cette phase d'appel, des messages sont envoyés au réseau pour préciser les caractéristiques du circuit virtuel à établir. Ils détermineront le mode de traitement des cellules sur le circuit virtuel établi. L'ensemble des caractéristiques fournies à la connexion forme un *contrat de trafic* entre l'usager et le réseau. L'usager peut choisir entre 6 classes de service :

- **CBR** (Constant Bit Rate) : cette classe est utilisée par des applications qui nécessitent une bande passante fixe garantie durant toute la connexion et des contraintes fortes sur le délai et la gigue du réseau. Elle sert principalement à émuler un service de type LS (ligne spécialisée) ;

- **RT-VBR** (Real-Time Variable Bit Rate) : elle est utilisée par des applications ayant de fortes contraintes de délai et de gigue, mais dont le débit est variable (pics de trafic). Elle convient notamment aux codecs vidéo de très haute qualité, qui ont de fortes contraintes réseau mais un débit variable ;

- **NRT-VBR** (Non-real Time Variable Bit Rate) : elle est également utilisée pour des applications de débit variable mais ne possédant pas de contraintes temps réel (délai et gigue) ;

- **ABR** (Available Bit Rate) : cette classe de service est destinée à des applications qui peuvent adapter leur débit aux conditions de charge du réseau. Ce dernier dispose de mécanismes pour signaler à l'application en temps réel l'évolution de sa charge et les capacités disponibles pour l'application. Cette adaptation de trafic au réseau est normalement associée à une tarification intéressante pour l'usager ;

- **GFR** (Guaranteed Frame Rate) : elle est destinée aux applications qui nécessitent un minimum de débit garanti. En outre, dans le cas d'un paquet IP, s'il y a congestion, le réseau est supposé détruire de manière logique tout le paquet IP (c'est-à-dire toutes les cellules résultant du découpage du paquet IP, et non uniquement quelques cellules du paquet), de façon à rendre efficace la gestion de congestion. Ce service est donc l'équivalent du service Frame Relay, avec un débit minimal garanti ;

- **UBR** (Unspecified Bit Rate) : cette classe est réservée aux applications dépourvues d'exigence de débit, de délai, de gigue ou même de perte. C'est l'équivalent d'un service best effort.

Comme on peut le constater, cette technologie prend en compte nativement l'ensemble des paramètres de qualité de service. Des applications s'appuyant directement sur ATM ont été développées et bénéficient ainsi pleinement des caractéristiques de cette technologie (Vidéo MPEG 2 sur ATM, par exemple). Des interfaces de programmation, telles que Winsock2 dans l'environnement Windows, permettent également aux applications d'avoir accès à ces caractéristiques. Cependant, considérant le large éventail des applications faisant appel au protocole IP, il sera nécessaire de rendre ces mécanismes accessibles à ce protocole, par l'intermédiaire de techniques que nous détaillerons au chapitre suivant.

Les modèles et protocoles liés à IP (couche 3)

À la section précédente, nous avons observé les fonctionnalités de QoS associées aux technologies de liaison de données. Celles-ci ayant une portée locale (sur le LAN ou le WAN), il est nécessaire de disposer de mécanismes fournissant une gestion de la QoS de bout en bout. Eu égard au rôle prépondérant du protocole IP reliant à ce jour de nombreux systèmes et assurant naturellement une connexion de bout en bout, les modèles de gestion de la QoS fondés sur IP jouent un rôle majeur à ce jour. Nous précisons ci-dessous les différents modèles de gestion adaptés à IP et nous y reviendrons de façon plus détaillée au chapitre 6 *Modèles et protocoles du niveau 3 et supérieurs*. Comme nous l'avons déjà indiqué, ces modèles définissent des mécanismes qui s'appuieront eux-mêmes sur la QoS, disponibles au niveau inférieur (liens). C'est pourquoi nous présentons d'abord au chapitre 5 les mécanismes de QoS associés aux liaisons de données.

IntServ (RSVP)

Le modèle de gestion IntServ de l'IETF définit, pour un système hôte, une demande de service spécifique à un réseau. Par service spécifique, on entend :

- un délai de traversée du réseau,
- une bande passante,
- un seuil minimal de perte de paquet.

Figure 3-8

*Modèle IntServ fondé
sur la réservation
de ressources*

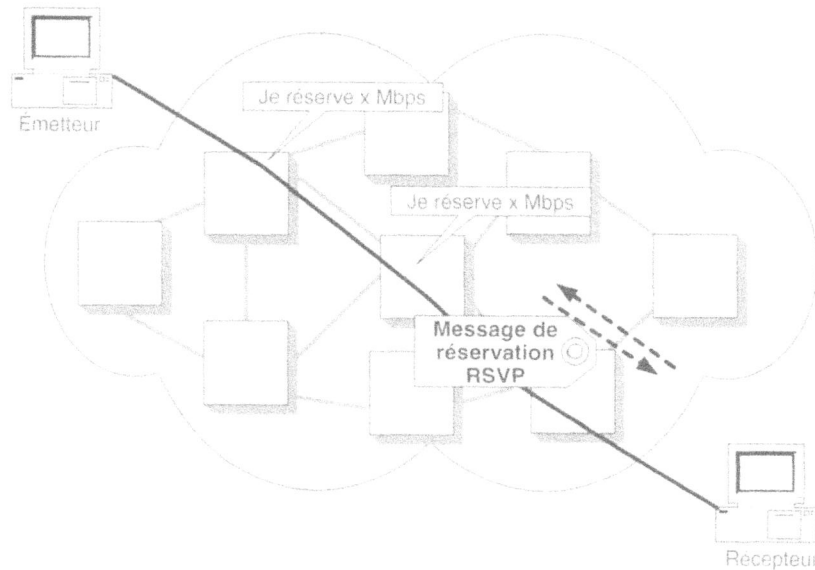

Ce modèle se fonde sur la réservation de ressources dans le réseau, par flux applicatifs. Le protocole de réservation de ressources utilisé entre l'émetteur et le récepteur correspond au protocole RSVP. C'est pourquoi le modèle IntServ est souvent associé au protocole RSVP. Cette gestion définit un modèle de service comprenant à ce jour deux définitions :

- charge contrôlée (ou CL, Controlled Load) : ce service propose aux applications une connexion de bout en bout de type best effort, mais dans des conditions de charge normale du réseau. Cela signifie donc qu'aucune garantie d'acheminement n'est offerte aux applications, mais que les trafics ne sont pas supposés expérimenter une congestion sur le réseau. En résumé, il s'agit d'un service supérieur au service best effort ;

- service garanti (ou GS, Guaranteed Service) : il permet de proposer un acheminement du trafic avec bande passante et délai garantis.

Ce modèle est complexe à mettre en œuvre, car il suppose que chaque routeur du réseau mémorise un grand nombre d'informations (réservation de ressources pour chaque flux applicatif) et qu'il identifie les flux pour chaque paquet IP le traversant. Il est décrit de manière détaillée au chapitre 6.

Diffserv

Le modèle DiffServ de l'IETF se fonde sur l'affectation d'un niveau de priorité à un ensemble de flux IP, regroupés en agrégat. L'identification du trafic IP en agrégat correspond au regroupement de flux possédant certaines caractéristiques en commun : même préfixe d'adressage IP, même numéro de port, etc. En fonction de cette identification, une valeur de priorité est affectée dans l'en-tête du paquet IP. Les nœuds du réseau achemineront alors ce paquet en fonction de la valeur de l'information de priorité.

Le modèle DiffServ comprend donc la création de classes de trafic (en nombre limité) et la classification du trafic par rapport à ces classes placées à la périphérie du réseau. Ce modèle est plus évolutif que le précédent, car il n'est pas nécessaire de mémoriser les besoins individuels de chaque flux sur le réseau, mais seulement d'offrir un traitement différencié des paquets IP, selon la valeur de priorité indiquée dans l'en-tête du paquet. En outre, les opérations complexes de classification du trafic pour affecter un niveau de priorité s'opèrent à la périphérie du réseau. Les routeurs internes prennent alors en charge uniquement l'acheminement des paquets selon l'ordre de priorité codifié dans l'en-tête du paquet IP. En cas d'interconnexion de plusieurs réseaux DiffServ, appelés domaines DiffServ, chaque domaine DiffServ qui correspond par exemple à un ISP, comme sur l'Internet, peut appliquer une politique différente de gestion des trafics. Ainsi, dans une telle situation, seuls les routeurs de bordure des différents domaines seront concernés pour opérer une classification du trafic, éventuellement différente de celle du domaine voisin. Elle aura lieu simplement en changeant la valeur codifiée dans l'en-tête du paquet IP.

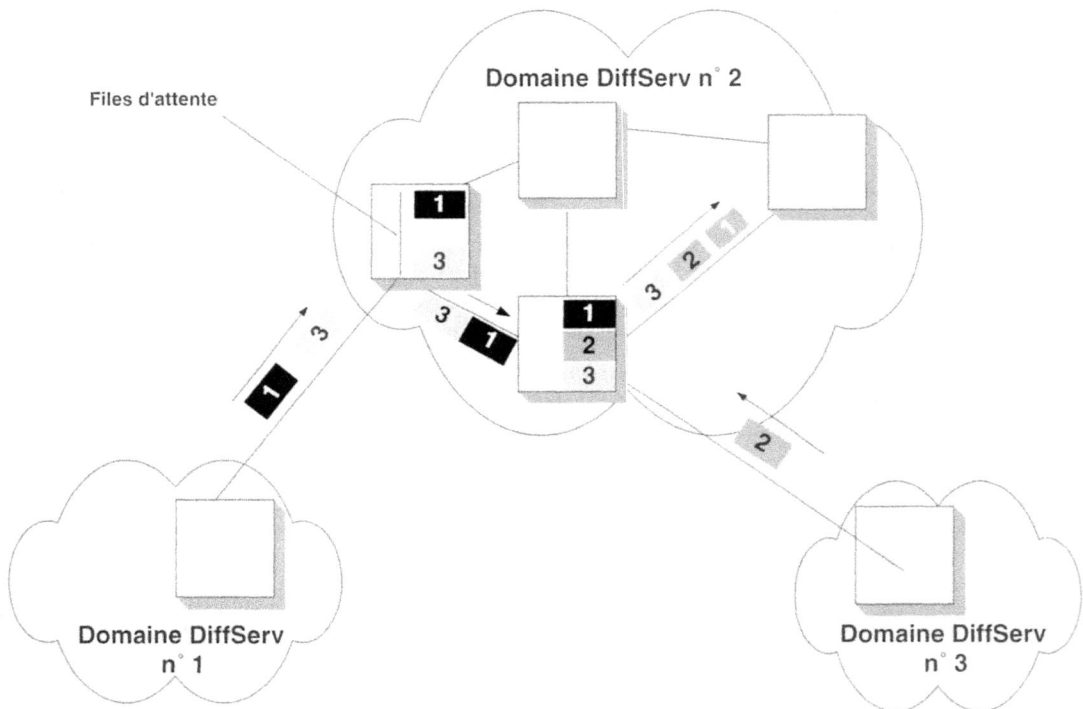

Figure 3-9

Modèle DiffServ fondé sur la priorité

Dans la figure précédente, nous avons supposé, dans un souci de simplification, que tous les domaines appliquent la même gestion des trafics. Ainsi, un paquet marqué de la priorité 1 dans le domaine DiffServ n° 1 sera traité comme prioritaire dans le domaine DiffServ n° 2. Ce modèle est décrit dans le détail au chapitre 6.

Le Multiprotocol Label Switching - MPLS

Les techniques de multi-layer switching (commutation multiniveau) intègrent la commutation de niveau 2 et le routage de niveau 3 (au sens ISO). Ces techniques sont censées répondre à la situation actuelle : de nombreux opérateurs ont en effet déployés des réseaux de niveau 2 (ATM ou Frame Relay). En complément des offres de connexions de type circuit virtuel Frame Relay ou ATM proposées à ce jour, ces opérateurs souhaitent évoluer vers une offre de connexion IP. Il leur est donc nécessaire de disposer de mécanismes permettant à la fois d'être transparent aux plans d'adressages IP de leur client (offre de VPN, Virtual Private Network), de prendre en charge la QoS et d'optimiser l'utilisation des réseaux, en répartissant les trafics sur l'infrastructure physique (trafic engineering). Le modèle MPLS de l'IETF permet la création de LSP (Label Switch Path), sorte de circuits virtuels de niveau 3 en fonction des besoins cités.

Ces mécanismes ne sont donc pas à proprement parler des techniques de QoS, mais ils contribuent, grâce à leur capacité intrinsèque, à une gestion optimale des réseaux (techniques d'ingénierie des trafics) et par conséquent, permettent une gestion de la QoS.

Les éléments de base

On distingue deux composants de base dans les solutions de commutation multiniveau :

- le composant de contrôle,
- le composant de commutation.

En routage traditionnel, le composant de contrôle d'un routeur utilise des protocoles de routage standard (OSPF, BGP-4, etc.) pour échanger de l'information avec les autres routeurs et maintenir ainsi la table de routage. À l'arrivée d'un paquet, le composant de commutation du routeur consulte la table de routage maintenue par le composant de contrôle pour prendre une décision de routage relative au paquet. Plus exactement, le composant de commutation du routeur examine l'adresse de destination contenue dans l'en-tête du paquet IP, consulte la table de routage avec l'adresse IP comme index et détermine alors quelle interface de sortie il faut emprunter pour atteindre l'adresse IP destination.

Les solutions de commutation multiniveau permettent d'aller plus loin dans cette séparation du composant de contrôle et du composant de commutation en contrôlant la façon dont est remplie la table de routage. Différentes solutions de commutation multiniveau ont été initialement développées par différents constructeurs. Souhaitant faire converger ces différentes approches, l'IETF a défini le modèle MPLS (Multi Protocol Label Switching). Dans ce modèle, les commutateurs multiniveaux sont appelés LSR (Label Switch Router).

On peut résumer les opérations de MPLS de la manière suivante :

- à l'entrée du réseau, le LSR affecte au paquet reçu un label fondé sur le préfixe de destination du paquet IP ou tout autre information qu'il possède sur ce paquet (information contenue dans le paquet : type d'application et de QoS exigée par exemple, ou déduite par le LSR : numéro de port d'entrée du commutateur par exemple). Après avoir associé le label au paquet, le LSR achemine ce dernier vers le LSR suivant ;
- ce dernier examine le label correspondant au paquet, et s'en sert comme index d'entrée dans une table de commutation qui lui indique le prochain LSR et le label à affecter au paquet.

À titre d'illustration, considérons la figure ci-après. Le Label Switch Router (LSR), à l'entrée du réseau, reçoit un paquet sans label, à destination de 10.1.1.1. Le LSR en déduit le préfixe de destination 10.1/16 (plus grande correspondance dans sa table de routage) et lui assigne alors un label (valeur 4) qu'il transmet au LSR suivant.

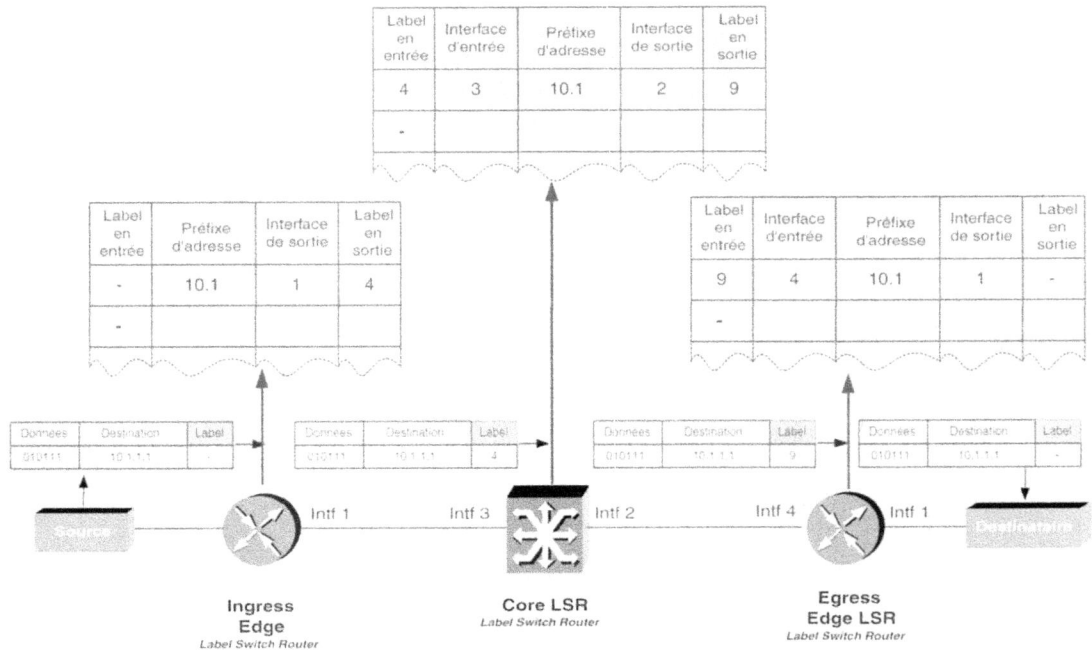

Label en entrée	Interface d'entrée	Préfixe d'adresse	Interface de sortie	Label en sortie
4	3	10.1	2	9
-				

Label en entrée	Préfixe d'adresse	Interface de sortie	Label en sortie
-	10.1	1	4
-			

Label en entrée	Interface d'entrée	Préfixe d'adresse	Interface de sortie	Label en sortie
9	4	10.1	1	-
-				

Données	Destination	Label
010111	10.1.1.1	-

Données	Destination	Label
010111	10.1.1.1	4

Données	Destination	Label
010111	10.1.1.1	9

Données	Destination	Label
010111	10.1.1.1	-

Intf 1   Intf 3   Intf 2   Intf 4   Intf 1

Ingress Edge
Label Switch Router

Core LSR
Label Switch Router

Egress Edge LSR
Label Switch Router

Figure 3-10

Principe de la commutation de labels

Au cœur du réseau, les LSR ignorent les en-têtes de paquets et procèdent au transfert de ces derniers en utilisant l'algorithme de commutation de labels. Quand un paquet atteint un LSR, le composant de commutation utilise le numéro de port et le label pour rechercher un chemin de sortie dans sa table de commutation. Quand il trouve une correspondance, il récupère le label de sortie et l'interface de sortie. Le composant de commutation remplace alors le label d'entrée du paquet par la nouvelle valeur de label et dirige le paquet vers l'interface de sortie pour le transmettre au prochain saut. Quand le paquet atteint le LSR de sortie du réseau, il n'y a plus de label de sortie : le LSR transmet alors le paquet en recourant aux mécanismes standard d'acheminement de paquets IP, propres aux routeurs. La succession de labels de bout en bout du réseau forment un LSP (Label Switch Path), fonctionnellement équivalent à un circuit virtuel.

Voici un résumé des avantages liés à la commutation de labels par rapport à l'approche routage traditionnel.

- La commutation de labels confère une grande flexibilité à l'assignation de labels à un paquet (dans l'exemple, nous avons associé un label établi à partir de l'adresse de destination du paquet, par souci de simplification). Dans la pratique, l'assignation d'un label à un paquet peut dépendre de l'adresse de destination du paquet, de l'adresse source du paquet, du type d'application, du point d'entrée sur le réseau MPLS, du point de sortie du réseau MPLS, du type de Cos indiqué dans l'en-tête du paquet ou de n'importe quelle combinaison de ces approches.

- Il est possible de créer des chemins (LSP) personnalisés pour répondre à des besoins spécifiques de bande passante, performance, d'équilibrage de charge, etc.

- Il en résulte la possibilité d'associer n'importe quel type de trafic à un LSP spécifiquement conçu pour supporter les besoins de ce trafic.

Les différentes approches

Nous venons d'exposer le principe de MPLS, qui représente la solution de commutation multiniveau de convergence retenue par l'IETF. Elle fait suite à un certain nombre d'approches propriétaires, dont le but est d'associer les fonctionnalités de routage liées à IP à celles de la commutation ATM (ou Frame Relay ou autre). Dans le cas d'un réseau commuté de type ATM, les différentes solutions proposées visent à emprunter le logiciel de contrôle des routeurs et de l'intégrer à un commutateur de labels ATM.

Figure 3-11

*Les approches
de commutation
multiniveau*

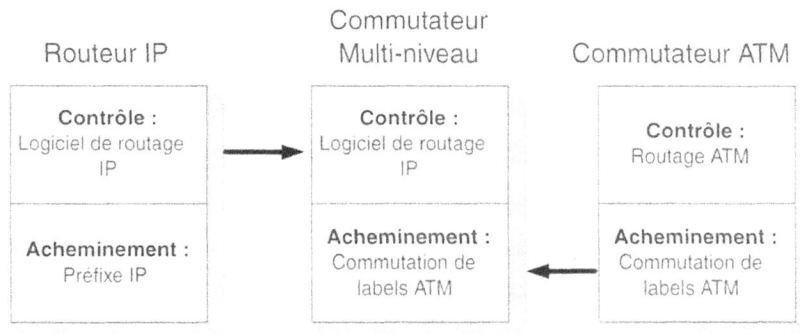

On distingue cependant, selon les solutions proposées, deux approches différentes pour initialiser et affecter les labels :

- **Les modèles orientés données** : dans ces modèles, l'association des labels a lieu au moment où les paquets de données se présentent. Il s'agit alors de détecter un flux (flow), c'est-à-dire une séquence de paquets possédant la même adresse IP source et destination, et le même port TCP ou UDP. Le commutateur multiniveau peut créer une association de label dès que surgit le premier paquet d'un flux ou bien attendre d'avoir reçu plusieurs paquets du même flux. Les solutions IP-Switching (Ipsilon) ou Cell Switching Router (Toshiba) mettent en œuvre ce type de modèle.

- **Les modèles orientés contrôle** : ici, l'association des labels est assurée au moment où les informations de contrôle se présentent. Ainsi, les labels sont assignés en réponse au trafic de routage, au trafic de type RSVP ou à une configuration statique. Les solutions Tag-Switching de Cisco, IP Navigator (Lucent) mettent en œuvre ce type de modèle. C'est également le cas de MPLS, qui est dérivé du Tag Switching de Cisco.

L'ensemble de ces solutions reste propriétaire et présuppose l'utilisation de commutateurs de labels ATM. C'est pourquoi l'IETF a créé, en 1997, le groupe MPLS (Multi-Protocol-Label-Switching) pour faire converger ces différentes approches. Ainsi, MPLS est une solution multivendeur faisant appel au modèle orienté contrôle. MPLS permet en outre de s'adapter potentiellement à n'importe quelle technologie d'infrastructure en complément d'ATM (Frame Relay, PPP, Sonet, etc.).

Gestionnaires de bande passante (couche 4 et supérieures)

Avant même de parler de gestion de QoS sophistiquée au sein d'un réseau, on peut évoquer des solutions permettant de gérer efficacement l'accès au réseau, indépendamment et à l'extérieur de ce dernier. L'idée principale de ces solutions s'appuie sur le constat suivant : la capacité des réseaux locaux (LAN) et des réseaux fédérateurs WAN a été fortement augmentée ces dernières années, alors que le lien d'accès au réseau fédérateur reste toujours le goulet d'étranglement. Il est donc essentiel de gérer l'accès à la bande passante du lien d'accès.

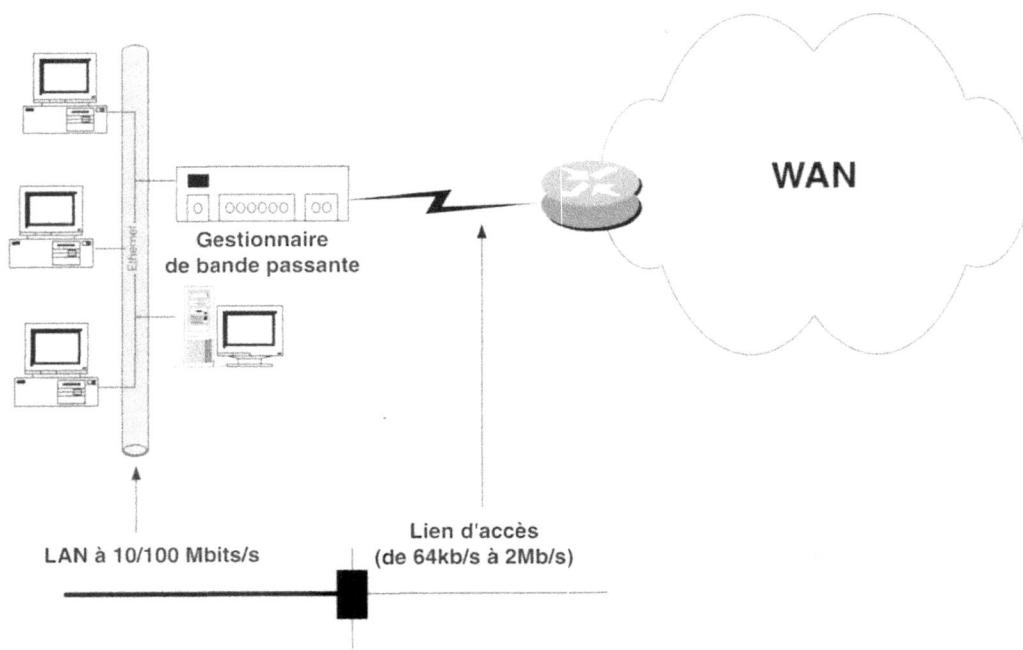

Figure 3-12
Gestionnaire de bande passante

Ces équipements sont donc situés aux extrémités du réseau WAN, côté utilisateur. Ils permettent de classer les trafics selon les critères suivants : adresse IP (source et/ou destination), numéro de port, etc. À l'issue de la classification, un pourcentage plus ou moins important de la bande passante d'accès au réseau WAN sera affecté aux différents trafics. Cette affectation sera contrôlée par deux principales méthodes, qui voient notamment s'affronter deux constructeurs d'équipements :

- la méthode qui se fonde sur le contrôle de débit TCP (TCP Rate Control). Elle part du constat que la majeure partie des trafics IP actuels fait appel au protocole de transport TCP ;

- la méthode se référant à la gestion de files d'attente, et plus particulièrement le CBQ (Custom Based Queuing). En dépit de l'intérêt qu'elle présente, nous ne développerons pas davantage cette méthode, afin de limiter le nombre de concepts exposés (suffisamment nombreux par ailleurs).

Gestionnaire de bande passante de type TCP Rate Control

Cette catégorie de produit, principalement représentée par les produits PacketShaper de la société Packeteer (*www.packeteer.com*), se fonde sur les 4 composants de base examinés ci-après.

- La classification des trafics : la classification peut généralement s'effectuer selon l'ensemble des couches du modèle ISO (couche 2 à 7), c'est-à-dire de l'analyse des adresses MAC à l'URL accédée, en passant par l'analyse de l'en-tête du paquet IP ou du numéro de port UDP ou TCP. La classification des trafics proposée est donc beaucoup plus riche que celle réalisée par un routeur, et qui est limitée à l'en-tête IP et au numéro de port TCP ou UDP. Ainsi, un gestionnaire de bande passante peut distinguer, par exemple dans un flux SAP caractérisé par un numéro de port particulier, le flux d'impression du flux transactionnel orienté vers l'utilisateur et assurer de la sorte une classification fine du trafic SAP. En outre, ce type de produit est fourni avec une interface graphique qui permet de classer simplement les trafics, en proposant à l'utilisateur une sélection des traficsfondée sur la connaissance *a priori* d'un grand nombre d'applications du marché.

Figure 3-13

Classification des trafics en contrôle de débit

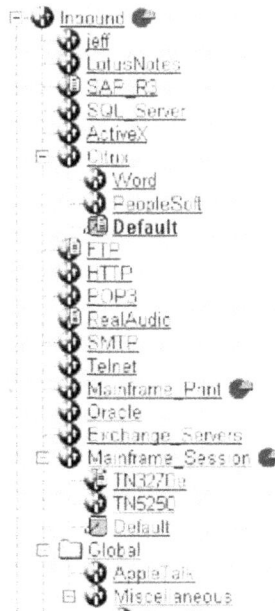

- L'analyse des trafics : elle permet de déterminer la façon dont la bande passante est utilisée et par quelles applications. Il est également possible de déterminer les performances (temps de réponse notamment) de ces différentes applications. En fonction de l'ensemble de ces éléments, il sera alors possible de créer des politiques d'allocation de la bande passante par rapport aux besoins de chaque utilisateur.

- Le contrôle des trafics, qui est assuré par 3 mécanismes :

  - le partitionnement : il consiste à réserver une partie de bande passante sur le lien affecté à certains trafics. Si l'intégralité de la bande passante réservée n'est pas utilisée, elle peut servir à d'autres trafics ;

  - la mise en place de politiques : les politiques permettent de définir individuellement, par flux, la limite de bande passante utilisable ou les garanties applicables ;

  - le contrôle de débit TCP : ce mécanisme permet de ralentir les postes de travail en jouant sur la taille des fenêtres TCP (voir la section *Pile de protocole IP*, au chapitre 2). Ainsi, les flux non prioritaires seront contraints de réduire leur débit en cas de congestion, au lieu de subir une élimination de leurs paquets.

- La fourniture de rapports : un grand nombre de rapports permet de rendre compte de l'utilisation effective du lien. Il est important qu'ils soient précis dans la mesure où l'analyse des paquets remonte jusqu'à la couche application. Il est ainsi possible de connaître les sites Web les plus visités. Une fonction de mesure très utile concerne la gestion des temps de réponse. Elle permet par exemple de connaître non seulement le temps de réponse réseau, mais également le temps de réponse du serveur et donc le temps de réponse total effectif pour l'utilisateur.

Dans la pratique, les gestionnaires de bande passante utilisent souvent un mélange des deux méthodes (TCP Rate Control et gestion de files d'attente). C'est notamment le cas pour les produits faisant appel à la méthode TCP Rate Control, qui gère les flux non-TCP à l'aide de file d'attentes. Ce marché est très actif, et il est significatif de constater qu'un des principaux protagonistes du marché des systèmes pare-feu (firewall), à savoir la société Check Point Software, commercialise également un gestionnaire de bande passante (FloodGate-1) fondé sur sa célèbre technique d'inspection *stateful*, utilisé dans son produit Firewall-1. En effet, on peut remarquer la similitude de fonctionnement entre une classification et une analyse de trafic à des fins de sécurité, ou à des fins de QoS.

Limite de ces approches

Ces types d'approche ne sont réellement efficaces que sur des liens point à point ou point à multipoint, comme nous l'avons déjà souligné au chapitre 1. En effet, ces équipements peuvent difficilement maîtriser la gestion des trafics au sein d'un réseau. Dans la perspective de convergence actuelle vers des réseaux globaux de type IP, cette sorte de solution est censée être transitoire. .On peut imaginer que ces produits, en raison de leur capacité d'analyse des trafics, évolueront à terme vers des équipements de périphérie de réseau DiffServ.

Ainsi, parce que ces techniques sont spécifiques et indépendantes des technologies de QoS réseau à ce jour, nous ne les détaillerons pas davantage. Cela ne signifie en aucune manière un manque d'intérêt pour ce type de solutions qui constituent une réponse adaptée à de nombreuses situations actuelles.

Gestion de trafic Internet (ITM, Internet Traffic Management)

Les solutions de gestion de trafic Internet sont des systèmes mis en œuvre sur les réseaux et qui gèrent les trafics. On distingue deux principales catégories de produits :

- les gestionnaires de trafic pour les réseaux multidomiciliés,
- les gestionnaires d'accès serveur.

Gestionnaires de trafic (load balancing)

L'équilibrage de charge n'a pas cette fois pour vocation de réaliser une ingénierie des trafics, cette tâche incombant à l'opérateur.

Les gestionnaires d'accès serveurs

L'approche de ces solutions se fonde sur une gestion globale des trafics à destination des serveurs Web. La société Radware (*www.radware.com*) a contribué à populariser cette approche. Deux objectifs sont poursuivis :

- améliorer la performance d'accès à ces serveurs,
- améliorer la disponibilité des serveurs.

Il s'agit cette fois d'une vision globale de la chaîne client/réseau/serveur. Les solutions proposées sont donc indépendantes des technologies de QoS réseau évoquées jusqu'à maintenant, même si elles peuvent clairement en bénéficier. L'idée initiale part de l'évidence suivante : un bon service d'accès aux serveurs requiert :

- un bon service au niveau du réseau,
- un bon service au niveau des serveurs.

Partant, il s'agit soit d'augmenter les capacités intrinsèques des éléments (le réseau et les serveurs), soit de dupliquer les éléments et d'assurer un partage de charge.

Deux types de partage de charge (load balancing) peuvent alors être mis en œuvre :

- un partage de charge local pour équilibrer la charge entre une grappe de plusieurs serveurs effectuant le même service. Dans ce cas, le trafic en provenance du réseau est analysé par un gestionnaire spécifique, qui le redirige vers un serveur en fonction d'un certain nombre de règles définies à l'avance. On peut ainsi décider de spécialiser certains serveurs en fonction de l'adresse source du message, ou bien de rediriger la requête suivant de l'état de charge des différents serveurs. Dans ce dernier cas, il est nécessaire de disposer d'un protocole adapté entre le gestionnaire de trafic et les serveurs. Ce protocole existe, mais son exposé sort du cadre de cet ouvrage ;

- un partage de charge global pour équilibrer la charge réseau à destination de plusieurs sites serveur (chacun d'eux pouvant mettre en œuvre un partage de charge local). Dans ce cas, le distributeur de trafic offre les mêmes avantages de répartition de trafic entre plusieurs sites Web que le gestionnaire de trafic envers les serveurs Web d'un même site. Un distributeur de trafic fonctionne à l'aide de la fonction DNS (Domain Name Server) pour diriger la requête d'un navigateur vers le site Web le plus approprié. Ainsi, quand un navigateur accède à un site comme *www.societe.com*, le nom du site est normalement converti en adresse IP par la fonction DNS (fonction de résolution d'adresses). Dans le cas d'un distributeur de trafic, celui-ci intercepte les demandes de résolution d'adresses pour les sites concernés, et renvoie au navigateur l'adresse IP du site Web le plus adapté, en fonction de différents critères comme la proximité, la charge des serveurs, la charge du réseau (Internet ou intranet) ou le coût de transmission vers chaque site.

Figure 3-14

*Gestionnaire
de trafic Internet*

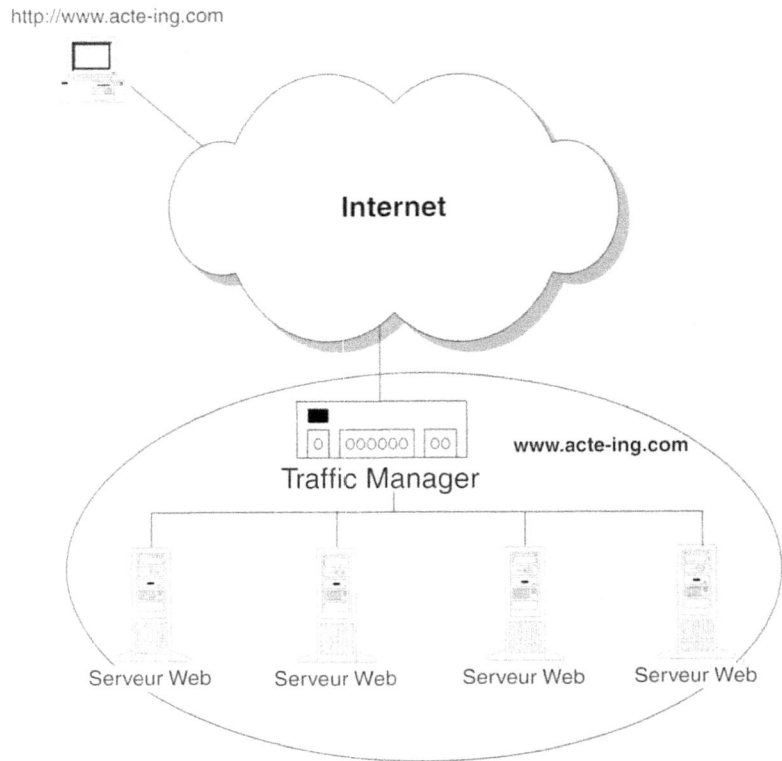

Figure 3-15

*Distributeur
de trafic*

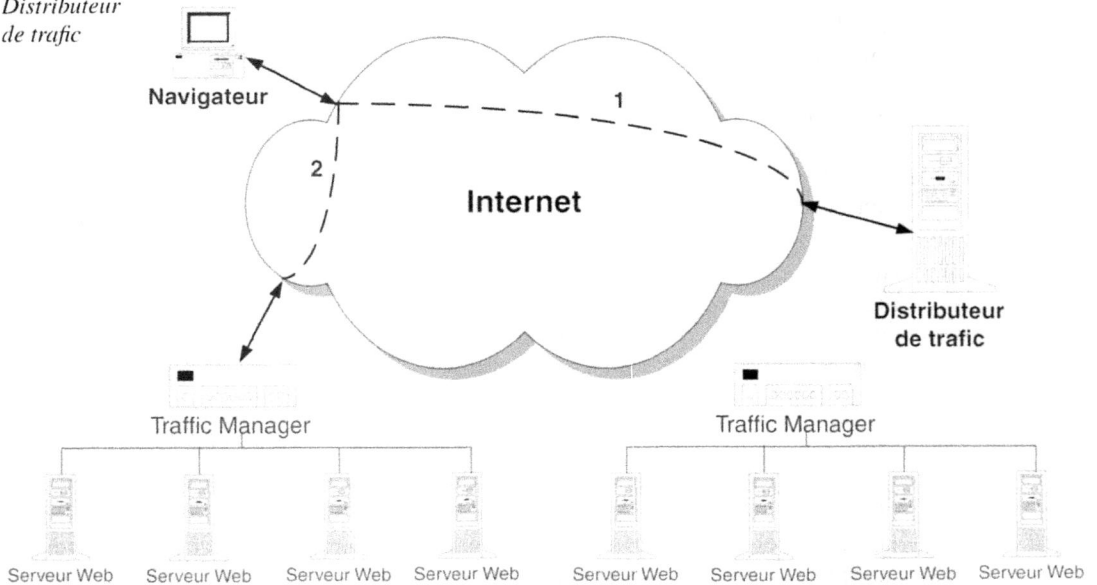

Ces deux typologies de produits permettent ainsi de répondre aux problématiques suivantes :

- performance des serveurs et disponibilité,

- délais réseau,

- coûts de transmission.

Il est important de remarquer que la mise en œuvre de ces produits est relativement indépendante de la QoS gérée par le réseau, même s'ils peuvent de toute évidence en bénéficier. Très orientés applications et serveurs, ces produits connaissent également un vif succès auprès des utilisateurs et apportent des améliorations immédiates.

Bénéfices immédiats, pas de remise en question du réseau (qui doit simplement acheminer des paquets IP), les gestionnaires de bande passante et les produits ITM séduisent spontanément les entreprises, à telle enseigne que de nombreuses personnes affirment que la QoS réseau est trop complexe et ne sert à rien. Ils préconisent de toujours recourir aux réseaux IP de base, se chargeant uniquement de l'acheminement des paquets IP à l'aide de la fonction de routage (modèle de fonctionnement en best effort du réseau Internet actuel). Certes, les technologies de QoS réseau sont complexes, mais elles constituent un complément nécessaire aux produits qui ne peuvent pas tout résoudre. Il faut donc trouver un équilibre entre des mécanismes réseau complexes et des produits externes proches de l'usager qui ne peuvent tout résoudre. Cet équilibre passe par une nécessaire collaboration, comme c'est le cas entre les systèmes de réservation et de ventes de billet de transport et les réseaux de transport eux-mêmes. Imaginons qu'un comptoir de vente de billet vous propose un billet de transport rapide, établi en fonction de la connaissance des conditions de transport d'une compagnie aérienne ; si cette dernière ne dispose pas d'un minimum de gestion interne de trafic, il y a fort à parier que le voyage s'apparentera à un parcours de combattant !

Intégration verticale des services de QoS

Nous avons dégagé de nombreuses technologies de gestion de la QoS. La principale difficulté actuelle réside précisément dans la diversité de ces mécanismes, souvent présentés par les différents protagonistes comme étant la panacée. La réalité est un peu plus complexe. Il faudra tout d'abord, dans la pratique, déterminer ce qui pose problème. C'est une donnée tellement évidente qu'on a tendance à l'oublier ! Ainsi, dans certains cas, des solutions de gestion de bande passante suffiront à résoudre le problème, tandis que dans d'autres, il sera nécessaire de recourir à des solutions globales de QoS sur le réseau. Il pourra également être parfois utile de combiner les deux approches (gestion de bande passante et mécanismes de QoS intégré au réseau) pour résoudre certaines problématiques. Enfin, il ne faut pas oublier que certains flux particuliers (audiovisuels de haute qualité par exemple) ne trouveront leur salut que dans l'utilisation de mécanismes de QoS matériels, de type ATM.

Ainsi, la mise en œuvre de la QoS s'apparente à une démarche de sécurité. Il convient de déterminer les besoins à couvrir, le niveau de QoS à mettre en œuvre et les possibilités d'administration avant de sélectionner une ou plusieurs technologies. En résumé, tout comme la sécurité ne consiste pas à mettre uniquement en place un système pare-feu (firewall), la gestion de la QoS n'équivaut pas à la seule installation d'un gestionnaire de trafic.

Dans les modèles présentés jusqu'ici, nous avons principalement distingué :

1. La gestion de la QoS dans le réseau.

2. La gestion de la QoS aux extrémités du réseau : gestionnaires de bande passante et approches applicatives (ITM).

Bien que cet ouvrage soit principalement orienté qualité de service réseau, il ne méconnaît pas l'apport important d'approches davantage orientées applications et usagers. D'ailleurs les constructeurs d'équipements orientés réseau incluent de plus en plus dans leurs solutions des outils de configuration et d'administration faciles d'utilisation. On peut dans ce sens établir une hiérarchie des méthodes de gestion (figure 3-16).

Figure 3-16

Hiérarchie des méthodes de gestion de la QoS

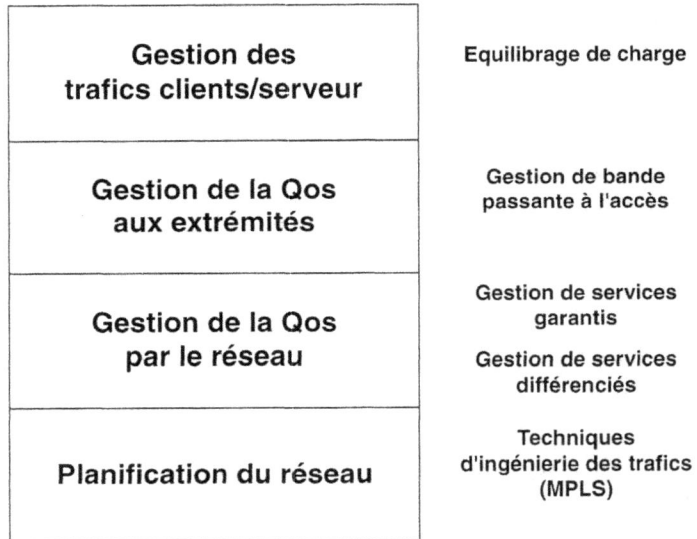

Gestion des trafics clients/serveur	**Equilibrage de charge**
Gestion de la Qos aux extrémités	**Gestion de bande passante à l'accès**
Gestion de la Qos par le réseau	**Gestion de services garantis** **Gestion de services différenciés**
Planification du réseau	**Techniques d'ingénierie des trafics (MPLS)**

La complexité des mécanismes de gestion de la QoS réseau justifie de s'y attarder plus longuement. De plus, ces mécanismes sont souvent hermétiques aux usagers, ce qui induit des problèmes de compréhension entre les exploitants réseau et les responsables d'application. Il en résulte fréquemment une mauvaise adaptation entre l'univers des applications et l'infrastructure réseau. Résolument orienté QoS réseau, cet ouvrage explique néanmoins le liant indispensable aux applications pour en bénéficier.

Ces différentes mises au point effectuées, il convient de préciser que la gestion de la QoS sur les réseaux est une stratégie globale pour :

- gérer la bande passante,
- gérer les performances du réseau,
- gérer les demandes des usagers.

Elle peut donner lieu à différents domaines de mise en œuvre.

Domaines d'application des différents modèles

Il est possible d'appliquer une technologie différente selon les spécificités de chaque domaine. À titre d'exemple, un campus LAN pourra constituer un domaine d'application de la QoS fondée sur 802.1p, tandis que le réseau WAN mettra en œuvre un domaine de QoS de type Diffserv. Il est donc nécessaire de créer des passerelles entre ces différentes techniques.

Composants QoS, modèles et interopérabilité

Composants de la QoS

Nous avons déjà évoqué au chapitre 1 les différents composants d'une architecture de QoS. Nous les rappelons ici, en reprenant l'exemple de référence présenté à la section précédente, qui permet notamment de présenter plusieurs domaines de gestion de QoS.

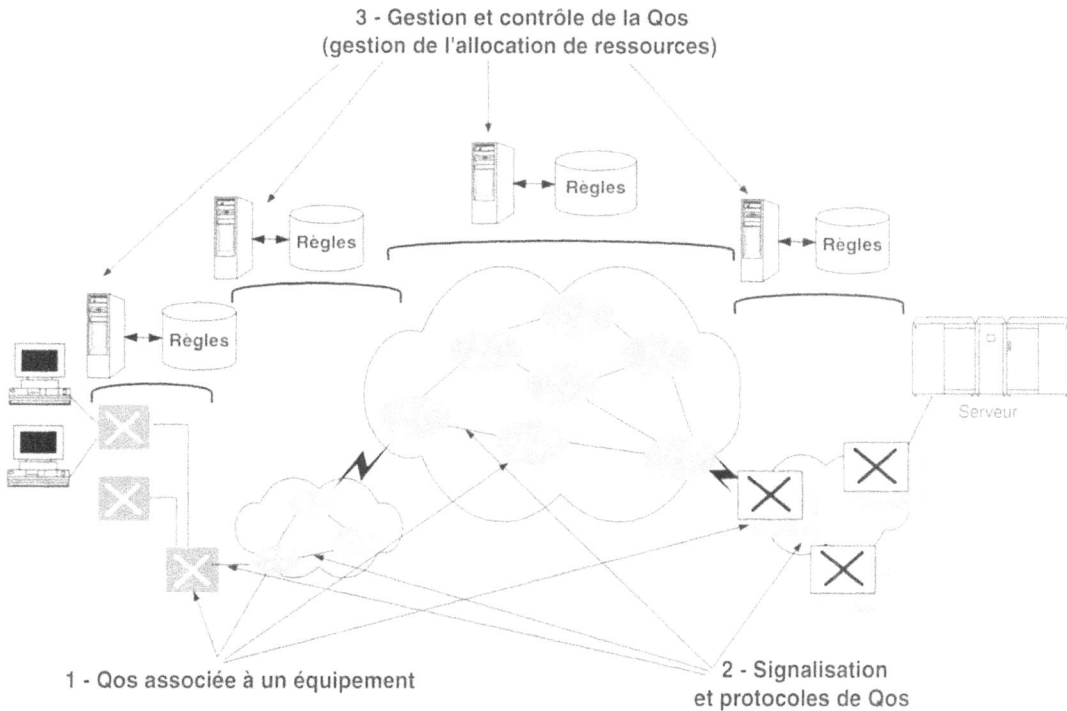

Figure 3-17

Composants d'une architecture réseau

Les mécanismes de QoS représentés sur la figure ci-dessus comprennent :

1. des mécanismes de QoS associés aux équipements : ils englobent l'ensemble des outils de base de la QoS mis en œuvre dans les équipements. Il faut préciser que, selon les modèles de gestion de la QoS (voir la définition de ce terme ci-dessous), tout ou partie de ces outils l'est. En effet, certains modèles ont pour but de simplifier les équipements au cœur de réseau, afin de leur permettre de meilleures performances en raison des débits importants à gérer.

2. La signalisation de la QoS et les protocoles de QoS : ils indiquent la façon dont sont mis en œuvre les outils de base. Suivant la finalité de ces mécanismes, on distingue plusieurs modèles de gestion de la QoS, présentés à la section suivante.

3. la gestion et le contrôle de la QoS : la gestion des équipements du réseau permet de programmer les équipements pour répondre aux besoins de QoS définis par des règles bien précises. Il peut s'agir de règles statiques, comme celle consistant à rendre prioritaire une application particulière. La gestion peut également être dynamique pour autoriser des règles établissant par exemple que les trafics des utilisateurs du réseau Études sont prioritaires de 15 heures à 19 heures. Il apparaît évident, dans ce cas, qu'une programmation manuelle des nœuds (routeurs) du réseau est difficilement imaginable. Ainsi, contrairement aux réseaux gérés en best effort,la gestion et le contrôle de la QoS ne constituent pas une option dans les architectures de QoS.

QoS associée aux équipements

Nous avons défini dans les grandes lignes au chapitre 1 les 3 mécanismes de QoS à mettre en œuvre. Ils constituent en quelque sorte les outils de base de la QoS. Nous les rappelons ci-dessous, en les replaçant dans le contexte de la gestion de trafic IP.

• Classification : la classification des trafics IP fait appel à deux types de techniques, à savoir la classification BA (Behavior Agregate) qui consiste à classer les paquets selon la valeur du champ TOS (Type of Service, rebaptisé DSCP dans le modèle DiffServ), ou la classification multichamp, qui consiste à réaliser une classification sur plusieurs champs du paquet IP (en-tête et suite du paquet par exemple).

• Gestion des files d'attente : en fonction de la classification précédente, les paquets IP seront associés à une file d'attente déterminée. La gestion et le remplissage de cette file d'attente pourront faire l'objet de contrôles de flux pour éviter qu'elles ne débordent en cas de congestion du réseau.

• Ordonnancement : l'acheminement des paquets contenus dans les différentes files d'attente dépendra d'un algorithme de service des files d'attentes, qui déterminera la typologie de QoS mise en œuvre par l'équipement. Signalons dès à présent que, pour parvenir à des typologies fines de QoS, il est possible de combiner des algorithmes de service de files d'attentes

L'ensemble de ces outils de base de la QoS est étudié dans le détail à la fin de ce chapitre.

Signalisation et protocoles de QoS

Dans le cas d'une QoS intégrée au réseau, nous avons déjà évoqué au chapitre 1 la nécessité d'une signalisation, pour propager les informations de QoS automatiquement sur le réseau. Nous avons également mentionné l'existence de deux formes de signalisation :

• la **signalisation** *out band* : les informations de QoS sont indiquées dans un protocole de signalisation QoS, préalablement au transfert des données. Ce dernier a donc pour but d'effectuer la réservation de ressources dans le réseau, cette réservation permettant de garantir la QoS au demandeur. On parle alors de QoS matérielle. (Hard QoS). Elle nécessite que les nœuds du réseau (les routeurs, dans le cas IP) mémorisent les ressources réclamées par le protocole de signalisation pour chaque flux.

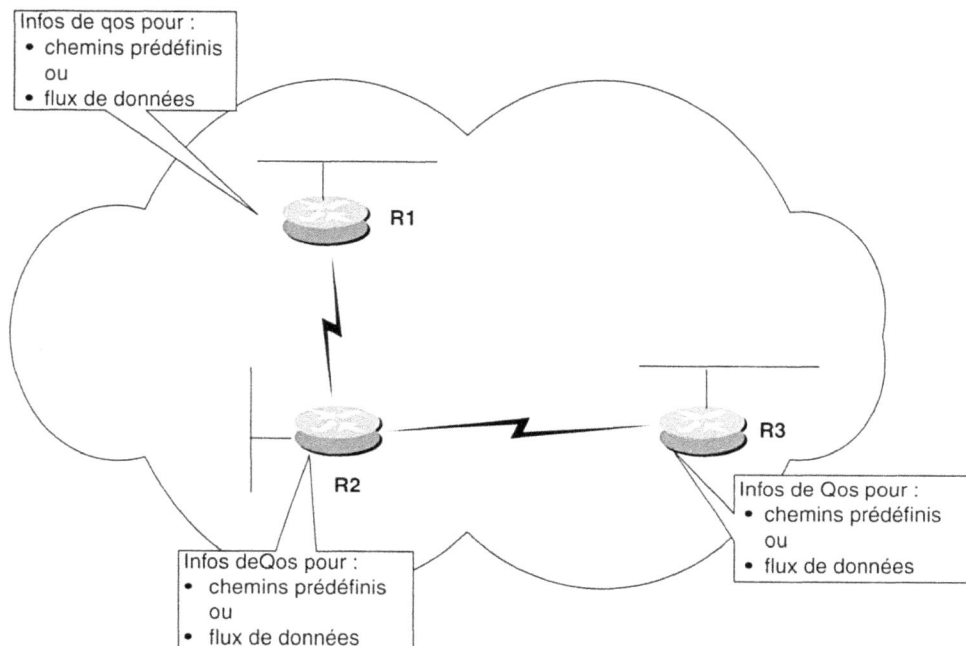

Figure 3-18

Mémorisation des infos de QoS dans les nœuds du réseau

Un des grands reproches adressés aux protocoles de signalisation de QoS réside précisément dans l'obligation de disposer d'équipements ayant pour dessein de mémoriser les informations de QoS associées à chaque flux. Cette contrainte peut en effet être pénalisante pour les grands réseaux comportant des milliers de flux. Ainsi, l'approche initiale de l'IETF concernant la QoS et qui s'est d'abord intéressée au modèle de service garanti (modèle IntServ fondé sur les réservations de ressources dans les routeurs à l'aide du protocole de signalisation RSVP) a été complétée par le modèle DiffServ (faisant appel à la mise en œuvre d'un système de priorité dans les routeurs), dans un souci affiché de simplifier les mécanismes. Les améliorations apportées à cette approche consistent à signaler les besoins de QoS (et donc d'effectuer des réservations dans les équipements), non plus par flux individuel, mais par agrégat (ensemble de flux) afin de diminuer la mémorisation d'états.

- la **signalisation in band** : dans ce cas, les informations de QoS sont placées dans les paquets (ou trames) utiles. Elles indiquent le niveau de priorité du paquet (ou de la trame). Ainsi, dans le cas d'un réseau Ethernet, le protocole 802.1 p permet d'indiquer dans chaque trame Ethernet son niveau de priorité relatif. De même, le modèle DiffServ de l'IETF repose sur l'identification de classes de service grâce au champ DSCP (ex-champ TOS) du paquet IP.

Selon le type de signalisation utilisée, on distinguera plusieurs modèles de QoS. De plus, comme nous l'avons déjà évoqué, les mécanismes de signalisation peuvent être propres à un domaine réseau particulier et à niveau particulier. Il a donc été nécessaire de faire correspondre différents mécanismes de signalisation, mis en œuvre sur des réseaux gérés par des organisations administratives différentes et reposant sur des technologies de liens réseau différentes, disposant elles-mêmes de leurs propres mécanismes de signalisation de QoS. Nous examinons à la section suivante (modèles de gestion de la QoS réseau) les différentes approches de gestion de la QoS réseau, en fonction des mécanismes de signalisation utilisés.

Gestion et contrôle de la QoS

Il est important de rappeler que la gestion et le contrôle de la QoS n'est pas une option de la QoS, mais qu'elle en constitue un des composants essentiels. Nous verrons d'ailleurs au chapitre 8 consacré à ce sujet que des protocoles spécifiques ont été créés pour répondre à ces objectifs. Ils viennent compléter la gestion administrative, se référant au protocole Snmp (Simple Network Management Protocol). Pour l'heure, nous retiendrons que les équipements mettent en œuvre des mécanismes de QoS qui sont activés par la signalisation QoS évoquée ci-dessus, dans des limites fixées par la gestion de QoS. La gestion de la QoS est abordée dans le détail au chapitre 8.

Modèles de gestion de la QoS réseau

Lorsque l'on souhaite mettre en œuvre une gestion de QoS au sein du réseau, on a le choix entre plusieurs méthodes, appelées modèles de gestion de la QoS.

Un certain nombre de ces modèles ont été développés. Ils se distinguent principalement par le type de signalisation de QoS utilisé et en matière de principes d'intégration de cette signalisation dans le routage (détermination de la route de destination). En effet, il faut rappeler que les principaux protocoles de routage utilisés jusqu'à ce jour déterminent la destination d'un paquet par rapport au préfixe réseau de l'adresse de destination du paquet. Il n'y a donc pas de prise en compte, dans le choix d'une route, de critères de QoS exprimés par la signalisation. Nous verrons que certains protocoles de routage peuvent intégrer cette contrainte et nous préciserons les limitations de cette approche.

Conséquence sur les équipements réseau

Selon la typologie de la signalisation de QoS mise en œuvre, et le cas échéant de routage, les équipements du réseau peuvent être dans l'obligation de mémoriser ou non les informations nécessaires au traitement d'un flux de données. De plus, selon les mécanismes utilisés, les équipements devront consacrer plus ou moins de temps à traiter les paquets pour satisfaire au niveau de QoS exigé. On distingue donc les équipements selon leur capacité à traiter des modèles de QoS particuliers.

Généralement, les équipements d'opérateurs géreront une QoS simplifiée, en raison des débits importants à supporter et du nombre de connexions simultanées à traiter. En revanche, les équipements destinés aux réseaux privés ou servant d'interface avec le réseau d'opérateurs seront en mesure de traiter une QoS plus complexe.

Présentation des modèles de gestion

Il existe cinq modèles de gestion de QoS réseau.

1. Gestion individuelle par équipement : attribution de ressources dans chaque équipement du réseau. Dans ce cas, il n'y a pas de signalisation de la QoS sur le réseau et il est nécessaire de programmer individuellement l'ensemble des équipements du réseau pour le support de la QoS. Le routage utilisé est traditionnel (RIP, OSPF, etc .).

2. Gestion globale de niveaux de priorités : le réseau est organisé en classes de services de bout en bout. Dans ce cas, la signalisation *in band* est indiquée par la trame ou le paquet, à l'aide d'un champ qui spécifie sa priorité. Routage traditionnel.

3. Gestion globale faisant appel à la réservation de ressources : chaque application réserve les ressources dont elle a besoin préalablement à tout dialogue, à l'aide d'un protocole de signalisation approprié, de type RSVP. Il s'agit dans ce cas d'une signalisation out-band. Notons que cette réservation de ressources est établie indépendamment du protocole de routage. Plus précisément, la réservation de ressources intervient à l'issue de la sélection d'une route par le protocole de routage traditionnel (RIP, OSPF, etc.).

4. Gestion globale fondée sur un routage intégrant la QoS : (QoS based routing ou Constraint Based Routing). Il s'agit d'un cas particulier de signalisation out-band dans lequel la signalisation QoS est indiquée par le protocole de routage. Dans ce cas, le routage traditionnel, fondé sur le préfixe de destination, est enrichi de critères de QoS. Ainsi, l'algorithme de routage doit trouver une route vers le préfixe de destination, tout en satisfaisant aux critères de QoS spécifiés.

5. Commutation multiniveau (MPLS) : il s'agit d'accélérer le processus de routage en combinant efficacement les processus de routage et de commutation. À l'issue de la détermination de routes selon différents critères, les paquets seront commutés vers leur destination. La commutation multiniveau n'est pas véritablement un modèle de gestion de QoS, mais elle contribue à améliorer le fonctionnement des réseaux fondés sur le routage.

Nous expliquons le principe de chacun de ces modèles de gestion. Le fonctionnement détaillé et les protocoles associés à ces modèles sont fournis dans la deuxième partie de l'ouvrage.

Gestion individuelle par équipement

La QoS par équipement est une solution intermédiaire, qui peut être utilisée ponctuellement sur des liaisons identifiées, en attendant la mise en œuvre d'une véritable gestion de la QoS de bout en bout sur le réseau. Elle consiste à gérer localement, sur l'équipement, la bande passante attribuée aux applications. Les mécanismes logiciels et matériels utilisés sont alors propriétaires et ils ont pour but de bloquer ou filtrer le trafic réseau, de sorte à permettre à certains paquets prioritaires d'être acheminés plus rapidement.

Les inconvénients de cette approche sont répertoriés ci-après.

• La QoS par équipement se fonde sur des mécanismes matériels propriétaires : chaque fabricant d'équipement réseau possède ses propres mécanismes pour classifier et acheminer différents types de trafic réseau. Il est donc difficile d'imposer une politique de gestion des trafics sur des réseaux multiconstructeurs.

• La QoS par équipement ne garantit pas un écoulement régulier des flux : comme la gestion s'applique par équipement, il n'est pas possible de réserver une bande passante par l'intermédiaire de plusieurs équipements et garantir ainsi une bande passante à des applications de type temps réel.

• La QoS par équipement est très longue à mettre en œuvre : les règles qui spécifient comment traiter les flux doivent être renseignées équipement par équipement. Il en résulte

Figure 3-19

QoS par équipement

Site 1

Site 2

Site 3

Programmation manuelle du routeur
pour rendre prioritaire certaines
applications. Nécessite des
mécanismes appropriés sur le routeur
et suffisamment de ressources mémoire
pour gérer des files d'attente

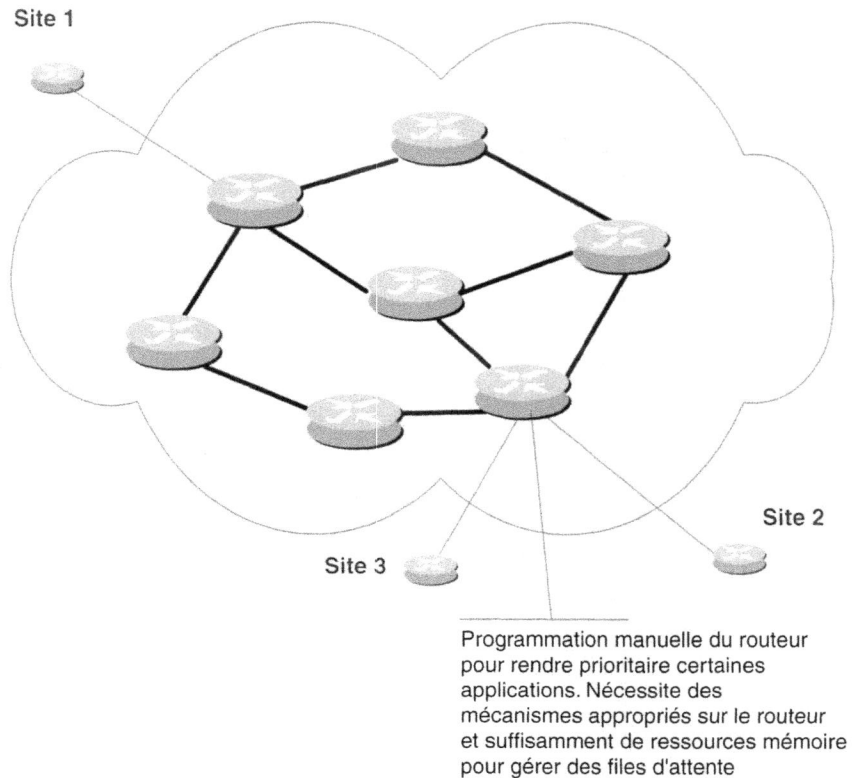

un long travail de configuration non exempt d'erreurs. De plus, pour tout changement apporté à la politique de gestion des flux, il est nécessaire de reconfigurer chaque équipement. On ne peut donc pas gérer dynamiquement la QoS.

- La QoS par équipement ne permet pas d'imposer une politique fiable : il n'existe aucun serveur de règles pour valider les requêtes de QoS faites par les applications accédant au réseau. Sans ce type de validation, des applications illicites peuvent monopoliser la bande passante et rendre le service indisponible aux applications sensibles. En l'absence d'une gestion centralisée des règles de QoS, il est impossible de coordonner des flux de trafics multiples ou de résoudre des conflits entre plusieurs requêtes d'accès.

- La QoS par équipement peut constituer une faiblesse de l'architecture réseau : comme la définition de la QoS est spécifique à l'équipement, il est nécessaire de s'assurer que, si ce dernier tombe en panne, la solution reste pérenne. Le recours à un backup d'équipement s'impose alors souvent comme la seule solution.

En résumé, ce type d'approche peut être précieux pour résoudre un problème ponctuel sur des liaisons WAN bien identifiées. En revanche, dès lors qu'il s'agit de traiter un problème de QoS sur une échelle plus importante (réseau d'entreprise ou réseau d'opérateurs), elle montre rapidement ses limites. Une approche globale de la gestion de la QoS doit alors être envisagée, conformément aux modèles suivants.

Gestion globale de niveaux de priorité

Ce type de gestion permet de disposer d'une gestion globale de la QoS de bout en bout sur le réseau, caractérisé par :

- un niveau de service non garanti : il permet de traiter de manière préférentielle certaines applications, en leur accordant par exemple davantage de bande passante, un traitement plus rapide dans les nœuds du réseau, etc. Il s'agit d'une préférence statistique par rapport aux autres applications et non d'une garantie offerte. La terminologie parle également de QoS logicielle ou *Soft QoS*.

- le classement des applications et le marquage des flux : ce modèle se fonde largement sur le classement des paquets des applications par niveaux critiques. Plus une application est critique, plus ses paquets seront prioritaires. Ce classement des paquets a lieu à l'entrée sur le réseau. Les paquets correspondants sont ensuite marqués par un identifiant dans l'en-tête du paquet. De la sorte, les composants localisés à l'intérieur du réseau pourront repérer le niveau de priorité du paquet. La complexité liée à la nécessité d'une puissance de calcul pour effectuer le classement et le marquage est donc en périphérie de réseau. Notons que les principes exposés au niveau paquet (couche 3 ISO) sont également valables au niveau trame (couche 2 ISO) ;

Figure 3-20

Gestion de niveaux de priorité

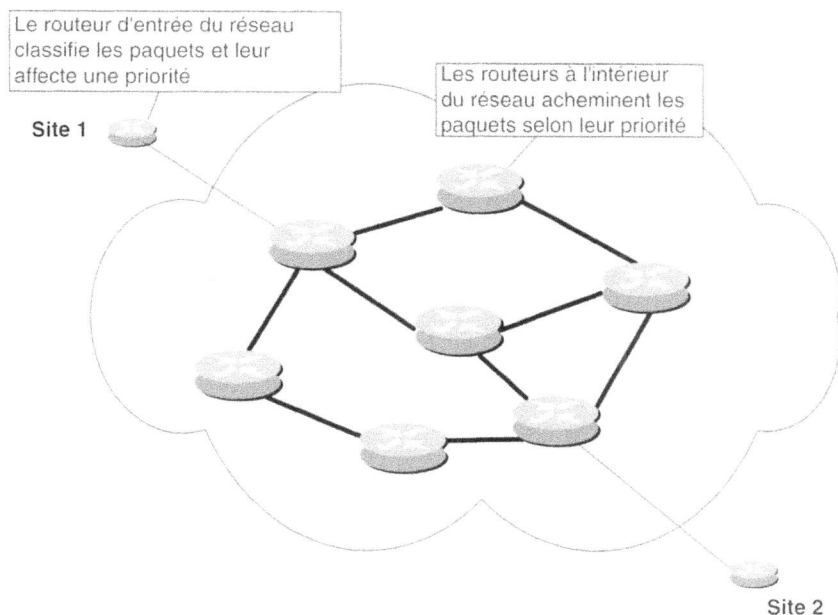

Le routeur d'entrée du réseau classifie les paquets et leur affecte une priorité

Les routeurs à l'intérieur du réseau acheminent les paquets selon leur priorité

Site 1

Site 2

- un traitement simplifié dans le backbone : *a contrario*, le cœur du réseau est relativement simple. Il consiste à traiter d'abord les paquets prioritaires repérés par leur identifiant. Les opérations réalisées par les nœuds du backbone sont donc assimilables à des fonctions de commutation de niveau 3 (niveau IP). Aucune analyse complémentaire de paquet n'est réalisée.

Le modèle DiffServ de l'IETF constitue un exemple de modèle gérant des niveaux de priorité. Dans ce cas, un niveau de priorité est affecté aux paquets IP, grâce à un champ spécifique situé dans l'en-tête IP. Le marquage des paquets est généralement assuré par le routeur de périphérie, selon différents critères : adresse source, adresse destination et type d'application. Les routeurs de cœur de réseau se contentent alors d'acheminer les paquets par ordre de priorité. Ce modèle est présenté de façon générale au chapitre 3 et détaillé au chapitre 6. La stratégie de priorité réalisée au sein du réseau Ethernet grâce aux normes 802.1p et 802.1q illustre également ce mode de gestion de services différenciés, au niveau 2 ISO. Les aspects de QoS liés à Ethernet sont détaillés au chapitre 5.

Gestion globale avec réservation de ressources

• Un service garanti : cette gestion permet d'offrir aux applications une garantie sur les caractéristiques demandées : bande passante, délais, gigue, etc. Ces garanties se fondent sur l'établissement d'une connexion préalablement à chaque échange. Les principes de fonctionnement sont analogues à ceux des réseaux commutés. La terminologie parle également de qualité de service matérielle ou *Hard QoS*.

• Réservation de ressources : Avant d'utiliser le réseau, l'application doit préciser explicitement la valeur des paramètres attendus (bande passante, latence, gigue, etc.) dans une phase d'appel, à l'aide d'un protocole de signalisation adapté. Ce protocole permet alors de réserver des ressources dans le réseau pour la connexion. Par ressource, on entend bien évidemment la disponibilité suffisante de bande passante sur les liens, mais également la capacité des nœuds du réseau à acheminer l'information selon la performance demandée. Le réseau envoie alors une réponse sur son aptitude à honorer la requête. S'il s'y engage, **un contrat** est établi avec l'usager. Dans le cas contraire, l'application peut négocier avec

Figure 3-21

Réservation de ressources

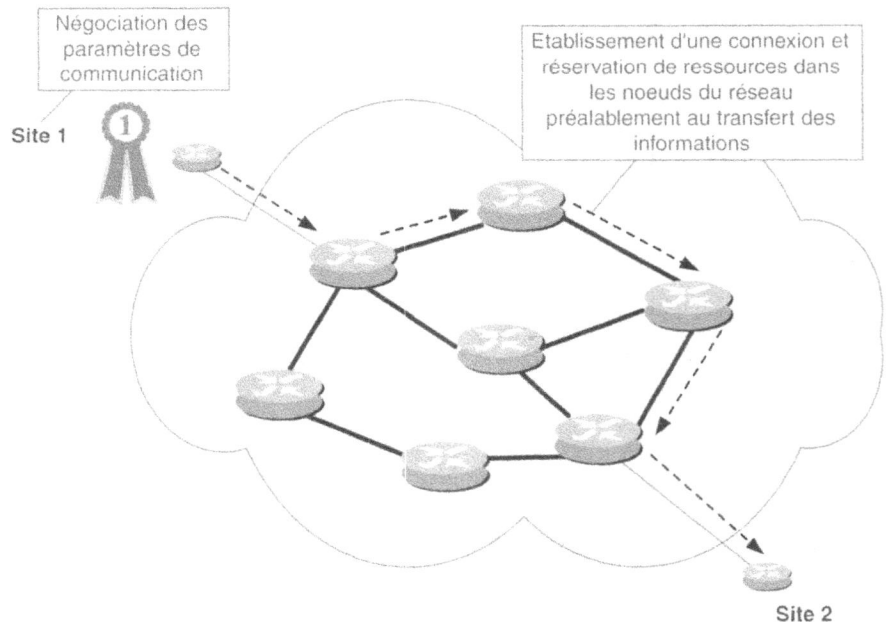

le réseau d'autres paramètres moins restrictifs ou, si ces derniers sont impératifs, l'appel sera rejeté.

La nécessité de réserver des ressources pour chaque connexion entraîne le réseau à mémoriser un grand nombre d'informations, ce qui limite en conséquence la taille des réseaux gérables par le biais de cette technique.

Le modèle IntServ de l'IETF est un exemple de modèle de service garanti, faisant appel à la réservation de ressources sur un réseau de routeurs IP. Dans ce cas, le protocole de signalisation défini pour assurer la réservation de ressources sur le réseau est RSVP (Resource Reservation Protocol). Il faut toutefois signaler que la réservation de ressources RSVP est limitée dans le temps et qu'elle doit être périodiquement rafraîchie. En effet, comme le protocole RSVP est un protocole de signalisation indépendant du routage et intervenant après ce dernier, il est nécessaire de vérifier périodiquement si le routage n'a pas été modifié, suite à un changement topologique du réseau (consécutivement à la panne d'un lien ou d'un routeur, par exemple). Dans une telle situation, il serait vain de continuer à réserver des ressources dans des équipements qui ne se trouvent plus sur la nouvelle route emprunté. Ce modèle est présenté de façon détaillée au chapitre 6.

Gestion globale fondée sur un routage intégrant la QoS (QoS based routing et Constraint Based Routing)

Le routage fondé sur des contraintes (CBR, Constraint Based Routing) représente une évolution par rapport à celui qui se réfère à la QoS et qui permet de retenir une route satisfaisant aux critères de QoS demandés. Le protocole de routage PNNI associé à ATM, constitue un exemple de routage intégrant la QoS : il autorise la sélection d'une route ATM satisfaisant à des critères de QoS. Les aspects de QoS liés à ATM sont présentés de façon détaillée au chapitre 5.

Les objectifs du CBR sont les suivants :

- la sélection de routes qui satisfont à certaines caractéristiques de QoS : si plusieurs chemins sont possibles, le choix final pourra comprendre des contraintes spécifiées par la politique de gestion (choix du chemin le moins cher par exemple) ;

- une utilisation renforcée du réseau (en fait, une meilleure utilisation) : c'est une préoccupation de l'opérateur, qui souhaite utiliser au mieux son réseau en permettant d'accepter le plus de trafic possible. Il s'agit ici de minimiser l'utilisation des ressources du réseau (les nœuds principalement).

Au sein de l'IETF, un groupe de travail spécifique, appelé QOSR (QOS Routing Working Group), a défini un cadre pour le routage, faisant appel à la QoS sur l'Internet (RFC 2386). La définition de protocoles ou la modification des protocoles qui en découle incombe aux différents groupes de travail en charge de la définition des protocoles spécifiques. Nous ne développperons pas davantage ces travaux, dans la mesure où nous exposons dans le détail, au chapitre, 5 le cas de PNNI, comme exemple d'intégration de la QoS dans un protocole de routage.

Commutation multiniveau (MPLS)

MPLS ressemble au modèle DiffServ dans le sens où il attribue aux paquets un label à l'entrée du domaine MPLS et leur retire à la sortie du réseau MPLS. Ainsi, le label MPLS peut être considéré comme une signalisation in band. Toutefois, il a pour but de déterminer le routeur suivant, et non la QoS à appliquer au paquet.

MPLS n'est donc pas véritablement un protocole de QoS. Il permet de créer des chemins (LSP, Label Switch Path) fonctionnellement équivalents à des circuits virtuels ATM ou Frame Relay. Ces chemins sont créés par un protocole de distribution de labels. Il existe de nombreux protocoles de distribution de labels qui ont pour conséquence de créer des chemins LSP adaptés à un usage particulier.

Le traffic engineering est directement concerné par MPLS. Cette approche, qui consiste à analyser le volume des trafics et à l'adapter à l'architecture physique du réseau existant, est essentiellement destinée aux opérateurs qui gèrent de gros volumes de trafic. Elle se concrétise par la répartition du trafic sur les différents liens physiques existants (donc plusieurs LSP), évitant ainsi les mécanismes de choix de routes à moindre coût des protocoles de routage, qui ont pour effet d'utiliser systématiquement le même chemin physique, comme illustré sur le schéma ci-dessous.

Figure 3-22

Traffic engineering

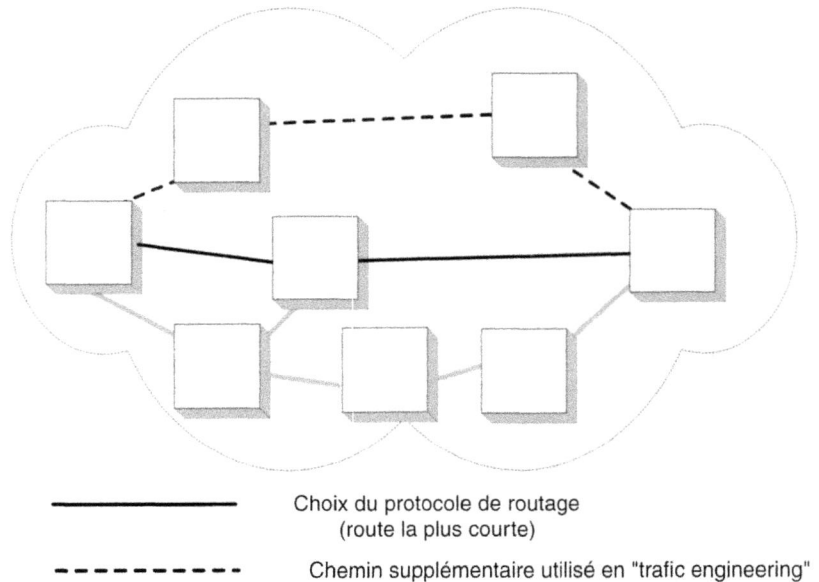

———————————— Choix du protocole de routage
(route la plus courte)

– – – – – – – – – Chemin supplémentaire utilisé en "trafic engineering"

La création de LSP peut également correspondre à certaines caractéristiques de QoS. Ainsi, plusieurs LSP pourront être créés entre deux points du réseau MPLS, et le trafic de l'utilisateur sera réparti sur ces LSP selon la QoS désirée. Ces deux exemples prouvent que MPLS améliore le service rendu à l'utilisateur, même s'il ne s'agit pas d'une technique de QoS à proprement parler. Comme nous l'avons déjà indiqué, c'est une technique à plus long terme, destinée aux opérateurs, mais qui contribue tout de même à créer les conditions de mise en œuvre de la QoS.

Résumé des modèles de gestion de QoS

Afin de conserver une vision claire des modèles de gestion de QoS et des caractéristiques générales de chaque modèle, nous les résumons dans le tableau ci-dessous. Des exemples de mise en œuvre, ainsi que les noms génériques des normes associées, sont également fournis.

Nous indiquons également dans ce tableau des exemples de modèles de gestion de niveau 3 ISO (IP exclusivement) et de niveau 2 ISO.

Il faut noter que la classification proposée est sujette à discussion, dans la mesure où, par exemple, le modèle de gestion MPLS est un modèle de commutation multiniveau et non strictement un modèle de QoS.

Ce tableau (voir page suivante) détaille les éléments suivants :

- la politique générale de gestion de la QoS : ce livre cible essentiellement les politiques de gestion de QoS réseau (fond grisé sur le tableau). Les solutions de gestion de la QoS aux extrémités du réseau (gestionnaires de bande passante et produits ITM) ont été présentées dans ce chapitre, et ne seront pas reprises dans la suite de l'ouvrage ;

- les modèles de gestion réseau : la gestion par équipement est présentée dans le chapitre suivant car elle constitue la base des autres modèles. Nous avons cependant signalé qu'il est préférable d'éviter une gestion individuelle de la QoS par équipement dans le cadre de réseaux d'une certaine taille ; pour ces derniers, il est conseillé de mettre en œuvre les autres modèles présentés. Les modèles CBR et QOSR ne sont pas davantage détaillés en tant que tels dans la suite de l'ouvrage. Un exemple de mise en œuvre est fourni grâce au routage PNNI intégré à ATM (voir chapitre 5) ;

- les composants de la QoS (QoS sur les équipements, signalisation et intégration au routage, gestion de la QoS) permettent de classer les différents modèles de gestion de la QoS réseau. La colonne Gestion de la QoS précise la possibilité d'une administration centralisée de la QoS ;

- les principales caractéristiques du modèle : elles précisent la spécificité du modèle ;

- les exemples de solutions techniques : les normes et/ou protocoles correspondants à ce modèle sont cités, tant au niveau 2 du modèle ISO qu'au niveau 3 (IP principalement) ;

- les domaines d'application : les techniques de QoS répondent à des problématiques précises. Il est nécessaire de procéder à une démarche rigoureuse avant toute mise en œuvre. Néanmoins, il est possible d'indiquer des domaines d'application privilégiés des modèles de gestion.

Intégration horizontale des mécanismes de signalisation QoS

Complémentarité des approches

Bien évidemment, ces divers modèles de gestion répondent à des besoins différents d'application de la QoS. On peut les combiner judicieusement pour obtenir une solution satisfaisante.

Les efforts de normalisation portent d'ailleurs à ce jour sur l'interopérabilité des approches de QoS pour assurer un fonctionnement global satisfaisant. La tendance actuelle consiste à disposer de mécanismes de QoS simples, situés au cœur du réseau, en raison de la nécessité de traitement rapide des flux sur des artères à haute capacité : ils achemineront donc l'information en fonction de niveaux de priorité. Des mécanismes d'analyse de trafic plus sophistiqués seront disposés en périphérie (QoS sur les accès), qui permettront d'affecter aux trafics les différents niveaux de priorité et réguleront plus précisément le trafic sur des artères de plus faible capacité. Dans le cas de très gros réseaux fédérateurs, il sera appliqué des techniques de *traffic engineering*. Mais nous traiterons de manière plus approfondie l'interopérabilité des approches au chapitre 7, après avoir exposé celles-ci plus avant.

Politique générale de gestion de la QoS	Modèles de gestion réseau	Composants de la QoS réseau			Principales caractéristiques du modèle	Exemples de solution technique	Domaines d'application
		QoS sur éqpts	Signalisation / Routage	Gestion de la QoS			
Ne rien faire	N/A	Non	Routage classique	N/A	Aucun traitement sur le réseau		Internet actuel. Pas de QoS. Convient pour : applications de messagerie, transfert de fichiers, Web classique, réplication Notes.
Gestion de la QoS par le réseau	Gestion par équipement	Oui	Pas de signalisation Routage classique	N/A	Pas de signalisation sur le réseau Configuration manuelle des équipements	Programmation des files d'attente des équipements réseau	Utilisation sur des intranets pour mettre en œuvre ponctuellement la QoS sur certains liens identifiés. Nécessite des équipements réseau appropriés, bien dimensionnés, une bonne étude des trafics et un suivi régulier. Administration et gestion complexes.
	Gestion de niveaux de priorité	Oui	Signalisation in band Routage classique	Oui	Signalisation in band Priorité indiquée dans l'en-tête du paquet (niv. 3) ou de la trame (niv. 2 du modèle ISO)	Modèle DiffServ sur IP (IETF) 802.1p et 802.1q sur Ethernet (IEEE)	Utilisable soit sur un réseau intranet d'entreprise, soit sur un réseau d'opérateurs.
	Réservation des ressources	Oui	Signalisation out-band Routage classique	Oui	Réservation de ressources grâce à un protocole de signalisation indépendant du protocole de routage	Modèle IntServ sur IP (IETF) fondé sur le protocole de signalisation RSVP (protocole de transport niv. 4 de l'ISO)	Utilisable soit sur un réseau intranet, soit sur un réseau d'opérateurs. Toutefois, la complexité de la réservation de ressources limite la taille des réseaux en nombre de nœuds gérables.
	Routage fondé sur la QoS / CBR (Contraint Based Routing)	Oui	Signalisation out-band intégrée au routage (routage QoS)	Oui	Routage tenant compte des caractéristiques de qualité (QoS) du chemin demandé	PNNI : protocole de routage intégré à ATM (ATM Forum) QOSPF : protocole de routage OSPF intégrant des paramètres de QoS	Utilisable sur un intranet ou un réseau d'opérateurs. La complexité des protocoles de routage QoS limite la taille des réseaux en nombre de nœuds gérables. Évolution possible grâce au routage hiérarchique (Peer Group en ATM, Area en Ospf).
	Commutation multiniveau	Option	Signalisation inband pour acheminement (label) Routage adapté	Oui	Technique d'acheminement (forwarding) et non de QoS, fondée sur un label. Utilisation en fonction du protocole de distribution de labels : traffic engineering, routage QoS, etc.	MPLS (IETF) : technique de forwarding compatible avec plusieurs protocoles de distribution de labels. (LDP : protocole standard de distribution de labels)	Utilisation sur des réseaux fédérateurs d'opérateurs ou des intranets d'entreprise importants, pour équilibrer les trafics sur les différentes lignes physiques existantes.
Gestion de la QoS aux extrémités du réseau	N/A	Oui (spécifique)	Non Indépendant	N/A	Boîtiers externes au réseau : gestionnaires de bande passante ou produits ITM	Trafic Shaper	Utilisation sur des liaisons identifiées. Ne nécessite pas d'équipements réseau appropriés et les boîtiers proposés permettent une adaptation permanente et automatique au trafic.

N/A : Non Applicable

Les résultats

S'il existe à ce jour une grande profusion de technologies, on constate cependant que, malgré les efforts de l'IETF pour normaliser certaines approches, relativement peu de réseaux d'opérateurs et encore moins d'entreprises les mettent en œuvre. Concernant les opérateurs, la complexité ne vient pas tant de la difficulté technique de mise en œuvre que de la difficulté à facturer des clients selon différents niveaux de qualité de service et à assurer un suivi des trafics selon ces mêmes classes de service.

Le terme de QoS est d'ailleurs souvent utilisé à tort dans un sens marketing, puisque, comme nous l'avons vu, il suffit de proposer une des caractéristiques techniques de la QoS pour attribuer à son offre de produit ou service un label QoS.

De fait, la mise en œuvre de la QoS revient à analyser au cas par cas les besoins réels à satisfaire, afin de déterminer les critères de QoS à respecter, et donc de préciser le sens du label QoS attendu. Aujourd'hui, pour la majorité des entreprises, la disponibilité des raccordements constitue le principal critère de QoS. Toutefois, un nombre croissant d'entreprises sont engagées dans une refonte de leur système d'informations, ce qui se concrétise par la mise en œuvre d'applications critiques de type ERP ou e-business, incluant le critère de délai de traversée du réseau (latence) comme paramètre essentiel de QoS.

Le type de solution à retenir pour satisfaire aux critères de QoS recherchés fera donc l'objet d'une étude spécifique. Rappelons qu'à ce jour, et dans l'attente de solutions réseau disponibles et suffisamment éprouvées, les entreprises optent souvent pour la mise en place de gestionnaires de bande passante ou de produits ITM externes au réseau. Des opérateurs commencent néanmoins à proposer des solutions de QoS intégrées à leur réseau et il ne fait aucun doute que cette tendance va se généraliser dans les prochains mois. C'est la raison pour laquelle les solutions se fondant sur une QoS intégrée au réseau sont largement développées dans cet ouvrage; en raison de leur complémentarité, les autres solutions seront également évoquées.

4

Mécanismes de QoS internes aux équipements

La gestion de la qualité de service suppose que les équipements du réseau (par exemple les routeurs) disposent de fonctionnalités adaptées. Nous allons donc revenir dans un premier sur le fonctionnement d'un routeur standard. Puis, nous détaillerons les fonctions propres à un routeur supportant la QoS. Enfin, nous répertorierons les mécanismes inhérents à chacune des fonctions dégagées.

REMARQUES L'exposé des mécanismes sera centré sur les routeurs IP. Nous attirons cependant l'attention du lecteur sur l'existence de ces mécanismes sur des équipements de commutation.

Principes de fonctionnement d'un routeur standard

Un routeur standard comporte les 3 composants suivants :

- des interfaces d'entrée/sortie : elles reçoivent les paquets en provenance d'autres routeurs et sont adaptées à une technologie de réseau (Ethernet, ATM, etc .) ;

- un mécanisme d'acheminement : en fonction de l'adresse de destination contenue dans le paquet, le mécanisme d'acheminement consulte la table de routage (FIB, Forwarding Information Base), à la recherche du préfixe d'adresse correspondant le plus long possible. Si une correspondance est trouvée, l'entrée de la table précise au mécanisme d'acheminement l'interface de sortie qui doit être utilisée. Si aucune entrée n'est trouvée, le paquet est détruit. La table de routage est mise à jour par le protocole de routage (OSPF par exemple), qui fait partie du mécanisme de gestion du routeur ;

- un mécanisme de gestion : il prend en charge le protocole de routage, mais également les fonctions d'administration du routeur (collecte des données, etc.).

Initialement les routeurs ne comportaient qu'un seul processeur dédié à l'acheminement des paquets, l'exécution du protocole de routage et l'administration de l'équipement. Si les routeurs d'entrée de gamme sont encore monoprocesseurs, la plupart des routeurs supportant plusieurs interfaces ont évolué vers une architecture multiprocesseur, permettant de distribuer les fonctions.

Figure 4-1

Les composants d'un routeur

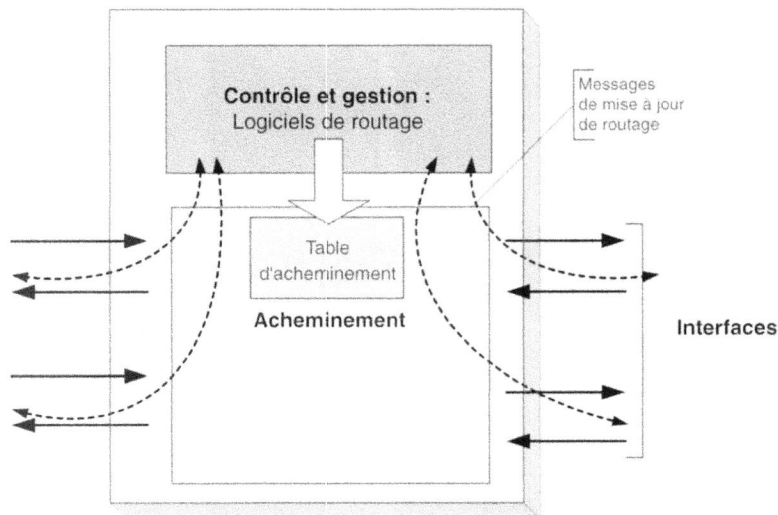

Les routeurs des réseaux fédérateurs à haut débit disposent de processeurs d'acheminement, distribués sur les cartes d'interfaces interconnectées à l'aide d'un *fond de panier* à haut débit. Le processus d'acheminement ou *forwarding*, qui consiste à trouver, dans la table de routage, une entrée correspondant à l'adresse de destination du paquet IP, a longtemps constitué un facteur différenciateur important entre routeurs. À ce jour, de nombreux algorithmes ont été développés et mis en œuvre dans des composants matériels (hardware), afin d'accélérer ce processus. La vitesse de traitement des paquets ne représente donc plus aujourd'hui un problème, et à cet égard, la différence de performance entre la commutation de niveau 2, fondée sur l'en-tête d'adresse MAC, et la commutation de niveau 3, faisant appel à l'analyse de l'en-tête IP, n'est plus significative. En revanche, la comparaison entre routeurs s'établit davantage à partir des fonctionnalités de QoS, comme nous allons le voir à la section suivante. Généralement, les routeurs standard disposent d'une simple file d'attente en sortie, de type FIFO (First in first out) par interface, afin de faire face à la congestion temporaire d'un lien de communication. Si celle-ci persiste (file d'attente pleine), les paquets sont tout simplement détruits, les routeurs supposant que les couches supérieures (TCP plus particulièrement), au sein des systèmes d'extrémité (les hosts), s'en apercevront et réagiront en conséquence. Si ce comportement est acceptable pour certains types de trafic, il n'est pas adapté à des trafics sensibles au délai d'acheminement (paquet Voix par exemple). Il faut donc intégrer aux routeurs des mécanismes complémentaires et plus élaborés, permettant de traiter certains trafics de manière spécifique.

Les fonctions propres à un routeur supportant la QoS

Les routeurs mettant en œuvre des fonctionnalités de QoS requièrent quelques spécificités. Ainsi, ils doivent posséder toute une logique de traitement des trafics faisant appel à un certain nombre d'algorithmes de traitement et à la disponibilité de plusieurs files d'attente par interface de sortie. Un routeur implémentant des fonctionnalités de QoS doit alors proposer quatre étapes de traitement :

- la **classification** des paquets, afin d'établir ses caractéristiques et d'effectuer la recherche d'une entrée dans la table de routage pour déterminer son interface de sortie et sa file d'attente (parmi toutes les files d'attentes possibles pour une interface donnée) ;

- le **contrôle** (*policing*) et **marquage** (*marking*) : cette étape sert à déterminer si le trafic entrant est conforme au profil de trafic prévu. Dans la négative, le paquet peut être éliminé, ou mieux encore marqué, afin d'être acheminé, à condition que le réseau ne soit pas chargé ;

- la **gestion des files d'attente** (*queuing*) : cette étape permet d'influencer les émetteurs pour les inviter à réduire le trafic en cas de congestion (contrôle de congestion) ;

- l'**ordonnancement** (*scheduling*) : cette dernière étape achemine les paquets en fonction de la classification réalisée et du contrôle de trafic en sortie (*shaping*).

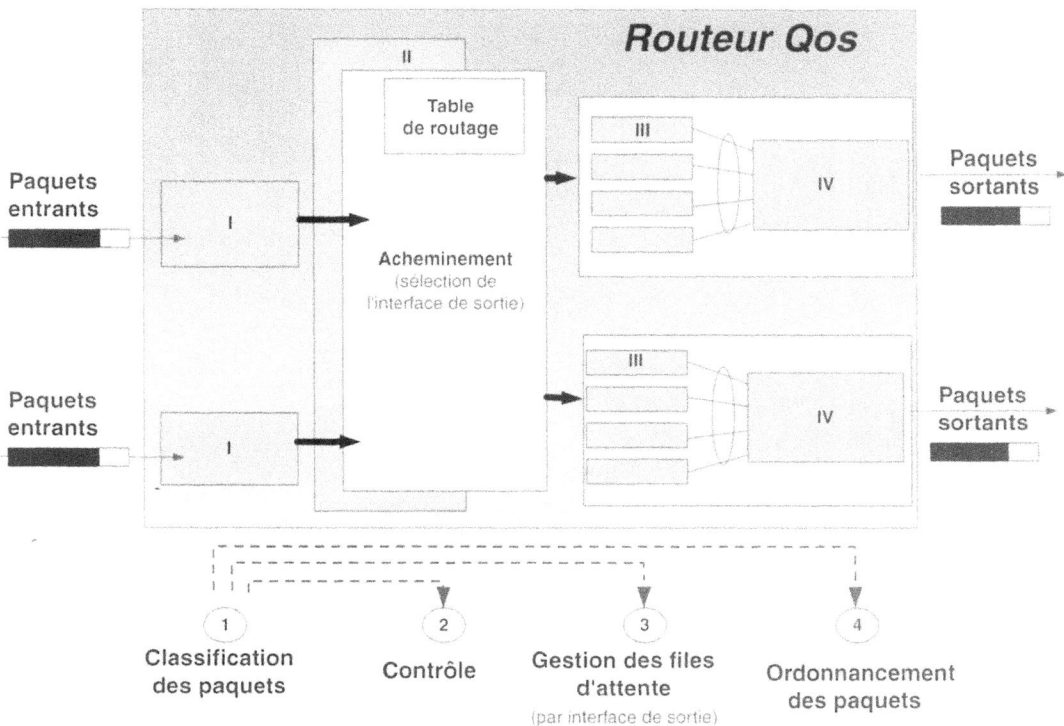

Figure 4-2

Les fonctions spécifiques d'un routeur avec QoS

Nous reprenons ci-dessous, dans le détail, chacune de ces quatre étapes, ainsi que les mécanismes associés.

La classification

Comme nous l'avons déjà souligné, la classification des paquets dans un but de QoS peut faire appel à des informations contenues dans le paquet lui-même, ou bien des informations déduites par le routeur, en fonction de son interface d'entrée. Nous ne détaillons ici que la classification fondée sur l'analyse d'informations contenues dans le paquet. Cette classification peut s'établir à partir d'un champ simple ou de la combinaison de plusieurs champs (Multi-Field ou *MF Classification*). La classification simple se fonde soit sur le champ TOS du paquet IP ou son équivalent DSCP (nouvelle dénomination du champ TOS dans un contexte de réseau DiffServ).

Classification à partir du champ TOS

Le champ TOS (Type of Service) a déjà été abordé au chapitre précédent. Nous rappelons ci-dessous sa structure selon la RFC 1349.

Figure 4-3

Champ TOS

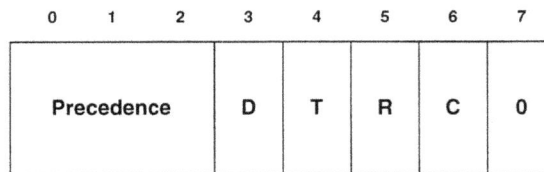

Le champ précédence sur 3 bits permet d'indiquer 8 niveaux de priorité (de 000, la plus faible, à 111, la plus forte). Les bits DTRC servent à préciser le mode de transport du datagramme (D = délai court, T = débit élevé, R = Transport fiable, C = Coût minimal).

Classification à partir du champ DSCP (DiffServ) – Classification BA

Dans le modèle DiffServ, l'IETF a redéfini le champ TOS en DiffServ. Ce champ comprend deux sous-champs :

- la partie DSCP (Differentiated Service Code-Point), codée sur 6 bits, et qui permet donc d'obtenir 64 valeurs différentes applicables à un paquet ;
- une partie CU (Currently Unused), codée sur 2 bits.

Figure 4-4

Champ DiffServ

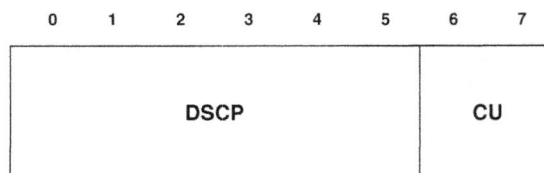

La classification fondée sur la valeur du champ DSCP est aussi fréquemment appelée classification *BA* (Behavior Aggregate), dans le contexte des réseaux DiffServ.

Classification multichamp

La classification multichamp permet, comme son nom l'indique, d'effectuer une classification sur plusieurs champs du paquet IP.

Figure 4-5

Classification multichamp

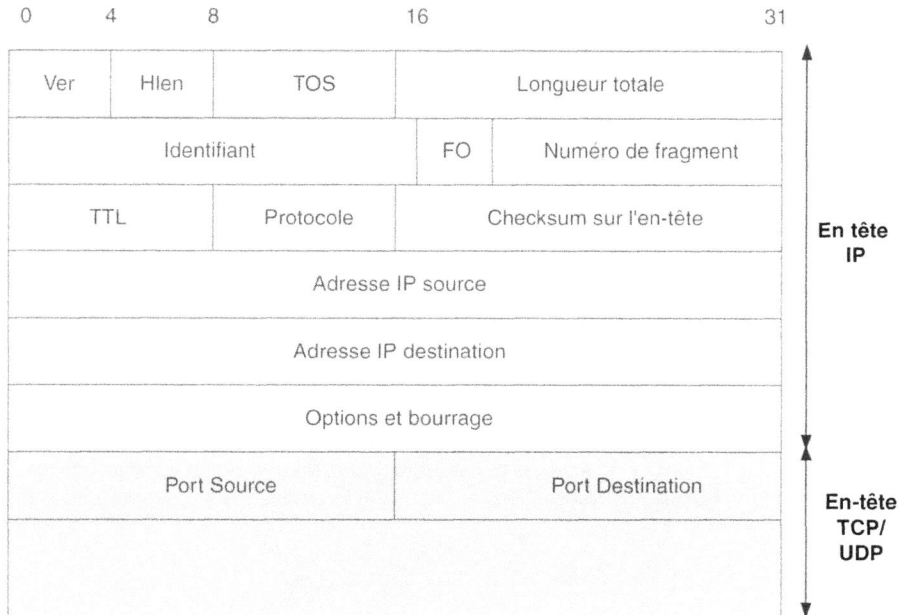

La classification multichamp s'opère généralement sur les champs suivants : adresse IP source, adresse IP destination, TOS, port source et destination de l'en-tête TCP ou UDP permettant de définir l'application, ce qui permet de limiter la profondeur d'investigation aux 28 premiers octets. Il existe cependant une limitation de fait : les paquets IP fragmentés ne contiennent en effet le numéro de port TCP/UDP que dans le premier segment. Il est donc nécessaire, dans ce cas, que le routeur dispose d'un mécanisme permettant d'identifier les fragments d'une même session TCP ou UDP.

Contraintes de performance et sécurité

Les différents mécanismes de classification que nous venons d'évoquer doivent être réalisés à la vitesse de réception des paquets. Cette condition peut constituer une contrainte sérieuse sur des lignes à haut débit, spécifiquement pour des paquets de petites tailles (paquets Voix par exemple). Dans la mesure où la vitesse de classification n'est pas suffisante, il est nécessaire d'ajouter un *buffer* de réception. Cette solution est néanmoins à éviter, car elle introduit non seulement un délai supplémentaire (faible), mais surtout une gigue, en raison du caractère variable de la classification. Une autre limite du processus de classification tient au fait qu'il s'appuie sur les valeurs du paquet entrant pour obtenir une certaine qualité de service sur le réseau. Or, dans le cas du raccordement de réseaux d'usagers, il est possible d'imaginer que certains d'entre eux modifient les valeurs afin d'obtenir un meilleur service. En d'autres termes, il convient de s'assurer que les valeurs des champs du paquet IP sont bien celles d'origine et qu'elles correspondent au contrat de service conclu avec l'exploitant du réseau. C'est pourquoi l'on envisage, pour le modèle DiffServ, d'introduire des mécanismes d'authentification à la frontière du réseau d'opérateurs, qui détermineraient la valeur de DSCP à appliquer aux paquets entrants, indépendamment de celle reçue de l'usager. Nous reviendrons ultérieurement sur cette question lorsque nous aborderons DiffServ de manière détaillée. Enfin, signalons la difficulté rencontrée par la classification multichamp, dès lors que la charge utile du paquet IP est encryptée pour des raisons de sécurité (IPSec par exemple). Il en résulte que la classification MF n'est pas appropriée aux réseaux d'opérateurs mais davantage réservée aux réseaux privés d'entreprise, pour positionner le champ TOS ou DS le cas échéant.

REMARQUES • On déduit de ce qui précède que les possibilités de classification sur les routeurs sont plus limitées que celles des gestionnaires de bande passante, qui peuvent analyser les trafics jusqu'à la couche 7. Ces produits permettent de définir une priorité pour les paquets à destination d'une URL (Universal Ressource Locator) spécifique. À ce stade, il est intéressant d'illustrer la complémentarité des approches, en observant qu'à l'issue du processus de classification, le gestionnaire de bande passante pourrait définir une valeur particulière du champ DSCP pour assurer une prise en charge spécifique par le réseau.

• Néanmoins, certains constructeurs de routeurs ont développé un processus de classification et de reconnaissance d'applications sur leurs équipements. Ainsi, la société Cisco intègre une telle fonction (NBAR : network-based application recognition) à son système d'exploitation IOS. Il faut alors tenir compte de la puissance de traitement consommée par cette fonction lors du choix des équipements. De nombreuses informations concernant cette fonctionnalité sont disponibles sur le site web de Cisco.

Contrôle, marquage et lissage de trafic

Après la première étape de traitement liée à la classification, la seconde tâche d'un routeur traitant la QoS consiste à déterminer si le flux reçu est conforme à un profil de trafic convenu à l'avance (dans le cadre d'un contrat de service avec un opérateur par exemple) et à marquer le trafic non conforme. La fonction de marquage permet alors d'acheminer le trafic non conforme sous certaines conditions (réseau non saturé, etc.) au lieu de l'éliminer. Dans certains cas, le trafic peut également être lissé, bien que cette fonction soit généralement réservée au trafic sortant.

Il ne faut pas confondre la fonction de marquage (*marking*) avec la fonction de lissage de trafic (*traffic shaping*), qui a pour but d'éliminer les crêtes de trafic pour les transmettre ultérieurement. La première fonction ne modifie pas les caractéristiques temporelles du trafic, tandis que la seconde induit un délai supplémentaire sur le trafic lissé, comme le démontre la figure 4-7.

Afin de déterminer si un trafic correspond ou non à un profil, il est nécessaire de disposer d'un moyen de mesure. Il en existe deux principaux :

1. Le mécanisme du « seau qui fuit » ou du « panier percé » (Leaky Bucket) : il est principalement utilisé dans les commutateurs ATM. Il sert à mesurer la conformité de paramètres à une valeur de référence.

2. Le mécanisme du « seau à jetons » (Token Bucket) : il permet, outre le respect d'une valeur de référence, de tolérer une certaine quantité de trafic en excès (pic de trafic).

Figure 4-6

Marquage du trafic

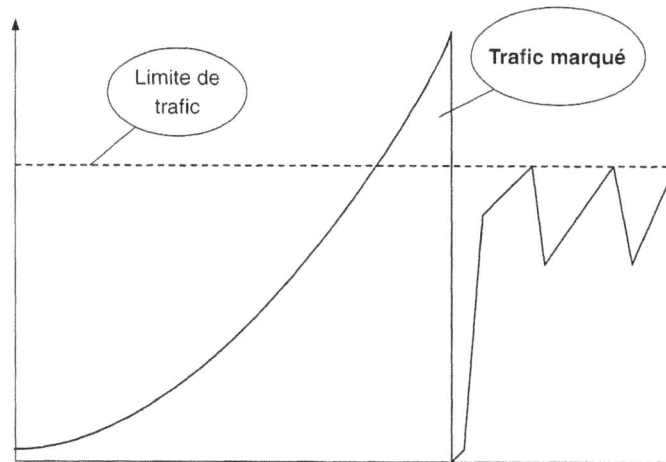

Figure 4-7

Lissage de trafic

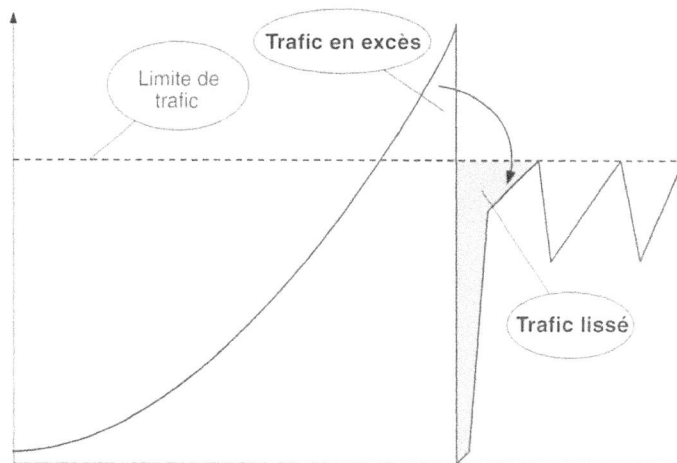

Ces deux mécanismes de mesure de trafic peuvent être utilisés soit pour marquer le trafic, soit pour le lisser.

Le mécanisme de Leaky Bucket

Le mécanisme de Leaky Bucket (littéralement « le seau qui fuit ») consiste à contrôler le trafic au travers d'un seau percé. Il est principalement utilisé en environnement ATM pour contrôler le débit des cellules reçues (fonction de contrôle de trafic ou policing), ou émises (lissage de trafic ou *trafic shaping*). Les inconvénients de ces mécanismes tiennent au fait que le débit de référence n'est pas réglable : il peut donc en résulter une utilisation inefficace du réseau, quand ce dernier n'est pas chargé.

Figure 4-8

Mécanisme du « seau percé »

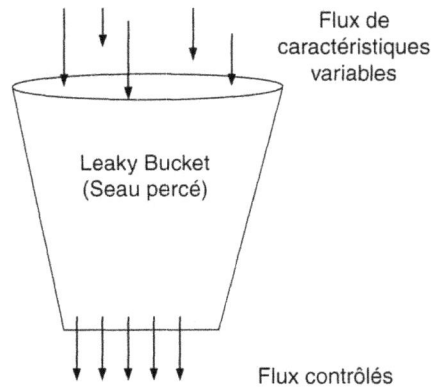

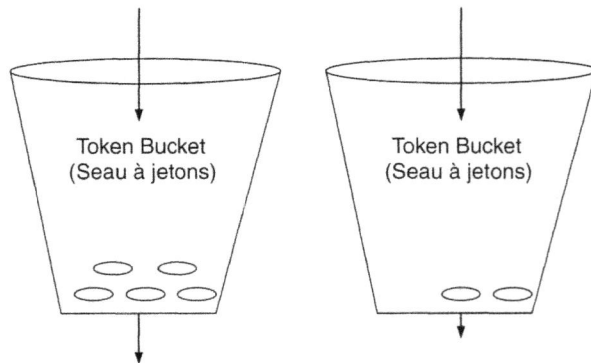

Flux de caractéristiques variables

Leaky Bucket (Seau percé)

Flux contrôlés

Le seau percé permet de réguler des débits d'eau variables en des débits d'eau réguliers en sortie.

Mécanisme de Token Bucket

Le mécanisme de seau à jetons (Token Bucket) est un mécanisme de contrôle qui indique à quel moment le trafic peut être émis, en fonction des jetons présents dans le seau.

Figure 4-9

Mécanisme du « seau à jetons »

Token Bucket (Seau à jetons)

Token Bucket (Seau à jetons)

Ce mécanisme s'applique par interface et en fonction de profils de trafics définis dans l'équipement. À la différence du mécanisme précédent, il autorise la transmission des pics de trafic tant que le seau contient des jetons. Il peut être utilisé avec plusieurs Token Bucket. Dans ce cas, un classificateur de trafic peut opérer avec plusieurs Token Bucket, chacun disposant d'un seuil de débit crête différent (selon le nombre de jetons), permettant ainsi à différentes classes de trafic d'être contrôlées indépendamment. En observant le nombre de jetons disposés dans chaque seau et le rythme de mise à disposition, on peut surveiller le trafic régulier et les pics de trafic autorisés.

Combinaison des mécanismes

Si le mécanisme du Token Bucket permet aux flux des pics de trafics, il autorise du même coup certains flux à s'accaparer des ressources réseau tant qu'il existe des jetons dans le seau ou jusqu'à ce que le seuil de burst soit atteint. Cette situation autorise donc certains flux à consommer plus de bande passante que les autres, dans une situation de saturation du réseau. Afin d'éviter ce type de situation, il est possible de combiner les deux approches, de sorte que le trafic entrant soit d'abord lissé avec un mécanisme de type Token Bucket, puis placé dans un mécanisme de type Leaky Bucket.

En outre, certains profils de trafic peuvent nécessiter une classification complexe, faisant intervenir plusieurs niveaux de trafic. Dans ce cas, l'utilisation de multiples Token Bucket » et Leaky Bucket associés permettent une gestion fine des trafics entrants sur le réseau.

Marquage des trafics

Le marquage des trafics consiste à appliquer aux trafics, en dehors du profil contractuel, une « marque » permettant aux équipements du réseau de les écouler, suivant une politique de gestion spécifique. Cette maîtrise des excès se traduira soit par un écoulement des trafics en excès moins prioritaires que le trafic conforme au profil, soit par une élimination du trafic hors profil, en cas de surcharge du réseau. Dans ce dernier cas, un bit de priorité à la perte (CLP, Cell Loss Priority) est placé dans l'en-tête de la cellule ATM, ou bien un bit de priorité à la perte (DE, Discard Elligibility) l'est dans l'en-tête de la trame Frame Relay .

Gestion des files d'attente et contrôle de congestion

La classification des paquets et leur contrôle ont déjà été effectués en vue de leur affectation à une file d'attente. Toutefois, afin d'obtenir un traitement optimal des trafics, il est nécessaire de maintenir une occupation minimale de ces files d'attente. En effet, des files d'attentes importantes présentent deux inconvénients majeurs :

* elles limitent les possibilités de prise en compte des pics de trafics qui sont un phénomène naturel et fréquent ;
* elles augmentent le délai de traitement d'un paquet au sein d'un routeur et sont responsables d'un mauvais délai de transfert sur le réseau.

Objectifs

Pour réduire la taille des files d'attentes, il est nécessaire de faire appel à des mécanismes de gestion actifs sur les trafics, qui font pression sur l'émetteur pour l'inviter à baisser son débit d'émission. Pour ce faire, il est possible d'agir sur le contrôle de flux TCP, en réduisant la fenêtre d'émission de l'émetteur (voir chapitre 2, section relative au fonctionnement de la gestion de flux TCP). Il est important de rappeler que l'utilisation de ces mécanismes pour éviter la congestion (congestion avoidance) n'est valable qu'à moyen terme. Le court terme doit alors être traité par les mécanismes de files d'attente propres aux équipements (revoir le positionnement des mécanismes de QoS dans l'échelle de temps au début de ce chapitre).

Prévention explicite de la congestion

Dans ce type d'approche, des informations sont incorporées aux paquets à destination de l'émetteur, pour lui signaler la congestion et l'inviter à baisser son débit d'émission. Ce mécanisme consiste, dans le cas du protocole IP, à définir une structure d'information dans l'en-tête du paquet IP, destinée à remplir ce rôle. A ce jour, seule la RFC 2481 définit de façon expérimentale la façon dont pourraient être utilisés les deux bits CU du champ DS (DiffServ) dans cet objectif.

Au niveau de la couche 2, des mécanismes de ce type ont été définis, notamment en relais de trames (Frame Relay) et ATM. Ainsi, pour éviter l'encombrement, le relais de trame utilise un bit de notification de congestion explicite retardée (BECN, Backward Explicit Congestion Notification) et un bit de notification de congestion avancé (FECN, Forward Explicit Congestion Notification). Le bit BECN avertit la station émettrice d'un encombrement potentiel, lorsque les files d'attente sont longues (au-delà d'un certain seuil), et invite l'utilisateur à limiter le flux de trames. Le bit FECN avertit la station réceptrice d'éventuels retards futurs ; Le récepteur peut également, grâce à un protocole des couches supérieures (TCP par exemple), avertir la station émettrice et la contraindre à limiter le flux de trames.

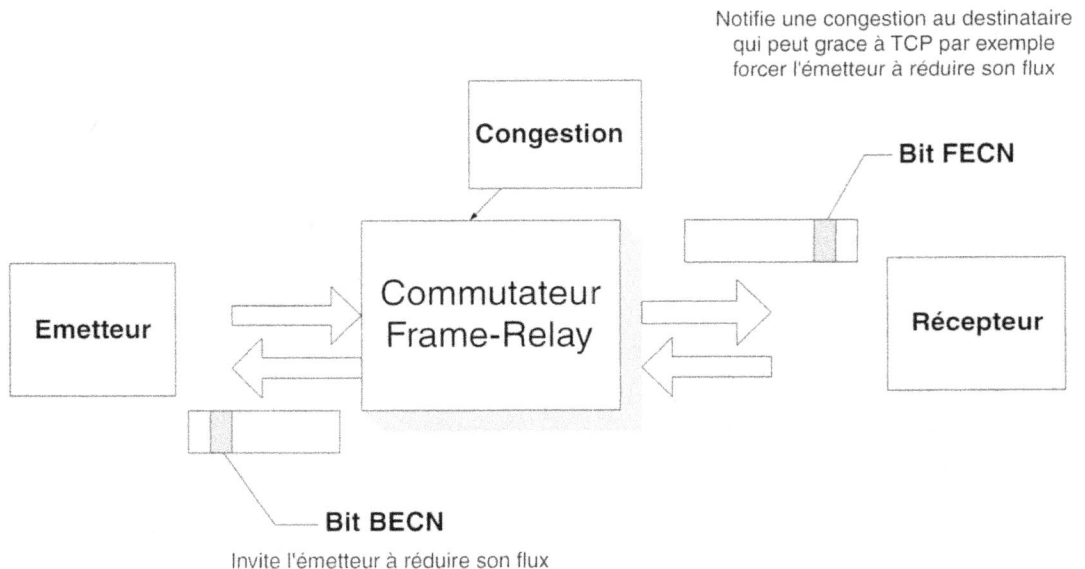

Figure 4-10

Contrôle de congestion en Frame Relay (FECN,BECN)

Dans le cas de l'interconnexion de routeurs en Frame Relay, la difficulté consiste à disposer de routeurs interprétant ses bits FECN et BECN pour réagir en conséquence. Par réaction, on entend, soit un stockage temporaire des paquets à destination du Frame Relay, si la congestion est de courte durée, soit le déclenchement des mécanismes que nous allons évoquer dans la section suivante et destinés contraindre la source à baisser son rythme d'émission. Il faut également préciser que de nombreux opérateurs qui proposent un service Frame Relay ne mettent pas en œuvre ces mécanismes.

En ATM, le contrôle de congestion est particulièrement développé pour les trafics ABR (Available Bit Rate), dans la mesure où ils sont censés s'adapter à la charge du réseau. Dans ce cas, le réseau ATM a la possibilité de signaler à la source, à l'aide de cellules spécifiques (appelées cellules RM, Ressource Management), son état de congestion. Trois mécanismes peuvent être utilisés pour assurer un contrôle adaptatif de congestion dans un trafic ABR (trafic utilisant la bande passante disponible). Ces méthodes font appel à la notion d'asservissement de la source de trafic ; des informations issues du réseau, en cas de congestion permettent d'avertir la source de ralentir son trafic. Selon le mode d'asservissement utilisé, les résultats sont plus ou moins efficaces. Les différents modes sont décrits en détail au chapitre 5, dans la section consacrée au modèle de QoS sur ATM. Une fois encore, si ces mécanismes ont été définis, ils ne sont pas toujours mis en œuvre par les opérateurs et il faut, en outre, vérifier si les équipements les supportent de manière efficace.

Autres méthodes de prévention de la congestion

En matière de prévention de congestion, il convient d'agir sur la source principalement responsable de l'engorgement, parmi un ensemble important de sources possibles. Cette problématique est simple, si la méthode utilisée consiste en une notification explicite à l'émetteur, comme nous venons de le voir. Les méthodes qui suivent permettent d'agir plus ou moins précisément sur les sources. La contrepartie de la précision est alors la complexité de mise en œuvre [1].

• RED (Random Early Detection) : c'est le mécanisme le plus utilisé sur les routeurs pour contrôler le trafic TCP/IP. Il consiste à observer le taux d'occupation d'une file d'attente, et à éliminer progressivement et aléatoirement les paquets au-delà d'un certain seuil (seuil_min). Plus le taux d'occupation de la file d'attente augmente, plus la probabilité d'élimination de paquets augmente. A noter qu'afin d'éviter une congestion totale, la probabilité d'élimination est de 100 % avant d'atteindre une saturation de la file d'attente. Cette élimination de paquets indique aux couches TCP des émetteurs un niveau de saturation, et provoque donc une limitation du trafic émis par ces derniers. L'élimination aléatoire des paquets est efficace à condition que, d'une part, la plupart des flux qui provoquent la congestion utilisent le protocole TCP (et non UDP) et, d'autre part, que les paquets éliminés appartiennent bien aux flux TCP, à l'origine de la congestion. Ces deux conditions sont souvent vérifiées, dans la mesure où une grande partie des trafics IP actuels se fonde sur TCP (notamment les flux « gourmands », comme le transfert de fichiers FTP) et que l'élimination aléatoire de paquets est statistiquement valable.

Figure 4-11

RED

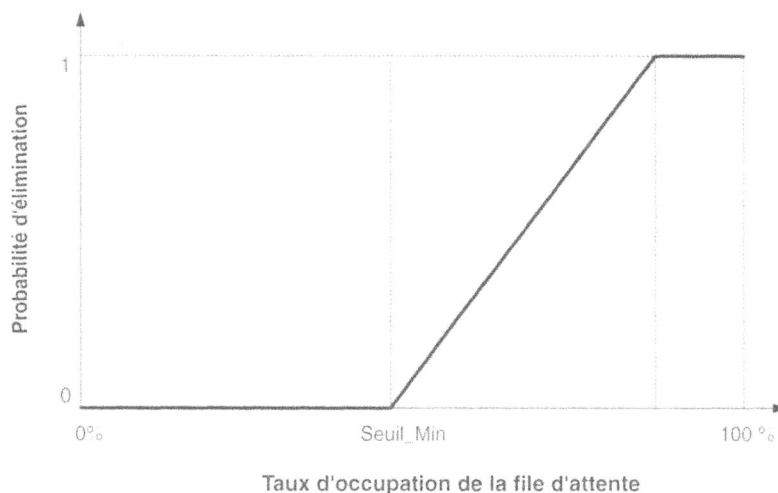

Probabilité d'élimination

Taux d'occupation de la file d'attente

1. Ces méthodes partent du constat que le trafic IP est très majoritairement du trafic TCP.

- WRED (Weighted Random Early Detection) : ce mécanisme constitue une amélioration du principe précédent ; il est destiné à éliminer en premier lieu dans une file d'attente, les paquets appartenant à certains types de trafic. Aussi est-il possible de disposer pour une même file d'attente de seuils de déclenchement de l'élimination de trafics différents, en fonction des types de trafic. Ainsi, comme le propose Cisco, les trafics faiblement prioritaires auront un seuil de déclenchement beaucoup plus faible que des trafics dotés d'un niveau de priorité supérieur. Le champ IP Precedence est alors utilisé pour mettre en place 8 niveaux différents de déclenchement. Notons que d'autres constructeurs s'en tiennent à deux niveaux de déclenchement, l'un pour les paquets IP non marqués, l'autre pour les paquets marqués (marquage résultant d'une non-conformité au contrat de trafic).

- RIO (Random Early Detection with In/Out) : il s'agit d'une variante améliorée de WRED. Elle suppose également deux seuils différents de mise en œuvre de l'élimination de paquets : un pour les paquets In (paquets qui respectent le contrat de trafic : In Profile), l'autre pour les paquets Out (paquets qui ne respectent pas le contrat de trafic : Out Profile). L'amélioration tient au fait que le nombre de paquets Out qui passent dans la file d'attente n'affectent en rien la probabilité de passage des paquets In, qui eux respectent le contrat de service.

- ARED (Adaptive RED) : autre amélioration du processus RED décrit plus haut, partant de l'observation qu'au fur et à mesure que le nombre de flux TCP augmente, il est nécessaire que l'élimination progressive de trafic soit de plus en plus agressive et non linéaire, comme dans le cas de RED. ARED permet donc de tenir compte de la variation du nombre de flux TCP, pour moduler son élimination progressive de paquets, en cas de congestion.

- FRED (Flow RED) : dans ce cas, l'élimination de paquets tient compte de la façon dont les applications vont réagir à la perte de paquets. En effet, en fonction du délai aller-retour entre émetteur et destinataires, certaines connexions TCP réagiront plus lentement que d'autres à la perte de paquets TCP. (On peut imaginer par exemple une connexion TCP passant par un lien satellite). L'inconvénient de cette approche est la nécessité de mémoriser le contexte des connexions TCP.

Ordonnancement et lissage de trafic

L'ordonnancement consiste à vider les files d'attente vers l'interface de sortie du routeur. Cette opération requiert parfois préalablement un lissage de trafic, afin de fournir à l'utilisateur une perception constante du service rendu. En effet, il est fréquent que les réseaux d'opérateurs soient peu chargés à leur lancement, dans la mesure où les opérateurs n'ont pas encore fait le « plein » de clients. Dans ce contexte, un utilisateur ayant souscrit un faible niveau de service (et bénéficiant donc d'une tarification attractive) bénéficiera néanmoins d'un bon service, en vertu du faible taux de charge du réseau. Cependant, au fur et à mesure que l'opérateur connectera de nouveaux clients, il constatera une baisse de performance. Ainsi, le lissage de trafic permet dès le départ de donner au client une idée homogène du service.

FIFO

Il s'agit du mode de gestion par défaut le plus couramment utilisé. Il consiste à stocker les paquets quand le réseau est saturé et à les transmettre lorsque ce dernier n'est plus congestionné, dans l'ordre où ils sont arrivés (FIFO, First in first out, premier arrivé, premier parti). L'ordre d'arrivée conditionne la bande passante et la rapidité de traitement dans la file d'attente. Il n'y a donc pas de priorité entre paquets et les sources de trafic importantes en volume peuvent lourdement pénaliser les applications sensibles en délais d'acheminement. Une gestion de congestion de la file d'attente peut néanmoins être mise en place, selon les différentes méthodes expliquées précédemment.

Priority Queuing

Ce mécanisme permet d'attribuer de façon stricte une priorité à des trafics importants. Il est décrit à la figure suivante. Les critères de classification des paquets ont déjà été évoqués (simple champ TOS/DSCP ou multichamp) et la gestion des files d'attente a également été détaillée (RED, WRED, etc.). Ils sont représentés afin de mieux rendre compte du fonctionnement global du routeur.

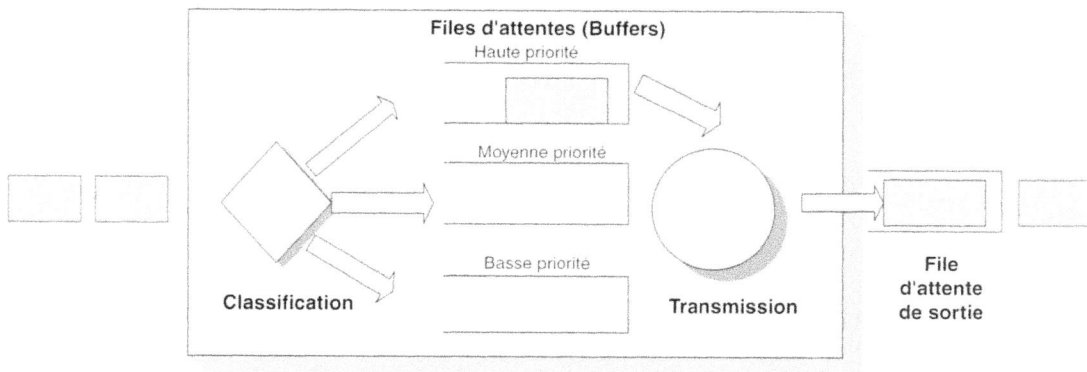

Figure 4-12

Priority Queuing

La file d'attente de haute priorité est systématiquement privilégiée par le mécanisme de transmission. Afin d'obtenir un fonctionnement opérationnel, il est souhaitable de limiter le trafic de haute priorité. Ce mode est généralement utilisé pour s'assurer du traitement prioritaire par le réseau d'une application particulière.

Class-Based Queuing ou Custom Queuing

Ce mode a pour but de permettre à plusieurs applications un partage du réseau avec des spécifications minimales (bande passante et délai de traversée). Cette idée de partage, proportionnel aux besoins de la bande passante entre applications, représente une amélioration par rapport au concept précédent. Il convient alors de doter chaque classe de trafic d'une file d'attente plus ou moins importante, en servant chaque file d'attente à son tour.

Son principe est illustré à la figure suivante. Comme précédemment, les critères de classification des paquets ont déjà été évoqués (simple champ TOS/DSCP ou multichamp) et la gestion des files d'attente a également été détaillée (RED, WRED, etc.). La figure permet donc d'obtenir une vue d'ensemble des mécanismes.

Dans le cas du CBQ (Class Based Queuing), chaque file d'attente est définie par sa taille en octet (*Byte count*). La taille correspond au nombre minimum d'octets que le système devra sortir de la file pour les transmettre, avant de servir la file suivante. Modifier la taille revient donc à attribuer plus ou moins de bande passante au trafic utilisant cette file. Si une file est vide, le système traite la file suivante, ce qui signifie que la bande passante n'est pas réservée à une file de manière définitive, comme c'est le cas dans la méthode *Priority Queuing*.

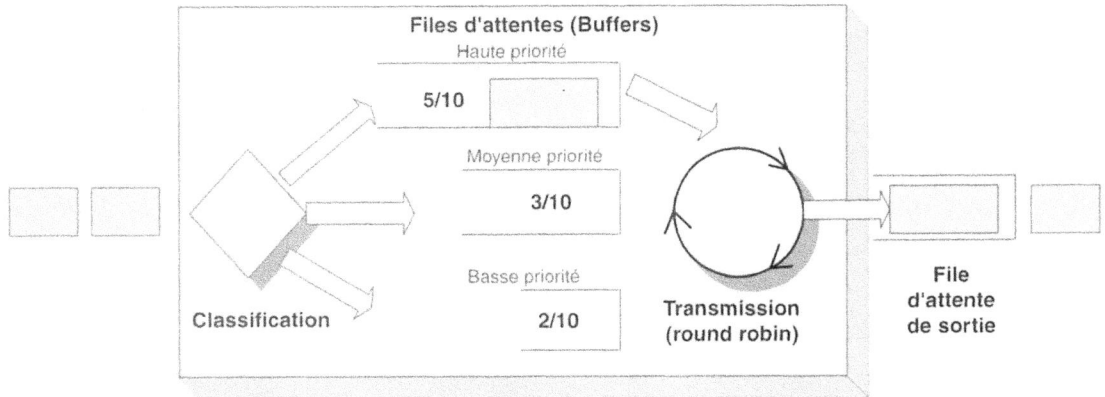

Figure 4-13

Class-Based Queuing

Un bon positionnement du paramètre *Byte count* est primordial pour la gestion des priorités. Pour cela, il convient de considérer les contraintes ci-après.

1. Il est important de qualifier le trafic que l'on veut favoriser ou au contraire défavoriser. A cette fin, la taille moyenne des paquets transmis par l'application doit être connue.

2. Chaque file étant servie à tour de rôle, des valeurs trop élevées de Byte Count génèrent une distribution par salve des paquets de chaque file.

3. Si le Byte count est atteint, la trame en cours de transmission est envoyée dans sa totalité. Une mauvaise adéquation entre le Byte count et la taille de paquet peut fausser notablement la valeur de bande passante attribuée à cette file.

4. Les protocoles utilisant des fenêtres glissantes de sorte que TCP/IP n'exploite pas la totalité de leur Byte count. La bande passante réelle attribuée peut être inférieure à celle souhaitée pour ce trafic.

Pour établir les valeurs du Byte count à attribuer à chaque file d'attente, il faut procéder comme suit.

1. Pour chaque protocole, relevez la taille courante des trames.

2. Calculez le ratio R en divisant chaque taille par la taille de trame la plus élevée.

3. Choisissez le pourcentage de bande passante BW à attribuer à chaque protocole et multipliez-le par le ratio calculé précédemment.

4. Normalisez le résultat en le divisant par la plus petite valeur. On obtient un ratio exprimant le nombre de trames qui garantira la répartition souhaitée de la bande passante.

5. Pour obtenir le Byte count, multipliez ce ratio par la taille de la trame. Il est aussi possible d'utiliser des multiples de ces résultats sans toutefois créer de Byte count trop importants, car ceux-ci entraînent alors des effets indésirables sur la répartition des trafics.

Exemple : on considère qu'il faut gérer trois types de trafic.

Proto-cole	Taille des trames	Ratio (R)	% de BW (BW)	R x BW	Normaliser	Byte count
A	1 086 bytes	1 086/1 086 = 1	20	1 x 0.2 = 0.2	0,2/0.2 = 1	1 086 x 1 = 1 086
B	291 bytes	1 086/291 = 3,73	60	3,73 x 0,6 = 2,239	2,239/0,2 = 11,3	291 x 12 = 3 492
C	831 bytes	1 086/831 = 1,3	20	1,3 x 0,2 = 0.261	0,261/0,2 = 1,3	831 x 2 = 1 662

Ce mécanisme, comme celui du Priority Queuing est configuré, statiquement et il ne s'adapte pas aux modifications des flux. Le mécanisme suivant permet cette adaptation. Ce mécanisme est donc mal adapté à de grands réseaux, où les conditions de trafic sont très évolutives. Il sera toutefois possible d'utiliser ce mécanisme pour certains types de flux et de l'associer à des mécanismes de gestion plus dynamiques pour les autres flux.

Weighted Fair Queuing

Dans ce mode, la gestion des priorités et le vidage des files d'attente sont effectués par une pondération (weighted) équitable (Fair) des flux, l'idée de base étant de permettre un accès équitable à la bande passante, fondé sur un entrelacement des flux. Le Fair Queuing est à la base une technique qui vise donc à simuler le fonctionnement du multiplexage temporel (TDM, Time Division Multiplexing).

Cependant, le multiplexage temporel des files d'attente est modifié par la possibilité d'attribuer différents poids aux différentes files d'attentes. Le poids attribué aux files d'attente sera fonction des types de flux.

Pour simplifier, le WFQ réalise deux opérations simultanément : il sert d'abord les applications générant des trafics faibles (ce qui représente une part importante des trafics actuels d'un réseau de type intranet), afin de réduire le temps de réponse, et il partage équitablement le reste de la bande passante, entre les trafics gros consommateurs de bande passante.

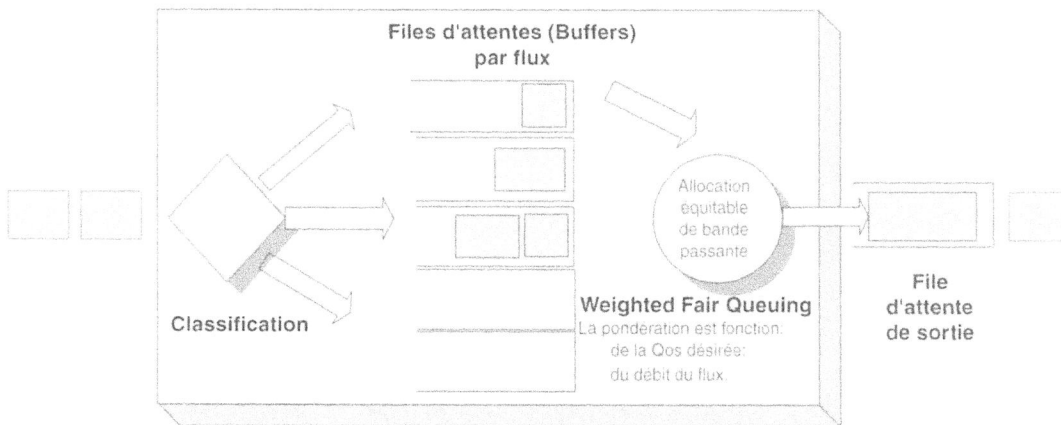

Figure 4-14
Weighted Fair Queuing

On constate que les trafics sont classés et séparés en flux, chacun d'eux recevant une file d'attente distincte. Le processus d'ordonnancement Weighted Fair Scheduling vide les files d'attente en fonction des paramètres de QOS et du de trafic (transactionnel ou non), caractérisé par le débit du flux.

Le WFQ a aussi été conçu pour diminuer le travail de configuration, en adaptant automatiquement la gestion des priorités en fonction des profils des flux. En contrepartie, il perd en souplesse et en précision, notamment si on le compare au CQ. Il n'est pas possible par exemple de réserver pour une application particulière un minimum de bande passante. WFQ est efficace, car il exploite toute la bande passante disponible pour les flux de basse priorité si aucun trafic de haute priorité n'est présent. WFQ supporte les standards de gestion de QOS tels que IP precedence et RSVP.

Les autres algorithmes

Nous avons détaillé les trois mécanismes représentatifs des algorithmes de base d'ordonnancement des files d'attente d'un routeur. Il est possible de mettre en œuvre des combinaisons de ces mécanismes afin qu'ils puissent s'adapter à certaines typologies de trafic. Ainsi, Cisco implémente sur certains routeurs le mécanisme CBWFQ (Class-based Weighted Fair Queuing), qui combine les caractéristiques du WFQ (Weighted Fair Queuing) et du CQ (Custom Queuing).

Afin de mieux supporter la voix ou les données en temps réel utilisant le protocole RTP (Real Time Protocol)[1], les routeurs Cisco permettent d'allouer une priorité stricte à tout trafic RTP. Ainsi, dans le cas de l'utilisation de l'algorithme WFQ, le routeur appliquera une priorité stricte aux paquets de la file d'attente RTP (identifiés par le numéro de port RTP) et l'ordonnancement WFQ sera appliqué aux autres files d'attente.

La figure 4-15 un résumé des méthodes d'ordonnancement, issu d'une documentation de Cisco.

Les autres fonctions (facultatives) d'un routeur QoS

Ces fonctions ne sont pas mises en œuvre systématiquement sur l'ensemble des routeurs, mais davantage en fonction de conditions d'utilisation particulières.

Contrôle d'admission réseau

Le contrôle d'admission a pour objectif d'admettre le trafic sur le réseau qui se conforme à une contrainte particulière. Il ne faut toutefois pas confondre contrôle d'accès et contrôle d'admission.

1. **Le contrôle d'accès** : il permet à un utilisateur de se connecter à une machine particulière ou à un réseau.

2. **Le contrôle d'admission** : à la différence du contrôle d'accès, le contrôle d'admission s'intéresse au type de trafic qui peut transiter sur le réseau. Une méthode simple pour assurer un contrôle d'admission consiste à utiliser des filtres de trafics, définis selon différents critères : port de connexion, adresse IP, port TCP ou UDP, etc., ou une combinaison de ces critères. Les trafics conformes aux filtres définis sont autorisés sur le réseau, les autres sont refusés.

---

1. Le protocole RTP sera détaillé au chapitre 9.

	Flow-based WFQ	CBWFQ	CQ	PQ
Nombre de files d'attentes	Configurable (256 par défaut)	Une file par classe, jusqu'à 64 classes	16 files d'attentes	4 files d'attente
Type de service	• Assure une équité entre tous les flux de trafic fondés sur le poids • Une priorité stricte est disponible en utilisant la commande IP RTP Priority en IP ou Frame Relay	• Fournit une garantie de bande passante par classe de trafic définie par l'utilisateur • Fournit un mécanisme de WFQ pour les trafics non définis par l'utilisateur Une priorité stricte est disponible en utilisant la commande IP RTP Priority en IP ou Frame Relay	• Service en mode Round robin	• Les files d'une haute priorité sont servies en premier ; • Priorité absolue ; protège les trafics critiques à haute priorité.
Configuration	Pas de configuration	Nécessite une configuration	Nécessite une configuration	Nécessite une configuration

Figure 4-15

Tableau comparatif des méthodes d'ordonnancement dans les routeurs Cisco

La mise en œuvre du contrôle d'admission sur un réseau suppose, dans le cas d'un service dynamique, que le routeur d'accès au réseau puisse consulter une base de règles d'accès centralisée. Nous détaillerons les mécanismes utilisés au chapitre 8, consacré à l'administration et la gestion de la QoS.

Classification des trafics

Nous avons déjà évoqué la reconnaissance des applications et de classification assurée par la fonctionnalité NBAR sur les routeurs de la société Cisco. Cette fonction pourra être mise en œuvre sur le routeur frontière entre le LAN d'un établissement et le WAN de l'entreprise.

Efficacité des liens

Ces mécanismes agissent sur les trafics véhiculés, afin d'améliorer les performances de la transmission. Parmi ces mécanismes, on peut citer :

• la compression d'en-tête : certains en-têtes protocolaires sont très consommateurs de bande passante en regard des données véhiculées. C'est le cas du protocole RTP (présenté en détail au chapitre 9), qui possède un en-tête de 40 octets pour une charge utile de 20 à 150 octets. Ainsi, un mécanisme de compression permet de réduire de 40 à 5 octets l'en-tête, augmentant ainsi la rentabilité de la transmission, tout particulièrement sur des lignes à bas débit ;

• la fragmentation et l'entrelacement de paquets : le trafic interactif est très sensible au délai de traversée du réseau et à cette variation de délai, tout particulièrement quand ce dernier doit prendre en charge des gros paquets issus d'un transfert de fichiers par exemple. Cela vaut notamment pour les lignes à bas débit. Dans ce cas, il est souhaitable de fragmenter les larges paquets et d'entrelacer ceux du trafic interactif. Les résultats obtenus par cette méthode sur des lignes à bas débit sont significatifs.

Conclusion

Toutes ces méthodes permettent de mettre en œuvre une qualité de service par équipement (par boîte), mais n'apportent pas de réponse à l'échelle d'un réseau pour lequel il faut trouver des mécanismes globaux. Nous détaillons dans la deuxième partie de l'ouvrage les modèles de QoS réseau permettant une gestion globale (de bout en bout) de la QoS, grâce à des mécanismes de signalisation adaptés.

Partie 2

Détail des modèles de QoS

AVERTISSEMENT Cette partie est plus technique.
Elle suppose que les principes exposés dans la première partie ont bien été assimilés.

Les mécanismes de base de la QoS présentés à la fin de la première partie sont intégrés aux routeurs depuis quelques années et ont été mis en œuvre ponctuellement, principalement sur des lignes à faible débit.

Les réseaux requérant réellement une gestion fine des trafics ont davantage utilisé la QoS intégrée à ATM. Ce protocole, conçu pour supporter différentes QoS, a nécessité le développement de nombreux mécanismes, partiellement repris dans la QoS sur IP. ATM a souffert de deux défauts majeurs : une prise en compte insuffisante des applications et une grande complexité liée à un coût important des équipements. ATM est principalement déployé sur les réseaux fédérateurs d'opérateurs et par les entreprises nécessitant une QoS performante (audiovisuel, médecine, etc.). Pendant ce temps, les autres entreprises continuent à déployer la commutation Ethernet pour soulager les trafics LAN et à utiliser massivement la technologie (pré-ATM) Frame Relay sur les réseaux étendus (WAN). Ces techniques sont présentées au chapitre 5.

L'engouement pour la QoS sur IP tient sans aucun doute à la nécessité d'une meilleure prise en compte des applications. Fortement influencé par la QoS sur ATM, l'IETF a d'abord défini le modèle IntServ (Integrated Service) émulant une QoS garantie de type ATM au niveau IP. Le protocole RSVP est utilisé par les applications (flux) pour signaler individuellement au réseau ses besoins de QoS et effectuer la réservation de ressources. Eu égard aux difficultés de déploiement du modèle IntServ sur de grands réseaux, l'IETF a défini un modèle plus simple : DiffServ (Differentiated Services). Il permet un traitement préférentiel d'un agrégat de flux, sur la base d'une valeur de priorité indiquée dans l'en-tête du paquet IP. Finalement, reconnaissant la nécessité d'associer les mécanismes de commutation des réseaux WAN existants et du routage, l'IETF a élaboré le modèle de commutation multiniveau MPLS (Multi-Protocol Label Switching). Ces modèles, et leurs domaines d'utilisation, sont exposés au chapitre 6. Pour faciliter l'intégration des applications, le protocole RSVP issu du modèle IntServ, a été étendu, grâce à sa capacité à transporter des structures d'objets, pour permettre l'activation des autres modèles de QoS. Intégré à Windows, il est à ce jour le protocole de signalisation de QoS des applications.

Devant la nécessité de gérer la QoS de façon centralisée à partir d'une base de données de règles, le protocole COPS, lui aussi lié initialement à IntServ, a été étendu (grâce également à la capacité de ce protocole à véhiculer des structures d'objets) pour devenir le protocole de référence de gestion de l'ensemble des modèles. Ce protocole et les solutions de gestion sont présentés au chapitre 7. Enfin, il reste à établir si la complexité de tous ces mécanismes ne risque pas de donner les mêmes résultats que pour ATM. À vous d'en juger !

5

Modèles et protocoles de niveau 2

Nous observons ici les modèles et protocoles inhérents aux liens réseau, (c'est-à-dire correspondant à la couche 2 du modèle ISO). Ces éléments constituent la base de la mise en œuvre de la QoS sur les réseaux actuels. Compte tenu de la prédominance du protocole IP, certains préconisent de déployer des réseaux IP exclusivement orientés optique.

Il n'en demeure pas moins que la présence du protocole Ethernet sur les réseaux locaux est une réalité pour encore de nombreuses années. Sur les réseaux étendus (WAN), eu égard aux énormes investissements réalisés par les opérateurs, les technologies de commutation (notamment Frame Relay ou ATM) resteront encore opérationnelles, au moins pendant plusieurs années. Ces éléments justifient la présentation des modèles de QoS qui suivent.

Ethernet (802.1p, 802.1q)

Rappels sur le fonctionnement du protocole Ethernet

Comme nous l'avons déjà indiqué, le réseau Ethernet n'est pas initialement destiné à prendre en charge les mécanismes de qualité de service. En effet, à l'origine, le protocole Ethernet a été conçu pour fonctionner sur un média partagé (coaxial, fibres ou paires cuivres). L'installation se concrétise généralement par un hub et un câblage en étoile. Ce dernier est réalisé à l'aide de câbles en paires cuivres, empruntés au pré-câblage de l'immeuble pour relier les stations. Si physiquement l'installation ressemble à une étoile, elle correspond logiquement à un segment Ethernet partagé, dans lequel les trames transmises par une station à destination d'une autre station sont vues par l'ensemble des autres stations, qui ne peuvent émettre pendant ce temps.

Figure 5-1

*Protocole
CSMA/CD - Ethernet*

*Le Carrier Sense
Multiple Access with
Collision Detection
est un système à accès
multiple avec détection
de collision.*

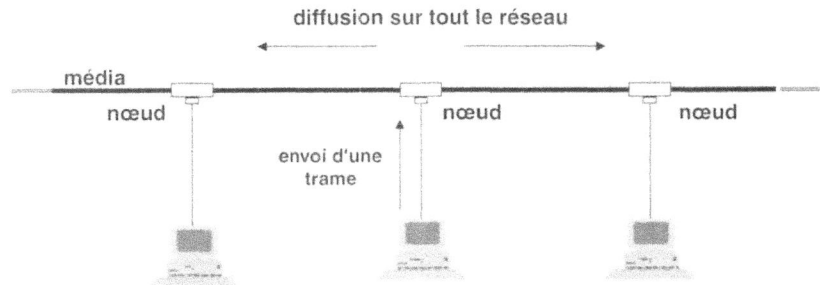

Principes de fonctionnement du protocole :

1. Les stations sont connectées linéairement avec une topologie de type bus.

2. Lors d'une émission de trame, le nœud émetteur vérifie s'il n'existe pas d'autres émissions en cours sur le média.

3. S'il n'y en a pas, il peut émettre, et en même temps, continue d'écouter si d'autres émissions ont lieu simultanément.

4. En cas d'émission simultanée, il y a collision sur le réseau.

5. En cas de collision, les deux nœuds émetteurs, après un temps aléatoire, ré-émettent leur trame.

Il n'existe donc pas de mécanisme permettant d'affecter une priorité de « parole » à une station. Le mécanisme exposé ci-dessus limite pratiquement la bande passante disponible pour une station. La bande passante réellement disponible par station sera d'autant plus faible que le nombre de stations actives est important. Il n'est pas rare de constater que le débit réel expérimenté par une station est voisin de 1 Mbit/s sur un segment de 10 Mbit/s. Afin d'améliorer le rendement des connexions Ethernet, les entreprises connectent de plus en plus les stations à des commutateurs Ethernet, afin de limiter le domaine de diffusion. Chaque port du commutateur constitue alors un segment Ethernet, interconnecté par une fonction « pont » aux autres ports/ segment Ethernet du commutateur. Cela permet de limiter le domaine de diffusion Ethernet et de proposer aux stations un débit proche du 10 Mbit/s nominal d'Ethernet.

Toutefois, de nombreuses opérations (comme la résolution d'adresses IP) font encore appel à des Broadcast Ethernet (émission d'une station à destination de toutes les stations Ethernet). Le domaine de Broadcast s'étend à tous les réseaux Ethernet interconnectés, il n'est donc pas limité par les commutateurs Ethernet. Dans le cas de l'interconnexion de plusieurs centaines de postes d'un même bâtiment par l'intermédiaire de commutateurs Ethernet, le domaine de Broadcast sera étendu à l'ensemble du bâtiment. Il n'est pas rare alors de constater qu'environ 30 % de la bande passante est utilisée par des messages de Broadcast Ethernet. Il est donc nécessaire de constituer plusieurs domaines de Broadcast (c'est-à-dire plusieurs groupes de commutateurs Ethernet), interconnectés par une fonction de routage. Inconvénient de cette approche : le découpage du réseau (LAN) est physique et il ne correspond pas forcément à la réalité des trafics. Il faudra par exemple constituer un domaine de Broadcast par étage et interconnecter les étages à l'aide d'une fonction de routage.

La mise en œuvre des VLAN, dans un contexte d'Ethernet commuté, représente une bonne solution pour constituer différents domaines de Broadcast et limiter les nuisances du phénomène de Broadcast décrit ci-dessus. À la différence d'un LAN (sous-entendu physique), un Virtual LAN (VLAN) correspond à un ensemble de stations partageant les mêmes caractéristiques (ensemble de ports sur un commutateur Ethernet, même subnet IP, etc.) et pouvant être connectés physiquement à des équipements différents (commutateurs Ethernet) reliés entre eux. Ainsi, par rapport à l'exemple précédent, il est possible de disposer de plusieurs domaines de Broadcast (VLAN) indépendants de la localisation physique des personnes aux étages. Le VLAN « comptabilité » pourra par exemple inclure dans le même domaine de Broadcast des personnes physiquement situés à des étages différents de l'immeuble, de même que le VLAN « commercial » et « technique ».

L'interconnexion entre VLAN suppose toujours une fonction de routage. Contrairement à l'interconnexion de différents LAN physiques nécessitant une interface distincte sur le routeur, il est possible d'interconnecter plusieurs VLAN sur la même interface physique. Si l'on reprend l'exemple précédent, les commutateurs Ethernet d'étage seront raccordés, à l'aide de lien Ethernet 100 Base-T ou Giga-Ethernet, à un équipement de commutation multiniveau qui interconnectera les postes de travail d'un même VLAN *via* une fonction de commutation de niveau 2 (Ethernet), et les postes de travail appartenant à des VLAN distincts *via* une fonction de commutation IP de niveau 3.

Figure 5-2

VLAN Ethernet

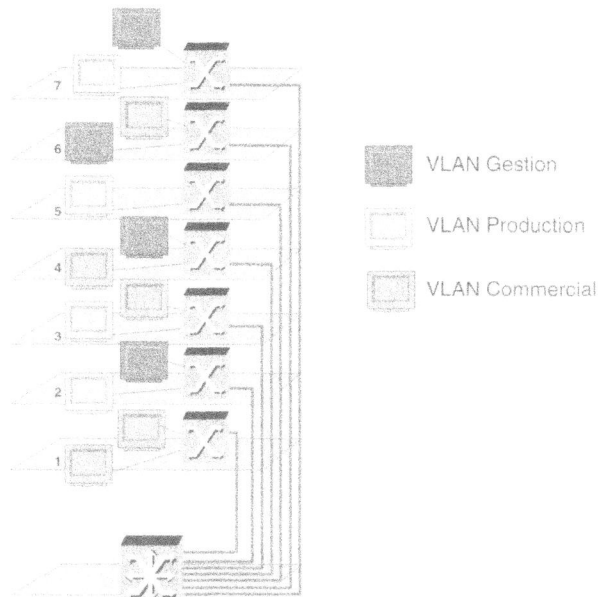

VLAN Gestion

VLAN Production

VLAN Commercial

Comme les VLAN permettent de regrouper des stations partageant les mêmes caractéristiques, ils constituent également un moyen efficace pour affecter une QoS à chaque VLAN. Il est recommandé de s'appuyer sur la norme 802.1Q de l'IEEE qui établit une méthode standard de définition de VLAN.

L'appartenance à un VLAN sera indiquée par un tag dans la trame Ethernet. Il sera défini soit par la station, soit par le commutateur Ethernet d'étage auquel est rattachée la station. La norme 802.1Q définit la façon de marquer les trames Ethernet.

Format de la trame 802.1Q

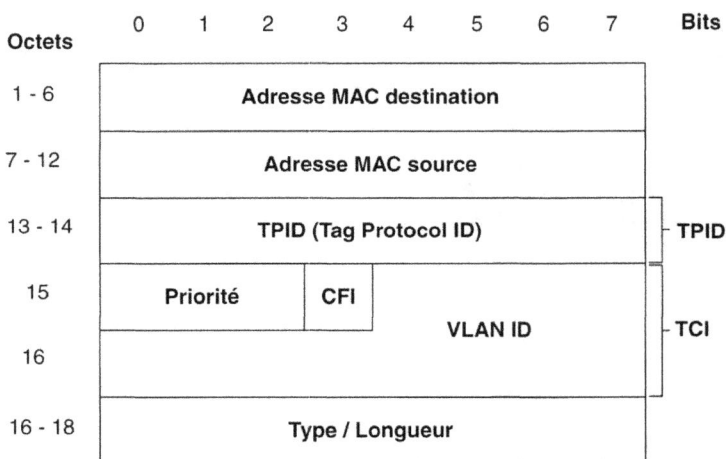

L'application d'un tag aux trames Ethernet est définie par la norme IEEE 802.1q. Elle consiste principalement à ajouter deux champs :

- TPID : Tag Protocol ID,
- TCI : Tag Control Information.

Figure 5-3

Format de la trame 802.1q

Les 2 octets du champ TCI (Tag Control Information) contiennent :

- 3 bits de priorité permettant de distinguer 8 niveaux de priorité (0 à 7) ;
- 1 bit CFI (Canonical Format Indicator) pour indiquer le format de l'adresse MAC ;
- 12 bits pour le VLAN ID (VID) permettant d'identifier le VLAN auquel appartient la trame.

Fonctionnement

L'IEEE a défini dans la norme 802.1p des classes de trafic permettant de combiner plusieurs marquages de priorité et de les affecter à des files d'attente, au cas notamment où un commutateur Ethernet ne dispose pas de 8 files d'attente distinctes (voir tableau ci-après).

Les commutateurs Ethernet disposent généralement de 2 ou 4 files d'attente afin de minimiser les coûts de ces équipements. Le tableau précédent indique les valeurs à renseigner dans l'entête de la trame Ethernet, en fonction de la priorité de l'application.

Nombre de classes de trafic disponibles (files d'attente)

Priorité	1	2	3	4	5	6	7	8
0 (défaut)	0	0	0	1	1	1	1	2
1	0	0	0	0	0	0	0	0
2	0	0	0	0	0	0	0	1
3	0	0	0	1	1	2	2	3
4	0	1	1	2	2	3	3	4
5	0	1	1	2	3	4	4	5
6	0	1	2	3	4	5	5	6
7	0	1	2	3	4	5	6	7

Afin d'aider les exploitants, l'IEEE a fourni une description des 7 niveaux de trafics suivants :

1. Trafic en arrière-plan : trafic qui peut être véhiculé sur le réseau sans entraîner de répercussion sur les utilisateurs et les applications.

2. Trafic en best effort : c'est le trafic véhiculé sans contrainte, comme aujourd'hui.

3. Trafic en meilleur effort : c'est le trafic qui est véhiculé avec le meilleur best effort possible.

4. Trafic en charge contrôlée (Controlled Load traffic) : c'est le trafic des applications importantes.

5. Trafic Vidéo : trafic qui requiert un délai de transport inférieur à 100 ms.

6. Trafic Voix : trafic qui requiert un délai et un gigue inférieurs à 10 ms.

7. Trafic de contrôle du réseau : trafic nécessaire à la gestion du réseau.

Ces typologies de trafic sont allouées aux classes de trafic définies. Si l'équipement réseau supporte 7 files d'attente, il prend également en charge les 7 classes de trafic. Dans ce cas, l'affectation serait la suivante : le trafic de contrôle du réseau serait attribué à la classe de trafic 7 (file d'attente de la plus haute priorité), la voix serait allouée à la classe de trafic 6, la vidéo à la classe de trafic 5, le trafic en charge contrôlée à la classe de trafic 4, le trafic en meilleur effort à la classe de trafic 3, le best effort à la classe 0 (priorité par défaut), le trafic d'arrière-plan à la classe 1 (file d'attente de plus basse priorité) et le trafic de classe 2 serait réservé à un usage ultérieur.

Si l'équipement réseau ne supporte que deux files d'attente, il ne prend en charge par conséquent que deux classes de trafic. Ainsi, les trames avec une priorité de 3 ou inférieure sont assignées à la classe de trafic 0 et les trames d'une priorité de 4 ou supérieure sont assignées à la classe de trafic 1 plus prioritaire.

Le relais de trames (Frame Relay)

Le relais de trames est depuis quelques années le moyen le moins coûteux pour relier d'un point à l'autre du globe les systèmes informatiques, dans une tranche de débit de 128 kbit/s à 2 Mbit/s. Les spécifications actuelles permettent d'étendre le fonctionnement à des interfaces haut débit de type HSSI (52 Mbit/s), T3 (45 Mbit/s) et E3 (34 Mbit/s). En France, le service Frame Relay de l'opérateur France Telecom est ouvert jusqu'à 8 Mbit/s.

Historique

La technologie de relais de trame est une simplification de la technologie de commutation de paquets X25, datant des années 70. Cette simplification est principalement liée aux constatations suivantes :

- le trafic entre les réseaux locaux est sporadique et consiste à transférer beaucoup d'informations sur des périodes courtes ;
- les protocoles utilisés sur les réseaux locaux incluent les mécanismes de gestion d'erreurs et de retransmission ;
- les technologies de transmission et les supports de communication (fibre optique) sont fiables et de très bonne qualité.

La normalisation de ce protocole a été réalisée par l'IUT-T et l'ANSI. L'IETF (Internet Engineering Task Force) et le Frame Relay Forum (créé en 1990) en ont accéléré le développement (*www.frforum.com*).

Caractéristiques

Les principales caractéristiques du protocole à relais de trames (Frame Relay) sont les suivantes :

- le relais de trames utilise le multiplexage statistique pour l'optimisation de la bande passante disponible. Les opérateurs de télécommunications peuvent ainsi rentabiliser leurs canaux de communication, car ils ne sont plus obligés de réserver des voies de communication par client, comme dans le cas de liaisons spécialisées ;
- la qualité des supports de communication est telle que les mécanismes de contrôle d'erreurs et de retransmission ne sont pas intégrés au relais de trames. La bande passante utilisée par ces mécanismes (Overhead) était l'un des premiers reproches adressé au réseau de commutation de paquets X25 ;
- même remarque pour la gestion de flux. Elle n'est plus explicite en relais de trames et elle est confiée aux protocoles des niveaux supérieurs (TCP par exemple).

Principes de fonctionnement

Le relais de trames permet d'établir une connexion dédiée entre deux points appelée circuit virtuel. Contrairement au réseau téléphonique où un circuit physique existe entre les correspondants à l'issue de la phase de connexion, seul le chemin est enregistré dans les commutateurs Frame Relay, ce qui confère au chemin entre commutateurs l'appellation de circuit virtuel. Pour enregistrer le chemin dans les commutateurs Frame Relay, on a recours à des identifiants de chemin, appelé DLCI (Data Link Connection Identifier). Chaque commutateur relais de trames associe à chaque circuit virtuel créé un identifiant DLCI sur le lien vers le prochain commutateur.

Ainsi, un circuit virtuel Frame Relay est constitué d'une succession de DLCI.

Dans le cas du réseau très simple de la figure suivante qui relie le LAN 1 et le LAN 2, le circuit virtuel du réseau est composé des DLCI 12, 87, 24 et 11.

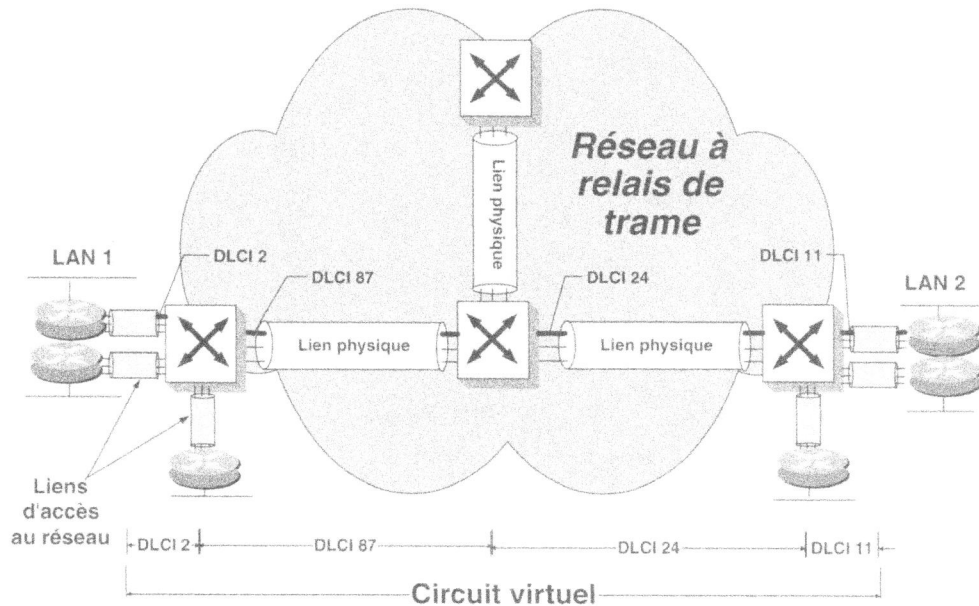

Figure 5-4

Circuit virtuel Frame Relay

Il existe deux types de circuits virtuels :

- les circuits virtuels permanents (CVP) : dans ce cas, le chemin entre les correspondants est fixe, et il est renseigné lors de l'abonnement initial à l'opérateur ;

- les circuits virtuels commutés (CVC) : il est possible d'établir des chemins à la demande entre les extrémités, un peu à la façon des connexions téléphoniques. Dans la pratique, très peu d'opérateurs proposent ce mode de connexion.

Les connexions sont de type point à point, ou point à multipoint. Le schéma ci-dessous représente l'interconnexion d'un site principal avec deux sites secondaires dans une configuration point à multipoint en CVP (circuit virtuel permanent). Il convient ici de souligner la souplesse de connexion d'un nouveau site. Il suffit, sous réserve que le lien d'accès au réseau du site principal soit suffisant, de raccorder physiquement le nouveau site distant au réseau Frame Relay et de créer logiquement un CVP du site central vers ce nouveau site distant. Ainsi, il n'y a pas de nouvelle ligne physique à créer sur le site central, comme c'est le cas avec les lignes spécialisées.

REMARQUE Nous avons présenté jusqu'à maintenant une assignation locale des DLCI par lien physique. Certains opérateurs mettent en œuvre pour les circuits virtuels permanents des DLCI globaux, ce qui signifie que le numéro de DLCI utilisé est le même de bout en bout du CVP.

Figure 5-5

*Configuration point/
multipoint en relais
de trames*

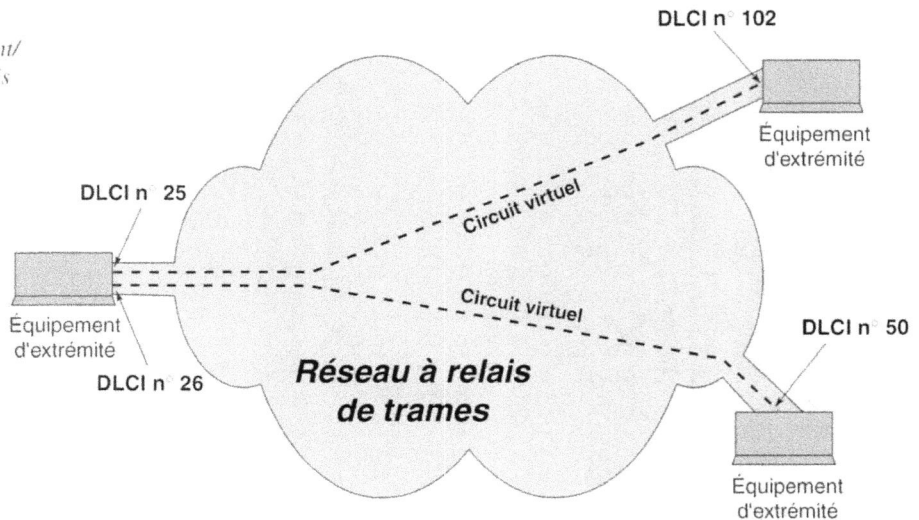

Détail de la trame

La trame comprend des fanions de début et de fin (01111110), qui servent à la délimiter, comme en X25. Le champ adresse contient le DLCI (Data Link Connection Identifier) qui permet d'acheminer la trame de commutateur en commutateur le long du circuit virtuel défini par la succession de DLCI. Les bits de contrôle FECN (Forward Explicit Congestion Notification), BECN (Backward Explicit Congestion Notification) et DE (Discard Eligibility) sont utilisés pour le contrôle de flux que nous examinerons ultérieurement. Le FCS (Frame Check Sequence) est un contrôle d'erreur sur l'ensemble de la trame (fanions mis à part).

Figure 5-6

*Détail de la trame
Frame Relay.*

*Le poids fort d'un
champ désigne les bits
les plus à gauche.
Le poids faible désigne
les bits les plus à droite
du champ.*

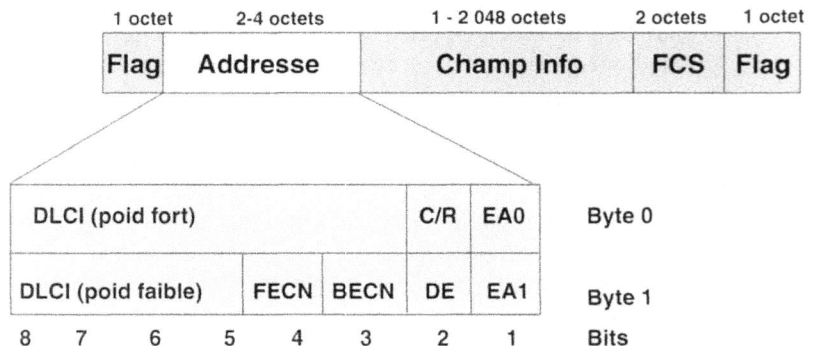

Les paramètres du service à relais de trames

Une connexion au réseau à relais de trames est définie par :

- des caractéristiques générales du service :
  - le débit du lien d'accès au réseau (ligne de raccordement) : AR (Access Rate),
  - une disponibilité du service, qui s'étend du commutateur d'entrée de l'opérateur au commutateur de sortie. Il est cependant préférable que la disponibilité du service prenne également en charge le routeur d'accès et la ligne d'accès connectant le site du client au commutateur du réseau à relais de trames ;
- les caractéristiques de chaque circuit virtuel, qui généralement comprennent :
  - le débit de transfert d'informations par circuit virtuel, appelé CIR (Committed Information Rate), associé à une garantie d'acheminement (généralement supérieure à 99,5 %),
  - une possibilité de trafic supplémentaire (traduisant la possibilité de pics de trafic), appelé EIR (Excess Information Rate),
  - un délai d'acheminement traduisant le temps de transmission entre les deux extrémités du circuit virtuel. Dans le cas de réseaux Frame Relay internationaux, ce délai est défini par plaque géographique (le plus souvent par continent). Il varie généralement de 100 ms à l'intérieur d'un espace géographique (la France par exemple), à 300 ms au maximum pour un circuit virtuel entre régions (France-Amérique du Sud, par exemple).

Figure 5-7

Caractéristiques d'accès au réseau à relais de trames

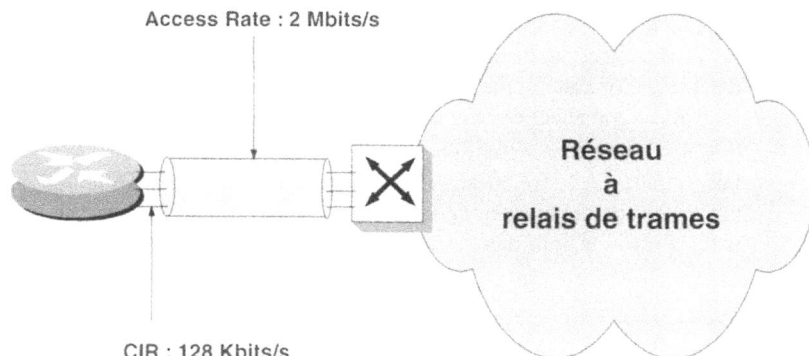

Access Rate : 2 Mbits/s

Réseau à relais de trames

CIR : 128 Kbits/s

Les règles d'ingénierie généralement appliquées stipulent que la somme des CIR de l'ensemble des circuits virtuels ne doit pas dépasser 50 % de la valeur de l'AR. Très souvent, les connexions au réseau à relais de trames ne comportent qu'un seul circuit virtuel, ce qui implique que la valeur du CIR est généralement égale à la moitié du débit de la ligne de raccordement au réseau à relais de trames. La définition d'un trafic moyen correspondant au CIR convient parfaitement aux trafics entre réseaux locaux, caractérisé par des pics de trafics et de longues périodes calmes. Nous représentons ci-dessous le trafic entre deux réseaux locaux sur un circuit virtuel.

Le réseau à relais de trames présente l'intérêt de considérer généralement le CIR comme composante principale de la tarification. Ainsi, l'argument marketing du réseau à relais de trames consiste à présenter la bande passante additionnelle au-delà du CIR comme gratuite.

Figure 5-8

*Caractéristiques
d'un trafic sur un
réseau Frame Relay*

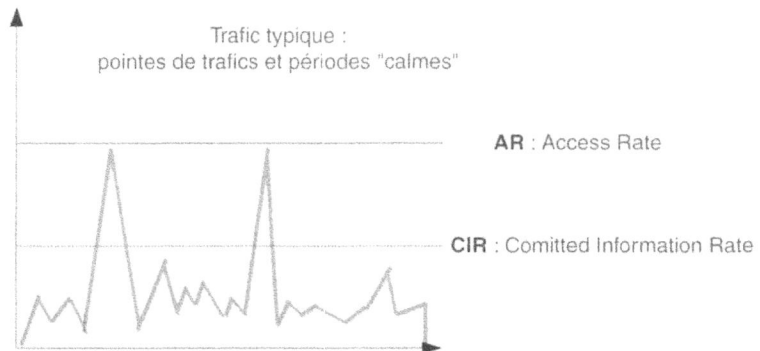

Bien évidemment, le trafic de l'usager jusqu'au CIR est garanti, alors que le trafic au-delà du CIR ne l'est pas. Cependant, dans la mesure où le réseau de l'opérateur n'est pas trop chargé, on peut estimer que les pics de trafic de certaines connexions seront compensés par les périodes de silence d'autres connexions. Ce principe de multiplexage statistique peut donner de bons résultats et évite de réserver l'intégralité de la bande passante (l'équivalent de l'AR) au cœur du réseau de l'opérateur, comme dans le cas de lignes spécialisées. Ainsi, l'opérateur calcule son cœur de réseau en fonction de la somme des CIR de ses clients, tout en se réservant une certaine marge ; le client dispose alors d'un tarif de raccordement moins élevé que pour une ligne spécialisée. Contrairement aux lignes spécialisées dont la tarification dépend du débit et de la distance, la tarification des circuits virtuels nationaux est, elle, indépendante de la distance. Concrètement, sur le territoire national, le Frame Relay s'impose économiquement face à la ligne spécialisée, dès que les distances de raccordement sont supérieures à 300 kilomètres et dans les configurations point à multipoint, pour les raisons évoquées précédemment.

Pour améliorer le fonctionnement du multiplexage statistique décrit ci-dessus, il est toutefois nécessaire de disposer de mécanismes de contrôle de flux. Il faut noter que l'ensemble de ces mécanismes ne sont pas systématiquement mis en œuvre par les opérateurs.

Contrôle de flux

Quatre mécanismes permettent de contrôler le flux. Nous les exposons ci-après.

1. Le contrôle à l'admission : cette technique se fonde sur la négociation d'une qualité de service entre le réseau et l'utilisateur, sur chaque circuit virtuel. Cette qualité de service comprend principalement trois paramètres :

   – le *CIR* (Commited Information Rate) qui est le débit moyen en bit/s que le réseau garantit sur un intervalle de temps t ;

   – le *Bc*, qui est la taille d'un pic de trafic (burst), c'est-à-dire le nombre maximal de bits que le réseau s'engage à transmettre pendant le temps *t* ;

   – le *Be*, qui représente la taille d'un pic de trafic (burst) en excès, c'est-à-dire le nombre maximal de bits que le réseau peut essayer de transmettre pendant le temps *t*, au-delà de Bc.

Le but principal du contrôle d'admission est de contrôler le profil du trafic soumis par l'usager au réseau. Il s'agit de vérifier que l'utilisateur respecte son contrat de trafic (notamment le CIR), et de limiter les pics de trafic.

2. La gestion dynamique de la fenêtre d'anticipation : cette technique consiste simplement à diminuer la fenêtre d'anticipation quand il y a congestion et à l'augmenter dans le cas contraire.

3. L'élimination sélective des trames : cette technique permet de sanctionner le canal virtuel, responsable de la congestion. Le premier commutateur à relais de trames du réseau reliant l'abonné a généralement la responsabilité d'effectuer le contrôle d'admission, pour vérifier que le trafic de ce dernier est conforme. Dans la négative, le commutateur peut soit éliminer le trafic excédentaire, soit le marquer à l'aide d'une information dans l'en-tête de la trame : positionnement du bit DE (Discard Eligibility) à 1. Ce bit informe les autres commutateurs du réseau à relais de trame que, en cas de congestion du réseau, cette trame doit être détruite en priorité, par rapport à celles dont le bit DE est égal à 0.

4. L'algorithme *EBF* (Explicit Binary Feedback) : lorsqu'une trame traverse un commutateur, elle sonde son état de congestion. Si ce commutateur est congestionné, le bit FECN se voit attribuer la valeur 1 (il la conserve jusqu'à ce qu'il atteigne le destinataire). La réponse du récepteur à l'émetteur comportera alors des trames dont le bit BECN aura pour valeur 1. En outre, le commutateur du récepteur calcule le pourcentage de trames ayant rencontré un commutateur congestionné sur chaque chemin : s'il est supérieur à 50 %, ce chemin est considéré comme congestionné.

Normalement, on associe la gestion dynamique de la fenêtre d'anticipation avec l'Explicit Binary Feedback, et l'élimination sélective des trames avec le contrôle d'admission. Mais la plupart du temps, les opérateurs laissent aux couches ISO 3 (couche réseau) et 4 (couche transport) le soin de s'occuper du contrôle de flux.

Relais de trame et QoS

Nous avons déjà observé que le service Frame Relay dispose d'un délai d'acheminement garanti généralement faible (compris en principe entre 50 et 200 ms). Il assure en outre une garantie d'acheminement élevée pour les trames en deçà du CIR, avec une tarification avantageuse sur de longues distances. Ces caractéristiques sont utilisées pour mettre en œuvre des applications sensibles, comme les applications transactionnelles et la voix. Une spécification du Frame Relay Forum (FRF 11) a ainsi été établie pour décrire la mise en œuvre de la voix sur un réseau à relais de trames.

À ce jour, de nombreux opérateurs proposent le support de la voix sur leurs réseaux à relais de trames. Cette offre de service est possible sur les géographies où l'opérateur dispose de suffisamment de capacité. Elle est proposée avec les routeurs d'accès au réseau, qui se chargent d'organiser les trafics pour attribuer en priorité la bande passante à la voix.

ATM

AVERTISSEMENT   Cette section est complexe à appréhender dans la mesure où elle résume en quelques pages le fonctionnement de la technologie ATM et ses mécanismes de QoS. Le lecteur désireux d'approfondir la question est invité à se reporter à l'ouvrage *Pratique des réseaux ATM*, paru chez le même éditeur.

ATM est la seule technologie de niveau 2 qui permet la prise en charge de débits supérieurs à 155 Mbit/s. Conçue pour le support natif de la QoS et possédant à cet égard de nombreux paramètres de qualité de service, elle a pour dessein d'assurer la convergence de l'ensemble des réseaux existants (informatique, voix et vidéo) vers une seule technologie déployée par l'ensemble des opérateurs, pour former un vaste réseau mondial. Censé prendre la succession des réseaux ISDN actuels (réseau Numéris en France) avec des débits beaucoup plus importants et variables, la technologie ATM a souvent été appelée B-ISDN (Broadband IDSN, ou RNIS large bande). Pour résumer, disons que l'idée était d'assurer une convergence vers un tout ATM.

Figure 5-9

Réseau unifié RNIS large bande

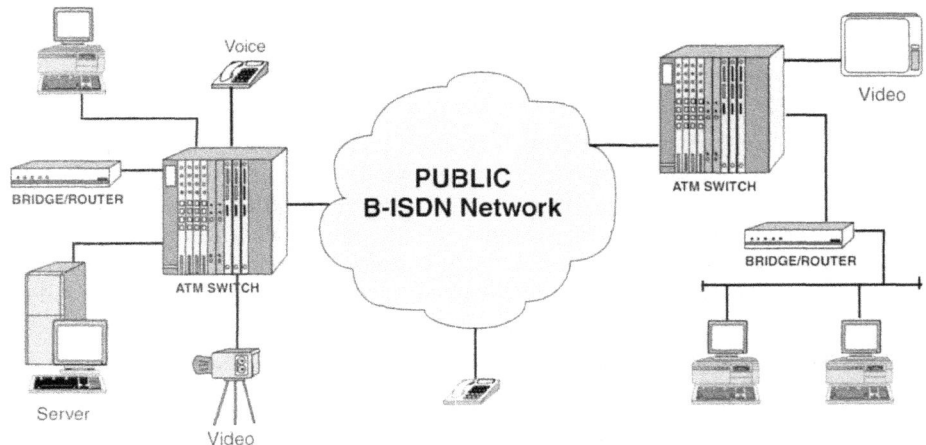

L'exposé suivant sur la technologie ATM sera volontairement détaillé, dans la mesure où de nombreux mécanismes inventés pour ATM ont été repris ou adaptés pour la QoS sur IP, l'objectif étant aujourd'hui d'assurer la convergence vers un tout IP !

Principes de fonctionnement

La technologie ATM possède trois caractéristiques majeures :

- c'est une technologie de commutation hybride, entre la technique de commutation de circuit, utilisée dans les réseaux téléphoniques, et la technique de commutation de paquets utilisée dans les réseaux informatiques (X25 ou relais de trames) ;

- c'est une technologie orientée connexion, puisque l'appel du correspondant est préalable au transfert des informations ;

- lors de cette phase d'appel, a lieu une négociation de paramètres de trafic et de qualité de service. Cela se traduit par différentes possibilités d'acheminement de l'information, à l'image du courrier postal : pli urgent, mode normal, mode lent, courrier avec accusé de réception, etc.

Technologie de commutation fondée sur des cellules

Les informations devant être transportées sur un réseau ATM sont découpées en cellules de longueur fixe (53 octets), qui sont ré-assemblées une fois arrivées à destination. Un réseau ATM est donc conçu pour véhiculer des petits paquets. En simplifiant à l'extrême, on trouve de nombreuses similitudes avec le fonctionnement et la terminologie de réseaux de type X25 ou relais de trames. Ce dernier est d'ailleurs souvent présenté comme une technologie annonçant ATM. Au-delà de cette première comparaison, il convient de remarquer que la technologie ATM emprunte la simplicité de la commutation de circuit à la tradition téléphonique : elle adopte une longueur fixe de trame, appelée cellule. Elle utilise également la flexibilité du mode paquet issu de la tradition informatique en adoptant son asynchronisme (d'où son nom : Asynchronous Transfer Mode, Mode de transfert asynchrone), ce qui signifie, en d'autres termes, que le flux des cellules émises par une application n'est pas forcément constant.

Ainsi, sur une liaison ATM modélisée comme un flux continu de cellules, les applications remplissent au gré de leurs besoins le train de cellules, certaines restant vides lorsqu'il n'y a aucune information à émettre. Il faut cependant préciser l'existence de mécanismes complémentaires, permettant d'affecter des priorités aux applications les plus sensibles au délai d'acheminement (comme la voix ou la vidéo) et, partant, de différer l'émission des applications qui y sont peu sensibles (il s'agit en général des applications informatiques).

Figure 5-10

Mécanisme de cellulisation

Les informations en provenance des applications sont découpées en cellules et transmises en fonction des priorités affectées à chaque application et selon les besoins.

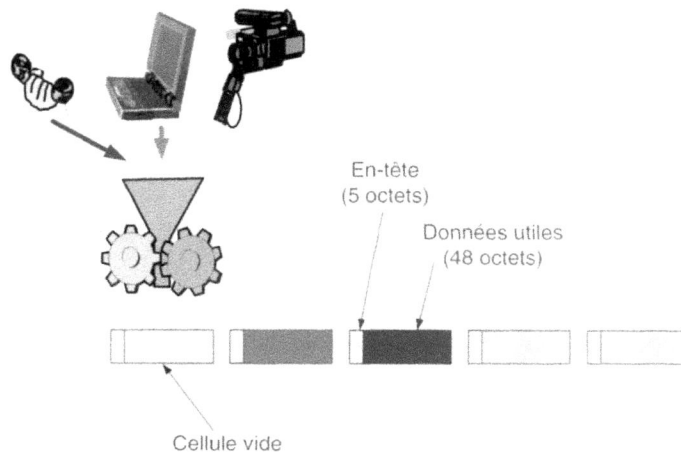

En-tête
(5 octets)

Données utiles
(48 octets)

Cellule vide

L'en-tête de 5 octets est destiné à assurer l'acheminement individuel des cellules sur le réseau ATM, ce qui laisse une portion utile pour l'information de 48 octets. La limitation de la taille de cellule à une longueur fixe de 53 octets permet de concevoir des équipements de réseau extrêmement performants : les commutateurs ATM. Leurs fonctions d'acheminement de cellules font appel à des composants matériels VLSI (Very Large Scale Integration, Puces électroniques à très haute intégration). Hormis un contrôle rudimentaire sur l'en-tête, il n'y a pas de contrôle d'erreurs sur les données transmises. Ce choix délibéré tient au fait que les infrastructures physiques disponibles aujourd'hui sont de très bonne qualité. En conséquence, le contrôle d'erreurs revient aux couches d'adaptation à ATM ou aux protocoles réseaux (TCP/IP, IPX...) en ce qui concerne l'informatique. Il faut donc se souvenir que la mise en œuvre d'un réseau ATM exige une infrastructure physique de bonne qualité.

Figure 5-11

Format de la cellule ATM

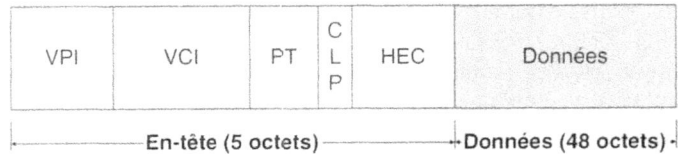

VPI	VCI	PT	C L P	HEC	Données

|← En-tête (5 octets) →|← Données (48 octets) →|

Contrairement à la trame Frame Relay présentée à la section précédente et qui ne possède qu'un identifiant unique de circuit (le DLCI), l'en-tête ATM comporte un double identifiant (le couple VPI/VCI), qui permet de mettre en place deux connexions : des chemins virtuels et des conduits virtuels. Comme le montre la figure ci-dessous, un chemin virtuel (VP ou *Virtual Path*) est un groupe de chemins virtuels (VC ou *Virtual Channel*).

Figure 5-12

Conduits et chemins virtuels

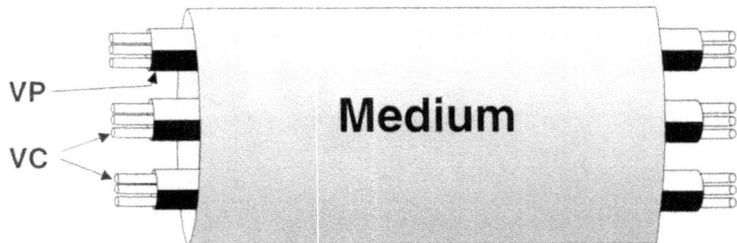

La mise en place d'une connexion peut s'effectuer au niveau des VP : on parle alors de commutation de chemins virtuels. Sinon, la commutation s'effectue circuit par circuit (niveau VC). Pour l'adressage, chaque VP et chaque VC reçoivent un identifiant distinct. La notation prend la forme suivante :VPI xxx ou VCI xxx, pour *Virtual Path Identifier*.

La commutation de circuit *Virtual Channel Switching* permet de diriger le circuit de VCI numéro 1 du VPI 1, vers le circuit de VCI 3 du VPI 3 (voir figure 5-13).

La commutation de chemins est destinée à router tout un groupe de VCI, d'un VPI vers un autre VPI, simplifiant ainsi les tables de commutation des commutateurs (voir figure 5-14). Cette fonction est très utilisée par les opérateurs Telecom pour l'interconnexion de sites clients. Les numéros de VCI établis par les clients sont transparents aux opérateurs, qui n'interviennent qu'au niveau VP. Cette hiérarchie d'identifiants de circuits a été reprise et généralisée dans la technologie MPLS (hiérarchie de labels). Nous y reviendrons au chapitre suivant.

L'acheminement des cellules assuré par les commutateurs est une opération très simple. Elle consiste à recevoir un flot de cellules sur les ports de ces commutateurs et, pour chaque cellule reçue, à consulter une table de commutation. Cette dernière précise, en fonction du numéro de port d'entrée et des informations figurant dans l'en-tête (couple VPI/VCI désignant de manière unique un circuit virtuel), le port de sortie et le nouveau couple VPI/VCI à affecter à l'en-tête de la cellule. Enfin, il suffit d'effectuer la retransmission sur le port de sortie.

Figure 5-13

Commutation de circuits virtuels

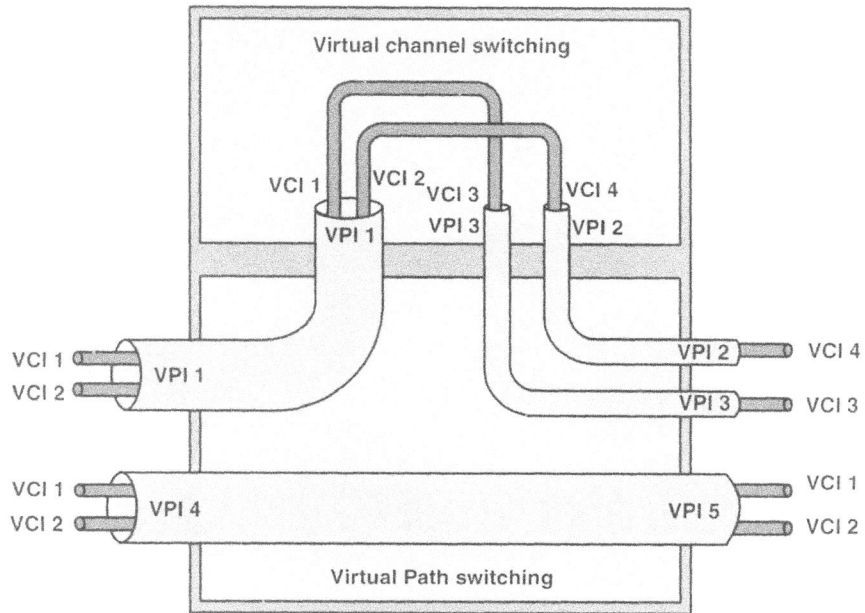

Figure 5-14

Commutation de conduits virtuels

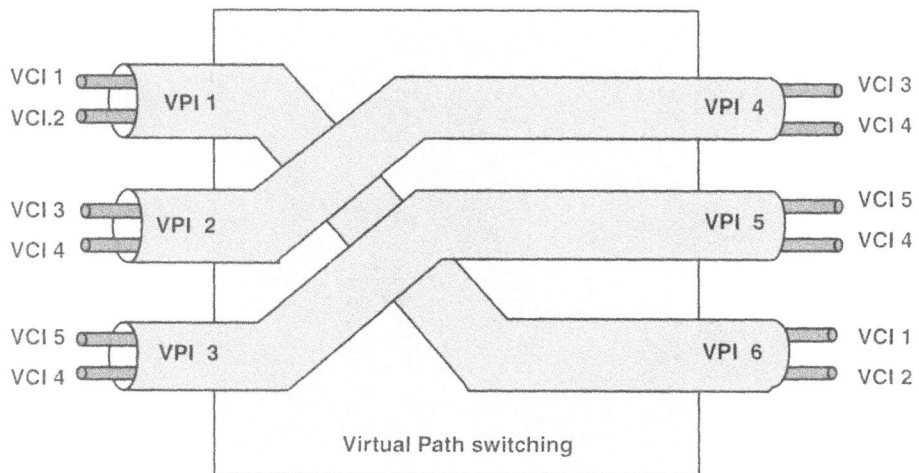

Comme dans le cas du relais de trames, on constate que les valeurs VPI/VCI ont une portée spécifique à un commutateur (voir figure 5-15).

Un circuit virtuel ATM est donc constitué d'une succession de couples VPI/VCI (comme les DLCI, dans le cas du réseau à relais de trames).

Figure 5-15

Principe de commutation ATM

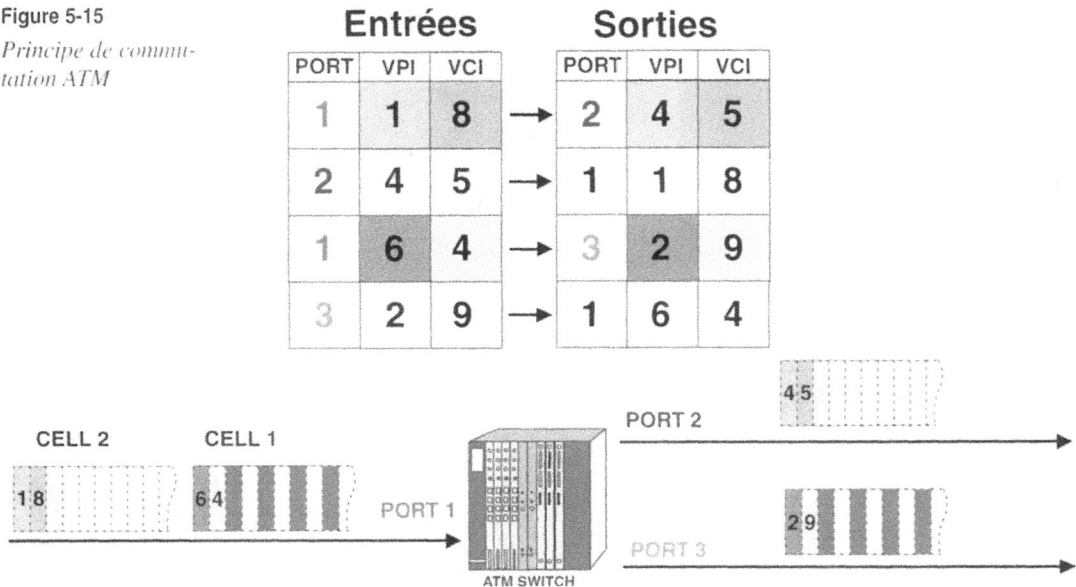

Figure 5-16

Constitution d'un circuit virtuel ATM

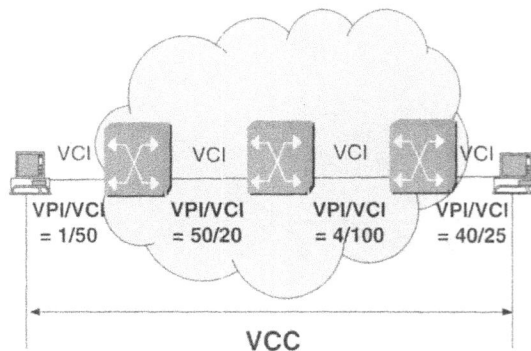

La correspondance entre circuit virtuel et VPI/VCI (méthode de remplissage de la table de translation) est établie lors de la phase d'appel. Elle est décrite à la section suivante.

Il est important de noter qu'un circuit virtuel est unidirectionnel, tandis qu'un chemin virtuel est bidirectionnel. Pour établir une communication entre deux équipements, il est donc indispensable d'ouvrir deux circuits virtuels.

Technologie orientée connexion

Comme pour le RNIS, tout transfert d'informations entre abonnés du réseau est précédé d'une phase d'appel au cours de laquelle :

• le réseau vérifie s'il est en mesure d'acheminer le trafic de l'usager avec la qualité de service désirée ;

- détermine la route adéquate (ensemble de commutateurs à traverser) ;

- le circuit virtuel est créé (succession de couples VPI/VCI, affectés de proche en proche par l'ensemble des commutateurs constituant le circuit virtuel).

Des circuits virtuels commutés SVC (circuits virtuels commutés) sont donc établis grâce à des procédures de signalisation au travers du réseau : établissement de connexion, libération, etc. Ces procédures s'appuieront sur des informations auxiliaires, nécessaires à l'établissement des connexions, à leur maintien et à leur libération.

Figure 5-17

La signalisation
ATM

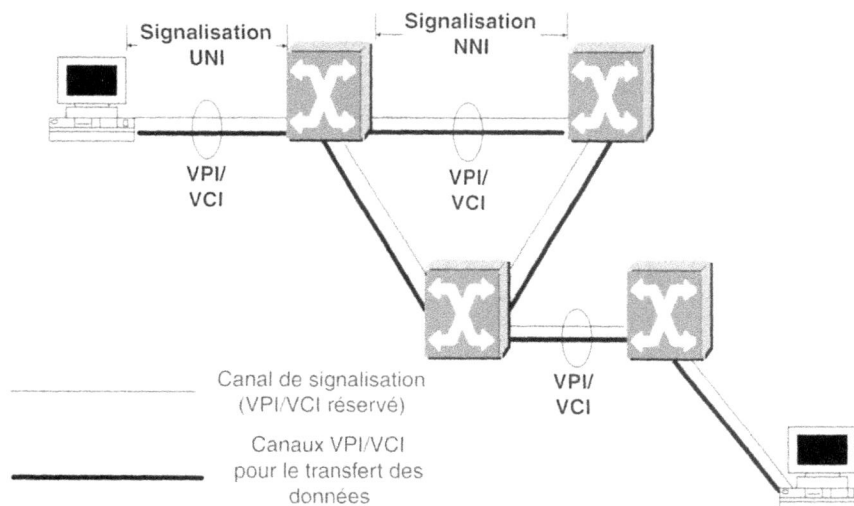

- Canal de signalisation (VPI/VCI réservé)
- Canaux VPI/VCI pour le transfert des données

Les requêtes de signalisation des équipements d'extrémité sont établies *via* une interface utilisateur UNI (User to Network Interface). Elles sont transformées en signalisation NNI (Network to Network Interface), par leur commutateur de raccordement au réseau. La signalisation est de nouveau convertie par le commutateur desservant l'équipement UNI destinataire. La signalisation emprunte un canal de signalisation (fondé sur un couple VPI/VCI réservé), de façon identique à la signalisation RNIS sur le canal D. La signalisation sur les réseaux privés fait appel au protocole Q.2931, lui-même issu du protocole de signalisation Q.931, utilisé sur RNIS. La demande de connexion d'un terminal s'effectue à l'aide d'un message SETUP sur l'interface UNI. Les paramètres de ce message comprennent les éléments d'information (*IE* : Informations Elements) suivants, en UNI 3.1 :

- Called Party Number (Destination Adress) : adresse ATM du destinataire au format E.164 ou NSAP. Les formats d'adresses ATM sont décrits plus loin dans cette section ;

- Calling Party Number (Origin Adress) : adresse ATM de l'émetteur ;

- ATM User Cell Rate : spécifie la bande passante désirée, exprimée en cellules par seconde ;

- Quality of Service : indique la classe de service requise pour la connexion ;

- AAL type : précise le type d'AAL utilisé, ainsi que d'autres informations sur les protocoles de plus haut niveau utilisés. Le rôle des AAL est précisé un peu plus loin.

Les informations 3 et 4 permettent au réseau de mettre en place le contrôle de trafic et de congestion.

Le message SETUP est alors transmis sur le réseau, à l'aide d'un protocole de routage ATM (PNNI), jusqu'au destinataire. PNNI est un protocole complexe, car il doit, comme tout protocole de routage, déterminer un chemin entre l'appelant et l'appelé, sachant que ce chemin doit en outre correspondre à la qualité de service requise par l'émetteur. Ce protocole est décrit à la section *Adressage et routage*.

Figure 5-18

La signalisation Q 2931

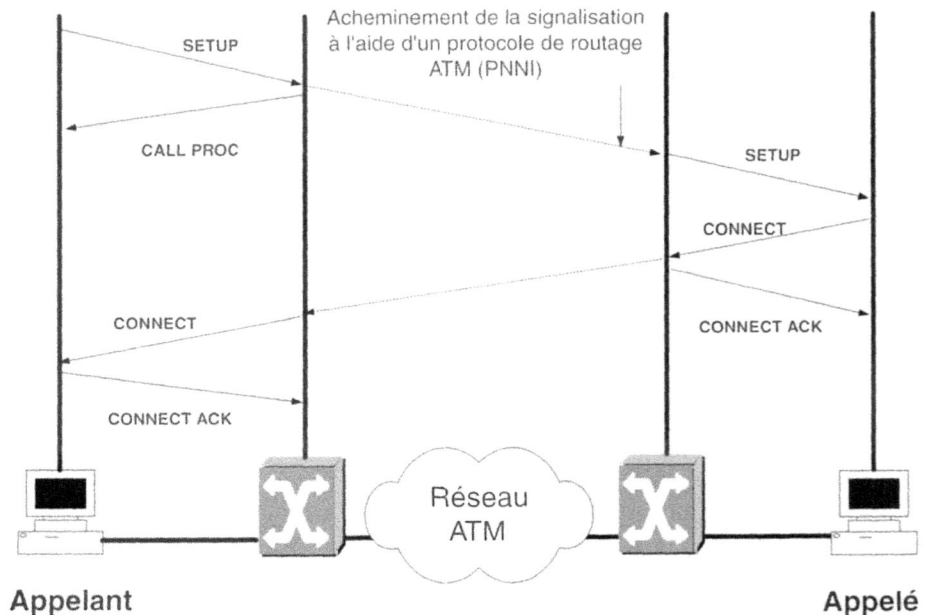

Appelant   **Appelé**

Négociation de la qualité de service

La possibilité d'acheminer des trafics de nature différente (voix/données/images) entraîne une grande complexité lors de l'établissement des appels. En effet, le réseau doit vérifier s'il peut accepter une connexion supplémentaire eu égard à la qualité de service requise, sans perturber le trafic existant. Ces caractéristiques de trafic font l'objet d'un contrat entre l'usager (l'application) et le réseau, lors de la connexion, ce qui confère à ATM son originalité, à savoir l'allocation dynamique de bande passante. Dans ce contrat, l'utilisateur (l'application) précise au réseau les caractéristiques de transmission nécessaires à l'écoulement de son trafic. Le réseau a alors la faculté d'accepter ou de refuser le contrat, en fonction de son état éventuel de congestion. Une fois le contrat accepté par le réseau, ce dernier met en œuvre une surveillance du trafic émis par l'utilisateur, afin de vérifier que celui-ci respecte son contrat et ne cherche pas à transmettre davantage d'informations. Si tel est le cas, le réseau réagit de la manière suivante :

1. Toutes les cellules émises par l'utilisateur dépassant le contrat sont marquées comme potentiellement destructibles (priorité à la perte).

2. En cas de congestion du réseau, ces cellules sont détruites en priorité.

3. Si le réseau n'est pas congestionné, elles sont acheminées jusqu'à un seuil maximal de dépassement, au-delà duquel elles seront systématiquement détruites.

Les couches d'adaptation à ATM

Le réseau ATM ne véhicule que des cellules. Il est donc nécessaire d'adapter les flux d'informations à transmettre sur le réseau aux extrémités du réseau. Pour ce faire, un certain nombre de fonctions d'adaptation (appelées AAL, ATM Adaptation Layer) ont été définies. On peut tout de suite préciser que les commutateurs ATM du réseau ignorent tout de ces fonctions d'adaptation des trafics sur chaque circuit virtuel et qui sont réalisées en périphérie du réseau.

En résumé, les AAL définissent différents formats d'adaptation à ATM et assurent la segmentation des informations en cellules dans l'équipement source ainsi que le ré-assemblage dans l'équipement destinataire. Il s'agit donc d'un mécanisme de bout en bout, entre l'émetteur et le destinataire. La fonction AAL est constituée de deux sous niveaux :

- un sous-niveau de convergence (CS, Convergence Sublayer), qui fournit l'encapsulation des données si nécessaire ;
- un sous-niveau segmentation et ré-assemblage (SAR : Segmentation and reassembly), qui segmente les informations à transmettre dans un champ de 48 octets, transmissible par chaque cellule ATM.

Sans entrer dans le détail des différentes fonctions d'adaptation, signalons seulement leur domaine d'utilisation.

- L'AAL de type 1 sert à émuler un circuit où un flux de bits doit être transporté avec des contraintes fixes de délai ou gigue.
- L'AAL de type 2 convient aux flux de bits ou d'octets sensibles au délai, mais possédant des débits variables.
- L'AAL de type 3/4 vise un service de transport de trames « multiplexables » sur un même circuit virtuel.
- L'AAL de type 5 (encore appelée SEAL, Simple and Efficient Adaptation Layer) est adaptée à un service de transport de trames sans multiplexage.

Figure 5-19

Les couches d'adaptation AAL

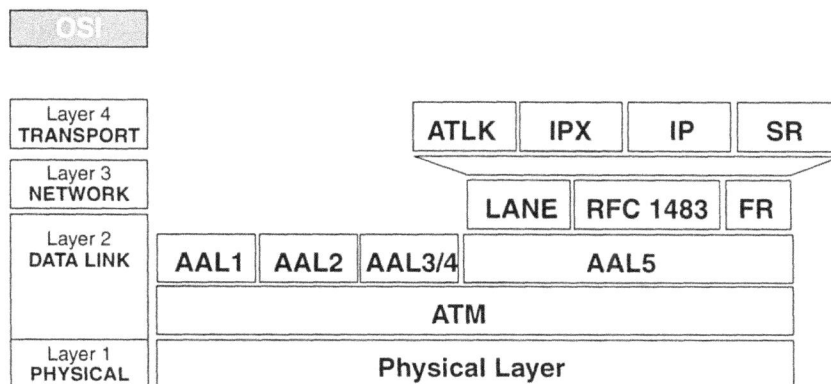

Le transport d'IP sur ATM utilise l'AAL5, comme couche d'adaptation. Le schéma suivant représente le travail réalisé par cette couche d'adaptation.

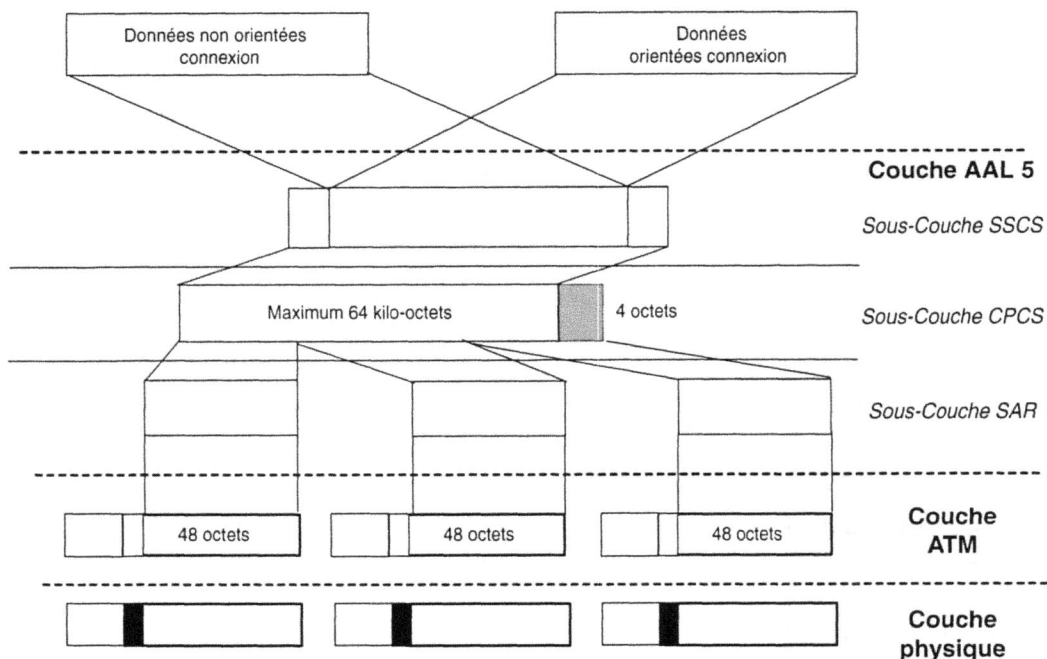

Figure 5-20
Détail de l'AAL-5

ATM et la QoS

La technologie ATM a été conçue nativement pour le support de la QoS. Un certain nombre de paramètres ont été définis pour prendre en compte les besoins de l'utilisateur. L'ensemble de ces paramètres est négocié dans un contrat de service. Dans un souci de simplification, un certain nombre de classes de service ont été définies : elles précisent les paramètres utilisés par ces classes.

Paramètres ATM

Les paramètres de connexion ATM se répartissent en :

• paramètres de trafic (s'expriment en cellule/seconde et non en bit/s) :

 – PCR (Peak Cell Rate) : débit maximal souhaité,

 – SCR (Sustainable Cell Rate) : débit moyen soutenu,

 – MBS (Maximum Burst Size) : taille maximale d'un pic de trafic,

 – MCR (Minimum Cell Rate) : débit minimal souhaité ;

- paramètres de qualité de service :
  - CTD (Cell Transfer Delay) : délai de traversée du réseau,
  - CDV (Cell Delay Variation) : variation du délai ou gigue,
  - CDVT (Cell Delay Variation Tolerance) : tolérance de gigue,
  - CLR (Cell Loss Ratio) : taux de perte de cellule ;
- caractéristiques de contrôle de flux (voir gestion des trafics).

Classes de service

Elles permettent de préciser tout ou partie des paramètres évoqués. Le tableau ci-dessous résume les paramètres applicables selon les classes de service.

Classe de service	Description du trafic	Garanties de QoS			Contrôle de flux
		CLR Perte minimale	CTD/CDV Délai et Variation	Bande passante	
CBR	PCR	Spécifié	Spécifié	Spécifié	Non
VBR-RT	PCR,SCR,MBS	Spécifié	Spécifié	Spécifié	Non
VBR-NRT	PCR,SCR,MBS	Spécifié	Non	Spécifié	Non
ABR	PCR, MCR	Spécifié	Non	Spécifié	Spécifié
GFR	PCR,MCR	Non	Non	Minimale	Non
UBR	(PCR) Non	Non	Non	Non	Non

Figure 5-21

Classes de Service ATM et garanties

- Le service **CBR** est utilisé pour les connexions nécessitant une bande passante fixe, caractérisée par une valeur PCR (Peak Cell Rate) disponible durant toute la durée de la connexion. Cette classe de services est donc réservée aux applications temps réel, c'est-à-dire aux applications sensibles au délai d'acheminement des cellules (Cell Transfer Delay, CTD) et à la régularité du débit des cellules (Cell Delay Variation, CDV). Les principales applications du service CBR concernent donc le transport de la voix, de la vidéo ou les services d'émulation de circuit.

- Le service **VBR-RT** est destiné aux applications sensibles aux contraintes temporelles (CTD et CDV) et possédant un flux irrégulier. Les paramètres de trafic sont les suivants : le seuil maximal (Peak Cell Rate, PCR), le seuil normal (Sustainable Cell Rate, SCR) et la taille maximale du pic de trafic (Maximum Burst Size, MBS). Les principales applications englobent la voix ou la vidéo compressée.

- Le service **VBR-NRT** est réservé aux applications possédant un trafic irrégulier, sans contraintes temporelles fortes. Les paramètres de trafic sont identiques au service VBR-RT (PCR, SCR, MBS). Pour les cellules conformes au contrat de trafic, l'application exige un seuil minimal de cellules écartées par le réseau (Cell Loss Ratio, CLR). En outre, une limite d'acheminement est fixée (Cell Transfer Delay, CTD).

- Le service **ABR** est prévu pour les applications ayant la possibilité de réduire ou d'augmenter leur trafic si le réseau leur demande. De nombreuses applications informatiques possèdent en effet un besoin de débit relativement flexible. Il peut être exprimé en seuil minimal (Minimum Cell Rate, MCR) et maximal (Peak Cell Rate, PCR) plutôt qu'en seuil normal, comme pour les applications de type VBR. Le MCR peut bien sûr être à zéro. Un mécanisme de contrôle de flux est défini pour contrôler le débit de l'utilisateur. Il s'apparente au mécanisme utilisé sur les réseaux Frame Relay, dans lequel le réseau renvoie à l'émetteur des trames contenant une information signalant une congestion du réseau et invitant la source à réduire son trafic. Le support de l'ABR donne lieu à d'importantes différences entre commutateurs ATM.

- Le service **GFR** (Guaranteed Frame Rate) est utilisé pour les applications nécessitant un minimum de débit garanti et utilisant l'AAL5. En cas de congestion du réseau, celui-ci délivrera ou détruira de façon homogène toutes les cellules d'une même trame AAL 5.

- Le service **UBR** est prévu pour le support d'applications non critiques, qui se contentent d'un service rendu au mieux des possibilités du réseau (best effort).

Gestion des trafics

La nécessité de disposer d'un certain nombre de fonctions au sein du réseau est justifiée par le besoin de prendre en compte et de garantir les classes de services. Les fonctions génériques de contrôle de trafic sont exposées ci-dessous.

Nom de la fonction	Description sommaire
Connection Admission Control (CAC)	Contrôle d'admission et de connexion. Fonction exécutée par chaque commutateur ATM pour vérifier la possibilité d'accepter le nouveau trafic, compte tenu de sa charge actuelle.
Usage Parameter Control (UPC)	Contrôle des paramètres d'utilisation. Fonction exécutée par le commutateur ATM pour vérifier le trafic émis en continu par l'utilisateur.
Cell Discard	Fonction permettant aux commutateurs d'éliminer les cellules de manière sélective.
Traffic Shaping	Façonnage de trafic. Permet de lisser le trafic (élimination des pics de trafic), afin de respecter le contrat négocié avec l'opérateur. Cette fonction est essentielle sur les commutateurs de rattachement aux réseaux publics.
Explicit Forward Congestion Indication (EFCI)	Indication explicite de congestion en amont. Cette fonction sert à signaler une congestion aux systèmes en amont. Elle est peu utilisée en raison de son faible intérêt.
Resource Management using Virtual Paths	Gestion de ressources fondée sur les conduits virtuels.
Frame Discard	Élimination de trames. Dès lors qu'une cellule d'une trame doit être éliminée par le réseau ATM, la trame entière est erronée. Il devient donc inutile d'encombrer le réseau ATM avec des cellules qui n'ont plus de valeur pour l'utilisateur.
Generic Flow Control (GFC)	Contrôle de flux générique.
Feedback control (contrôle de congestion)	Régulation de trafic ABR.

Figure 5-22

Fonctions génériques de contrôle de trafic

> **REMARQUE** L'ensemble de ces fonctions est intégré au sein des commutateurs ATM du réseau ; il y a donc lieu de s'assurer de leur existence avant d'envisager la mise en œuvre d'applications nécessitant une bonne qualité de service.

Parmi ces fonctions, les plus significatives du degré de finesse de la gestion de trafic dans ATM sont les fonctions CAC, UPC et le Feedback Control.

- La fonction **CAC** (Connection Admission Control) désigne l'ensemble des actions effectuées par le réseau afin de vérifier si un appel peut être accepté ou doit être rejeté. S'il est accepté, les ressources du réseau sont réservées (bande passante sur chaque lien emprunté, espace mémoire dans chaque commutateur ATM traversé), en fonction de la classe de services demandée par l'utilisateur.

- La fonction **UPC** (Usage Parameter Control), ou contrôle (Policing), désigne l'ensemble des actions effectuées par le réseau afin de suivre et de contrôler le trafic émis par l'utilisateur. L'objectif essentiel du réseau consiste à prévenir un surcroît de trafic non planifié, émis de façon intentionnelle ou accidentelle par un utilisateur ; ainsi, la qualité de services est maintenue pour les autres connexions en cours. Cette fonction fait appel à une procédure de mesure de trafic fondée sur un algorithme particulier (Dual Leaky Bucket), permettant à tout instant de comparer le trafic émis par l'utilisateur au contrat de trafic convenu. Si le contrat est violé, les cellules reçues au-delà des valeurs du contrat sont systématiquement éliminées en cas de saturation du réseau ou marquées comme pouvant être détruites. Dans ce dernier cas, le bit CLP (Cell Loss Priority) de l'en-tête ATM se voit attribuer la valeur 1. Ce mécanisme est identique à celui évoqué pour la technologie Frame Relay (positionnement du bit DE, Discard Eligibility).

- Le **Feedback Control** (contrôle de congestion) désigne les mécanismes utilisés pour réguler le trafic ABR. Ces mécanismes se fondent sur l'information de congestion du réseau fournie à l'émetteur, afin que ce dernier adapte en temps réel son trafic à l'état du réseau. Pour assurer un contrôle adaptatif de congestion dans un trafic ABR (trafic utilisant la bande passante disponible), on peut recourir à trois mécanismes qui seront plus ou moins efficaces en fonction du mode de bouclage : EFCI, Relative Rate ou Explicit Rate.

Trois mécanismes de contrôle de congestion sont définis :

- le mécanisme EFCI (Explicit Forward Congestion Indication) : dans ce mode, un commutateur du réseau congestionné attribue au bit EFCI la valeur 1, dans l'en-tête de la cellule ATM. De ce fait, cette indication est accessible au système destinataire. Aucune spécification n'a cependant été apportée pour définir un protocole permettant de ralentir le débit de cellules de l'émetteur, en cas de congestion. L'utilisation d'EFCI est facultative ;

- le mécanisme Relative Rate : dans ce mode, le commutateur ATM congestionné envoie des cellules spéciales, appelées RM (Ressource Management), vers la source de trafic, pour l'inviter à réduire son trafic ;

- le mécanisme Explicit Rate : ce mode représente une amélioration du mode précédent, dans la mesure ou la source ne peut augmenter son débit qu'avec l'accord du réseau.

Le support de ces mécanismes se traduisant par des modifications matérielles des commutateurs ATM, il convient de connaître la façon dont ces premiers sont pris en charge. Le mode Explicit Rate est souhaitable sur les commutateurs d'accès à un réseau public. Le mode Relatif Rate s'utilise sur les commutateurs ATM d'un réseau privé.

Figure 5-23

*Contrôle de
congestion
en ATM - ABR*

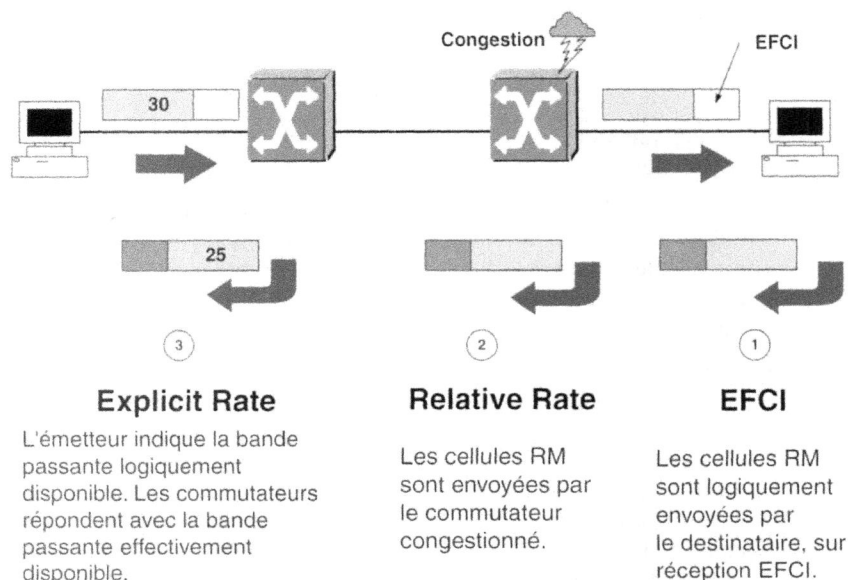

Explicit Rate

L'émetteur indique la bande
passante logiquement
disponible. Les commutateurs
répondent avec la bande
passante effectivement
disponible.

Relative Rate

Les cellules RM
sont envoyées par
le commutateur
congestionné.

EFCI

Les cellules RM
sont logiquement
envoyées par
le destinataire, sur
réception EFCI.

Cellule RM = Cellule de Ressource Management

Adressage et routage ATM

La mise en œuvre de tout réseau requiert un adressage et un routage approprié. Nous décrivons ci-dessous l'adressage ATM, qui permet de définir un plan d'adressage hiérarchique répondant à des besoins complexes de grands réseaux. Puis, nous aborderons le routage ATM qui tient compte de cette hiérarchie d'adresses grâce à la notion de *Peer group*, mais également de la QoS demandée par l'usager[1].

Adressage ATM

Une adresse ATM est définie sur 20 octets. L'ITU-T a entériné l'adressage E.164, pour la structure d'adressage sur les réseaux ATM publics. Ce type d'adressage étant fixé pour le domaine public, l'ATM Forum s'est penché sur la définition d'un système d'adressage pour les réseaux privés. Il s'est appuyé sur la syntaxe d'adresse NSAP de l'ISO, pour le format DCC et ICD. Il existe actuellement trois façons d'encoder des adresses ATM privées :

- le format DCC,
- le format ICD,
- le format E.164 encodé NSAP.

Chacun de ces trois formats partage des fonctionnalités communes. Ainsi, les 13 octets d'entête sont fournis par le réseau, la station de travail étant définie par les 7 octets de fin.

---

1. Ce développement un peu long de l'adressage et du routage ATM se justifie par la richesse des mécanismes mis en œuvre, même s'il convient d'admettre que peu d'opérateurs (ou d'entreprises) les ont réellement utilisés.

Figure 5-24

*Les formats
d'adresse ATM*

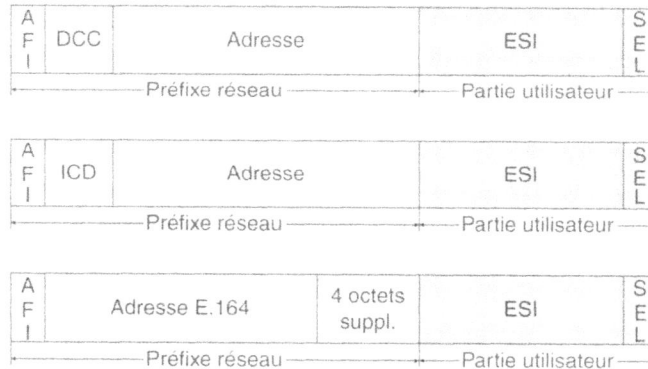

Les **octets d'en-tête** désignent le préfixe réseau (Network Prefix) qui sert à identifier les réseaux entre eux. L'identificateur AFI (Authority and Format Identifier) dans le premier octet indique le format d'adresse utilisé.

- Le format DCC (Data Country Code) ou ICD (International Code Designator) est destiné aux opérateurs privés. 10 octets sont utilisés pour désigner les adresses réseau de leurs clients, selon la structure OSI NSAP (Network Service Access Point). L'obtention d'adresses officielles relève d'organismes officiels, tels l'AFNOR en France.

- Le format E.164 (type RNIS), encodé NSAP, est prévu pour permettre à un réseau privé de constituer son adresse réseau à partir de celle du réseau public auquel il est raccordé. Dans ce cas, on ajoute 4 octets pour spécifier l'adresse.

Les **octets de fin** sont communs aux trois formats d'adresse :

- six octets ESI (End System Identifier) servent à identifier de manière unique une station de travail. Généralement, il s'agit de l'adresse MAC (48 bits) de l'adaptateur ;

- l'octet SEL (SELector field) de fin n'est pas utilisé pour le routage, mais peut servir à identifier une application particulière sur la station de travail. Elle sera notamment utilisée pour adresser les composants LANE (LAN Emulation), que nous exposerons un peu plus loin.

Le format le plus utilisé dans le contexte des réseaux privés est le format DCC. En France, l'AFI est 39. Les octets 4 à 7 sont attribués par l'AFNOR. La distribution des adresses et la hiérarchie du plan d'adressage dépendent de la manière d'attribuer les octets numérotés de 8 à 13 dans l'adresse NSAP, soit 6 octets. L'attribution peut être structurée au bit près : bits numérotés de 56 à 104. L'ensemble des commutateurs ATM d'un même niveau hiérarchique possédant le même préfixe ATM forment un peer group (figure 5-25).

Dans l'exemple ci-dessous (figure 5-26), les adresses ont été distribuées de façon à pouvoir étendre le réseau dans les deux directions.

- Le niveau le plus bas (lowest level) est défini à 72 (zone blanche). D'autres peer group de même niveau ou de niveaux inférieurs (jusqu'à 56) peuvent être ajoutés.

- Dans le peer group principal, deux autres peer group ont été créés : 0100.0100 et 0100.0200, de niveau 88 (en grisé).

- Le peer group 0100.0200 (en rose) contient un peer group de niveau 104.

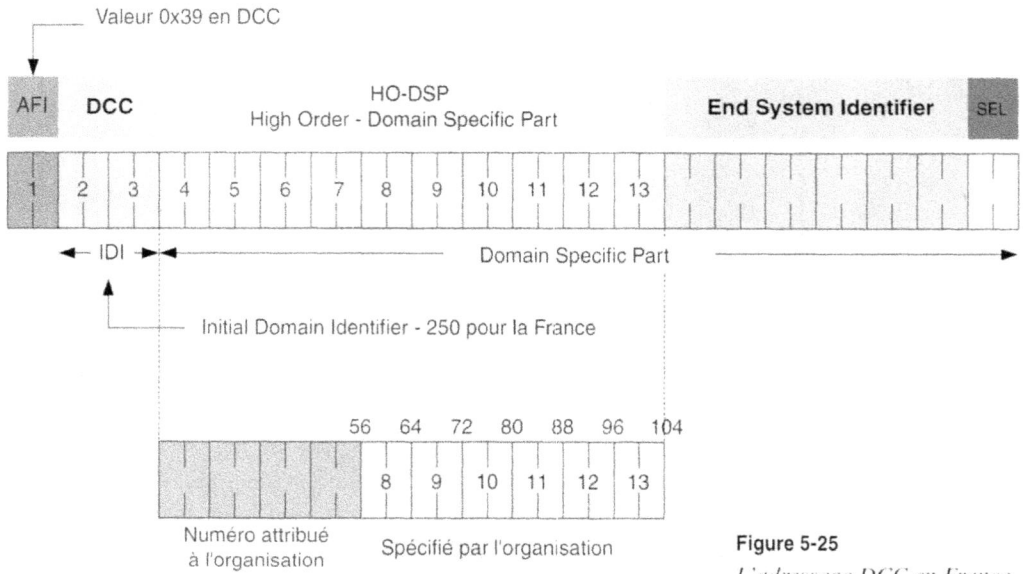

Valeur 0x39 en DCC

| AFI | DCC | HO-DSP High Order - Domain Specific Part | End System Identifier | SEL |

| 1 | 2 | 3 | 4 | 5 | 6 | 7 | 8 | 9 | 10 | 11 | 12 | 13 | | | |

◄ IDI ►◄─────────────── Domain Specific Part ───────────────►

Initial Domain Identifier - 250 pour la France

56   64   72   80   88   96   104

| | | | | 8 | 9 | 10 | 11 | 12 | 13 |

Numéro attribué à l'organisation   Spécifié par l'organisation

Figure 5-25

L'adressage DCC en France

56   64   72   80   88   96   104

| 01 | 00 | | | | | |

56   64   72   80   88   96   104

| 01 | 00 | 01 | 00 | | | |

56   64   72   80   88   96   104

| 01 | 00 | 02 | 00 | | | |

56   64   72   80   88   96   104

| 01 | 00 | 01 | 00 | 01 | 00 | |

56   64   72   80   88   96   104

| 01 | 00 | 02 | 00 | 01 | |

56   64   72   80   88   96   104

| 01 | 00 | 02 | 00 | 02 | 01 |

56   64   72   80   88   96   104

| 01 | 00 | 02 | 00 | 02 | 02 |

Figure 5-26

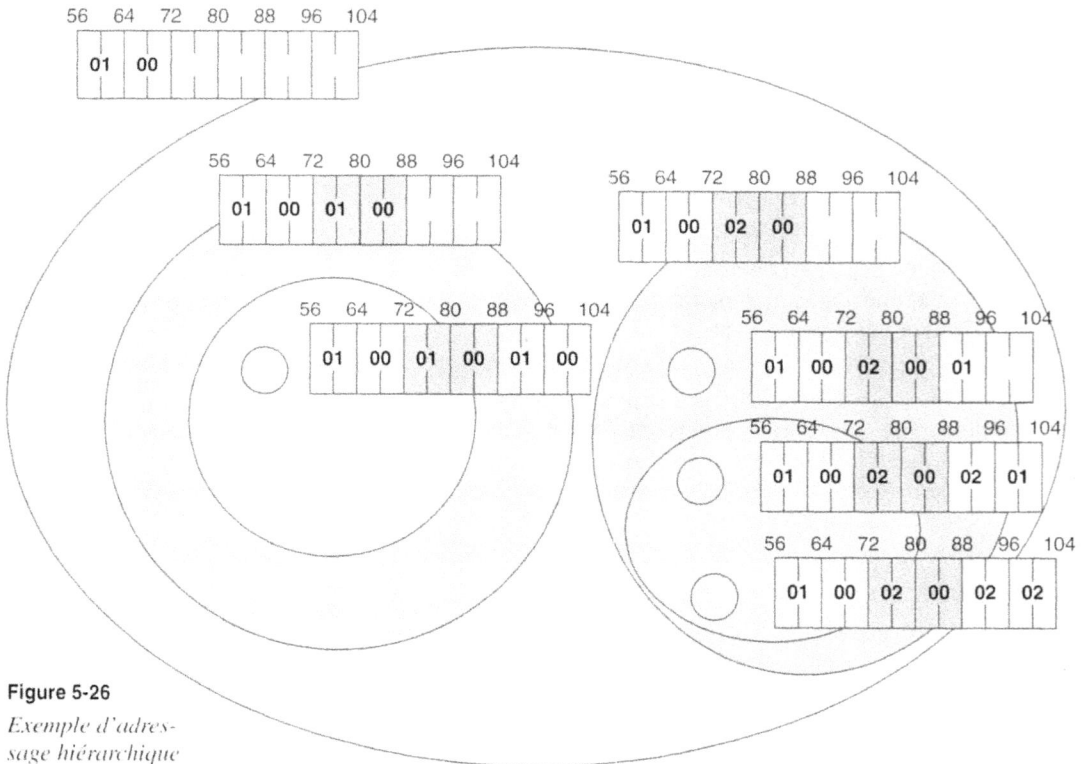

Exemple d'adressage hiérarchique en ATM-DCC

Routage ATM

Pour acheminer les requêtes de signalisation entre les commutateurs, il est nécessaire de disposer d'un protocole de routage ATM. En l'occurrence, il en existe deux : un protocole de routage statique (IISP, Interim Interswitch Signaling Protocol) et un protocole de routage dynamique PNNI (Private Network to Node Interface).

En mode statique (IISP), il n'y a pas d'échange d'informations de routage entre les commutateurs ATM. L'algorithme de routage utilise des routes statiques, qui sont configurées manuellement dans chaque commutateur. Le routage se fonde sur le principe du next hop router, qui consiste à trouver dans la table de routage statique le chemin (une interface) vers le prochain commutateur, pour atteindre une adresse de destination.

Figure 5-27

Le routage IISP

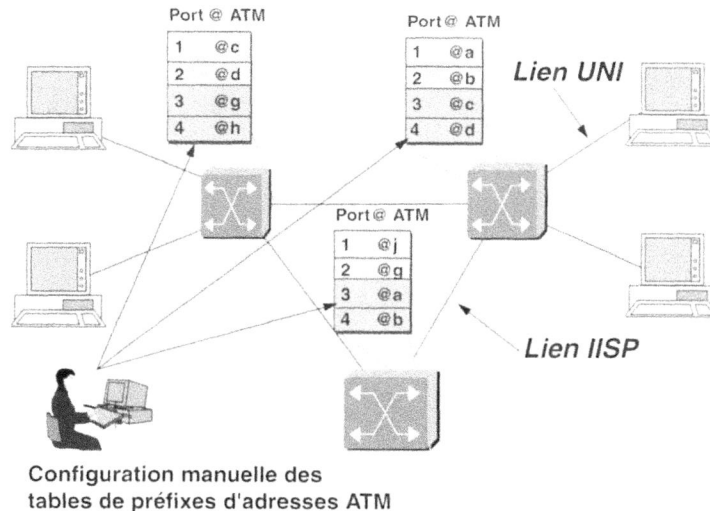

Configuration manuelle des
tables de préfixes d'adresses ATM

Lors du choix d'un constructeur, il faut vérifier les points suivants :

- le support de liens parallèles est-il possible ? La méthode de décision de routage par un chemin précis n'est pas normalisée. Il faut pour chaque constructeur vérifier la disponibilité de cette fonctionnalité ;

- le support du Call Admission Control (CAC) est certes possible mais facultatif. En IISP, il n'y a pas de garantie de QOS de bout en bout. Chaque commutateur sur le chemin peut refuser un appel entrant. C'est donc au concepteur du réseau qu'il revient de sur-dimensionner celui-ci, pour assurer le support des différents trafics ;

- le support d'une route alternative en cas de rupture de lien (état inactif de l'interface) est-il possible ? Il convient de vérifier à partir de quels critères les choix de route sont établis.

Le mode de routage dynamique (PNNI) incluant la signalisation QoS est nécessaire pour des réseaux conséquents et pour assurer le support de la QoS (détermination d'une route remplit les critères de QoS requis par l'utilisateur). Ainsi, l'ATM Forum a défini le protocole PNNI, destiné à être utilisé dans des réseaux privés mettant en œuvre l'adressage NSAP. Ce protocole de routage se fonde sur l'expérience acquise dans les protocoles de routage existants (notamment les protocoles de routage de type OSPF, utilisés sur les réseaux TCP/IP ou IS/IS d'origine OSI). Il permet de construire une base topologique du réseau à l'intérieur des commutateurs ATM, grâce à l'échange d'informations régulières entre les commutateurs. Ces informations concernent l'état des liens ATM et des commutateurs du réseau. PNNI possède les fonctionnalités exposées ci-dessous :

• **Routage dynamique** : il procure un niveau de disponibilité élevé grâce à un re-routage dynamique en cas de rupture de lien.

Figure 5-28

Routage dynamique PNNI

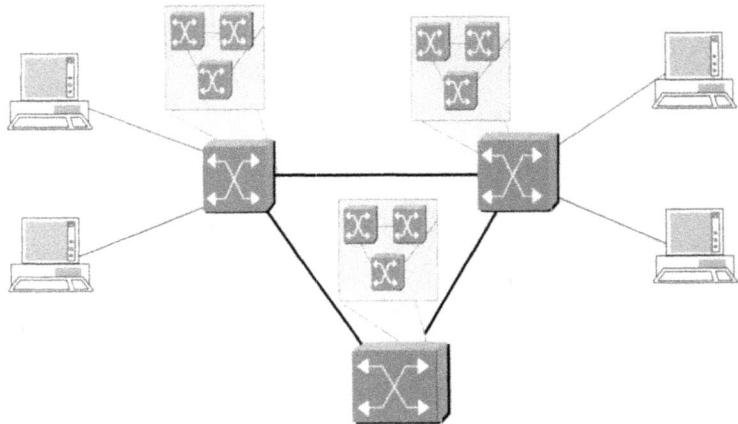

• **Routage à la source** : dans ce mode, le chemin est défini par le premier nœud (commutateur) qui insère le chemin de routage dans la requête de signalisation.
La sélection du chemin par le premier commutateur ATM s'appuie sur l'adresse ATM de destination et la QoS demandée. Pour satisfaire à ces éléments, le premier commutateur va se fonder sur sa connaissance de l'état du réseau (qu'il a obtenu grâce aux échanges du protocole de routage PNNI) et sur son algorithme GCAC (Generic CAC). Cet algorithme permet au commutateur source de prédire le comportement des autres commutateurs devant être traversés, sur le chemin choisi. Une fois la route déterminée par le premier commutateur, il expédie la requête de signalisation le long de cette route. Les commutateurs intermédiaires se contentent d'exercer un contrôle d'admission (CAC), avant de continuer à expédier la requête le long de la route déterminée par le premier commutateur. Toutefois, dans certains cas, des modifications rapides de l'état du réseau peuvent intervenir, ce qui est notamment le cas sur les grands réseaux. Dans de telles situations, il y a un risque de décision de routage non optimale par le commutateur source. La fonction Cranckback permet de corriger ce problème, puisque, grâce à elle, il est possible de faire marche arrière en cas d'échec du contrôle d'admission sur un commutateur ATM (devenu subitement saturé par exemple), et de repartir éventuellement dans une autre direction (sans revenir au départ).

Cette situation peut également se produire si les commutateurs intermédiaires possèdent une fonction CAC plus stricte que le CAC générique du premier commutateur ATM.

Figure 5-29

Fonction cranckback de PNNI

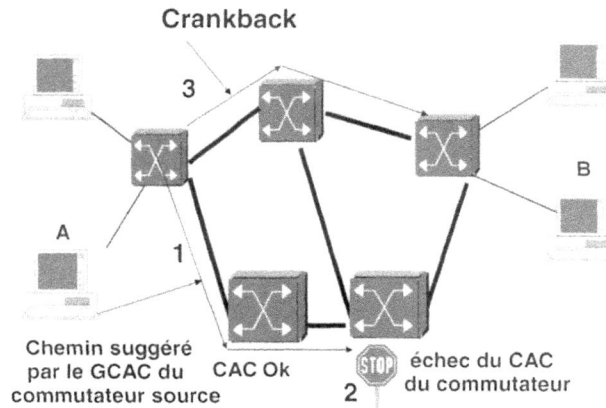

Crankback

3

B

A

1

Chemin suggéré par le GCAC du commutateur source

CAC Ok

STOP

échec du CAC du commutateur

2

- **Support de la QOS** : le choix de la route tient compte de la QoS demandée par l'utilisateur, en se fondant sur les métriques et attributs échangés *via* le protocole PNNI entre les commutateurs.

Paramètre	Métrique / Attribut	Unité
Poids administratif	Métrique	Déterminé par l'administrateur
Available Cell Rate	Attribut	Cellules / sec
Maximum Cell Transfer Delay	Métrique	Microseconde
Cell Delay Variation	Métrique	Microseconde
Cell Loss Ratio	Attribut	Ordre de grandeur
Maximum Cell Rate	Attribut	Cellules / sec

Figure 5-30

Métriques et attributs de PNNI

- **Mode hiérarchique** : sur de très gros réseaux (comportant plusieurs centaines de commutateurs ATM), il est souhaitable de créer des groupes de commutateurs en relation hiérarchique, en l'occurrence les peer group. Cette organisation, fondée sur un découpage de l'espace d'adressage d'ATM, évite un trafic excessif d'informations de routage et des calculs de route trop complexes.

La première caractéristique du routage PNNI hiérarchique est sa capacité d'évolution. Grâce au principe d'agrégation d'adresses, un peer group leader (PGL) représente, à un niveau hiérarchique supérieur, un groupe de commutateurs. Le PNNI hiérarchique fait appel à une terminologie précise pour désigner les entités physiques et logiques utilisées par le protocole. Il définit en premier les entités DOMAIN et AREA. Celles-ci permettent de concevoir des réseaux de taille conséquente.

Figure 5-31

Modèle hiérarchique de PNNI.

Échange des informations topologiques

Informations résumées

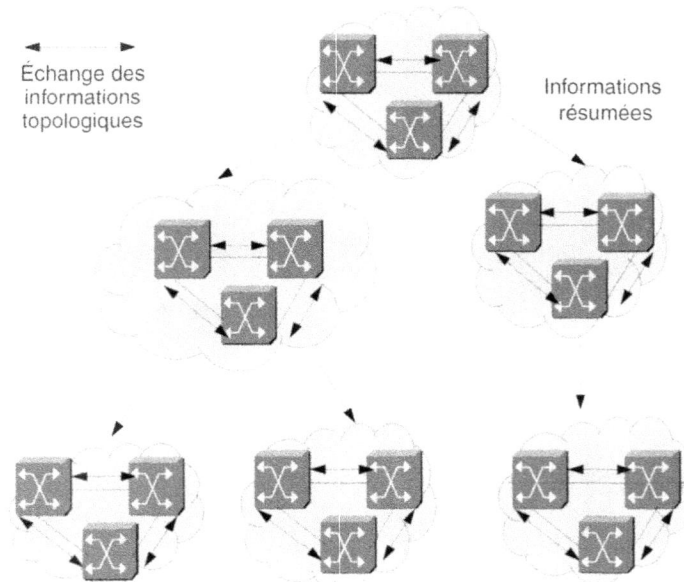

Nous avons défini ci-après les principaux termes liés à cette technique.

• L'aire (*area*) : il s'agit d'un sous-ensemble de nœuds (commutateurs) qui exécutent un protocole de routage commun (PNNI) et échangent des informations sur l'état et la disponibilité des liens.

• Le domaine (*domain*) : c'est un groupement d'aires qui échangent des informations de routage dynamiquement. Les échanges d'informations entre domaines recourent aux routes statiques (liens IISP).

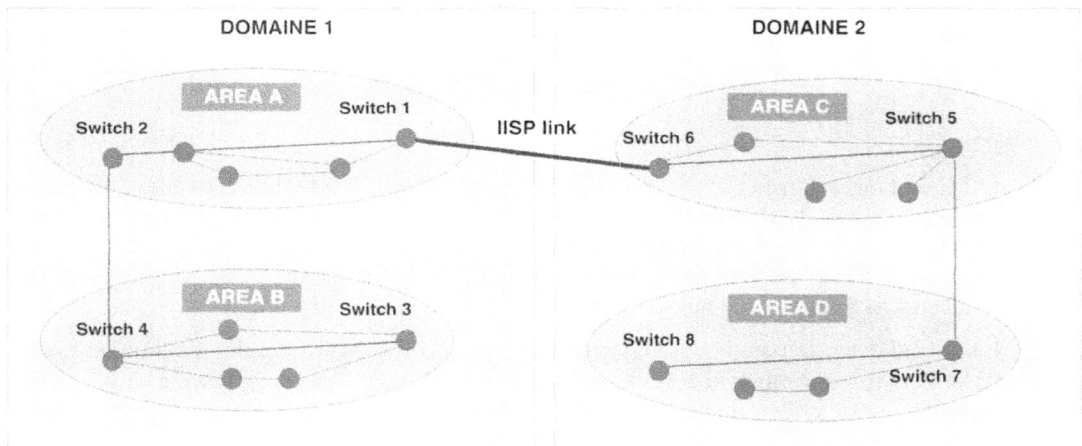

Figure 5-32

Domaines et aires PNNI

Une aire est ensuite organisée hiérarchiquement par niveaux. Le schéma ci-dessous est un exemple de représentation d'une aire, dans son mode hiérarchique. Il est constitué de trois niveaux distincts, allant du niveau le plus bas (*lowest level*) au niveau le plus haut (*highest level*). La représentation du niveau le plus bas (*lowest level*) est directement issue de la topologie physique réelle du réseau.

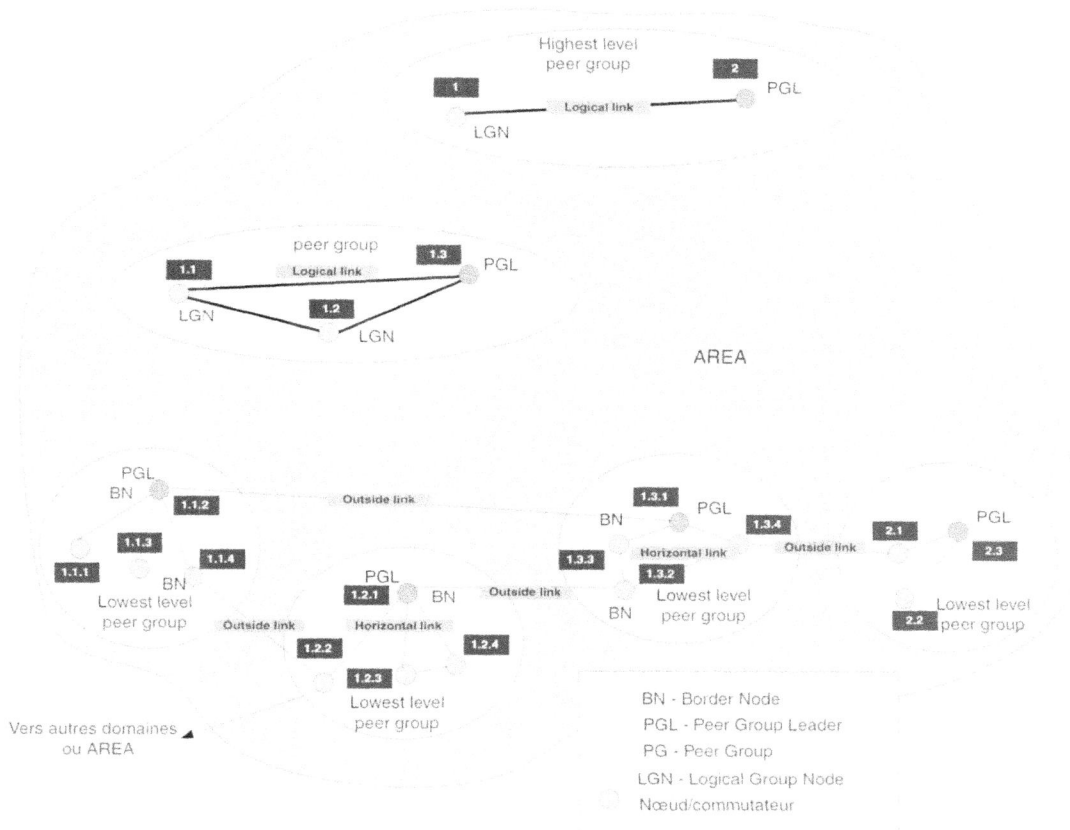

Figure 5-33

Mode hiérarchique de PNNI

- Les niveaux (*levels*) : ils positionnent le nœud dans la hiérarchie. Dans un réseau non hiérarchique (à plat), il n'y a qu'un niveau, le niveau le plus bas.
- Les nœuds de niveau le plus bas (*lowest level node*), également appelés nœuds logiques (*logical node*) ou nœuds : ils représentent un commutateur avec *n* interfaces ATM NNI, qui exécutent le protocole de routage PNNI. Ils sont identifiés de manière unique par un ID de nœud logique (*Logical Node ID*).
- Le *peer group* (PG) : il est constitué de plusieurs nœuds de bas niveau dotés d'au moins une connexion physique à un autre membre du PG. Ils sont également au même niveau (*level*)

et possèdent le même préfixe. Chaque membre maintient une vue identique de la topologie du groupe. Ils sont identifiés de manière unique par un *peer group ID*.

- Le *peer group leader* (PGL) : le leader (ou maître) fournit aux autres groupes des informations d'états sur tous les nœuds du peer group. Il sert de relais pour l'obtention d'informations sur les groupes de hiérarchie supérieure.

- Le *logical group node* (LGN) : c'est un nœud logique n'ayant pas d'existence réelle et représentant un peer group dans le niveau hiérarchique supérieur.

- Le lien logique (*logical link*) : les liens logiques sont des liens physiques ou des VPC entre deux nœuds de niveau le plus bas. On distingue les liens suivants :

    - *horizontal link* : ce sont des liens logiques entre les nœuds appartenant à un même peer group. Les liens physiques entre deux nœuds d'un même groupe ne sont pas agrégés et sont donc représentés par deux liens logiques (*logical link*) ;

    - *outside link* : ce sont des liens entre nœuds appartenant à des peer group différents ;

    - *uplink* : ce sont des liens logiques représentant, à un niveau hiérarchique supérieur, un ou plusieurs (agrégation) outside Link.

- Le *border node* : il s'agit de nœuds ayant au moins un lien (*outside link*) avec le nœud d'un autre peer group.

Pour construire une architecture PNNI hiérarchique, il convient de respecter les règles d'ingénierie ci-dessous.

- Chaque aire est dotée d'un identifiant unique (ID), utilisé pour la communication entre aires. S'il n'existe qu'une seule aire, tous les commutateurs doivent être configurés avec le même ID.

- Pour chaque aire, il convient de spécifier un niveau. Dans une aire hiérarchique à plusieurs niveaux, l'un d'eux sera considéré comme le niveau de l'aire. Cette référence est utilisée pour la communication entre différentes aires.

- Un domaine est un groupement d'aires qui échangent des informations de routage dynamiquement. Les échanges d'informations entre domaines s'effectuent *via* des routes statiques (liens IISP).

- Un LGN est systématiquement un PGL dans un *peer group* fils (niveau hiérarchique inférieur).

- Un LGN réalise l'agrégation des informations du *peer group* fils qu'il représente, et les diffuse dans son *peer group*.

- Un *peer group* peut contenir des nœuds de niveau le plus bas et des nœuds logiques LGN (voir exemple du nœud 2 dans le niveau le plus haut ou *highest level*). Il est donc conseillé, pour réduire la charge processeur des commutateurs, de réduire le nombre de LGN par commutateur (cas des hiérarchies à plusieurs niveaux)

- Il est recommandé que les nœuds d'un *peer group* pouvant devenir PGL possèdent la même configuration de nœud parent dans la hiérarchie.

- Le choix du PGL dans le *peer group* n'a pas d'effet sur la sélection des routes entre *peer group*.

- PNNI est capable de gérer un éventuel fractionnement d'un *peer group*, suite à une déficience de lien ou de commutateur. Cependant, le comportement du routage est alors incertain. C'est pourquoi l'architecture doit être pensée pour éviter le plus possible le partitionnement. Une rupture simple de lien ou l'arrêt d'un commutateur ne doit donc pas entraîner un partitionnement.

Il faut savoir que la QoS n'est pas gérée de manière détaillée, en dehors du *peer group* d'origine (agrégation au niveau du *border node*). En effet, à l'extérieur du *peer group*, on ne possède qu'un résumé de ses caractéristiques de QoS.

REMARQUE | Cette limite de gestion fine de la QoS sur des grands réseaux sera également constatée sur les protocoles de QoS liés à IP.

Autres technologies liées à ATM

Les fonctionnalités d'ATM énoncées jusqu'ici sont pleinement accessibles à des systèmes terminaux directement raccordés en ATM, et disposant des interfaces logicielles nécessaires. Dans la pratique, un réseau ATM est souvent mis en œuvre au sein d'un réseau existant, pour lequel il est nécessaire de définir des mécanismes d'adaptation, sous peine de devoir migrer instantanément l'ensemble (théorie du big-bang difficilement applicable dans la réalité). Nous nous contenterons d'aborder de manière succincte les deux principaux mécanismes : LANE (LAN Emulation) pour simuler le fonctionnement d'un réseau local sur ATM et faciliter l'interconnexion de LAN au niveau 2, et MPOA permettant d'intégrer le routage sur un réseau ATM.

LANE (LAN Emulation)

Cette approche vise à considérer le réseau ATM comme un réseau local virtuel (Ethernet ou Token Ring). En l'occurrence, on parle de réseau local émulé (Emulated LAN ou ELAN, à ne pas confondre avec le nom du mécanisme LANE). Cet ELAN permet soit d'interconnecter des LAN Ethernet (ou Token-Ring) *via* un nuage ATM, soit de raccorder directement des serveurs (plus rarement des stations) au nuage ATM.

L'approche ELAN est matérialisée par :

- des fonctions LEC (LAN Emulation Client) localisées dans les stations raccordées en ATM et dans les commutateurs de trames rattachés au réseau ATM ;

- des fonctions serveurs LES (LAN Emulation Server), généralement localisées dans les commutateurs ATM pour résoudre les correspondances d'adresses MAC en ATM, en réponse aux demandes des fonctions clientes LEC. Il faut noter qu'il existe un serveur LES par réseau local émulé. L'ensemble des LES est référencé par un LECS (LAN Emulation Configuration Server), accessible *via* une adresse ATMwell-known ;

- des fonctions serveurs BUS (Broadcast and Unknown Server) pour résoudre les problèmes de multicast ou de broadcast. C'est également une fonction serveur pour les LEC. Très simplement, cette fonction permet de simuler le comportement d'un réseau local, naturellement à diffusion, (toute trame émise par une station Ethernet est visible par l'ensemble des autres stations) sur un réseau orienté connexion. Dès lors qu'un client LEC sur ATM désire émettre une trame de broadcast, le serveur BUS va dupliquer cette trame vers tous les membres du même ELAN, au travers des circuits virtuels qu'il aura préalablement établis.

La figure ci-dessous illustre comment la station d'un réseau Ethernet émulé récupère auprès du LECS (possédant une adresse ATM well-known) l'adresse du serveur LES gérant la correspondance des adresses ATM/adresses Ethernet de son réseau Ethernet émulé.

Figure 5-34

LAN Emulation –
Recherche du LES

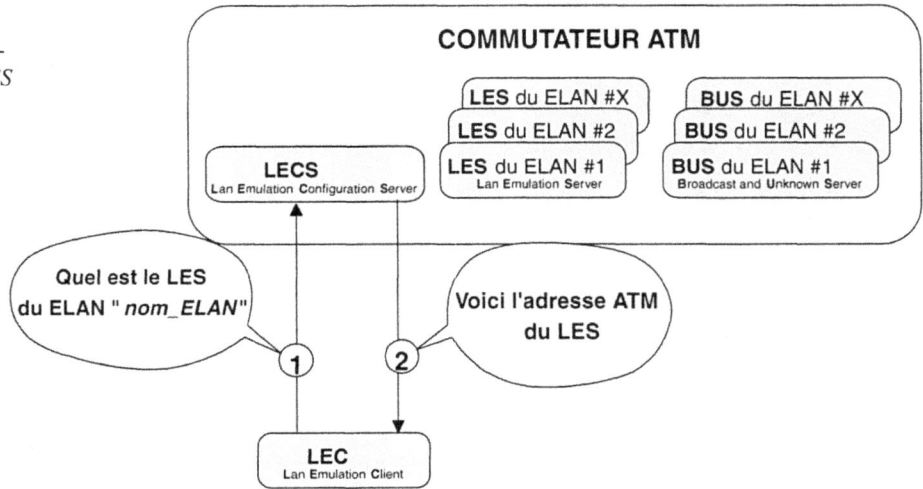

Muni de l'adresse du serveur LES, le LEC de gauche, sur la figure suivante, peut atteindre le LEC de droite situé sur le même ELAN. Il lui suffit de demander au serveur LES l'adresse ATM correspondant à l'adresse MAC Ethernet qu'il souhaite atteindre.

En possession de l'adresse ATM du LEC destination (LEC de droite), le LEC source s'adresse au réseau ATM pour créer un chemin virtuel (VC) vers cette adresse. Le transfert peut alors commencer.

Figure 5-35

Établissement de la
connexion

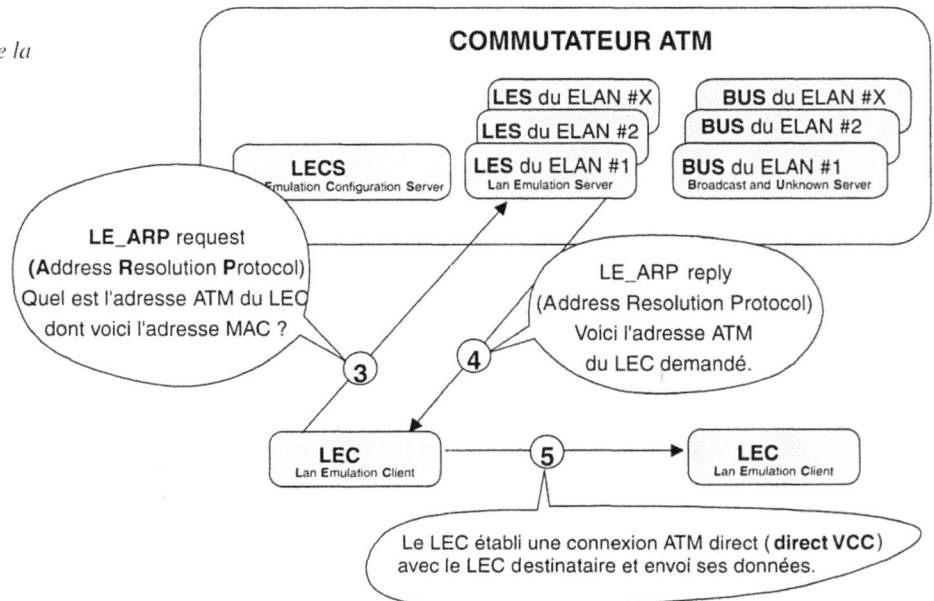

Les fonctions LAN Emulation permettent donc de rendre ATM transparent aux protocoles réseau utilisés (IP, IPX...) et de leur faire croire qu'il fonctionne sur un réseau à diffusion (et non connecté), de type Ethernet ou Token Ring. Cette transparence empêche de tenir finement compte des caractéristiques de gestion de la qualité de services d'un réseau ATM (puisqu'il est considéré comme un réseau Ethernet ou Token Ring émulé). Toutefois, la version 2 de LAN Emulation permet d'assigner à chaque ELAN un ensemble de caractéristiques de QoS. On peut ainsi décomposer le nuage ATM en un certain nombre de réseaux locaux virtuels, dotés de caractéristiques particulières de QoS : un ELAN peut convenir à des postes de visio-conférence par exemple, tandis qu'un autre ELAN sera créé pour interconnecter des serveurs répliquant d'importantes bases d'informations.

MPOA (Multi-Protocol Over ATM)

Le travail de standardisation de MPOA (Multi-Protocol Over ATM) se fonde sur une nouvelle vision des LAN virtuels. La première génération du LAN Emulation souffre en effet des deux principales limites suivantes :

- un goulet d'étranglement au niveau des routeurs : l'interconnexion entre ELAN est effectué par les routeurs, ce qui implique la conversion cellule/trame/cellule à chaque routeur ;
- l'impossibilité de comprendre tous les protocoles natifs, et donc celle de prendre en compte la qualité de service du réseau ATM.

MPOA s'appuie également, tout comme LANE, sur des composants clients (MPC, MPOA Client) et sur des serveurs (MPS, MPOA Serveur). Si l'adresse de destination se trouve sur le même réseau (IP), les mécanismes de résolution LANE seront utilisés. Si elle se situe sur un autre réseau (IP), le client MPOA s'adresse alors à son serveur MPS pour connaître directement l'adresse ATM du destinataire. Une fois obtenu, le client MPOA peut établir un circuit virtuel ATM directement vers le client MPOA du destinataire (il s'agit d'un *shortcut*).

Quels sont les bénéfices de MPOA ?

- On minimise le nombre de sauts à travers les routeurs pour les communications entre deux nœuds de sous-réseaux différents (subnets). En effet, seule l'adresse du nœud final est nécessaire.
- On peut utiliser facilement la qualité de services des réseaux ATM. En effet, pouvant lire les en-têtes des paquets, les commutateurs MPOA sont capables de lire les messages de contrôle et de choisir la connexion ATM associée à la bonne qualité de service.

Dans la pratique MPOA a été très peu mis en œuvre. En effet, ses spécifications sont arrivées tardivement et, face à la complexité de mise en œuvre, les acteurs du marché (les constructeurs d'équipement) ont préféré développer des solutions de commutations multiniveaux, mixant la commutation ATM et le routage IP. La solution MPLS présentée au chapitre suivant représente la version de convergence de ces solutions.

6

Modèles et protocoles
de niveau 3 et supérieur

Nous avons observé au chapitre précédent les facilités offertes par certaines technologies réseau. Dans le cadre d'une QoS globale, ces facilités sont exploitées par les équipements d'interconnexion (les routeurs) au niveau IP, afin de fournir une gestion de la QoS de bout en bout. Nous aborderons plus spécifiquement dans ce chapitre les différents modèles et protocoles qui permettent aux routeurs d'apporter à leur niveau la gestion de la QoS.

Il est intéressant de rappeler à ce propos que certains acteurs du marché préconisent l'utilisation du protocole IP directement sur des réseaux fibres (IP over Sonet, IP over SDH et même directement sur le support fibre). Ils mettent en avant la simplification due à l'élimination des technologies réseau de niveau 2. Dans cette perspective, la gestion de la QoS au niveau IP se suffit à elle-même, et il est inutile de faire appel aux technologies de QoS des liens réseau évoquées au chapitre précédent. Si on peut accorder un certain crédit à cette approche, il n'en demeure pas moins vrai, qu'au moins pendant un certain temps encore, il sera nécessaire de s'appuyer sur les technologies réseau actuellement déployées.

Nous avons déjà présenté les trois principaux modèles de QoS liés à IP :

- IntServ : modèle de QoS à service garanti,
- DiffServ : modèle de QoS à service différencié,
- MPLS : modèle d'optimisation des trafics.

Nous les détaillons dans ce chapitre et nous observerons leur complémentarité au chapitre suivant.

IntServ

Objectif et caractéristiques

Le modèle IntServ a marqué historiquement (en 1994) la volonté de l'IETF de définir une architecture capable de prendre en charge la QoS temps réel et le contrôle du partage de la bande passante sur les liens réseau. Une fois écartée l'idée de définir un nouveau mode de fonctionnement de l'Internet, on a retenu le principe de définition de mécanismes complémentaires permettant le support de la QoS.

On avait alors conclu que les routeurs devraient être en mesure de réserver des ressources pour un flot de paquets spécifiques à un utilisateur (appelé flux), ce qui implique la mémorisation des informations d'état spécifiques à un flux dans un routeur. Il est important de souligner que ce constat est contraire aux fondements de l'architecture de l'Internet, pour laquelle toutes les informations d'état relatives à un flux doivent résider dans les systèmes terminaux. La simplicité du protocole TCP/IP, sa robustesse et, partant, son succès, reposent d'ailleurs sur ce principe. De fait, pour maintenir la robustesse du protocole TCP/IP, il a été décidé que la mémorisation des informations d'état dans les routeurs devait être logicielle (et non matérielle, comme dans le cas d'ATM).

La nécessité de conserver une infrastructure unique pour les communications temps réel et non-temps réel, et d'utiliser le même protocole IP pour ces deux communications est à la base des principes du modèle de service IntServ :

- l'extension IS (IntServ) requiert des informations d'état supplémentaires dans les routeurs ;
- un mécanisme spécifique d'initialisation est nécessaire pour appeler le service. Pour assurer le support d'applications, le modèle IntServ se fonde sur l'identification de flux de données d'une application nécessitant un service particulier du réseau.

Définition d'un flux IntServ

Dans IntServ, un flux de données (ou flux) correspond à une séquence de messages possédant les mêmes source, destination (une ou plusieurs) et qualité de service. Les caractéristiques de QoS sont communiquées au réseau *via* une spécification de flux (flow spec) : il s'agit d'une structure de données utilisée par les systèmes (hosts) pour demander des services au réseau. Cette structure de données comporte plusieurs éléments que nous décrivons ultérieurement.

Modèle réseau

IntServ se fonde sur la concaténation d'éléments réseau (NE, Network Elements). Tout composant réseau prenant en charge des paquets et exerçant de la sorte un contrôle de QoS sur les données qui le traversent est un NE. Il peut donc s'agir d'un routeur, d'un lien réseau ou d'un système d'exploitation d'un système terminal.

Il existe deux types de NE :

- *QoS-capable NE* : c'est un élément qui offre un ou plusieurs services IntServ ;
- *QoS-aware NE* : c'est un élément qui supporte les interfaces nécessaires pour la réalisation des services. Il ne doit donc pas offrir les services IntServ, mais indiquer ce qu'il ne peut pas supporter. De cette façon, on peut dire qu'il dispose de fonctionnalités équivalentes à IntServ, mais pas du « code » IntServ.

Le modèle IntServ constituant un complément au fonctionnement de base du réseau Internet, certains éléments du réseau ne supporteront pas les fonctionnalités IntServ, à savoir les *non-QoS-NE*. Ces différents NE sont représentés ci-dessous. On notera la possibilité de déployer les services IS (IntServ) sur certaines parties du réseau seulement.

Figure 6-1

*Les éléments
réseau (NE)
dans IntServ*

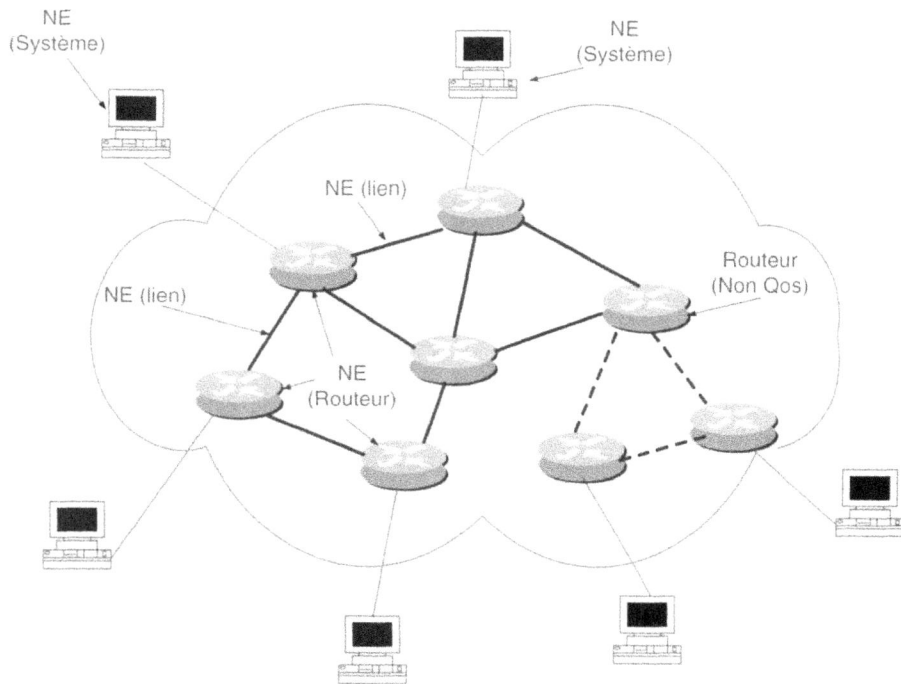

Deux groupes de travail au sein de l'IETF prennent en charge les définitions d'IntServ :

- le groupe de travail IntServ développe les définitions des services de base et les modèles de routeurs pour les supporter ;

- le groupe de travail ISSLL (Integrated Services over Specific Link Layer) définit comment un certain nombre de technologies de liens réseau peuvent être utilisées pour supporter le service de QoS.

Modèle de service

Le modèle IntServ (Integrated Services) définit deux types principaux de services :

1. Le service garanti (GS, Guaranteed Service) défini dans la RFC 2212 : il émule au maximum un circuit virtuel dédié. Bande passante garantie et délai d'acheminement limité.

2. La charge contrôlée (CL, Controlled Load) défini dans la RFC 2211 : ce service est équivalent à un service best effort, mais dans un environnement non surchargé. Il est donc plus élaboré que le best effort, mais sans garantie.

Concrètement, cela signifie que :

- un pourcentage élevé de paquets sera délivré au destinataire ;
- un grand pourcentage de paquets expérimentera un temps de traversée du réseau raisonnable. Ce temps est constitué par la somme des délais de transmission sur les supports et la somme des délais de traitement dans les routeurs.

Architecture de base d'un routeur IntServ

Un routeur prenant en charge les services IntServ doit mettre en œuvre les quatre fonctions propres à un routeur supportant la QoS, et déjà présentées au chapitre 4 *Mécanismes de QoS internes aux équipements* :

1. Le classificateur (classifier) : il classe chaque paquet entrant dans une même classe de flux. Cette classification, réalisée sur chaque routeur du réseau, se fonde, dans le contexte du modèle IntServ, sur une classification multichamp.

2. Le contrôle et marquage (control and marking) : il a pour but de vérifier la conformité du trafic, et de marquer ou d'éliminer le trafic non conforme.

3. La gestion des files d'attente : dans la mesure où chaque flux est normalement affecté à une file d'attente, les mécanismes de gestion de la congestion pour protéger les flux entre eux ne sont normalement pas nécessaires. Dans la pratique, une file d'attente sera affectée à l'ensemble des flux traités en best effort (flux non gérés par le service IS). On pourra alors lui appliquer les mécanismes de contrôle de congestion que nous avons évoqués au chapitre 4. Pour les files d'attente assignées aux différents flux, il sera possible de procéder à leur re-dimensionnement en fonction précisément de chaque flux.

4. L'ordonnanceur (packet scheduler) : il gère les files de sortie pour fournir l'acheminement aux flux de différentes qualités de service.

Le routeur doit en outre comporter un plan de contrôle des opérations du routeur, afin de réserver les ressources nécessaires. Dans le cas de l'utilisation du protocole RSVP, cela implique que le routeur :

- participe aux échanges de messages RSVP ;
- calcule les paramètres liés aux objets IntServ ;
- configure les éléments de QoS du routeur précédemment cités (classificateur, contrôleur, gestion des files d'attente et ordonnanceur), en fonction des demandes issues de RSVP.

Il est important de remarquer à cette occasion que RSVP n'est pas un protocole de routage, mais seulement un protocole de signalisation. Le modèle IntServ ne suppose pas l'utilisation d'un protocole de routage fondé sur la QoS. Les ressources réclamées par RSVP sont disponibles ou non sur la route déterminée par le protocole de routage standard, comme RIP ou OSPF (fondé sur le plus court chemin).

En complément, le routeur possédera une fonction de contrôle d'admission (Admission Control) et de contrôle de règles (Policy Control). Le contrôle d'admission sert à déterminer si le routeur a la capacité de traiter la demande du protocole de signalisation, et le contrôle de règles vérifie si la requête du protocole de signalisation est légitime par rapport aux règles fixées par l'administrateur du réseau (par exemple, si la requête est issue d'un utilisateur autorisé). Dans la négative, un message d'erreur du protocole de signalisation est retourné.

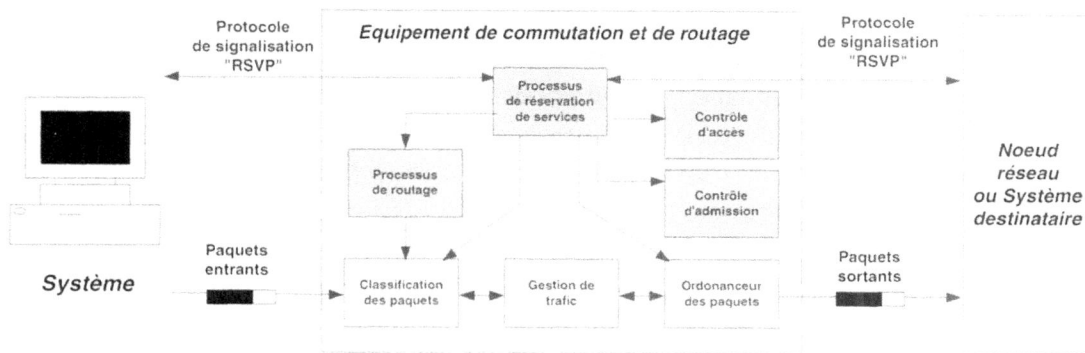

Figure 6-2

Plan de contrôle d'un routeur IntServ

Le protocole RSVP

Le protocole de réservation (RSVP, ReSerVation Protocol) est le protocole de signalisation qui fournit l'initialisation et le contrôle de réservation nécessaires aux services intégrés (IntServ, Integrated Services). Toutefois, RSVP peut être utilisé en dehors du contexte IntServ. On peut ainsi y recourir pour établir des chemins MPLS (voir la section MPLS). Nous décrivons ci-dessous le protocole RSVP standard, étant entendu que ce protocole de signalisation a été complété par des spécifications complémentaires en fonction du champ d'application.

RSVP est décrit par les RFC (Request for Comment) de l'IETF suivants :

- RFC 2205 : Protocol Specification,
- RFC 2208 : Applicability Statement,
- RFC 2209 : Message Processing.

Rappelons que RSVP n'est pas un protocole de routage. Il travaille en revanche en collaboration avec les protocoles de routage et met en place l'équivalent de règles dynamiques dans les routeurs, calculées par les protocoles de routage. Dans la classification OSI, RSVP est assimilé à un protocole de transport.

En théorie, la réservation dynamique de ressources est fort prometteuse, mais elle est difficile à mettre en œuvre. Elle nécessite que tous les composants du réseau sachent en exploiter les mécanismes.

- L'application de l'utilisateur doit en premier lieu être capable de spécifier ses besoins en termes de QOS.
- Les systèmes (serveurs/stations/ périphériques) doivent comprendre les besoins de l'application et disposer d'une interface de service de QoS (telle que Winsock 2).
- Le protocole de signalisation, RSVP en l'occurrence, doit réserver les ressources dans le réseau.
- Les commutateurs et les routeurs du réseau doivent comprendre les requêtes de réservation et assurer les contrats de qualité de services auxquels ils s'engagent.

Fonctionnement du protocole RSVP

Le protocole de signalisation RSVP met en place une connexion logique, appelée session.

Une session RSVP est définie par les trois éléments suivants :

- adresse_destination : adresse IP destination (unicast ou multicast) ;
- identifiant_protocole : c'est l'identifiant du protocole sur IP ;
- port_destination (optionnel) : port TCP ou UDP.

Soulignons que dans le cas d'un trafic multicast, il y a plusieurs destinations.

Le fonctionnement général du protocole est illustré à la figure 6-3.

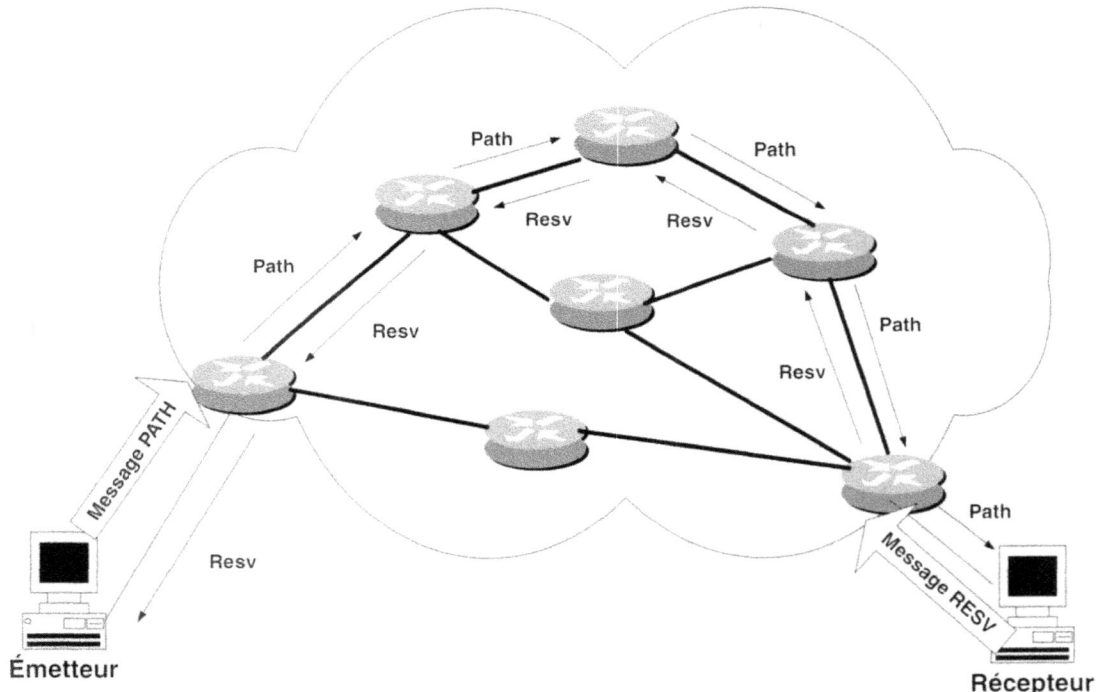

Figure 6-3

Fonctionnement de RSVP

Le principe de fonctionnement est le suivant :

- l'émetteur spécifie le trafic en termes de bande passante maximale et minimale, délai (delay) d'acheminement et gigue (jitter) dans un descripteur de trafic TSPEC. Il envoie un message RSVP-PATH, qui contient la spécification de trafic TSPEC, avec une spécification additionnelle ADSPEC à l'adresse de destination. Nous examinons un peu plus loin l'utilité de ce second descripteur ;
- le message PATH est acheminé vers le destinataire à l'aide du protocole de routage unicast (RIP ou OSPF par exemple) ou éventuellement multicast ;

- chaque routeur rencontré sur la route vers la destination enregistre des informations relatives au chemin constitué («PATH-STATE»), qui incluent notamment l'adresse d'origine du message PATH (c'est-à-dire l'adresse IP en amont du routeur qui a émi le message PATH) et transfère le message PATH au routeur suivant. Ces informations de PATH-STATE permettront le retour du message RESV à l'émetteur, après qu'il aura atteint sa destination (voir la description de ce processus ci-dessous). En complément, chaque routeur peut modifier l'élément ADSPEC pour refléter les restrictions ou les modifications inhérentes aux spécifications demandées (bande passante réellement disponible, par exemple) ;

- grâce aux spécifications de TSPEC (décrites par l'émetteur) et ADSPEC (modifiées par le réseau pour rendre compte de ses possibilités réelles), le récepteur détermine les paramètres à utiliser en retour. Pour effectuer la réservation, le récepteur renvoie un message RSVP-RESV en retour, incluant une spécification de demande (RSPEC, Request specification) qui indique le type de services IntServ désiré (Controlled Load ou Guaranteed) et une spécification de filtre (filter spec, filter specification) qui caractérise les paquets (en termes de protocole de transport et numéro de port) et pour lesquels la réservation est établie. La combinaison de RSPEC et filter_spec forme un descripteur de flux (*flow descriptor*) utilisé par les routeurs pour identifier chaque réservation ;

- le message RSVP-RESV revient en amont en utilisant la route indiquée dans le message PATH (technique de source routing) ;

- quand chaque routeur RSVP reçoit en retour le message RESV, il utilise son processus de contrôle d'admission pour authentifier la demande et procéder à l'allocation de ressources. Si la requête ne peut être satisfaite (par faute de ressources ou échec d'authentification), le routeur retourne une erreur au récepteur. Si la requête peut être satisfaite, le routeur configure le classificateur de paquets pour qu'il sélectionne les paquets définis dans filter_spec et demande au lien réseau d'obtenir la QoS définie dans flow spec. Il envoie alors le message RESV au routeur suivant afin qu'il retourne vers l'émetteur ;

- quand le dernier routeur reçoit la requête RESV et l'accepte, il envoie un message de confirmation en retour au récepteur. Notons que le dernier routeur est soit le routeur situé à proximité de l'émetteur pour un flux unicast, soit le routeur au point de réservation pour un flux multicast) ;

- lorsque l'émetteur ou le récepteur ferme la session RSVP, cela entraîne un processus automatique de clôture de la réservation.

REMARQUE **Important :** par souci de simplification, nous avons supposé une connexion unicast, c'est-à-dire impliquant une source et une destination. Cependant, la souplesse de RSVP permet de tenir facilement compte des connexions multicast, c'est-à-dire impliquant une source vers plusieurs destinataires. Dans ce cas, le message PATH sera acheminé vers les destinataires à l'aide du protocole de multicast (nous aborderons ces protocoles au chapitre 9) et chaque destinataire renverra vers l'émetteur un message RESV, qui permettra de réserver les ressources sur le réseau en fonction des caractéristiques propres de raccordement de chaque destinataire. Ainsi, dans ce cas, les récepteurs de la session multicast pourront réserver des ressources adaptées à leur possibilité (capacité de traitement locale, capacité de raccordement au réseau, etc.). Dans la pratique, une session vidéo pourra donc être reçue par divers, destinataires, avec une qualité de réception différente, dépendant des codes vidéo disponibles et des caractéristiques de raccordement au réseau des différents destinataires. Nous reviendrons sur ces possibilités au chapitre 9, lors de la mise en œuvre de RSVP dans le cadre d'applications multimédias.

Caractéristiques du protocole RSVP

Du fonctionnement précédent, on déduit les principales caractéristiques du protocole RSVP.

- RSVP n'est pas un protocole de routage, mais il dépend des protocoles de routage présents et futurs. En d'autres termes, la signalisation RSVP est découplée des protocoles de routage qui continuent à fonctionner sans modification, en déterminant le plus court chemin vers la destination. L'alternative aurait été de prendre en compte les caractéristiques de QoS dans la détermination du chemin vers la destination. C'est ce que réalisent les protocoles de type QoS based routing, qui sont complexes et relativement peu utilisés. Nous avons abordé ce type de protocole dans le chapitre précédent en évoquant PNNI. Enfin, précisons que RSVP fournit un mode opératoire transparent aux routeurs qui ne le supportent pas. Dans ce cas, ces derniers se contentent de relayer la requête RSVP comme n'importe quel paquet IP.

- RSVP est orienté vers le récepteur, c'est-à-dire que c'est le récepteur d'un flux de données qui initie et maintient la réservation de ressources utilisée pour ce flux, d'après les informations (ou annonces) fournies par l'émetteur. Pour cette raison, le processus RSVP est qualifié de OPWA (One Pass With Advertissement, un passage avec annonce);

- RSVP étant orienté récepteur, il convient parfaitement aux applications multicast, où les récepteurs peuvent choisir un niveau de QoS différent en fonction de leurs possibilités locales ou de leurs possibilités de connexion au réseau.

- RSVP maintient des états de réservation logiciels dans les routeurs qui doivent périodiquement être renouvelés (rafraîchis) par des messages PATH et RESV (environ toutes les 30 secondes). Si les informations de réservation ne sont pas renouvelées, les ressources sont alors libérées. En effet, RSVP étant découplé du protocole de routage, il est nécessaire de s'assurer qu'il prend en compte les changements de routes du protocole de routage dus à des événements réseau, comme la rupture d'un lien ou la panne d'un routeur. Ces événements modifiant la topologie du réseau, ils entraînent la détermination d'une nouvelle route par le protocole de routage : il devient alors inutile de continuer à réserver des ressources sur une route qui n'est plus utilisée. En outre, en ce qui concerne les applications de multicast, RSVP doit également prendre en compte les changements dynamiques des membres d'un groupe de multicast (nous y reviendrons au chapitre 9). Il est possible de libérer explicitement les ressources grâce aux messages PathTear, fournis par les émetteurs, ou ResvTear, fournis par les récepteurs.

- RSVP est unidirectionnel, c'est-à-dire qu'il n'établit des réservations pour des flux de données que dans un seul sens. La réservation de ressources pour des transferts bidirectionnels requiert donc deux sessions RSVP indépendantes.

- RSVP transporte et maintient des paramètres de contrôle de trafic (QoS) et de contrôle de règles de politique (Policy Control) qui sont opaques à RSVP. En d'autres termes, RSVP véhicule des structures d'objet définissables en dehors de RSVP. Cette caractéristique permet une utilisation du protocole RSVP en dehors du contexte IntServ. La structure et le contenu des paramètres de trafic (QoS) sont documentés dans des spécifications propres à IntServ (RFC 2210). De même, la structure et le contenu des paramètres de règles sont définis en dehors de RSVP.

- RSVP propose plusieurs modèles de réservation (ou styles) pour s'accommoder d'une grande variété d'applications (cette fonctionnalité est décrite plus bas de manière détaillée).

- RSVP supporte à la fois IPv4 et IPv6 ; par souci de simplification, nous nous fonderons toujours sur IPv4.

Contrôle d'admission et de règles

D'après le processus de fonctionnement de RSVP que nous venons décrire, le contrôle d'admission (Admission Control) a donc pour objet de vérifier que les spécifications de QoS indiquées par le récepteur dans le message RESV sont réalisables.

Le contrôle de règles (Policy Control) s'attache quant à lui à vérifier si la requête est conforme aux règles fixées par l'administrateur du réseau en ce qui concerne les droits de l'utilisateur. Ces règles sont véhiculées dans une structure d'objet (opaque à RSVP) POLICY_DATA. L'interprétation de cet objet sort du cadre de RSVP et elle est précisée par le groupe de travail RAP (Ressource Allocation Protocol) de l'IETF qui a pour objectif d'établir un modèle de contrôle de règles pour RSVP. Nous reviendrons sur ces aspects au chapitre 8, consacré à l'administration.

Format des messages RSVP

Un message RSVP est constitué d'un en-tête et d'un nombre variable d'objets selon le type de message. La définition des objets est fonction du contexte d'utilisation de RSVP.

Figure 6-4

Message RSVP

Voici la définition des différents éléments de ce tableau :

- vers (4 bits) : désigne la version du protocole RSVP,
- flags (4 bits) : non utilisé à ce jour,
- type de Msg : 8 bits
    - 1 = Path
    - 2 = Resv
    - 3 = PathErr
    - 4 = ResvErr
    - 5 = PathTear
    - 6 = ResvTear
    - 7 = ResvConf,
- checksum RSVP (16 bits) : checksum sur le message RSVP,
- Send_TTL (8 bits) : valeur du TTL IP avec laquelle le message a été envoyé,
- longueur RSVP (16 bits) : longueur du message RSVP en octets (en-tête + objets).

Le format générique des objets RSVP est constitué de mots de 32 bits (4 octets), avec un octet d'en-tête, selon le format suivant :

La longueur maximale d'un objet est de 64 ko.

Figure 6-5

Format des objets RSVP

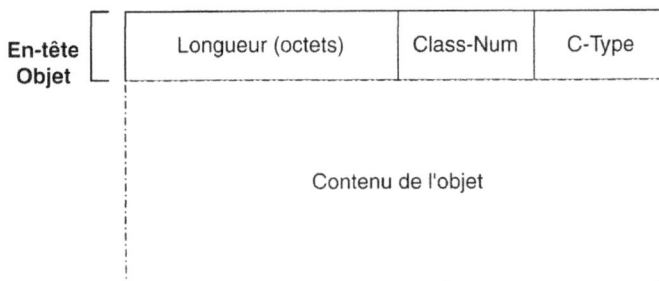

En-tête Objet

Longueur (octets)	Class-Num	C-Type
Contenu de l'objet		

Les champs comprennent :

- longueur (16 bits) : représente la longueur de l'objet en octets (multiple de 4) ;
- Class-Num : identifie la classe de l'objet. Chaque classe d'objets a un nom (auquel est associée une valeur). Une implémentation de RSVP doit reconnaître les classes suivantes :
  - NULL (class_num = 0). Un objet NULL peut apparaître n'importe où dans une séquence d'objets. Son contenu est ignoré par le récepteur ;
  - SESSION : contient l'adresse IP destination, le protocole ID sur IP et le port de destination. Cet objet est requis dans tous les messages RSVP ;
  - RSVP_HOP : transporte l'adresse IP du nœud RSVP qui a émis le message. Il s'agit soit du nœud précédent (PHOP, Previous HOP) pour un message allant de l'émetteur vers le destinataire, soit du nœud suivant (NHOP, Next HOP) pour les messages transitant du destinataire vers l'émetteur ;
  - TIME_VALUES : contient la valeur pour la période de rafraîchissement utilisée par le créateur du message ;
  - STYLE : définit le style de réservation (obligatoire dans un message RESV) ;
  - FLOWSPEC : définit une QoS demandée dans un message de réservation (RESV) ;
  - FILTER_SPEC : définit un sous-ensemble de la session qui doit recevoir la QoS demandée (spécifiée dans l'objet FlowSpec), dans un message RESV. En effet, tous les paquets d'une même session RSVP ne nécessitent pas forcément une QoS optimale ;
  - SENDER_TEMPLATE : contient l'adresse IP de l'émetteur et d'autres informations pour identifier l'émetteur. Objet requis dans un message PATH ;
  - SENDER_TSPEC : définit les caractéristiques de trafic d'un flux de données de l'émetteur. Cet objet est requis dans un message PATH ;
  - ADSPEC : transporte les informations OPWA dans un message PATH. Il s'agit des restrictions apportées par les éléments du réseau, à la demande initiale de ressource de l'émetteur. Ces restrictions permettent au récepteur à connaître les possibilités réelles du réseau, avant d'enclencher la phase de réservation ;
  - ERROR_SPEC : spécifie une erreur dans un message PATHERR, RESVERR ou une confirmation dans un message RESVCONF ;
  - POLICY_DATA : transporte des informations qui permettront au module de contrôle de règles de décider si une réservation est permise d'un point de vue administratif. Cet objet peut être associé à un message PATH, RESV, PATHERR ou RESVERR ;

– INTEGRITY : transporte des données cryptées pour authentifier le nœud source et pour vérifier le contenu du message RSVP ;

– SCOPE : transporte une liste de stations émettrices vers lesquelles les informations dans le message doivent être transmises. Cet objet peut être associé à un message RESV, RESVERR ou RESVTEAR ;

– RESV_CONFIRM : transporte l'adresse IP du récepteur qui a demandé la confirmation. Cet objet peut être associé à un message RESV ou RESVCONF ;

• C-TYPE : Type d'objet. C'est une valeur unique au sein de chaque Class-Num.

Le message PATH

Chaque station émettrice (host) émet périodiquement un message PATH, pour chaque flux de données qu'elle initie. Le message PATH traverse le réseau, depuis l'émetteur jusqu'au destinataire, en suivant le même chemin que les paquets de données. L'adresse IP source du message RSVP-PATH correspond à l'adresse de l'émetteur qu'il décrit, et l'adresse IP destination à celle de destination de la session. On remarque ainsi que le message RSVP-PATH peut être routé correctement sur un réseau non-RSVP (c'est-à-dire un réseau (ou une partie de réseau) constitué de routeurs ne supportant pas la signalisation RSVP).

Ce message contient l'objet SENDER_TEMPLATE précisant le format des paquets de données et l'objet SENDER_TSPEC indiquant les caractéristiques de trafic du flux à émettre. Il comporte également l'objet ADSPEC qui transporte les informations restrictives concernant le flux. Cet objet est modifié par les routeurs au fur et à mesure de la progression du message PATH sur le réseau.

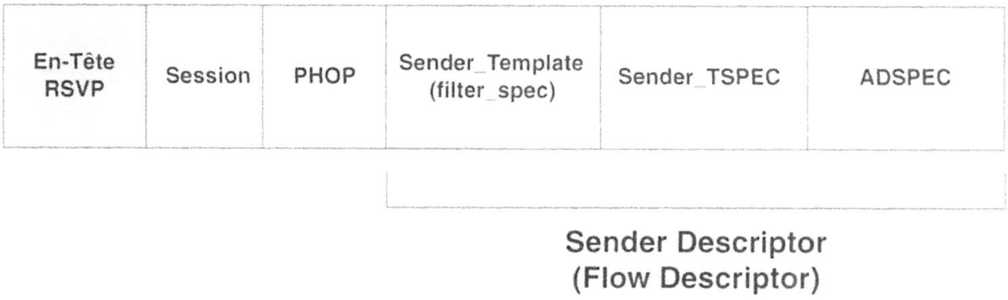

En-Tête RSVP	Session	PHOP	Sender_Template (filter_spec)	Sender_TSPEC	ADSPEC

**Sender Descriptor
(Flow Descriptor)**

Figure 6-6

Message RSVP-PATH

• PHOP (Previous HOP) : L'objet PHOP contient l'adresse du nœud précédent qui est mémorisé par le routeur et qui servira à acheminer le message RSVP-RESV de proche en proche, en retour.

• Sender_Template : décrit le format des paquets de données que la source va initier. Ce modèle correspond à un filtre de spécifications (Filter_Spec), qui peut être utilisé pour distinguer les paquets de l'émetteur dans la même session et sur le même lien.

• Sender-TSPEC : décrit les caractéristiques nécessaires pour le service offert par l'émetteur.

- ADSPEC : contient des informations engendrées par les éléments du réseau et permettant au récepteur de prédire la qualité du service de bout en bout. Cette information représente la partie « information » ou « annonce » du processus OPWA, en ce sens que chaque routeur est susceptible de modifier les caractéristiques de trafic pour tenir compte des caractéristiques réseau disponibles soit au niveau du routeur lui-même, soit au niveau des liens.

Le message RESV

Les messages RESV transportent les demandes de réservation de routeur en routeur, depuis le récepteur jusqu'à l'émetteur, le long du chemin inverse des données pour la session (chemin emprunté à l'aller par le message PATH). Ainsi, l'adresse IP de destination pour un message RSVP-RESV correspond à l'adresse unicast du nœud précédent, obtenu grâce à l'information d'état mémorisée par le routeur, lors de la réception du message PATH.

Figure 6-7

Message RSVP-RESV

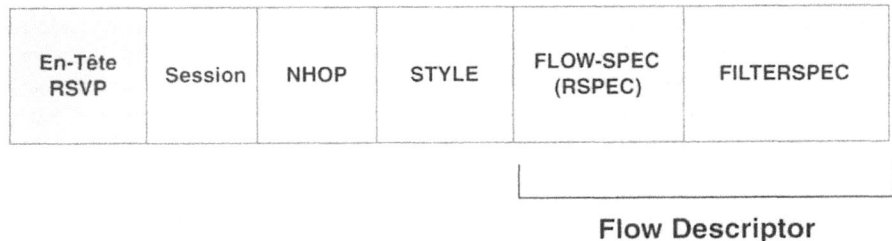

En-Tête RSVP	Session	NHOP	STYLE	FLOW-SPEC (RSPEC)	FILTERSPEC

Flow Descriptor

- NHOP : contient l'adresse IP de l'interface par laquelle le message RSVP-RESV a été émis.
- Style : définit le style de réservation demandée.

Le style de réservation RSVP demandée dépend de deux paramètres :

- du traitement de la réservation qui permet d'établir soit une réservation distincte pour chaque émetteur, soit une réservation partagée (shared) pour tous les paquets des émetteurs sélectionnés ;
- de la sélection des émetteurs, grâce à laquelle il est possible de spécifier une liste explicite de tous les émetteurs, ou de sélectionner implicitement tous les émetteurs de la session (définie, on le rappelle, par : adresse destination, protocole de transport, numéro de port destination). En fonction de ces deux paramètres, ont été définis les styles suivants :

Sélection émetteur	Traitement de la réservation	
	Distincte	Partagée (shared)
Explicite	Fixed Filter (FF Style)	Shared-Explicit (SE Style)
Tous (Wildcard)	(Non défini)	Wildcard-Filter (WF Style)

Figure 6-8

Les styles de réservation RSVP

Le style FF implique une réservation distincte et une sélection explicite des émetteurs. Ainsi, une requête de réservation de style FF crée une réservation distincte pour les paquets de données d'un émetteur particulier, et ne la partage pas avec les autres paquets des émetteurs de la même session.

- FlowSpect (Rspec) : définit la QoS désirée par le récepteur, en tenant compte de ses propres spécifications et de celles du réseau. La spécification de flux (flow spec) est utilisée pour renseigner les paramètres dans l'ordonnanceur de paquets (paquet scheduler).

- Filterspec : combiné avec l'information de session (adresse de destination, protocole de transport, numéro de port destination), il décrit l'ensemble des paquets qui recevront la QoS spécifiée dans flowspec. La spécification de filtre (filter spec) est utilisée pour renseigner les paramètres dans le classificateur (classifier).

Définition des objets IntServ

Rappelons que, si les objets sont utilisés par RSVP, leur signification n'est pas incluse dans RSVP. En conséquence, la définition des objets (descripteurs) est propre à chaque service. La RFC 2210 définit ainsi les structures d'objet FLOWSPEC, ADSPEC et TSPEC dans des environnements supportant les services IntServ cControlled load ou Garanteed. Nous précisons ci-dessous succinctement la définition de quelques objets dans le cas d'IntServ.

IntServ utilise un modèle de type seau à jetons (token bucket) pour caractériser ses files d'attente d'entrée/sortie (voir chapitre 4 pour une présentation générale de ce mécanisme). Nous décrivons ci-dessous uniquement les paramètres communs à TSPEC :

- r : débit du seau à jeton (token bucket rate) en octet/sec (de 1 octet/sec à 40 téraoctets/sec) ;

- b : taille du seau à jetons en octet (de 1 octet à 250 gigaoctets) ;

- p : débit du pic de trafic (peak data rate) ;

- m : taille minimale pour le contrôle (minimum policed unit) ;

- M : taille maximale de paquet (Maximum packet size). Cette information est utilisée notamment pour que le récepteur la compare à la valeur minimale de MTU (Maximum Transmission Unit) disponible sur le réseau.

Les paramètres du service CL (Controlled Load)

Un récepteur ne peut demander un service CL que si le descripteur ADSPEC indique que le service CL est disponible.

Les paramètres du service GS (Garanteed Service)

Ils comprennent, outre les paramètres r,b,p,m,M, deux paramètres spécifiques :

- R : débit (Rate). Mesuré en octet/sec, ce paramètre est supérieur ou égal à r. Il caractérise le débit auquel les NE du réseau doivent assurer un traitement raisonnable.

- S : variance de délai (Slack term). Ce paramètre est défini en microsecondes. Il détermine la tolérance de délai pour les éléments réseau.

Tout comme le service CL, le service GS ne peut être demandé par un récepteur que si le descripteur ADSPEC reçu indique que le service GS est disponible. Au fur et à mesure que le message RSVP-RESV revient vers la source, les éléments réseau effectuent un contrôle d'admission pour vérifier qu'ils peuvent supporter les paramètres requis, en fonction des conditions rencontrées lors du passage dans les éléments réseau précédents. Le service GS ne pourra finalement être mis en œuvre, que si l'ensemble des éléments réseau accepte le message RESV.

ISSL

Nous avons observé dans ce chapitre le service IntServ qui permet la mise en œuvre de la QoS sur un réseau IP. Nous avons évoqué au chapitre précédent les caractéristiques de QoS inhérentes aux différentes technologies de liens réseau (couche 2 du modèle ISO). Le groupe de travail ISSL (Integrated Services over Specific Link Layers) a précisément pour but de définir la correspondance entre les spécifications générales du service IntServ et les technologies de sous-réseaux (constituant les liens réseau).

Les différents points suivants sont adressés :

- correspondance des services : il s'agit de définir comment les technologies de liens (niveau 2 OSI) sont utilisées pour fournir un service IntServ, de type CL (charge contrôlée) ou GS (service garanti) ;

- correspondance pour le protocole d'initialisation : il s'agit notamment de faire correspondre le protocole d'initialisation RSVP à un processus équivalent sur une technologie de lien déterminée ;

- protocole d'adaptation : ces protocoles permettent d'augmenter les capacités natives d'une technologie de lien, afin de supporter les fonctions du service IntServ ;

- restrictions d'usage : les restrictions d'usage décrivent les fonctionnalités IntServ qui ne sont pas supportées par les technologies de liens concernées.

Nous n'allons pas détailler pour chaque technologie réseau l'ensemble des mécanismes, mais seulement préciser les technologies pour lesquelles des mécanismes ont été définis. Nous évoquerons à la fin de ce chapitre l'adaptation d'IntServ à deux cas particuliers (les plus fréquents) :

- IntServ sur des réseaux locaux de type IEEE 802,

- IntServ sur DiffServ.

Domaines d'adaptation d'IntServ

IntServ a été spécifié pour les technologies de liens suivantes :

- liens réseaux à bas débit,

- IntServ sur ATM,

- IntServ sur les LAN IEEE 802,

- IntServ sur Diffserv (*).

(*) DiffServ n'est pas une technologie de lien (au sens couche 2 du modèle ISO), mais le service d'interconnexion rendu par un réseau DiffServ entre deux points peut s'apparenter à un lien doté de caractéristiques particulières. C'est en ce sens qu'il est retenu. Ce cas illustre le concept de hiérarchie de réseaux IP, qui a été présenté au chapitre 1. Il en est de même pour ATM, qui est classé comme une technologie de niveau 2, alors qu'elle dispose de la plupart des caractéristiques d'un niveau 3 (adressage, routage, etc.).

Ces adaptations reviennent à considérer différentes technologies réseau (de niveau ISO 2 ou 3) comme apportant un service de connexion entre deux points assimilés à un NE (Network Element) de type liaison, doté de caractéristiques propres de QoS.

Figure 6-9

Les champs d'application d'ISSL.

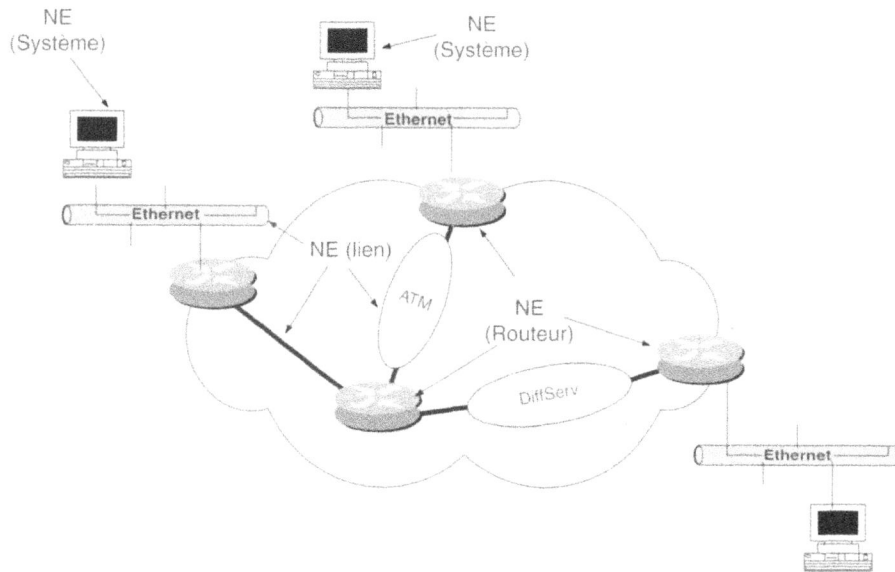

État des normes

Nous précisons ci-dessous l'état des travaux du groupe de travail ISSL. Nous examinerons de façon plus détaillée, à la fin de ce chapitre, l'adaptation d'IntServ sur les LAN (SBM) et sur DiffServ. Le lecteur qui le désire peut obtenir les documents IETF à l'adresse : *www.ietf.org.*

IntServ sur DiffServ

- A Framework for Integrated Services Operation over Diffserv Networks (draft)
- Integrated Service Mappings for Differentiated Services Networks (draft)

ATM

- RSVP over ATM Implementation Guidelines (RFC 2379)
- RSVP over ATM Implementation Requirements (RFC 2380)
- Interoperation of Controlled Load Service and Guaranteed Service with ATM (RFC 2381) ;
- A Framework for Integrated Services and RSVP over ATM (RFC 2382)

Liens bas débit

- The Multi-Class Extension to Multi-Link PPP (RFC 2686)
- PPP in a Real-time Oriented HDLC-like Framing (RFC 2687)
- Integrated Services Mappings for Low Speed Networks (RFC 2688)
- Providing Integrated services over Low-bitrate Links (RFC 2689)

Réseaux Locaux IEEE 802

- SBM (Subnet Bandwidth Manager): a Protocol for RSVP-based Admission Control over IEEE 802-style Networks (RFC 2814)

- Integrated Service Mappings on IEEE 802 Networks (RFC 2815)
- A Framework for Providing Integrated Services over Shared and Switched IEEE 802 LAN Technologies (RFC 2816)

DiffServ

Origine et principes

Le modèle DiffServ de l'IETF est né des difficultés de déploiement d'un modèle de gestion de qualité de service aux niveaux des flux applicatifs comme le modèle IntServ, sur de très grands réseaux. En effet, la nécessité de maintenir un état des ressources réseau pour chaque flux est incompatible avec des réseaux de plusieurs centaines de milliers de nœuds.

REMARQUES • Sur les réseaux ATM, ce problème de stabilité des grands réseaux a été résolu par l'adoption d'un routage (incluant la QoS) hiérarchique (PNNI hiérarchique).

• Dans IntServ, le protocole de signalisation RSVP est indépendant du routage. Même si l'on opte pour un routage hiérarchique (OSPF par exemple), il n'y a pas de notion de hiérarchie dans la mise en œuvre de RSVP.

Le principe du modèle à différenciation de services (DiffServ) consiste à séparer le trafic en classes de trafic identifiées par une valeur codée dans l'en-tête IP. Pour mémoire, l'en-tête d'Ipv4 contient un octet TOS (Type of Service), dont la définition est précisée dans la RFC 795.

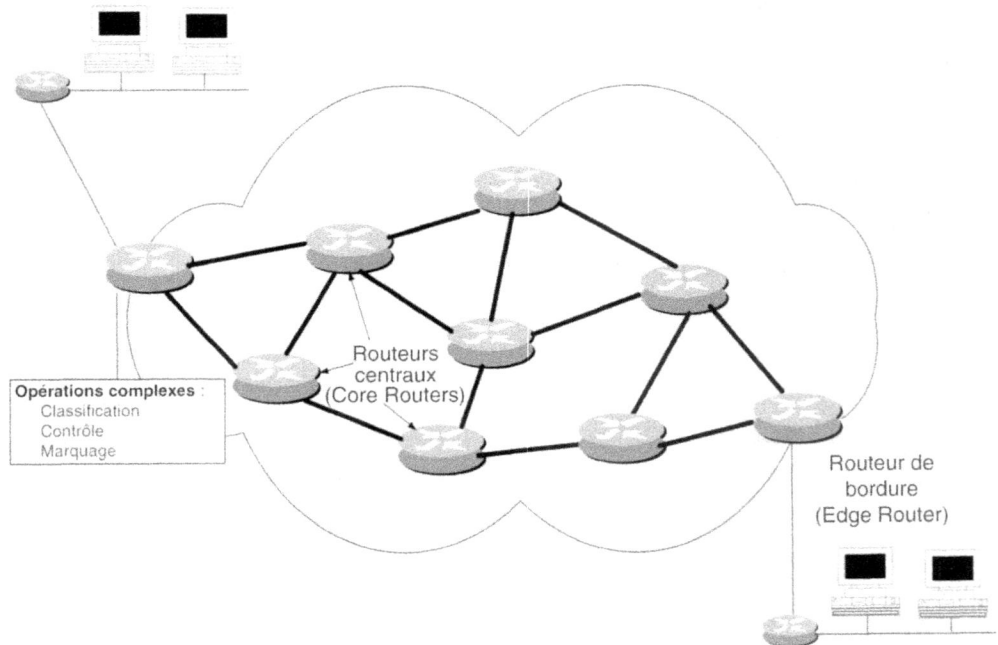

Figure 6-10

Opérations complexes périphériques au réseau DiffServ

Ce champ a déjà été détaillé au chapitre 2, *Principes de base*. L'utilisation à ce jour de ce champ reste limitée, et l'IETF a préféré le redéfinir en champ DS, dans un contexte DiffServ, permettant la création de différents niveaux de priorité associés à un paquet.

Le modèle de services différenciés de DiffServ repose donc principalement sur un modèle de *priorité relative* entre paquets IP. Les opérations complexes (classification des paquets, contrôle et marquage de l'en-tête des paquets) interviennent à l'entrée du réseau sur les nœuds de bordure (boundary nodes). Les nœuds centraux du réseau (interior nodes) se contentent alors de traiter les paquets en fonction de la classe codée dans l'en-tête du paquet IP (valeurs du champ DS), selon un comportement approprié, le **PHB** (Per Hop Behavior).

Les principes d'architecture de DiffServ sont décrits dans la RFC 2475, le champ DS est détaillé dans la RFC 2474 et deux comportements de routeur (PHB) ont été définis : Expedited Forwarding (EF) dans la RFC 2598 et Assured Forwarding (AF) dans la RFC 2597.

Nous n'allons pas entrer trop avant dans le détail de ces RFC, d'autant que la terminologie n'est pas encore stabilisée à ce jour, mais davantage exposer les principes de cette approche.

Le champ DS

Le champ DS correspond à l'ancien champ TOS de l'en-tête IP, comme l'indique la figure ci-dessous. Le champ DS est composé du champ DSCP sur 6 bits et du champ CU sur 2 bits.

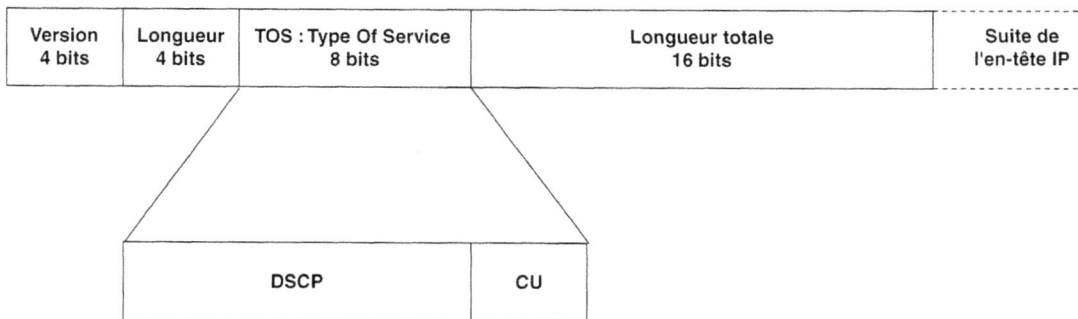

Version 4 bits	Longueur 4 bits	TOS : Type Of Service 8 bits	Longueur totale 16 bits	Suite de l'en-tête IP

DSCP	CU

Figure 6-11

Le champ DS

- Le champ DSCP (Differentiated Services Codepoint) permet de sélectionner le PHB à appliquer au paquet, sur les routeurs du réseau DiffServ. Codé sur 6 bits, il permet de définir 64 Codepoints.
- Le champ CU (Currently Unused) est réservé à un usage futur.

REMARQUE **Important :** à l'heure de la rédaction de cet ouvrage, il semble que l'IETF ait modifié la terminologie présentée. Le champ DS correspond désormais aux 6 premiers bits de l'octet TOS d'Ipv4 ou de l'octet de classe de trafic d'IPv6. Le DSCP est alors une valeur du champ DS. Chaque nœud doit utiliser cette valeur pour sélectionner le comportement (PHB) à appliquer au paquet.

Architecture DiffServ et terminologie

L'architecture DiffServ définit les principes suivants :

- Domaine DiffServ (DS Domain) : c'est une zone administrative, avec un ensemble commun de politiques d'approvisionnement du réseau et de définitions de PHB, équivalent à un ensemble de nœuds (routeurs) qui possèdent une même définition de services et de PHB ;

- Région DiffServ (DS Region) : c'est un ensemble contigu de domaines DiffServ, qui peuvent offrir la différenciation de services sur des routes empruntant ces domaines. Chaque domaine ne met pas obligatoirement en œuvre la même politique de d'approvisionnement ni les mêmes PHB. L'opérateur doit garantir que l'ensemble des domaines DiffServ assurera une QoS de bout en bout ;

- Nœuds frontières (DS Boundary nodes) : ce sont les équipements de bordure du domaine DiffServ. On distingue :
  - Les nœuds d'entrée de domaine (DS Ingress Node) : ce sont des routeurs qui permettent de classer les trafics dans un niveau de service et qui doivent également appliquer un comportement approprié (PHB) aux paquets IP en fonction du DSCP,
  - Les nœuds de sortie de domaine (DS Egress Node) : ce sont des routeurs qui exécutent un certain nombre de contrôle de sortie du domaine ;

- Nœuds intérieurs (DiffServ Interior Nodes) : ce sont des équipements centraux du réseau (généralement des routeurs à haute performance de commutation), qui appliquent un comportement approprié (PHB) aux paquets IP, en fonction de la valeur du DSCP, et assurent le service de transit sur le réseau.

Figure 6-12

Terminologie DiffServ

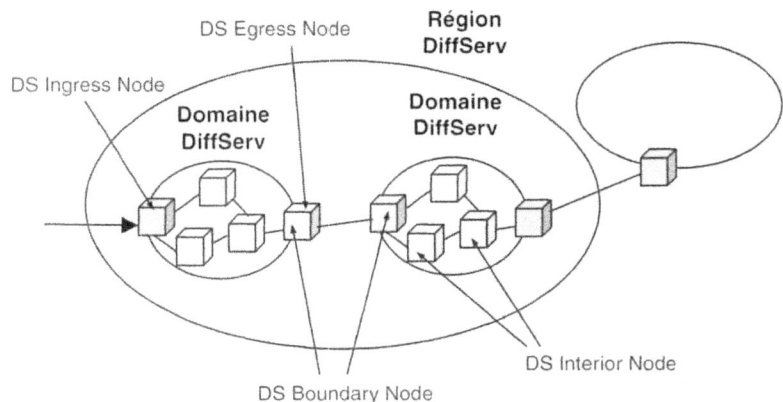

Pour permettre des services entre différents domaines DiffServ, il est nécessaire d'établir un SLA (Service Level Agreement) entre domaines adjacents. Ce SLA doit définir comment le trafic transitant d'un domaine vers un autre est conditionné à la frontière, entre les deux domaines DS. Ces aspects sont abordés au chapitre 8, consacré à l'administration.

Dans un domaine DiffServ, on distingue :

- les équipements frontières (Boundary Devices),
- les équipements internes (Interior Devices).

Les équipements frontières (routeurs d'accès) mettent en œuvre 4 mécanismes :

1. une classification des trafics (traffic classifier),
2. un mécanisme de conditionnement des trafics (traffic conditionning),
3. un mécanisme d'ordonnancement (scheduling),
4. un mécanisme d'acheminement (forwarding).

La *classification des trafics* permet de sélectionner des paquets dans un flot fondé sur le contenu d'une partie de l'en-tête du paquet. Deux types de classificateurs sont possibles :

- **BA** (Behavior Aggregate) : la classification des paquets est uniquement établie en fonction de la valeur du champ DS (DSCP) ;
- **MF** (Multi-Field) : la classification des trafics est réalisée selon la valeur d'un ou de plusieurs champs de l'en-tête du paquet comme l'adresse source ou destination, le champ DS, l'identificateur de protocole, le numéro du port source ou destination, etc. Cette classification complexe ne sera pas mise en œuvre dans les routeurs centraux, mais uniquement en périphérie.

Le *conditionnement de trafic* est assuré par 4 composants :

1. Le métreur (Meter) : cette fonctionnalité permet de mesurer le trafic pour vérifier qu'il est conforme au profil déterminé dans le contrat avec l'utilisateur et permet aux autres composants de mettre en œuvre le contrôle de trafic (policing).
2. Le marqueur (Marker) : il peut affecter un DSCP différent de celui reçu.
3. Le lisseur (Shaper) : il lisse le trafic en le retardant de telle sorte qu'il ne dépasse pas le débit contractuel associé au profil défini dans le contrat avec l'usager.
4. Le suppresseur (Dropper) : il élimine le trafic dépassant le débit contractuel associé au profil du contrat de service usager.

La figure 6-13 schématise l'ensemble de ces mécanismes :

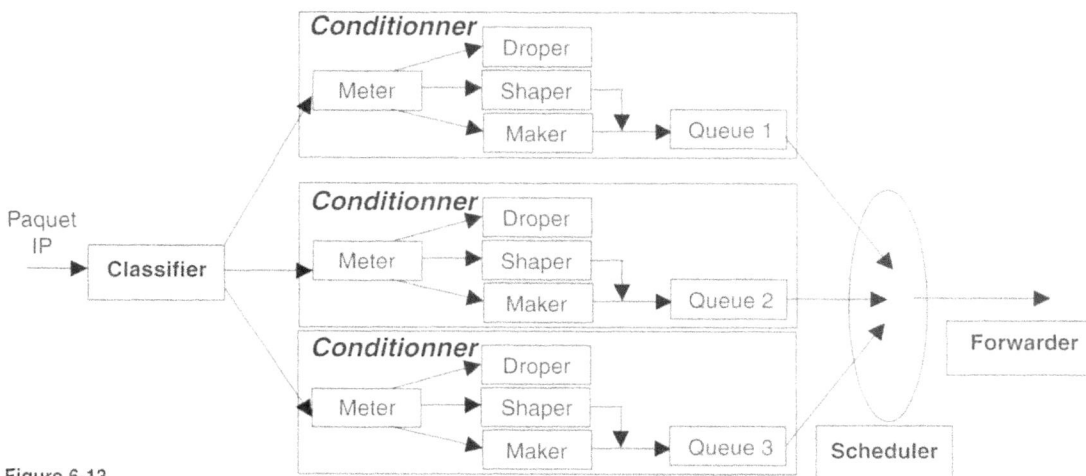

Figure 6-13
Mécanismes DiffServ

Les PHB (Per Hop Behavior) et Codepoints

Le PHB correspond à la description externe du comportement de routage d'un routeur, face à un trafic particulier. Cette définition *a priori* ardue peut se comprendre à l'aide d'un exemple simple de PHB, consistant à garantir une bande passante minimale de x % d'un lien, à certains types de trafic.

Les PHB sont mis en œuvre par les constructeurs dans les routeurs à l'aide de mécanismes de gestion des files d'attente (Custom Queuing, Weighted Fair Queuing, etc.) et de régulation de flux de leurs choix. Un PHB sera appliqué en fonction de la valeur du champ DS (DSCP) d'un paquet. Les PHB qui possèdent des comportements proches (car utilisant la même gestion de file d'attente et de flux, mais avec des options de contrôle différentes par exemple) sont regroupés (PHB Groups).

Il existe pour les PHB standardisés une valeur de DSCP recommandée. Cependant, il faut noter que DiffServ permet à différentes valeurs de DSCP d'être associées au même PHB. Ainsi, les groupes de PHB ont différentes valeurs de DSCP, chacune d'entre elles étant associée à un PHB spécifique. La RFC 2474 précise les principes généraux d'assignation de valeurs au champ DS (DSCP) :

- le champ DS (DSCP) est capable de contenir 64 valeurs (Codepoints) différentes ;
- l'espace des valeurs est divisé en trois sous-espaces ;
- un ensemble de 32 RECOMMENDED Codepoints (Pool 1) est assigné par l'IANA (Internet Assigned Number Authority), organisme lié à l'Internet, qui assigne les adresses IP et les valeurs des différents champs IP ;
- un ensemble de 16 Codepoints (Pool 2) est réservé à une utilisation locale (non standard ou expérimental : EXP/LU) ;
- un ensemble de 16 Codepoints (Pool 3), destiné initialement à une utilisation locale, serait à ce jour plutôt réservé en extension du groupe 1.

Les sous-espaces sont définis dans la table suivante (où x signifie soit 0, soit 1).

Espace	Valeur DSCP	Utilisation
1	xxxxx0	IANA
2	xxxx11	Locale
3	xxxx01	Locale / IANA

Le comportement best effort des réseaux actuels est défini comme le PHB par défaut. La valeur du champ DS (DSCP) correspondante est : 000000.

Les deux PHB qui ont été définis sont décrits ci-dessous.

Expedite Forwarding (EF) – RFC 2598

Le PHB Expedite Forwarding (traitement accéléré) fournit un service (appelé parfois Premium Service) assimilé à une ligne louée virtuelle, en assurant une garantie de bande passante et des taux de perte, délai et gigue faible.

Le DSCP correspondant au service EF est : 101110.

Pour ce service, il est nécessaire d'assurer les éléments suivants :

- à chaque nœud, le débit sortant doit être supérieur au débit entrant ;
- la bufferisation doit être limitée dans les nœuds ;
- le nœud doit disposer d'une forme de priority queuing ;
- il faut lisser le trafic sortant pour maintenir le contrat vers un autre opérateur ;
- ce type de trafic doit être limité à une faible portion du trafic total (environ 5 à 10 %).

Assured Forwarding (AF) – RFC 2597

Ce service correspond dans la pratique à un service garantissant un acheminement de paquets IP, avec une haute probabilité. Il regroupe en fait plusieurs PHB (PHB group). Il est possible de définir N classes indépendantes (AF) de M différents niveaux de priorités (drop precedence). Actuellement, quatre classes de traitement (N = 4) sont définies et chacune d'elles comprend trois niveaux de priorité (M = 3). Il est possible de définir localement davantage de classes ou de niveaux de priorité. Un nœud (routeur) doit allouer un minimum de ressources pour chaque classe AF. Par ressource on entend :

- une taille de buffer,
- une bande passante,
- une limite de débit pour les flux courts ou continus.

Une classe AF peut aussi être configurée pour recevoir davantage de ressources que le minimum, quand des ressources sont disponibles. En cas de congestion, le niveau de priorité (drop precedence) détermine l'importance du paquet dans la classe AF. Le nœud (routeur) DS tente alors de préserver les paquets avec une valeur faible de la « drop precedence », en éliminant prioritairement les paquets avec une valeur élevée de la « drop precedence ».

La mise en œuvre du groupe AF doit minimiser la congestion permanente de chaque classe, tout en autorisant la congestion ponctuelle résultant d'un pic de trafic (phénomène de burst). Il est donc nécessaire de disposer d'un mécanisme approprié d'élimination de paquets. Dans la pratique, un algorithme de gestion de la congestion de type RED (Random Early Detection) sera mis en œuvre. Cet algorithme a déjà été présenté au chapitre 3, *Vue générale des mécanismes de QoS*.

Les DSCP recommandés pour chaque PHB (notés AFxy) figurent dans le tableau suivant :

Drop precedence	Classe 1	Classe 2	Classe 3	Classe 4
Low	AF11 = 001010	AF21 = 010010	AF31 = 011010	AF41 = 100010
Medium	AF12 = 001100	AF22 = 010100	AF32 = 011100	AF42 = 100100
High	AF13 = 001110	AF23 = 010110	AF33 = 011110	AF43 = 100110

Figure 6-14

Les Codepoints du mode AF de DiffServ

Le groupe de PHB AF peut être utilisé pour mettre en œuvre le service olympique qui comprend trois classes de service : bronze, argent et or (bronze, silver, gold). Ces classes de service peuvent alors correspondre aux classes AF1 (bronze), AF2 (silver) et AF3 (gold). De même, les niveaux de priorité (1, 2 et 3) peuvent être affectés à ces classes.

Caractéristiques des routeurs pour DiffServ

Afin de mettre en œuvre des services DiffServ de type AF ou EF, il est nécessaire que les routeurs possèdent les caractéristiques exposées ci-après.

• Les routeurs d'accès (localisés chez les utilisateurs) au domaine DiffServ doivent supporter la classification multichamp (MF Classification), la fonction de marquage (marking) de paquets et de lissage (shaping).

• Les routeurs d'accès des opérateurs (routeurs de frontière entrant du domaine DiffServ) doivent mettre en œuvre les fonctions de contrôle (policing) et de re-marquage (changement de la valeur du champ DSCP).

• Les routeurs de sortie des opérateurs (routeurs de frontière sortant du domaine DiffServ) peuvent mettre en œuvre de manière optionnelle le re-lissage de trafic.

• L'ensemble des routeurs doit supporter la classification BA (selon la valeur du champ DSCP) et, au minimum, deux files d'attentes en priorité stricte. Si le service assuré (AF) comporte plusieurs options (par exemple gold, silver et bronze), il devra contenir plusieurs files d'attente associées. Dans ce cas, un mécanisme de type Weighted Fair Queuing (WFQ) pourra être utilisé entre ces files d'attente ;

• Si l'opérateur propose des contrats de service (SLA) dynamiques, chaque domaine client devra disposer d'un gestionnaire de bande passante centralisé (BB, Bandwidth Broker) pour établir les demandes de service et les allouer dans le domaine. Les mécanismes de signalisation et de contrôle d'admission sont alors requis dans les domaines clients et opérateur. Ces mécanismes seront décrits ultérieurement.

MPLS

Origine et principe

MPLS ou Multiprotocol Label Switching est un nouveau standard de l'IETF (Internet Engineering Task Force) visant à homogénéiser les différentes approches de commutation multiniveau. Rappelons que les techniques de commutation multiniveau ont pour objectif d'associer efficacement les avantages du routage et ceux de la commutation. En bref, MPLS traduit la volonté de l'IETF d'améliorer les débits, grâce à l'optimisation de la complexité du traitement des paquets (IP notamment) dans le réseau. MPLS se fonde sur le concept de commutation multiniveau proposé par Cisco : le *tag switching*[1].

Précisons dès à présent que MPLS est davantage une architecture qu'un protocole ou un modèle de gestion.

Ainsi, l'architecture MPLS est composée d'un certain nombre de protocoles définis, ou en cours de définition. Selon le domaine d'application de MPLS, les protocoles mis en œuvre sur les mécanismes de base seront différents. Il en résulte qu'une implémentation particulière de

---

1. Bien que MPLS signifie Multi-Protocol Label Switching et que l'architecture soit effectivement indépendante du protocole réseau, les éléments protocolaires définis à ce jour dans l'architecture MPLS ne concernent que le protocole IP. Nous considérons uniquement le protocole IPv4 dans un souci de simplification.

MPLS fait appel à un certain nombre de composants, dont il est nécessaire de s'assurer de l'interopérabilité. MPLS n'est pas à proprement parler une technique de QoS, mais nous verrons comment mettre en œuvre des mécanismes de QoS à l'intérieur de l'architecture MPLS.

MPLS se caractérise comme suit :

- il définit les mécanismes de gestion de flux de trafic selon différents niveaux de précision ;
- il est indépendant des protocoles de niveau 2 (ATM, Frame Relay, etc.) et 3 (IP, etc.) qu'il supporte ;
- il permet d'assigner des profils de trafic (FEC, Forwarding Equivalence Class) à des labels (ou étiquettes), qui seront utilisés par différentes technologies de commutation, pour acheminer l'information au sein du réseau MPLS.

La notion de FEC

La mise en œuvre de MPLS repose sur la détermination de caractéristiques communes à un ensemble de paquets et dont dépendra l'acheminement de ces derniers. Cette notion de caractéristique commune est appelé FEC. Elle est fondamentale pour comprendre la puissance et la souplesse des réseaux MPLS. En réalité, comme la prose de Monsieur Jourdain, c'est une notion utilisée depuis fort longtemps de manière implicite en routage traditionnel. Nous allons définir cette notion à partir du mode de fonctionnement du routage traditionnel, puis nous verrons comment elle est généralisée dans le cas de MPLS.

En routage traditionnel, la décision d'acheminement est prise indépendamment par chaque routeur que le paquet traverse pour rejoindre sa destination. En effet, chaque routeur analyse l'en-tête du paquet et exécute son algorithme de routage : en d'autres termes, il choisit indépendamment le prochain saut, en se fondant sur l'analyse de l'en-tête du paquet et la meilleure route déterminée par l'algorithme de routage.

On peut donc résumer le comportement d'un routeur aux deux fonctions distinctes :

- regroupement de l'ensemble des paquets vers une même destination (c'est-à-dire possédant le même préfixe) dans une FEC (Forwarding Equivalence Class) ;
- assignation à chaque FEC d'un routeur suivant (interface de sortie).

La figure 6-15 schématise ce comportement.

On déduit la définition et les caractéristiques d'une FEC dans un contexte MPLS de la manière exposée ci-après.

- Une FEC est la représentation d'un ensemble de paquets qui partagent les mêmes caractéristiques pour leur transport. Contrairement au routage traditionnel qui suppose que cette caractéristique est liée aux adresses des réseaux de destination (et donc au préfixe d'adresse), MPLS permet de constituer des FEC selon de nombreux critères : même préfixe de destination, paquets d'une même application, paquets issus d'un même préfixe d'adresses sources (utilisé pour la mise en œuvre de réseaux privés virtuels ou VPN), qualité de service demandée, etc.
- À la différence du routage traditionnel, l'assignation des paquets à une FEC a lieu juste une fois, à l'entrée du réseau.

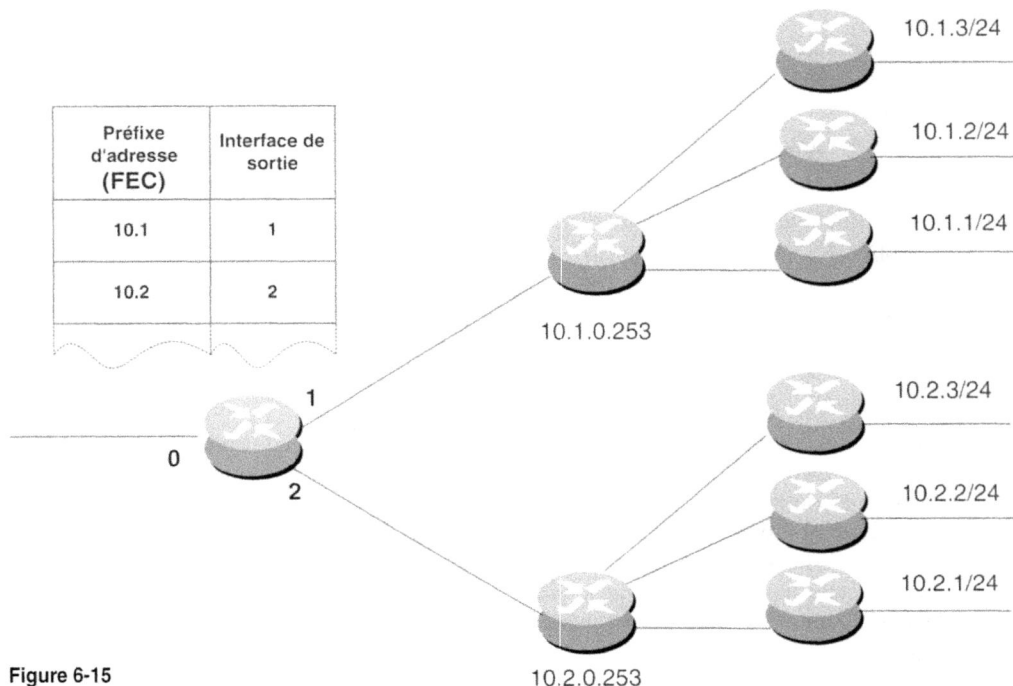

Préfixe d'adresse (FEC)	Interface de sortie
10.1	1
10.2	2

Figure 6-15

Concept de FEC en routage traditionnel

Principe général de MPLS

Il correspond aux étapes suivantes :

1. Dès son entrée sur le réseau MPLS, un paquet est affecté à une FEC selon différents critères. (Dans un premier temps, pour simplifier la compréhension, nous supposerons, comme en routage traditionnel, que cette FEC est fonction du préfixe de destination du paquet IP.).

2. La FEC à laquelle est assigné le paquet est encodée par chaque routeur en une valeur courte de longueur fixe, appelée LABEL et qui est incluse dans le paquet. Cela signifie donc, en simplifiant, qu'à chaque paquet est assigné, par chacun des routeurs, un label et ce, en fonction du préfixe du réseau de destination. Cette procédure suppose l'existence d'un mécanisme de distribution des labels au sein du réseau.

3. Dans les sauts suivants (routeurs suivants), il n'y a plus d'analyse sur l'en-tête du paquet IP, mais l'acheminement est réalisé grâce au label.

4. Le label est associé localement (sur chaque nœud du réseau) à une FEC déterminée.

Fonctionnement détaillé de MPLS

La prise en compte d'un paquet au travers d'un domaine MPLS implique les étapes suivantes :

1. Création des labels et distribution.

2. Création des tables de forwarding de labels sur les routeurs.

3. Acheminement du paquet.

Nous allons détailler ces étapes à la figure suivante. Au départ, le protocole de routage utilisé (OSPF, par exemple) va permettre de renseigner les tables de routage de l'ensemble des nœuds du réseau.

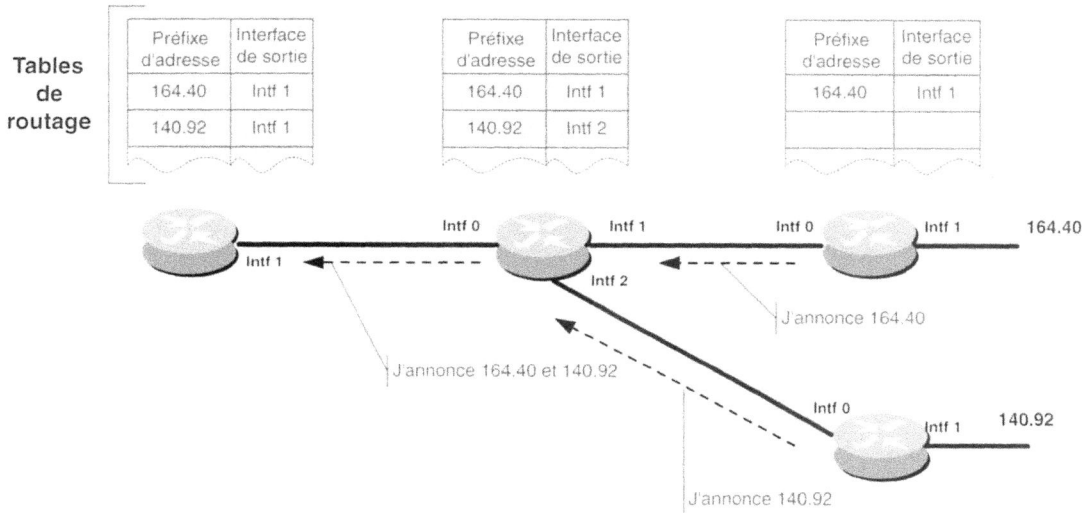

Figure 6-16

Fonctionnement de MPLS-Diffusion des labels

Puis, le routeur de sortie (Egress) prend la décision d'affecter le label 9 pour la route 164.40 (qui constitue la FEC, dans notre cas). Il envoie donc l'information au routeur précédent, à l'aide d'un protocole de distribution de labels (LDP, Label Distribution Protocol). Ce dernier affecte à son tour, pour la FEC 164.40, le label d'entrée 2, le communique au routeur précédent puis renseigne sa table de forwarding de label, en indiquant 2comme label d'entrée sur son interface intf0 et 9 comme label de sortie sur son interface intf1. Le routeur précédent, en l'occurrence le routeur d'entrée, va donc recevoir le label 2 pour la FEC 164.40. En revanche, il ne possédera pas de label d'entrée, puisqu'il est le routeur d'entrée sur le domaine MPLS. À l'issue de ce processus, un LSP (Label Switch Path) sera associé à chaque FEC. Ce LSP est fonctionnellement équivalent à un circuit virtuel ATM ou Frame Relay.

Un LSP est donc constitué d'une suite de labels ; au LSP associé à la FEC 164.40 correspond donc la suite de labels 2 et 9.

À son entrée sur le réseau, un paquet à destination de 164.40 se voit attribuer le label 2, par le routeur d'entrée. Puis, ce dernier le transmet au saut suivant, qui va se contenter d'acheminer le paquet selon la valeur du label. Il est important de préciser qu'à cette étape, il n'y a plus d'analyse du paquet, mais uniquement un acheminement (forwarding) fondé sur la valeur du label. Arrivé sur le routeur d'extrémité, ce dernier s'apercevra, en consultant sa table de labels, qu'il n'existe pas de label de sortie. En conséquence, le routeur de sortie procédera à l'analyse classique du paquet IP, puis à son acheminement.

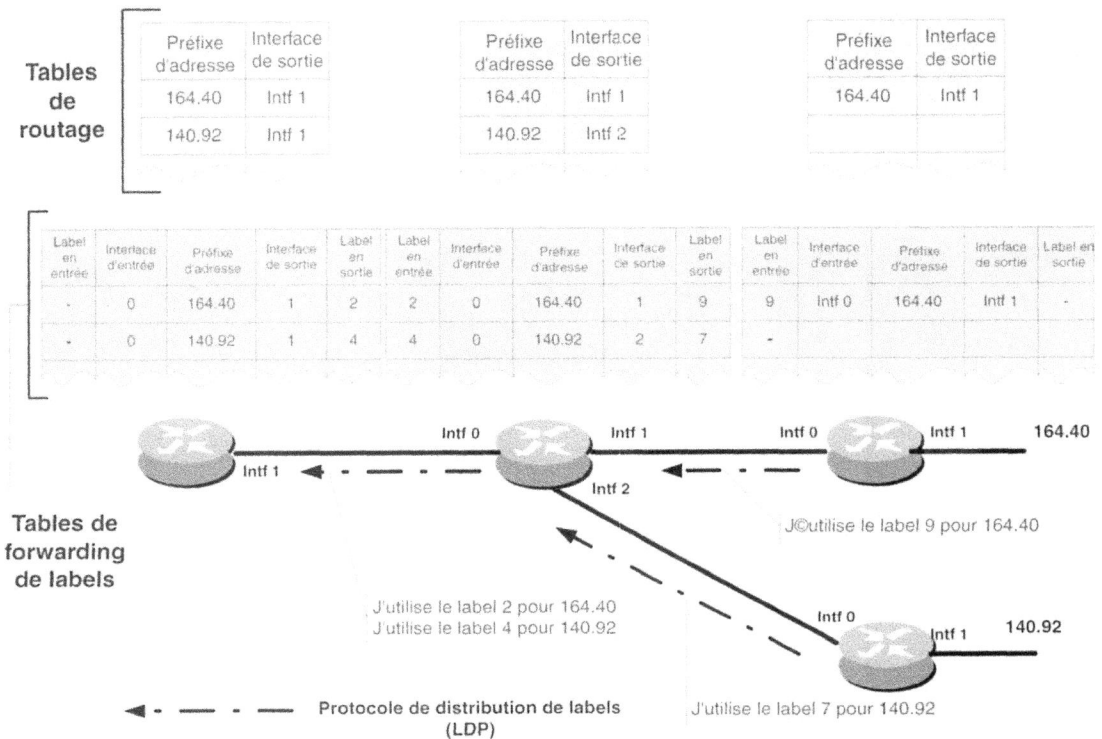

Tables de routage	Préfixe d'adresse	Interface de sortie
	164.40	Intf 1
	140.92	Intf 1

Préfixe d'adresse	Interface de sortie
164.40	Intf 1
140.92	Intf 2

Préfixe d'adresse	Interface de sortie
164.40	Intf 1

Label en entrée	Interface d'entrée	Préfixe d'adresse	Interface de sortie	Label en sortie	Label en entrée	Interface d'entrée	Préfixe d'adresse	Interface de sortie	Label en sortie	Label en entrée	Interface d'entrée	Préfixe d'adresse	Interface de sortie	Label en sortie
-	0	164.40	1	2	2	0	164.40	1	9	9	Intf 0	164.40	Intf 1	-
-	0	140.92	1	4	4	0	140.92	2	7	-				

Tables de forwarding de labels

Figure 6-17

Fonctionnement de MPLS – Acheminement des paquets

Quelques précisions supplémentaires

Nous avons supposé, jusqu'à présent, que la création de labels s'effectuait sur la base du réseau de destination et que leur distribution était déclenchée par le protocole de routage. En d'autres termes, cela signifie que les FEC (Forwarding Equivalence Classe) se fondent sur les réseaux de destination, et qu'un label est automatiquement assigné à chacun d'eux, puis distribué grâce au protocole de distribution de labels. Nous allons étendre ce fonctionnement de base à d'autres types de fonctionnement, qui vont permettre d'illustrer la souplesse de mise en œuvre de MPLS.

La description précédente du processus a ainsi mis en évidence deux protocoles distincts :

- le protocole de routage en charge de la diffusion des routes qui entraînera, sur les routeurs, la création d'une table de routage ;
- le protocole de distribution de labels en charge de la diffusion des labels vers les routeurs et qui entraînera, sur ces derniers, la création d'une table de labels.

Le schéma suivant illustre le fonctionnement simultané de ces deux protocoles et des tables créées.

Figure 6-18

Protocole de routage et protocole de distribution de labels

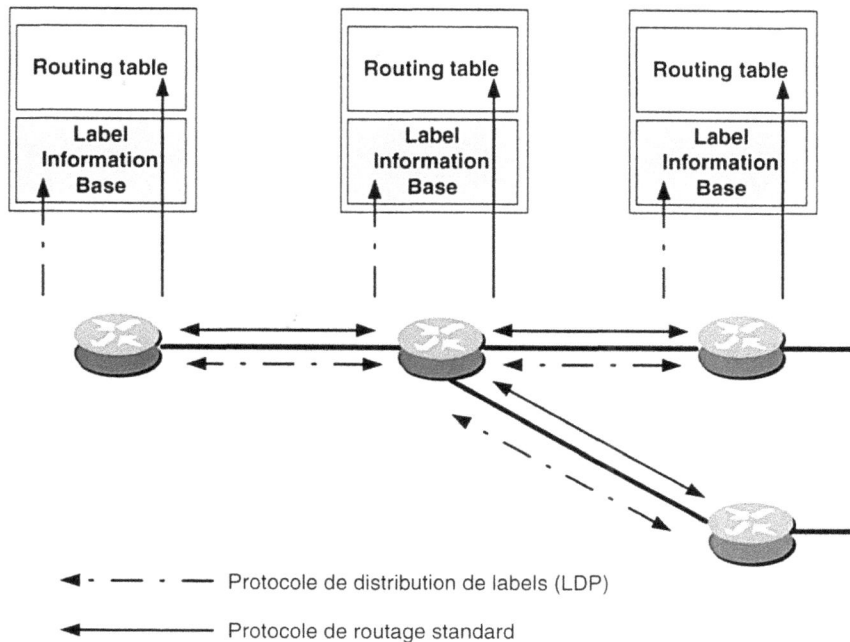

◄ · — · — Protocole de distribution de labels (LDP)

◄——— Protocole de routage standard

Ce n'est qu'une des possibilités de définition de FEC et de distribution de labels. La richesse de MPLS tient précisément au fait qu'il est possible de :

• définir des FEC, et donc des labels, selon de nombreux critères,

• distribuer les labels associés à ces FEC, selon différents mécanismes.

En d'autres termes, il est possible avec MPLS de disposer d'une grande finesse dans l'affectation des trafics aux chemins LSP (Label Switch Path).

Ce principe met clairement en évidence un des aspects fondamentaux de MPLS, à savoir la séparation entre les fonctions de routage conduisant à la création de tables, et les fonctions d'acheminement des paquets (forwarding), fondée sur l'exploitation des labels.

Cela permet donc d'implémenter une infrastructure d'acheminement de paquets faisant appel à MPLS et de mettre en œuvre de nouvelles méthodes d'affectation de paquets. Le mode de création des labels et les différents protocoles de distribution de labels seront précisés à l'issue de la présentation des composants de MPLS.

Les composants de MPLS

La figure 6-19 les schématise.

Nous précisons ci-après la terminologie utilisée.

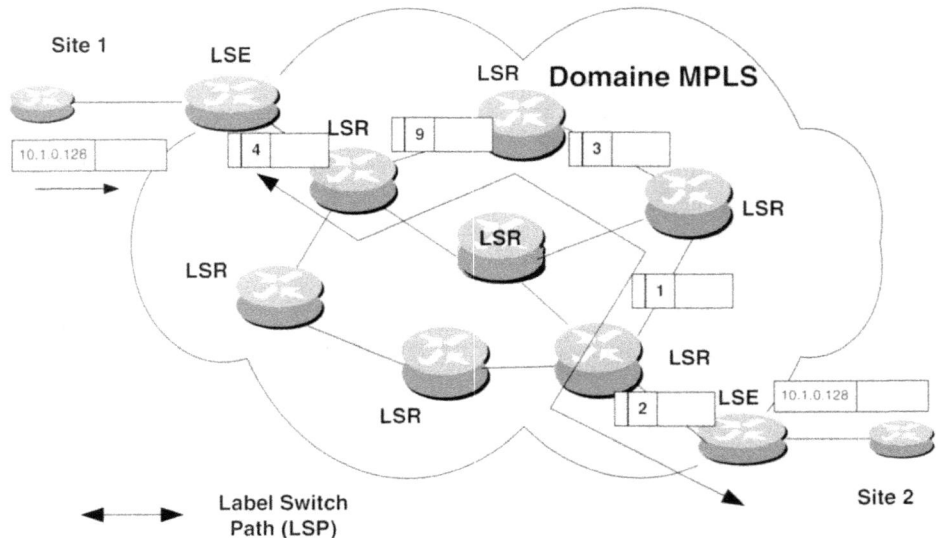

Figure 6-19

Composants MPLS et LSP

Label switch router (LSR)

C'est un équipement de type routeur, ou commutateur, capable de commuter des paquets ou des cellules, en fonction des labels qu'ils contiennent. Dans le cœur du réseau, les LSR lisent uniquement les labels, et non les adresses des protocoles de niveau supérieur (adresses IP).

Label Edge Router (LER)

C'est un routeur situé à la frontière du réseau MPLS, également appelé routeur d'extrémité. Les LER jouent un rôle important dans l'assignation et la suppression des labels au moment où les paquets entrent sur le réseau ou en sortent.

Label MPLS

Le label MPLS est un petit en-tête de paquet appelé MPLS Shim, allusion à sa petite taille. (Un des reproches adressé à ATM est la cell taxe de l'en-tête ATM : il y probablement derrière le terme shim la volonté marketing de présenter les choses différemment. On verra cependant que le shim de MPLS n'est rien d'autre que l'en-tête ATM dans le cas de MPLS sur ATM !). Ce label MPLS est utilisé par les routeurs LSR lors des décisions d'acheminement de paquet.

Le format d'un label MPLS dépend des caractéristiques du réseau de transport sur lequel MPLS est mis en œuvre. La figure 6-20 précise le format générique d'un label MPLS.

La signification des champs est précisée ci-dessous.

- Label : champ de 20 bits.

- Exp.bits (Cos) : champ expérimental sur 3 bits, apparemment utilisé pour la mise en œuvre de la QoS sur les réseaux MPLS (sert à préciser le traitement à affecter au paquet dans le LSR).

- S : valeur égale à 1 lorsque le label se trouve au sommet de la pile, à 0 sinon (voire la section *Pile de labels* ci- après, pour une explication complète).

Figure 6-20

Format d'un label MPLS générique

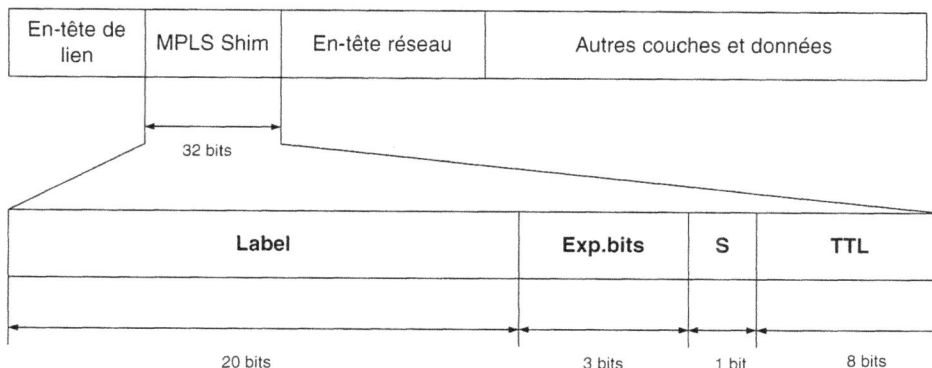

En-tête de lien	MPLS Shim	En-tête réseau	Autres couches et données

32 bits

Label	Exp.bits	S	TTL

| 20 bits | 3 bits | 1 bit | 8 bits |

- TTL : Time To Live. Ce champ sur 8 bits sert à éviter les problèmes de boucles sur les réseaux MPLS. (voire la section *Détection et prévention des boucles* dans la présentation du protocole LDP).

Ce label générique est utilisé sur les technologies réseau de type PPP ou LAN. Dans le cas des réseaux ATM, le label recourt directement au champ VPI/VCI de l'en-tête de la cellule ATM. Dans le cas du Frame Relay, le label sera constitué du champ DLCI.

REMARQUE Cette différence de constitution du label donnera lieu à des différences de mise en œuvre. Ainsi, on notera que dans le cas de la mise en œuvre de MPLS sur ATM, le champ TTL n'existe pas, puisque l'en-tête de cellule ATM ne comporte aucun champ TTL.

Pile de labels (Label Stack)

Dans un souci de clarté, nous avons jusque-là supposé que le label était unique. En fait, MPLS met en œuvre la notion de pile de labels. Afin d'illustrer le concept de récursivité de MPLS liée à l'utilisation d'une pile de labels, nous prendrons comme exemple la mise en œuvre de MPLS sur un réseau ATM. Nous avons déjà souligné, à la section précédente, que le label était constitué du champ VPI/VCI. Dans ce cas particulier, MPLS hérite des propriétés d'ATM qui comprend deux niveaux de labels. En effet, le champ d'une cellule ATM comporte un double niveau d'adressage VPI/VCI qui permet d'identifier successivement un niveau de conduit virtuel et un niveau de circuit virtuel (se reporter au chapitre 5 pour une description détaillée). Concrètement, cela permet lors de l'interconnexion de deux réseaux ATM au travers d'un réseau public ATM de manipuler deux niveaux d'identifiant. Dans le cas de l'interconnexion de deux sites d'un réseau privé au travers d'un réseau opérateur ATM, l'opérateur utilise le niveau conduit virtuel VP, tandis que l'utilisateur fait appel aux circuits virtuels (VC). Ce principe a déjà été évoqué au chapitre 5, lors de la présentation de la technologie ATM. MPLS a tout simplement étendu ce concept à davantage de niveaux, correspondant donc à une pile de labels. L'intérêt consiste alors à pouvoir traverser plusieurs hiérarchies de réseaux MPLS, chacun des niveaux n'utilisant que le niveau de label qui lui correspond. Cette notion est illustrée à la section suivante, grâce à la visualisation des chemins LSP correspondants.

Label switched path (LSP)

C'est le chemin défini entre le LSR d'entrée sur le réseau MPLS (Ingress Switch) et le LSR de sortie du réseau (Egress Switch). Un LSP est constitué par la succession de labels assignés entre les extrémités. Il est donc fonctionnellement équivalent à un circuit virtuel de type ATM (rappelons qu'un circuit virtuel ATM est composé de la succession de couples VPI/VCI) ou Frame Relay (un circuit virtuel Frame Relay étant pour sa part composé d'une succession de DLCI). Dans le cas de la figure 6-19, le LSP est composé de la succession de labels 4-9-3-1-2.

Un LSP est soit dynamique soit statique. Les LSPs dynamiques sont réservés automatiquement en utilisant des informations de routage. Les LSPs dynamiques sont en quelque sorte l'équivalent des circuits virtuels commutés (CVC) d'ATM. Nous examinons un peu plus loin les différents méthodes d'assignation dynamiques de Labels qui conduisent à des applications de MPLS différentes.

Les LSP Statiques sont positionnés de manière explicite. Il sont en quelque sorte l'équivalent au niveau IP des circuits virtuels permanents (CVP) d'ATM ou Frame-Relay.

Nous avons précédemment souligné que la technologie MPLS peut mettre en œuvre une pile de labels, ce qui donnera lieu à plusieurs niveaux de LSP. Dans le cas de deux niveaux, on

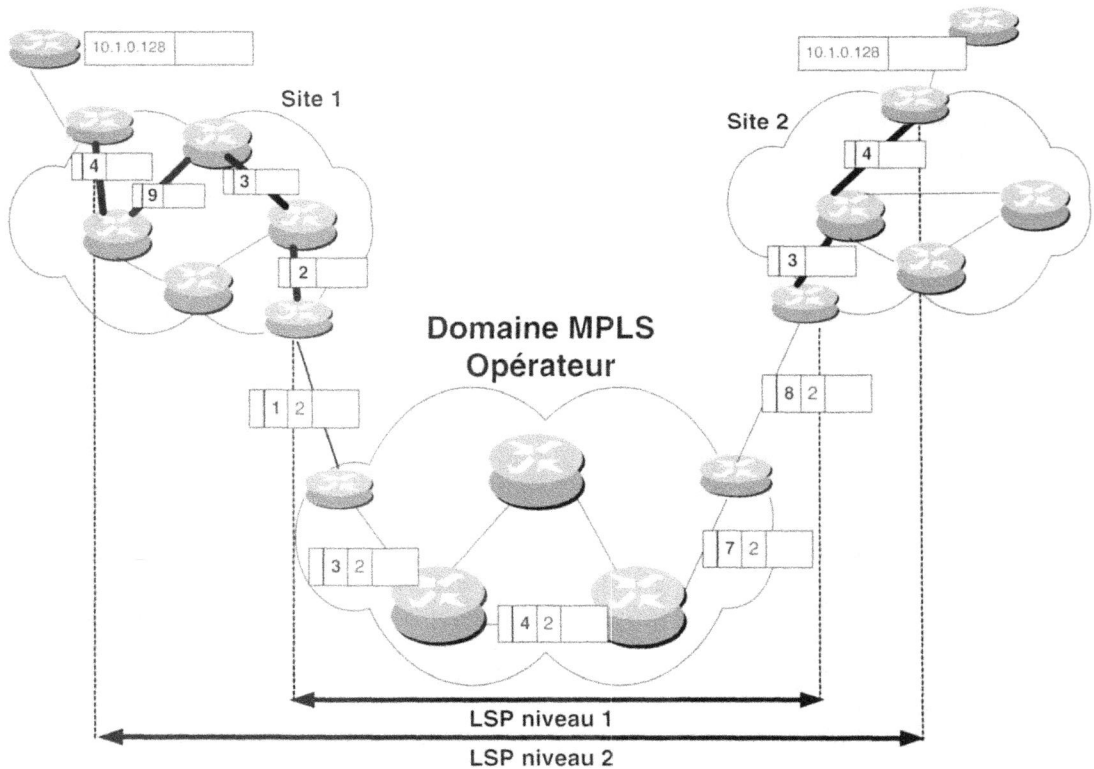

Figure 6-21

LSP multiniveau

pourra, comme expliqué au chapitre précédent dans un contexte ATM, relier deux réseaux d'un réseau privé au travers d'un réseau d'opérateurs, en utilisant un niveau de labels au niveau opérateur, et un niveau de label au niveau du réseau privé. Les LSR de frontière de réseau auront donc la responsabilité de pousser (ou de tirer) la pile de labels pour désigner le niveau d'utilisation courant de label.

La figure précédente a volontairement été limitée à deux niveaux de labels, afin d'en faciliter la représentation. Toutefois, la généralisation à un nombre plus important de niveaux permet, lors d'interconnexions, de disposer de plusieurs niveaux d'opérateurs. Chacun manipule les labels correspondant à son niveau.

Label distribution protocol (LDP)

Ce protocole distribue les labels et leur signification entre LSR. Il assigne les labels dans les équipements situés à la périphérie ou dans le cœur du réseau MPLS. À cet effet, il tient compte des protocoles de routage de niveau supérieur, tels que Open Shortest Path First (OSPF), Intermediate System to Intermediate System (IS-IS), Routing Information Protocol (RIP), Enhanced Interior Gateway Routing Protocol (EIGRP) ou Border Gateway Protocol (BGP).

> **REMARQUE** De fait, la technologie MPLS ayant scindé l'acheminement du routage, il est possible d'imaginer de nombreuses techniques de distribution de labels. La méthode traditionnelle présentée jusqu'ici se fonde sur les protocoles de routage standard (OSPF par exemple), afin de clarifier l'exposé.

Modes de création des labels

Plusieurs méthodes sont utilisées pour la création des labels, en fonction des objectifs recherchés. Nous précisons ici les méthodes générales, utilisables en commutation multiniveau ainsi que celles retenues dans le cadre de MPLS.

- Fondée sur la topologie (Topology-based) : cette méthode engendre la création des labels à l'issue de l'exécution normale des processus de routage (comme OSPF ou BGP). Il s'agit de la méthode par défaut explicitée ci-dessus dans le fonctionnement détaillé de MPLS.

- Fondée sur les requêtes (Request-based) : cette méthode de création de labels est déclenchée lors de l'exécution d'une requête de signalisation (trafic de contrôle), comme RSVP.

- Fondée sur le trafic (Traffic-based) : cette méthode de création de labels attend la réception d'un paquet de données pour déclencher l'assignation et la distribution de labels. Le protocole IP-Switching de la société Epsilon illustre cette méthode.

La dernière méthode est un exemple de protocole fondé sur le modèle orienté données (data-driven). Ce modèle n'a pas été retenu par MPLS. Dans ce cas, l'assignation de labels n'est déclenchée qu'à la réception effective de paquets de données et non *a priori* comme en mode control-driven. Cette méthode présente l'avantage de justifier le processus de création de labels et de leur distribution uniquement en présence effective d'un trafic utilisateur. En revanche, elle a l'inconvénient d'obliger l'ensemble des routeurs du réseau à fonctionner au départ comme des routeurs traditionnels, avec l'obligation de disposer des fonctions de classification de paquets pour identifier les flux de trafic. En outre, il existe un délai entre la reconnaissance d'un flux sur le réseau et la création d'un label pour ce flux. Enfin, en présence d'un nombre important de flux de trafic (sur un grand réseau), le processus de distribution de labels peut devenir complexe et lourd à gérer.

Les deux premières méthodes exposées sont des exemples d'assignation de labels établis à partir du modèle orienté contrôle (control-driven), à savoir qu'à l'inverse du modèle précédent, les labels sont assignés et distribués préalablement à l'arrivée des données de trafic de l'utilisateur. C'est le modèle retenu et utilisé par MPLS. Dans ce cas, le nombre de LSP (Label Switch Path) à créer va dépendre du nombre d'entrées dans la table de routage, et non du nombre de flux individuels de trafic. La section suivante se consacre à la façon dont MPLS autorise la mise en œuvre de différents protocoles de création de labels, pour répondre à des objectifs différents. Dans ce mode, les routeurs du cœur de réseau n'ont plus besoin de disposer des mécanismes complexes de classification de paquets. Seuls les routeurs d'entrée sur le réseau posséderont cette fonction. Ce modèle permet donc de concevoir des routeurs de cœur de réseau simplifiés, et principalement orientés vers la performance d'acheminement.

Les protocoles de distribution des labels

Comme nous l'avons déjà souligné, MPLS permet de mettre en œuvre plusieurs protocoles de distribution de labels, en fonction des objectifs visés. Nous précisons ci-dessous les principaux protocoles envisagés à ce jour, ainsi que leur champ d'application. Mais signalons tout d'abord que deux orientations ont été prises par l'IETF pour la mise en œuvre d'un protocole de distribution de labels :

• le développement de protocoles de distribution de label spécifiques. LDP (Label Distribution Protocol) est ainsi un nouveau protocole défini par l'IETF dans le cadre de MPLS ;

• l'amélioration des protocoles existants pour assurer la distribution de labels.

Voici les principaux protocoles de distribution de labels envisagés.

1. LDP (Label Distribution Protocol) : protocole créé spécifiquement.

2. BGP : amélioration de BGP pour la distribution de labels.

3. PIM : amélioration de PIM pour la distribution de labels.

4. RSVP : amélioration de PIM pour la distribution de labels.

5. CR-LDP : protocole spécifique.

Les trois premières approches consistent à assigner les labels selon le travail d'un protocole de routage ; c'est une méthode fondée sur la topologie (topology-based) et qui :

• développe un protocole de distribution de labels spécifique (LDP) ;

• améliore un protocole de routage unicast existant pour assurer la distribution de labels (BGP) ;

• améliore un protocole de routage multicast existant pour assurer la distribution de labels (PIM) pour des connexions multicast (voir la description du protocole de routage multicast PIM, au chapitre 9).

Les deux dernières solutions consistent à assigner des labels non plus en se référant au protocole de routage, mais en désignant explicitement une route (routage à la source). C'est une approche fondée sur les requêtes (Request based) et qui :

• améliore un protocole existant (RSVP) qui n'est pas un protocole de routage, mais un protocole de signalisation ;

• développe un nouveau protocole (CR-LDP), se référant d'ailleurs à LDP.

Nous examinerons à la section *Application de MPLS* les domaines de mise en œuvre de ces différents protocoles de distribution de labels. Nous détaillons les grandes caractéristiques du protocole LDP ci-après.

Le protocole LDP

Pas de panique, il ne s'agit pas d'entrer dans les détails de ce protocole, mais de s'appuyer sur sa description pour illustrer certaines grandes caractéristiques de la mise en œuvre de labels.

Caractéristiques générales du protocole

Le protocole LDP fonctionne entre homologues (peers), par le biais de l'échange de messages. Préalablement à l'échange de messages, il est nécessaire de découvrir les homologues et d'établir une session avec ses voisins. LDP est indépendant de tout protocole de routage, car il exploite directement la table de routage que génère ce dernier. Comme tout protocole de distribution de labels, LDP a pour objectif d'assigner des labels à des FEC et de les distribuer.

Dans le cas de LDP, une FEC est définie comme une information de la couche réseau IP, ce qui signifie qu'une FEC équivaut à un numéro de réseau IP.

Messages LDP

Voici une brève description des messages LDP, pour illustrer le travail d'un protocole de distribution de labels.

- Messages de découverte : ils servent à découvrir de nouveaux homologues et les maintenir. À cet effet, des paquets HELLO sont émis vers l'ensemble des routeurs MPLS sur une adresse de multicast, à l'aide du protocole UDP.
- Messages de session : dès qu'un voisin est découvert, une session LDP est ouverte sur TCP. Les messages de session servent à établir, maintenir et clôturer les sessions LDP.
- Messages d'avertissement : ces sont ces messages qui servent à créer, modifier et supprimer les assignations de labels.
- Messages de notification : ces messages servent à signaler les éventuelles erreurs.

Le protocole LDP est décrit dans un document provisoire (draft) de l'IETF, dont la dernière version remonte à juin 2000. Nous allons maintenant décrire quelques caractéristiques essentielles, liées à la mise en œuvre de ce protocole de distribution de labels.

Espace de labels (label space)

Les labels utilisés par un LSR (Label Switch Router) pour l'assignation de labels à une FEC sont définis de deux façons :

- par plate-forme : dans ce cas, les valeurs de labels sont uniques dans tout l'équipement LSR. Les labels sont alloués depuis un ensemble commun de labels : de la sorte, deux labels situés sur des interfaces distinctes possèdent une valeur distincte ;
- par interface : les domaines de valeurs des labels sont associés à une interface. Plusieurs peuvent être définis. Dans ce cas, les valeurs de labels fournies sur des interfaces différentes peuvent être identiques.

Il est clairement stipulé qu'un LSR peut utiliser une assignation de label par interface, à la condition expresse qu'il soit en mesure de distinguer l'interface depuis laquelle arrive le paquet. Il risque sinon de confondre deux paquets possédant le même label, mais issus d'interfaces (et donc d'émetteurs) différentes. La mise en œuvre et l'exploitation de différents espaces de labels ont lieu dans le cas de liaisons multiples entre routeurs MPLS, raccordés par des liaisons mixtes ATM/Ethernet, par exemple. Une explication plus précise nous entraînerait dans d'inutiles détails ; nous supposerons donc, pour simplifier, que l'espace de labels est unique (par plate-forme).

Contrôle du mode de distribution des labels

LDP définit deux modes de contrôle de distribution des labels aux LSR voisins :

- indépendant (independant) : dans ce mode, un LSR peut diffuser un label à n'importe quel moment. Ainsi, un LSR peut diffuser un label pour une FEC, quand bien même il n'est pas prêt à commuter sur ce label. Dans ce mode, une FEC est reconnue et prise en compte chaque fois que le routeur avise de nouvelles routes ;

- ordonné (ordered) : dans ce mode, un LSR associe un label à une FEC particulière, s'il s'agit du routeur de sortie du réseau (Egress router) ou si l'assignation a été reçue du LSR situé au saut suivant. Ce mode est recommandé pour les LSR en ATM.

Distribution et gestion des labels

La distribution elle-même des labels peut se faire suivant plusieurs méthodes :

- descendante systématique (Unsolicited downstream) : c'est le mode par défaut que nous avons déjà illustré à la section *Détail du fonctionnement de MPLS*. Ici, le LSR descendant (vers la sortie du réseau) envoie le label au LSR précédent (en amont) de manière systématique. On recourt à cette méthode lorsque les LSR se fondent sur une technologie de niveau 2, en mode trame (Frame Relay, par exemple) (figure 6-22).

- descendante à la demande (Downstream on demand) : dans ce mode, le LSR descendant (vers la sortie du réseau) envoie le label au LSR précédent (en amont), uniquement s'il a reçu une requête. Cette méthode est utilisée quand les LSR sont basés sur des commutateurs ATM. La figure suivante illustre ce processus (figure 6-23).

- montante (Upstream) : dans ce cas, c'est le LSR d'entrée et les LSR en amont qui assignent les labels vers les LSR en aval. Cette méthode est utilisée en mode de création de labels fondé sur une requête (Request-Based).

LDP ne fait appel qu'aux deux premières méthodes. Il faut préciser qu'elles peuvent coexister sur le même réseau MPLS. Toutefois, les homologues LDP doivent s'entendre sur la méthode utilisée lors de l'établissement de la session LDP les reliant. On peut ainsi imaginer un réseau MPLS constitué d'une association de LSR/Trames et de LSR/ATM, dans laquelle les LSR Trames utiliseront une distribution de type Unsollicited downstream et les LSR/ATM une distribution de type Downstream on demand.

LIB : Label Information Base

Label en entrée	Interface d'entrée	Préfixe d'adresse	Interface de sortie	Label en sortie
4	3	10.1	2	9

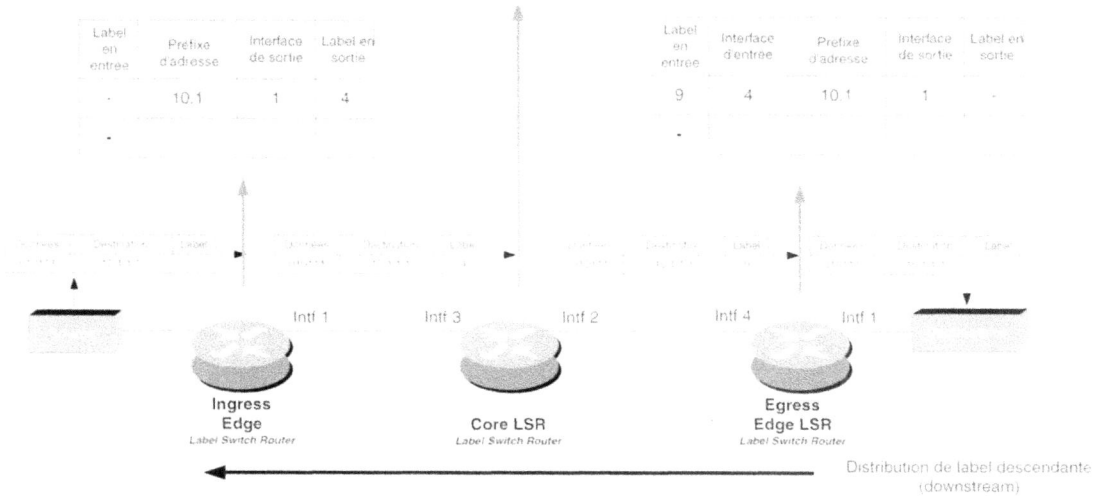

Label en entrée	Préfixe d'adresse	Interface de sortie	Label en sortie
-	10.1	1	4

Label en entrée	Interface d'entrée	Préfixe d'adresse	Interface de sortie	Label en sortie
9	4	10.1	1	-

Intf 1   Intf 3   Intf 2   Intf 4   Intf 1

Ingress Edge
Label Switch Router

Core LSR
Label Switch Router

Egress Edge LSR
Label Switch Router

Distribution de label descendante (downstream)

Figure 6-22

Distribution de label en mode Unsollicited downstream

Label en entrée	Interface d'entrée	Préfixe d'adresse	Interface de sortie	Label en sortie
2	0	164.40	1	9

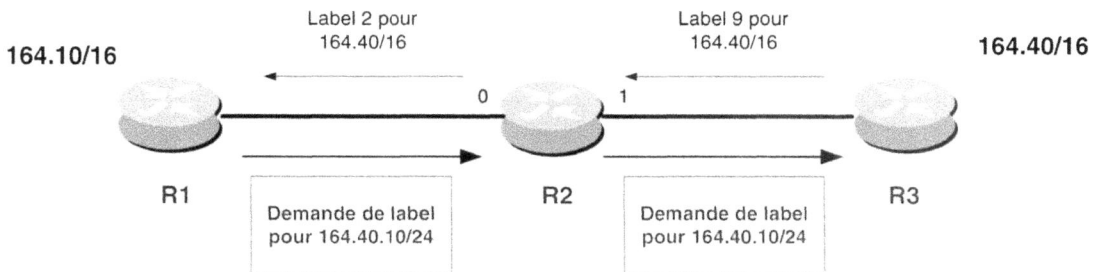

164.10/16

Label 2 pour 164.40/16

Label 9 pour 164.40/16

164.40/16

0   1

R1   R2   R3

Demande de label pour 164.40.10/24

Demande de label pour 164.40.10/24

Figure 6-23

Distribution de labels de type Downstream on demand

Conservation des labels (label retention)

LDP définit la façon dont les LSR conservent les labels reçus. Deux options sont possibles :

• mode de conservation libéral (liberal retention) : dans ce mode, les LSR conservent les labels reçus de tous leurs voisins. Il permet une convergence plus rapide face aux modifications topologiques du réseau et la commutation de trafic vers d'autres LSP en cas de changement ;

• mode de conservation conservateur (conservative retention) : ici, les LSR retiennent uniquement les labels des voisins situés sur le saut suivant et ignorent tous les autres. Ce mode est recommandé pour les LSR-ATM.

Fusion des labels (ou agrégation)

LDP présente la caractéristique importante suivante : il est capable d'agréger des trafics. Ainsi, des trafics issus d'interfaces différentes d'un LSR peuvent être fusionnés en tout point du réseau et être acheminés grâce au même label, s'ils traversent le réseau vers une même destination.

Cette fonctionnalité pose cependant quelques difficultés de mise en œuvre sur certaines technologies de transport. Ainsi, en ATM, il est nécessaire de disposer de mécanismes évitant l'entrelacement de cellules, dans la mesure où l'en-tête du paquet IP n'est pas présent dans toutes les cellules (de fait, le paquet IP a été fractionné par la couche AAL5). Le lecteur intéressé par de plus amples détails pourra se référer au draft de la norme LDP.

Détection et prévention des boucles

Sur les réseaux IP, le champ TTL (Time to Live) de l'en-tête IP évite au paquet IP de voyager indéfiniment sur le réseau. Ainsi, la valeur du champ TTL est décrémentée à chaque saut de routeur, et lorsque cette valeur est égale à 0, le paquet est ignoré. MPLS peut utiliser ce même mécanisme, mais pas sur tous les réseaux sur lesquels il peut être déployé. En effet, le champ TTL est présent dans le label générique (présenté à la section *Les composants de MPLS*), mais pas dans le cas d'ATM, où l'en-tête de cellule constitue le label et ne comporte pas de champ TTL.

Ainsi, lors de la mise en œuvre de MPLS sur des liens PPP ou LAN, le champ TTL du label est utilisé de la même manière que le champ TTL du paquet IP. Mieux, à l'entrée du domaine MPLS, le champ TTL de la trame IP sera généralement recopié dans le champ TTL du label par le LSR d'entrée, et le LSR de sortie recopiera de la même façon la copie du champ TTL du label, dans le champ TTL du paquet IP. Au sein du réseau MPLS, la valeur du champ TTL du label sera décrémentée à chaque saut de LSR.

Le cas d'ATM étant un peu plus complexe, nous nous abstiendrons de le présenter afin de ne pas compliquer inutilement la présentation.

Applications de MPLS

Il existe aujourd'hui trois applications majeures de mise en œuvre de l'architecture MPLS. Comme nous l'avons souligné, elles supposeront la mise en œuvre de composants adaptés aux fonctionnalités recherchées. L'implémentation de MPLS sera donc différente en fonction des objectifs recherchés. Cela se traduira principalement par une façon différente d'assigner et de distribuer les labels. Le principe d'acheminement des paquets fondé sur l'exploitation des labels étant le mécanisme de base commun à toutes les approches.

Les applications phare de MPLS concernent :

- le traffic engineering,
- le support de classes de service (COS),
- le support de réseaux privés virtuels (VPN, Virtual Private Network).

Nous détaillons successivement chacune de ces applications.

Traffic engineering

L'ingénierie des trafics (Traffic engineering) correspond à l'assignation des flux de trafic sur une topologie physique, selon différents critères.

La mise en œuvre la plus courante consiste à diriger le trafic sur un autre chemin que le chemin le plus court déterminé par le protocole de routage. Dans l'exemple suivant, le protocole de routage a déterminé la route la plus courte pour relier A à B en R1, R4 et R5. Il en résulte que tout le trafic sera acheminé par ce chemin, même en cas de congestion ou de liens physiques à faible débit. Il peut alors être intéressant de déterminer un ou plusieurs LSP (Label Switch Path), qui répondront à des critères précis. On peut ainsi imaginer un LSP destiné à véhiculer les trafics interactifs de A vers B passant par R1-R2-R3-R5 (après avoir établi bien sûr que ce chemin supporte la QoS demandée) et acheminer les autres trafics sur un LSP par défaut, correspondant au chemin R1-R4-R5.

Figure 6-24

Traffic engineering avec MPLS

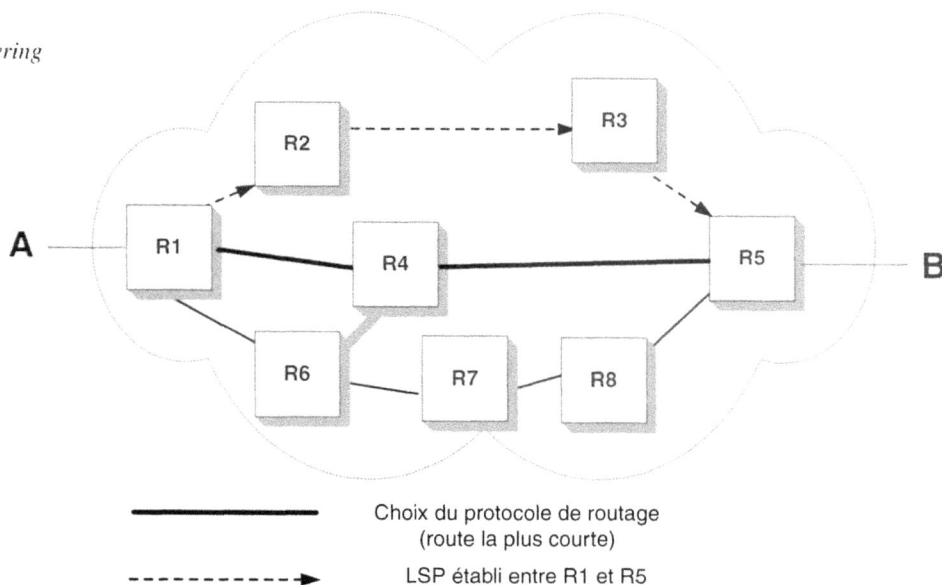

Choix du protocole de routage (route la plus courte)

LSP établi entre R1 et R5

Les applications les plus courantes de traffic engineering concernent :

- le routage des chemins primaires autour de points de congestion connus dans le réseau ;
- le contrôle précis du re-routage de trafic, en cas d'incident sur le chemin primaire ;

- un usage optimal de l'ensemble des liens physiques du réseau, en évitant la surcharge de certains liens et la sous-utilisation d'autres.

Le traffic engineering permet ainsi d'améliorer statistiquement les valeurs limites de QoS (taux de perte, délai et gigue). Il permet en outre aux opérateurs de mieux répondre aux attentes de leurs clients en leur offrant plus d'options de raccordement.

La mise en œuvre de solutions de traffic engineering sur une architecture MPLS peut être réalisée grâce à la souplesse du mode de création et de définition des LSP (équivalent de circuits virtuels) dans MPLS. En effet, comme nous l'avons déjà souligné à la section *Création des labels* et lors de la présentation générale des protocoles de distribution de labels, MPLS permet la création de LSP à l'aide de deux méthodes :

- topology-based : les chemins sont créés à partir des informations de topologie des protocoles de routage ;

- request-based : ce mode permet de créer des LSP selon une définition des LSR explicite, réalisée à la source. C'est précisément ce mécanisme qui sera utilisé pour mettre en œuvre des solutions de traffic engineering. Ce type de création de LSP est également parfois appelé ER–LSP (Explicitly Routed–LSP).

Si la définition explicite et manuelle de chemins est possible sur des réseaux de taille modeste, il est nécessaire d'envisager des mécanismes rendant cette construction automatique.

C'est un sujet d'actualité important au sein de l'IETF, en cours de normalisation. Sans détailler ces mécanismes qui sont complexes, signalons seulement que deux problématiques sont à résoudre :

- la connaissance d'une route optimale répondant à certains critères (QoS, optimisation du réseau, etc.) : des protocoles de routage de type CBR (Constraint Based Routing) permettraient de posséder la connaissance des chemins satisfaisant à des critères particuliers. Concrètement, des extensions à des protocoles existants comme OSPF sont étudiées pour répondre à cet objectif (ajout de métriques précisant la capacité et la charge des liens par exemple). Grâce à cette connaissance de l'état du réseau, une réservation explicite LSP (équivalent d'un circuit virtuel) pourra être réalisée (voir ci-dessous). En résumé, il s'agit de réaliser à peu de choses près l'équivalent du protocole PNNI d'ATM (c'est-à-dire la mise en place de circuits virtuels correspondant à une QoS demandée par un trafic particulier), mais dans un contexte IP ;

- la mise en place de cette route : à cet effet, on envisage de recourir à une extension du protocole RSVP, appelée TE-RSVP et brièvement présentée ci-dessous.

Des extensions au protocole RSVP ont été réalisées pour permettre la distribution de labels. En raison de la souplesse du protocole RSVP, plusieurs domaines d'utilisation sont possibles. Nous décrivons ci-dessous le principe général de distribution de labels grâce à RSVP, en indiquant les champs d'application possibles. La mise en œuvre TE-RSVP fonctionne de la manière indiquée dans la figure 6-25.

Le routeur LSR (Label Switch Routeur) d'entrée constitue une requête PATH et insère un nouvel objet LABEL_REQUEST, spécifique à RSVP_TE (pour mémoire, rappelons que RSVP permet de manipuler des objets dont la définition est extérieure au protocole), dans le message PATH. L'objet LABEL_REQUEST indique qu'une association de label est requise pour ce chemin et quel type de protocole réseau sera véhiculé sur ce chemin. Si le LSR d'entrée a connaissance d'une route qui a une forte probabilité de satisfaire au besoin de QoS,

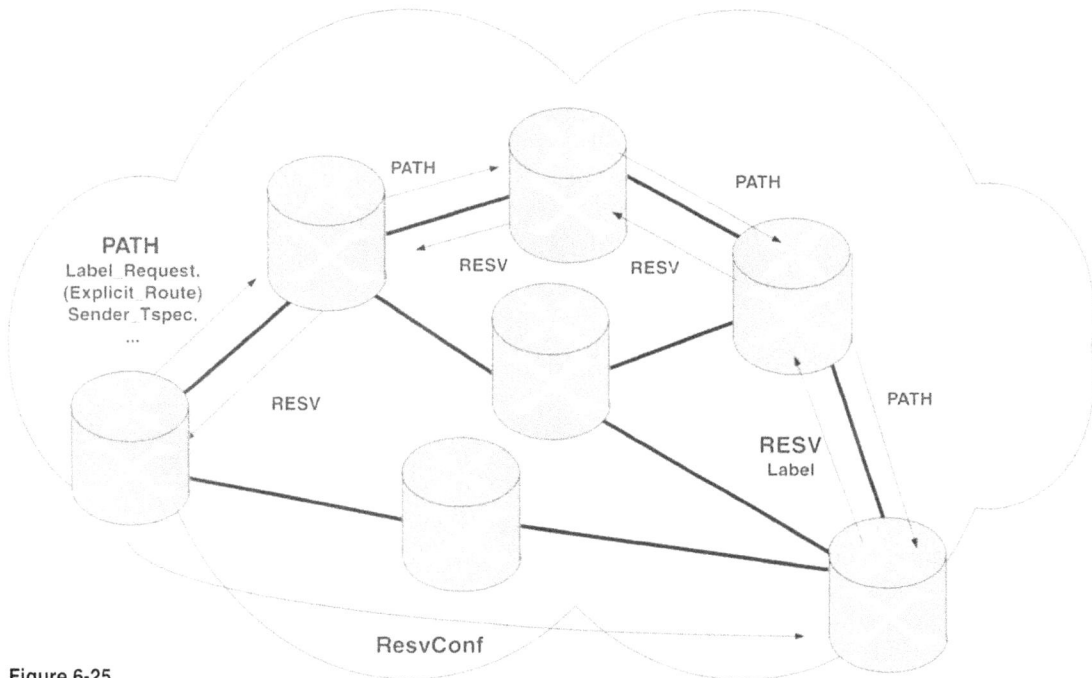

Figure 6-25
TE-RSVP

ou qui permet d'utiliser efficacement le réseau, ou encore qui remplit certains critères définis à l'avance (Policy criteria), il peut choisir cette route pour une ou plusieurs de ses sessions.

Dès lors, le LSR d'entrée ajoute un objet EXPLICIT_ROUTE au message RSVP_PATH. L'objet EXPLICIT_ROUTE désigne la route comme une séquence de nœuds. Toutefois, si après une session correctement établie, le LSR d'entrée découvre une meilleure route, il pourra dynamiquement re-router la session, en changeant simplement l'objet EXPLICIT _ROUTE. En outre, si l'objet EXPLICIT_ROUTE engendre des problèmes, soit parce qu'il existe une boucle de routage, soit parce qu'un routeur intermédiaire ne prend pas en charge ce type d'objet, le LSR d'entrée en sera avisé par un message PATH_ERR.

Par ailleurs, le LSR ajoute également un objet RECORD_ROUTE au message PATH, grâce auquel il pourra recevoir des informations sur la route actuellement traversée par LSP. Cet objet est analogue à un vecteur de chemins et peut donc être utilisé pour la détection de boucles.

Enfin, un objet SESSION_ATTRIBUTE peut être ajouté au message PATH pour faciliter l'identification de la session et les diagnostics. Finalement, le message PATH est acheminé vers le LSR de sortie à l'aide de la méthode déterminée par le LSR d'entrée (soit par une route explicite spécifiée dans l'objet EXPLICIT_ROUTE, soit selon un chemin déterminé par un protocole de routage classique, axé sur la destination).

Au fur et à mesure de l'avancement du message PATH, chaque LSR peut utiliser les informations contenues dans les objets SESSION_ATTRIBUTE, SENDER_TSPEC et POLICY_DATA pour le contrôle d'admission. Notons que, dans le cas d'une route explicite, fournie par le LSR d'entrée (source routing), les LSR traversés peuvent modifier la route explicite. Dans ce cas, l'objet EXPLICIT_ROUTE modifié sera enregistré en complément de l'objet initial. L'objet LABEL_REQUEST réclame aux LSR traversés et au LSR de sortie une association de label pour la session. Si un LSR n'est pas en mesure de fournir ce label, il renvoie un message PATH_ERR.

Le LSR de sortie répond au LABEL_REQUEST en incluant un objet LABEL dans son message de réponse RESV. Puis, le message RESV est renvoyé vers le LSR d'entrée, en suivant le chemin inverse créé par le message PATH. Lorsque le chemin a été explicitement défini en utilisant l'objet EXPLICIT_ROUTE, le message RESV suivra le chemin inverse à celui spécifié dans l'objet EXPLICIT_ROUTE.

Chaque LSR qui reçoit le message RESV contenant l'objet LABEL utilisera ce label pour le trafic sortant. Si le LSR n'est pas le LSR d'entrée, il alloue un nouveau label qu'il place dans l'objet LABEL du message RESV, qu'il fait transiter sur le chemin inverse (grâce à l'information PHOP qu'il aura mémorisée lors du message PATH reçu pendant le processus aller). Quand le message RESV arrive au LSR d'entrée, le LSP est effectivement créé. À l'issue de la création de ce LSP, des messages de rafraîchissement RSVP devront être émis afin de conserver le LSP créé.

En résumé, la technologie MPLS est bien adaptée à l'ingénierie des trafics en raison des caractéristiques suivantes :

- MPLS supporte la définition de chemins (LSP) explicites et permet donc aux administrateurs réseau de spécifier exactement le chemin physique à emprunter pour traverser un réseau fédérateur ;
- les statistiques de trafic par LSP peuvent être utilisées en planification de réseaux, et les outils de contrôle pour identifier les charges de lien à des fins d'évolution du réseau ;
- les solutions MPLS ne sont pas limitées à ATM. Elles peuvent être déployées sur différents types de réseaux (ATM, Frame Relay, Ethernet, liens PPP) ;
- les nouveaux protocoles de type CBR (Constraint Based Routing) permettent aux opérateurs de répondre à des besoins de performance spécifiques.

Support de la QoS

Le support de la qualité de service (QoS) peut être mise en œuvre de deux façons sur MPLS :

- les trafics sur un même LSP peuvent se voir affecter à différentes files d'attente dans les routeurs LSR, selon la valeur du champ Pprecedencede l'en-tête MPLS (les 3 bits réservés que nous avons présentés dans l'en-tête générique de MPLS) ;
- il est possible de définir plusieurs LSP entre chaque couple de LER (Label Edge Router). Chaque LSP peut être conçu (grâce aux techniques de Trafic Engineering) pour fournir différentes garanties de bande passante ou de performances. Ainsi, le LER d'entrée sur le réseau pourra placer le trafic prioritaire dans un LSP, le trafic de moyenne priorité dans un autre LSP et enfin le trafic best effort dans un troisième LSP.

Support des réseaux privés virtuels

Un réseau privé virtuel (VPN, Virtual Private Network) simule le fonctionnement d'un réseau étendu (WAN) privé sur un réseau public comme l'Internet. Afin d'offrir un service VPN fiable à ses clients, un opérateur ou un ISP doit alors résoudre deux problématiques essentielles :

- assurer la confidentialité des données transportées ;

- prendre en charge des plans d'adressage privé, fréquemment identiques (très souvent issus de la RFC 1918, c'est-à-dire en 10.x.x.x, pour les plans d'adressage en classe A).

La construction de VPN repose alors sur les fonctionnalités suivantes :

- systèmes de pare-feu (Firewall) pour protéger chaque site client et permettre une interface sécurisée avec l'Internet ;
- système d'authentification pour vérifier que chaque site client échange des informations avec un site distant valide ;
- système d'encryptage pour empêcher l'examen ou la manipulation des données lors du transport sur l'Internet ;
- tunneling pour permettre un service de transport multiprotocole et l'utilisation de plans d'adressage privés.

MPLS permet de résoudre efficacement la fonctionnalité de tunneling, dans la mesure où l'acheminement des paquets n'est pas réalisé sur l'adresse de destination du paquet IP, mais sur la valeur du label assigné au paquet. Ainsi, un ISP peut mettre en place un VPN, en déployant un ensemble de LSP pour permettre la connectivité entre différents sites du VPN d'un client donné. Chaque site du VPN indique à l'ISP l'ensemble des préfixes joignables sur le site local. Le système de routage de l'ISP communique alors cette information vers les autres sites distants du même VPN, à l'aide du protocole de distribution de labels. En effet, l'utilisation d'identifiants de VPN permet à un même système de routage de supporter multiples VPN, avec un espace d'adressage éventuellement identique. Ainsi, chaque LER place le trafic en provenance d'un site dans un LSP fondé sur une combinaison de l'adresse de destination du paquet et l'appartenance à un VPN donné.

Figure 6-26

MPLS – VPN

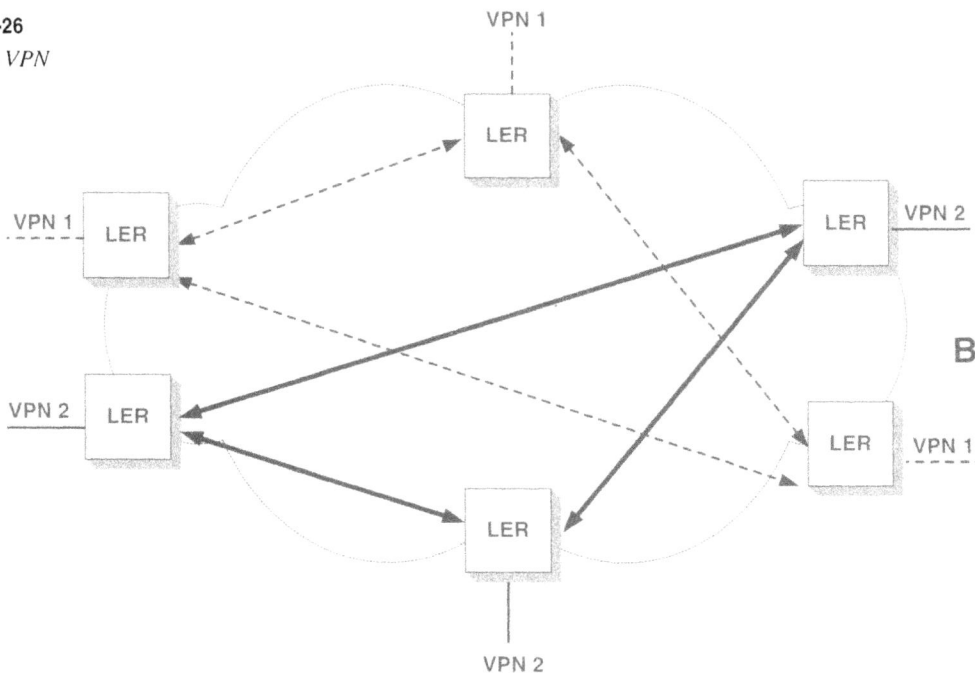

Résumé de MPLS

MPLS est une technologie principalement destinée aux réseaux fédérateurs et qui intéresse donc en premier lieu les ISP et les opérateurs. Il s'agit d'une technique de commutation multi-niveau, qui permet de *séparer les problématiques de routage de celles d'acheminement* (forwarding) des paquets. On combine d'une part la commutation de labels dans le composant d'acheminement (forwarding) et d'autre part le composant de contrôle (routage IP, distribution des labels). En outre, MPLS a été conçu pour fonctionner sur n'importe quelle technologie de liens (pas uniquement sur ATM), ce qui devrait permettre la migration vers des architectures directement fondées sur des fibres optiques.

Outre la séparation claire des problématiques de routage et d'acheminement, MPLS permet d'offrir des nouveaux services qui ne sont pas possibles en utilisant des techniques classiques de routage IP. En effet, la souplesse de définition de critères d'acheminement (FEC) permet de supporter des services d'acheminement plus riches que ceux uniquement basés sur l'adresse de destination. En séparant le composant de contrôle du composant d'acheminement, il est possible de faire évoluer le composant de contrôle sans changer le mécanisme d'acheminement.

7

Interopérabilité des modèles IntServ, DiffServ et MPLS

Jusqu'ici, nous avons présenté séparément les différents mécanismes de QoS, tant au niveau des liens réseau (chapitre 5) qu'au niveau IP (chapitre précédent). La profusion de ces mécanismes peut parfois troubler le lecteur, qui ne manquera pas de s'interroger sur l'utilité de tant de mécanismes de QoS différents.

Force est de reconnaître que je me suis longtemps posé la même question, étant plus facilement enclin à raisonner en termes de circuit et de qualité de service sur ATM. Seulement voilà, ATM n'a pas eu le succès escompté (pas forcément d'ailleurs pour les raisons souvent évoquées) et la qualité de service associée n'est donc pas universelle (fini le rêve du RNIS Large bande !).

Une des caractéristiques d'IP est d'être totalement indépendant du réseau sous-jacent. Ainsi, des réseaux IP existent sur toutes sortes de réseaux : réseaux Ethernet commutés d'établissement, réseaux métropolitains (MAN) inter-établissements sur des boucles SDH, réseaux longue distance en Frame Relay ou ATM, etc.

Les réseaux IP proposent donc une connectivité IP dite universelle, mais sur des technologies réseau différentes et des exploitations de réseau différentes. IP ne disposant pas de mécanismes de QoS, il a fallu imaginer des technologies complémentaires (déjà présentées) et adaptées à différents contextes de mise en œuvre. Une autre approche (qui n'a pas été retenue) aurait été de repenser complètement les réseaux IP. Finalement, les différents mécanismes de QoS liés à IP sont condamnés à coexister, à moins d'imaginer qu'il n'existe plus qu'une seule technologie de transport d'IP sous-jacente (c'est ce que prônent les partisans d'IP sur fibre optique) et qu'un seul mode d'exploitation, ce qui ne paraît concrètement pas réaliste.

Partant de ce constat, nous ne détaillerons pas pour autant de manière exhaustive l'interaction entre chaque mécanisme (ou modèle) décrit, car il s'agit d'un travail dont la standardisation n'est pas achevée au sein de l'IETF. Nous allons nous intéresser aux cas les plus fréquemment rencontrés, qui, s'ils ne correspondent pas forcément tous à un standard de l'IETF (c'est-à-dire une RFC), en sont au minimum à l'état de spécification provisoire (draft).

Nous allons successivement aborder les cas suivants :

- adaptation d'IntServ sur des LAN 802,
- adaptation d'IntServ sur DiffServ,
- MPLS pour RSVP,
- MPLS pour DiffServ.

Puis, nous verrons à la dernière section de ce chapitre comment différents cas particuliers correspondent à un mode d'assemblage global, préconisé par l'IETF. Nous évoquerons donc la façon dont l'IETF et une grande majorité des constructeurs imaginent l'interconnexion de ces mécanismes, sans pour autant que ce mode d'assemblage possède suffisamment de mises en œuvre pratiques.

IntServ sur les LAN 802 (SBM)

SBM (Subnet Bandwidth Manager) est un protocole de signalisation qui permet la communication et la coordination entre les nœuds du réseau et les commutateurs LAN. Il permet de faire correspondre la QoS LAN aux protocoles réseau de niveau supérieur. Ce protocole est décrit dans la RFC 2814. Nous en décrivons ci-dessous les principales caractéristiques. Nous supposons par simplicité que le LAN IEEE 802 est un réseau Ethernet.

Les composants

Les composants d'une architecture (SBM) sont les suivants :

- l'allocateur de bande passante (BA, Bandwidth Allocator) : il maintient l'état d'allocation des ressources et exécute le contrôle d'admission ;
- le module de requêtes (RM, Requestor Module) : il réside dans chaque système terminal et non dans les commutateurs LAN. Ce module associe les niveaux de priorité du niveau 2 (Ethernet par exemple), avec les paramètres des protocoles de QoS de plus haut niveau.

Deux options d'architecture SBM existent : une architecture avec un BA unique et centralisé, ou une architecture distribuée avec plusieurs BA distribués.

À la figure 7-1, le terme application désigne l'entité qui utilise le SBM. Il peut s'agir d'une application utilisateur ou d'un protocole de type RSVP. Le premier cas représente une mise en œuvre centralisée, où un seul BA est responsable du contrôle d'admission pour l'ensemble du sous-réseau (subnet). Chaque station contient un RM. Les commutateurs Ethernet du réseau n'ont pas besoin de posséder les fonctions du SBM, dans la mesure où ils ne participeront pas activement au contrôle d'admission. Le composant RM de la station qui requiert une réservation initie une communication avec son BA. Pour de grands sous-réseaux (un réseau Ethernet commuté d'établissement par exemple), un seul BA peut ne pas être en mesure d'assurer les réservations pour l'ensemble du sous-réseau. On peut imaginer de placer un BA par étage, dans le cas de grands bâtiments. Dès lors, il sera nécessaire de déployer plusieurs BA, chacun gérant des segments distincts du sous-réseau. Dans le cas d'un seul BA, ce dernier doit avoir une connaissance de la topologie de niveau 2 du sous-réseau Ethernet, commuté de manière à être en mesure de réserver les ressources sur les segments appropriés.

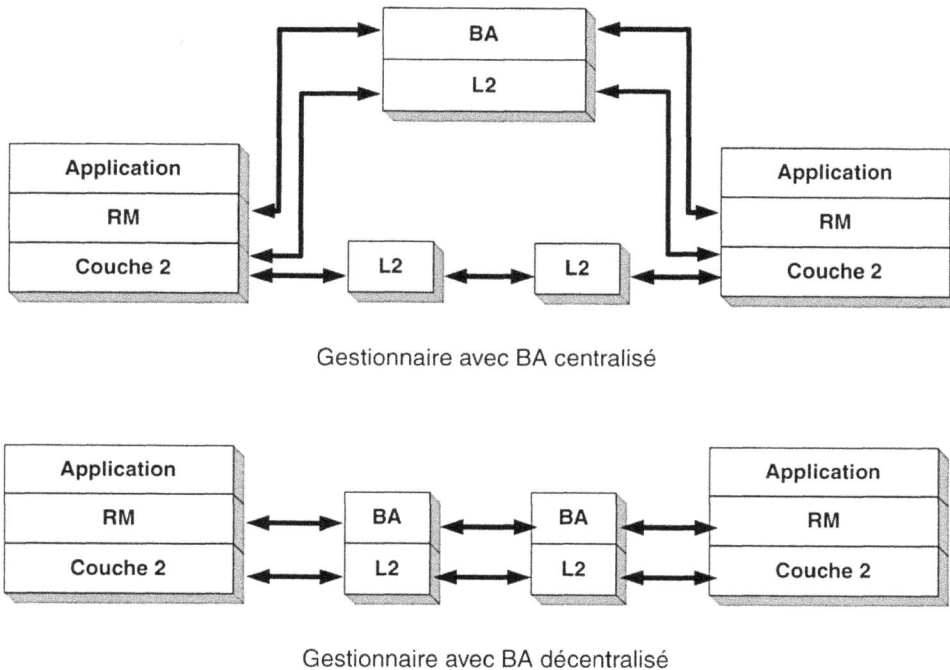

Gestionnaire avec BA centralisé

Gestionnaire avec BA décentralisé

Figure 7-1

Architectures SBM

Dans le cas d'un gestionnaire de bande passante distribuée (plusieurs BA), tous les équipements du sous-réseau ont la même fonctionnalité de gestion de bande passante. Toutes les stations doivent posséder un module RM. Ici, chaque BA doit uniquement connaître les informations sur la topologie locale, dans la mesure où il est responsable de la gestion des ressources sur les segments qui lui sont directement connectés. Ces informations comprennent la liste des ports actifs du commutateur Ethernet dans l'arbre de *spanning tree* et les adresses MAC assignées à un port. C'est évidemment le cas pour les commutateurs Ethernet déployés à ce jour dans les entreprises. Cette configuration de commutateurs constitue un environnement LAN, qualifié de *switch rich*. Ce dernier est donc adapté à une gestion de bande passante distribuée.

Le protocole SBM fournit des mécanismes de signalisation entre RM et BA, ou entre BA pour :

- initier des réservations,
- interroger un BA sur les ressources disponibles,
- changer ou effacer les réservations.

Terminologie

- Segment : il s'agit d'un segment physique de niveau 2 (Ethernet par exemple).
- DSBM : s'il existe plusieurs BA (Bandwidth Allocator) sur un même segment (Ethernet par exemple), un seul correspond au DSBM (Designated SBM). Il sera configuré manuel-

lement, ou élu parmi les autres BA. Le DSBM est donc une entité de protocole qui réside sur un équipement de niveau 2 (commutateur) ou de niveau 3 (routeur ou autre).

• Segment géré : un segment géré est un segment doté d'un DSBM capable d'exercer le contrôle d'admission pour les requêtes de réservation de ressources. Ainsi, chaque segment géré possède son DBSM.

• Clients DSBM : ce sont les entités qui transmettent le trafic sur un segment géré et utilisent les services d'un DSBM pour le contrôle d'admission sur le segment LAN. Les clients DBSM sont des entités de niveau 3 (système terminal ou routeur), car ce sont les seuls qui peuvent envoyer du trafic.

Procédure de contrôle d'admission SBM

Figure 7-2

SBM - exemple d'un segment géré

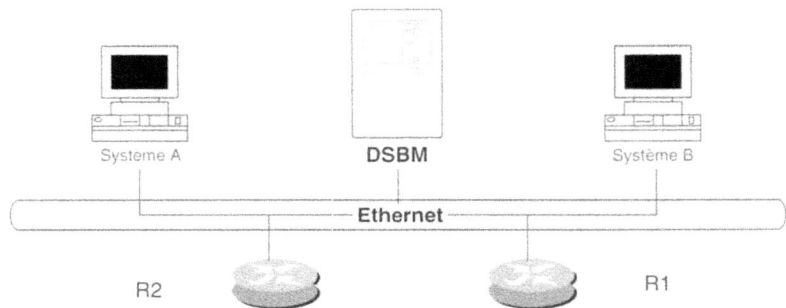

Nous allons illustrer la procédure de contrôle SBM en nous appuyant sur l'exemple de la figure précédente et en supposant que l'émetteur de la session RSVP/IntServ est en dehors du LAN Ethernet et qu'il souhaite atteindre le système A. On suppose également que la requête parvient au système A *via* le routeur 1.

Le procédure de contrôle s'établit comme suit :

• initialisation du DSBM : le gestionnaire DSBM recueille les informations sur les ressources disponibles sur chaque segment sous son contrôle (capacités des liens ou fraction de cette capacité). Pour l'instant, cette configuration est établie manuellement sur les équipements (commutateurs/routeurs). Dans notre configuration monosegment, le DSBM recueille l'information (vitesse) du LAN Ethernet. La configuration du DBSM est statique et manuelle ;

• initialisation du client DSBM : le client détermine le DSBM attaché à chacune de ses interfaces (une seule, la plupart du temps, s'il s'agit d'une station). Pour ce faire, le client surveille l'adresse multicast 224.0.0.17, connue sous le nom de AllSBMAddress. Le routeur 1, dans notre cas, va déterminer le DSBM attaché au segment Ethernet ;

• contrôle d'admission :

– le client DSBM envoie un message RSVP-PATH au DSBM, au lieu de l'envoyer à l'adresse de destination de la session RSVP (comme c'est normalement le cas en RSVP). Dans notre cas, l'émetteur se situant en dehors du LAN, c'est le routeur 1 qui va relayer la requête de PATH ;

– à la réception du message PATH, le DSBM mémorise l'information d'état du chemin (et met à jour l'objet ADSPEC), enregistre l'adresse MAC et IP qui a émis le message PATH et place finalement son adresse MAC et IP dans le message à destination du prochain saut. Dans notre cas, le DSBM construit l'information d'état, se souvient du routeur 1 (son adresse MAC et IP) comme étant le nœud précédent pour cette session, met ses propres adresses MAC et IP dans l'objet PHOP et s'insère comme un nœud intermédiaire entre l'émetteur (le routeur R1) et le récepteur (Système A) sur le segment géré ;

– quand l'application sur le système A envoie le message RESV vers l'émetteur pour la session RSVP, le système A envoie le message vers le nœud précédent (grâce à l'adresse contenue dans l'objet PHOP reçu du message PATH précédent) qui est précisément le DSBM ;

– le DSBM traite le message de réservation RESV en se référant à la bande passante disponible, et renvoie un message RESV_ERR au système A si la requête ne peut être satisfaite ;

– si le domaine Ethernet comporte plusieurs segments Ethernet (environnement Ethernet commuté), le demandeur (système A) et le transmetteur (routeur R1) peuvent être séparés par plusieurs segments Ethernet. Dans ce cas, le message PATH d'origine sera propagé *via* plusieurs DSBM (un pour chaque segment entre le routeur R1 et le système A), précisant ainsi l'information de chemin dans chaque DSBM. De cette façon, le message de réservation RESV sera propagé de saut en saut à l'inverse, au travers de chaque DSBM, pour atteindre le transmetteur R1, si tous les contrôles d'accès sont positifs sur l'ensemble des DSBM.

Autres considérations sur le protocole RSVP

Nous venons d'évoquer quelques adaptations par rapport au protocole RSVP standard, exposé au début du chapitre 6. Nous n'allons pas les détailler, mais nous retiendrons seulement que les DSBM et les clients DSBM mettent en œuvre des additions mineures, par rapport au protocole RSVP standard. Ainsi, de nouveaux objets RSVP appelés LAN_NHOP address objects sont créés, qui permettent de garder trace du prochain saut de niveau 3 (routeur ou système), quand le message PATH traverse un domaine de commutation (potentiellement constitué de plusieurs segments Ethernet et donc de DSBM) entre deux entités de niveau 3 (routeurs ou stations), caractérisées par les objets RSVP_PHOP et RSVP_NHOP.

Enfin, signalons un autre nouvel objet **TCLASS** (Trafic CLASS) qui peut être rajouté par l'émetteur ou le DBSM à un message PATH ou RESV. Le principe d'utilisation de cet objet est représenté dans la figure 7-3.

La séquence des opérations se déroule comme suit :

1. L'émetteur a la possibilité de spécifier une classe de trafic.

2. Il émet alors un message PATH à destination d'un récepteur situé en dehors du réseau (route passant par le routeur R1).

3. Le DSBM insère un objet TCLASS précisant la classe de trafic possible (de cette manière, on peut dire que l'objet TCLASS est équivalent à l'objet ADSPEC dans le message PATH).

4. L'équipement de niveau 3 (le routeur R1, dans notre exemple) qui reçoit le message PATH doit retirer l'objet TCLASS et le stocker comme information d'état pour cette session.

5. Le message PATH poursuit alors son chemin.

Figure 7-3

*Utilisation de l'objet
TCLASS en SBM*

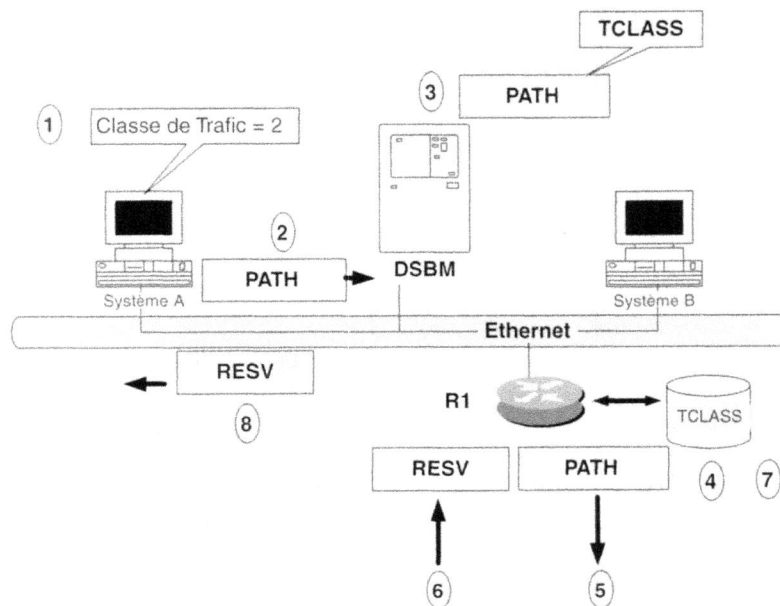

6. Plus tard, le même routeur R1 reçoit un message RESV du destinataire.

7. Le routeur R1 doit alors inclure l'objet TCLASS dans le message RESV.

8. Quand le message RESV arrive à l'émetteur, ce dernier doit utiliser la valeur de priorité sur le réseau, stipulée dans l'objet TCLASS, en remplacement de la classe de trafic qu'il avait sélectionnée à l'origine.

Correspondance des services IntServ / IEEE 802

La RFC 2815 précise l'association de services IntServ avec les réseaux IEEE 802. Dans le cas particulier d'Ethernet, la norme 802.1p utilise 3 bits pour représenter 8 niveaux différents de priorité (codés dans l'en-tête de la trame 802.1q, voir le chapitre 5). Dans ce cas, l'IETF a défini les correspondances suivantes :

Niveau de priorité	Service
0	Par défaut (best effort)
1	Réservé, moins que par défaut (best effort)
2	Réservé
3	Réservé
4	Sensible au délai, pas de limite
5	Sensible au délai, limite de 100 ms
6	Sensible au délai, limite de 10 ms
7	Contrôle réseau

Figure 7-4

Correspondance IntServ / IEEE 802

IntServ sur Diffserv

Cette adaptation est née du constat que le modèle IntServ ne peut se déployer à grande échelle. En effet, le protocole RSVP requiert un traitement par paquet, au niveau de l'ensemble des routeurs du réseau DiffServ, et le maintien d'informations d'état pour chaque session RSVP, sur tous les routeurs. Le traitement par paquet repose principalement sur la classification multichamp, qui nécessite une capacité de traitement importante de la part des routeurs. Le maintien d'informations d'état est caractérisé par la prise en compte des nombreux messages PATH et RESV, qui doivent être rafraîchis périodiquement, et par la mémorisation des informations dans les routeurs.

Le groupe de travail de l'IETF en charge de RSVP développe des techniques permettant de réduire la charge de traitement du protocole induite sur les routeurs. La principale piste utilisée consiste à agréger les sessions RSVP qui partagent des sections communes du réseau, afin de réduire la charge de classification et de signalisation.

C'est également dans ce sens que l'adaptation *IntServ over DiffServ* a été réalisée. L'idée maîtresse de cette approche consiste à prendre en compte un cœur de réseau fondé sur Diff-Serv, ce dernier offrant des caractéristiques de QoS limitées à une périphérie de réseau en IntServ. Cela revient à considérer, dans l'architecture IntServ, le réseau DiffServ comme un élément réseau (NE) de type Lien, qui offre des caractéristiques particulières de QoS (nous les avons abordées à la section consacrée au modèle DiffServ).

Cette configuration se présente comme dans la figure 7-5.

Figure 7-5
IntServ sur DiffServ

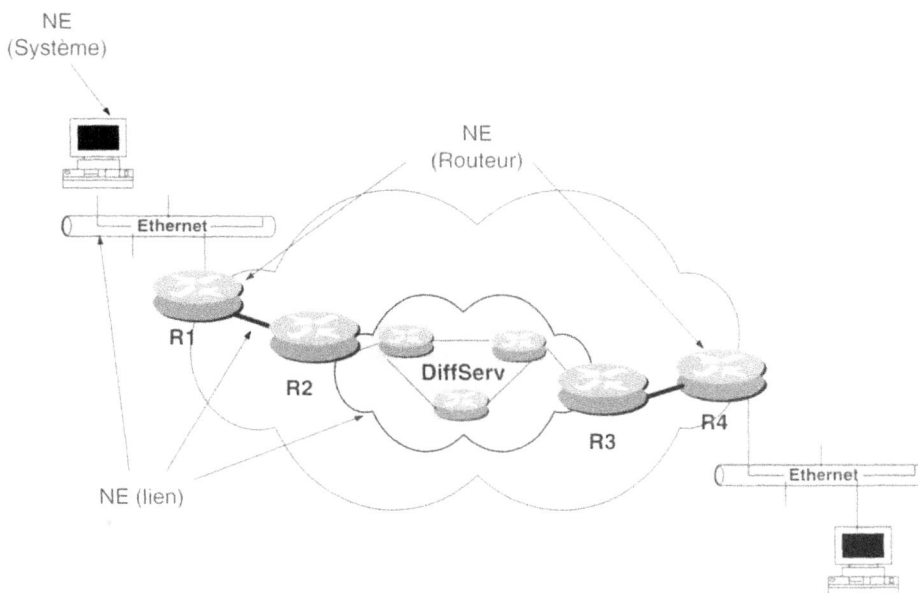

La liaison entre R2 et R3, sur le réseau DiffServ, est alors équivalente à un lien réseau doté de certaines caractéristiques de QoS. Le réseau DiffServ n'a pas besoin de comprendre ni de participer à la signalisation RSVP qui lui reste périphérique.

Cette configuration permet de limiter le nombre de sessions RSVP qui restent alors gérables par les routeurs. Les routeurs à la frontière IntServ/DiffServ (les routeurs R2 et R3, dans notre exemple) doivent agréger les flux des sessions RSVP dans des classes de service différentes DiffServ. Rappelons que ces classes de service sont caractérisées par une valeur spécifique (DSCP, DiffServ Codepoint) placée dans l'en-tête du paquet IP (voir la section suivante sur DiffServ). Le principe retenu est le suivant : la classe de service DiffServ utilisée doit satisfaire ou être supérieure aux besoins exprimés par l'ensemble des sessions agrégées.

Toutefois, pour attribuer une valeur correcte de classe de service DiffServ (caractérisé par un DSCP particulier), le routeur IntServ doit disposer d'une information de configuration d'un routeur en aval, en bordure du réseau DiffServ. Pour ce faire, le groupe de travail ISSLL a défini l'objet **DCLASS**, chargé de convoyer la valeur du DSCP dans un message RSVP.

On s'en réfère alors aux deux principes énoncés ci-après.

1. Il existe au moins un élément réseau dans le domaine DiffServ qui supporte le protocole de signalisation RSVP et qui participe à la signalisation. On supposera, dans l'exemple ci-dessous, que l'élément concerné est en charge du contrôle d'admission sur le réseau Diff-Serv.

2. Les routeurs du domaine DiffServ se contentent d'acheminer les messages de signalisation RSVP, sans les interpréter à l'aide d'un protocole de routage standard unicast (Ospf par exemple) ou multicast.

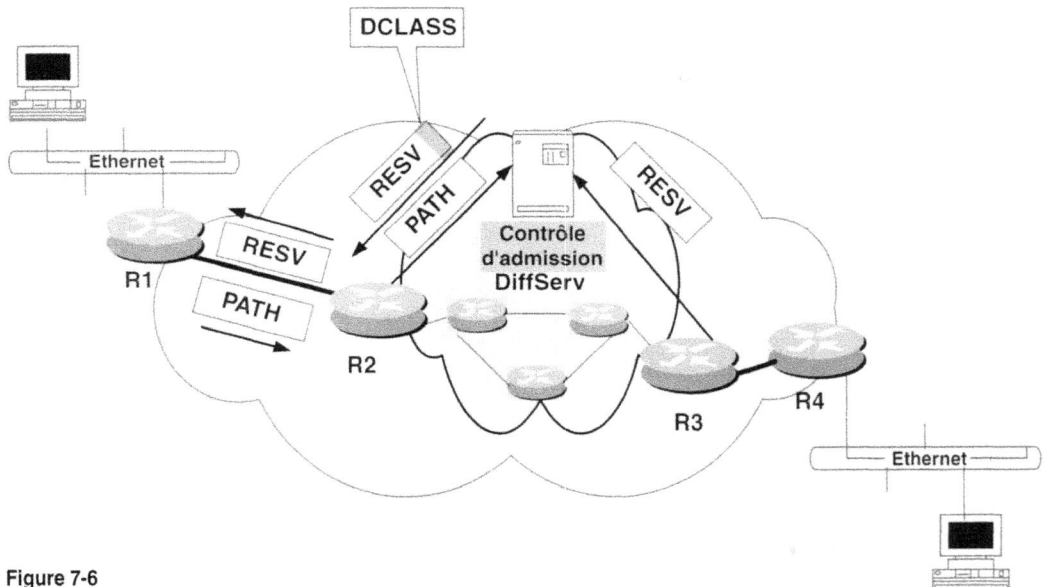

Figure 7-6

Utilisation de l'objet DCLASS avec IntServ over DiffServ

La procédure se déroule alors comme suit :

1. L'émetteur compose un message standard PATH et l'envoie au récepteur *via* R1, puis R2 dans notre exemple.

2. Le message PATH est alors envoyé à l'élément du réseau DiffServ supportant RSVP et prenant en charge le contrôle d'accès au réseau DiffServ. Si le contrôle d'admission est correct, ce dernier installe les informations d'état appropriées concernant cette session RSVP et envoie le message RSVP vers le récepteur.

3. Les routeurs du réseau DiffServ acheminent le message RSVP sans l'interpréter.

4. Une fois que le récepteur a reçu le message PATH, ce premier renvoie un message RESV avec les caractéristiques de QoS demandées.

5. Lors de la réception du message RESV, l'élément du réseau DiffServ supportant RSVP décide du DSCP (classe de service DiffServ) à appliquer en fonction de la demande de QoS, et place l'information dans l'objet DCLASS, qui sera convoyé par le message RESV en direction de l'émetteur. Si la demande n'est pas admise par le réseau DiffServ, le routeur renvoie un message RESV Error au récepteur.

6. Le routeur en amont (R2, dans notre exemple) retire l'objet DCLASS et peut alors commencer à affecter aux paquets la valeur de DSCP correcte (valeur issue de l'objet DCLASS).

Ce mécanisme est comparable à celui exposé en SBM, avec l'objet TCLASS.

MPLS pour RSVP (IntServ)

Nous avons détaillé les extensions de RSVP pour le Traffic Engineering (TE-RSVP) à la section consacrée à MPLS. Il est tout à fait possible d'imaginer un fonctionnement où l'assignation de labels serait réalisée d'après l'objet Flow_Spec, précisant la QoS attendue. Toutefois, chaque flux RSVP ne sera pas attribué à un label spécifique. Un ensemble de flux RSVP possédant des caractéristiques voisines se verront assigner un même label. On dit alors que la QoS est agrégée.

Dans ce cas, l'utilisation de MPLS permet une simplification par rapport à RSVP. En effet, dans le modèle IntServ/RSVP, chaque routeur doit procéder à une classification complexe (multichamp) des paquets, pour les assigner à un flux permettant alors d'appliquer une QoS particulière. En revanche, sur un réseau MPLS, une fois le label assigné à un flux RSVP à l'entrée du réseau, les routeurs MPLS se contentent d'acheminer le paquet selon la valeur du label. Il en résulte une meilleure stabilité sur les grands réseaux, ce qui justifie le choix de MPLS sur les réseaux d'opérateurs.

Dans la pratique, le label assigné pourra être la résultante d'une même destination et d'un ensemble de flux possédant des caractéristiques de QoS voisines. Pour la simplicité de l'exposé, nous avons supposé que l'assignation de labels était uniquement fondée sur la QoS.

MPLS pour DiffServ

DiffServ, tout comme MPLS, procède à une agrégation des demandes de QoS en fournissant des valeurs discrètes de DSCP pour des flux possédant des caractéristiques de QoS voisines.

La mise en correspondance des services DiffServ et de MPLS va donc consister à associer à chaque classe DiffServ un LSP-MPLS distinct, doté de caractéristiques de QoS équivalentes. Nous avons également observé que le service DiffServ permet d'associer à une caractéristique de QoS donnée, différentes valeurs de fiabilité d'acheminement (caractérisées par des valeurs différentes de drop-precedence). Il est possible d'imaginer l'utilisation du champ expérimental de l'en-tête MPLS pour stocker cette valeur ou bien, dans le cas de MPLS sur ATM, d'attribuer au bit CLP (Cell Loss Priority) de l'en-tête ATM la valeur de drop-precedence. Dans le cas de MPLS sur Frame Relay, la correspondance sera réalisée avec le bit DE (Discard Eligibility).

Comme on peut le constater, la correspondance MPLS/DiffServ ne pose pas de problèmes techniques particuliers. En revanche, il est nécessaire de savoir ce qui a réellement été mis en œuvre dans le cas d'un opérateur particulier. Il faut notamment déterminer si l'opérateur fait confiance à la valeur du DSCP définie par le client pour obtenir un LSP particulier. En effet, le risque est que le client choisisse systématiquement un DSCP de bonne qualité pour obtenir le service de meilleure qualité, même s'il s'est engagé dans le SLA avec l'opérateur à avoir un faible trafic à traiter de manière prioritaire !

Une vue finale

Nous avons tout d'abord dégagé au chapitre précédent les caractéristiques inhérentes à chaque modèle de service associé à IP, puis nous avons présenté dans ce chapitre comment ces mécanismes peuvent être combiné deux à deux, ou en fonction des mécanismes des couches sousjacentes (LAN IEEE notamment).

Comme nous l'avons déjà souligné, il aurait été rassurant de penser que, finalement, seul un de ces mécanismes serait utilisé, et que les autres seraient relégués aux oubliettes. Malheureusement, la réalité est (ou sera) composée de l'assemblage de ces différents mécanismes, chacun d'eux ayant un champ d'application particulier (entreprise ou opérateur par exemple).

Intégration des mécanismes horizontaux et verticaux

Nous avions signalé au début de cet ouvrage que les composants de QoS nécessitaient l'intégration de composants verticaux et horizontaux. Nous pouvons désormais placer certains de ces composants sur la figure7-7.

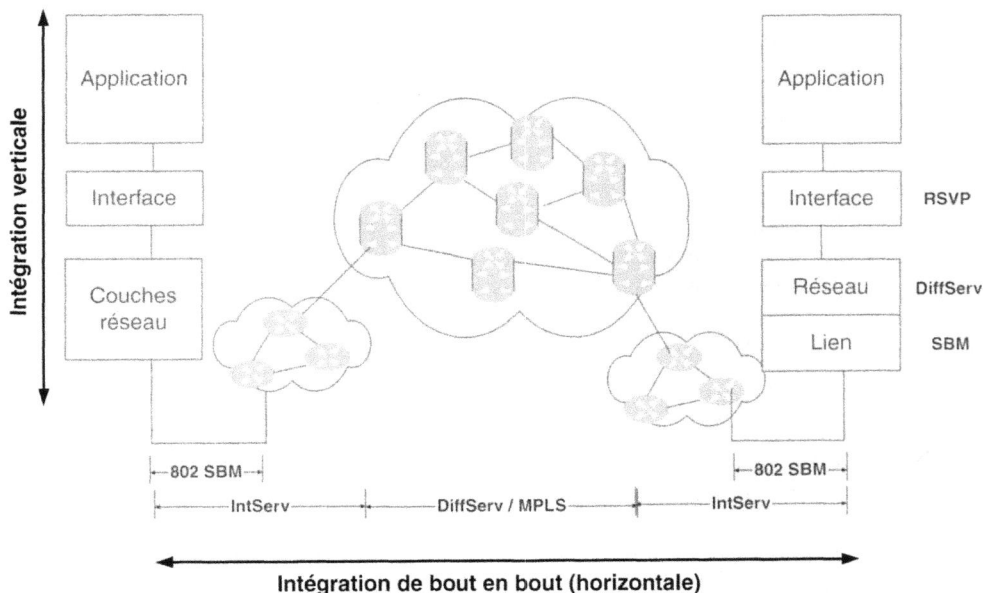

Figure 7-7

Réalisation de l'intégration verticale et horizontale

Nous aurons l'occasion de revenir sur d'autres composants placés dans le carré « application » au chapitre 9 et nous évoquerons des protocoles de haut niveau, destinés au support d'applications multimédias, dans un contexte IP.

La configuration de réseau présentée à la figure précédente est constituée de réseaux IntServ/ RSVP, interconnectés par des réseaux DiffServ ou MPLS. Elle a le soutien de la communauté IETF et d'un grand nombre d'industriels. Il convient néanmoins de préciser que peu d'expériences à grande échelle ont été réalisées. Aussi, on peut s'attendre à des modifications dans la façon de combiner ces technologies, voire à des modifications d'une partie de ces technologies.

La justification d'un tel modèle d'interconnexion (suggéré) est liée aux éléments suivants :

- les postes clients disposent à ce jour d'interfaces de programmation qui savent mettre en œuvre un service de gestion de QoS exploitant la signalisation RSVP. C'est le cas de l'interface Winsock 2 sur Windows 2000, qui supporte par ailleurs le protocole RSVP (nettement mis en avant par Microsoft) ;
- les réseaux d'extrémité (situés dans les entreprises) se fondent sur des commutateurs Ethernet ou des commutateurs IP sachant exploiter les fonctionnalités RSVP sans problème de performance (nombre de sessions RSVP limitées) :
- les réseaux centraux (cœurs de réseau) doivent, quant à eux, interconnecter les sites de nombreux clients et ne peuvent donc pas gérer l'exploitation et la mémorisation de milliers de flux RSVP. Ils doivent donc simplifier cette gestion en proposant un nombre limité de niveaux de QoS, associés à un DSCP particulier (DiffServ) ou à un LSP spécifique, identifié par une valeur de label (MPLS). La terminologie consacrée parle d'agrégation de la QoS (voir la définition de ce terme au chapitre 3).

Configuration type

La figure 7-8 illustre une autre façon de représenter cette configuration : c'est l'exemple de référence introduit dans la première partie de l'ouvrage.

On distingue sur cette figure les réseaux périphériques exploitant la signalisation RSVP et fournissant soit un service de QoS agrégée (LAN Ethernet 802.1p), soit un service de QoS par flux. Les réseaux centraux (cœur de réseau) véhiculent de façon transparente (sans l'interpréter) la signalisation RSVP, après avoir établi une correspondance des services.

Ce schéma est très théorique dans la mesure où nous supposons qu'il existe quelque part :

- des règles permettant de mettre en correspondance les services ;
- des définitions permettant d'actionner les mécanismes de QoS sur les équipements.

Si l'on en croit la figure 7-8 (au verso), ces règles et définitions sont stockées dans chaque nœud du réseau. C'est évidemment une possibilité, mais qui est très lourde à gérer et qui, en outre, peut être source d'erreurs. Il est donc nécessaire de disposer de serveurs de règles centralisés pour une meilleure exploitation. Ces serveurs de règles (appelés Policy Server) vont permettre d'enregistrer les règles à appliquer sur les trafics réseau, consécutivement à un contrat de service (SLA, Service Level Agreement) établi entre l'usager et l'exploitant du réseau.

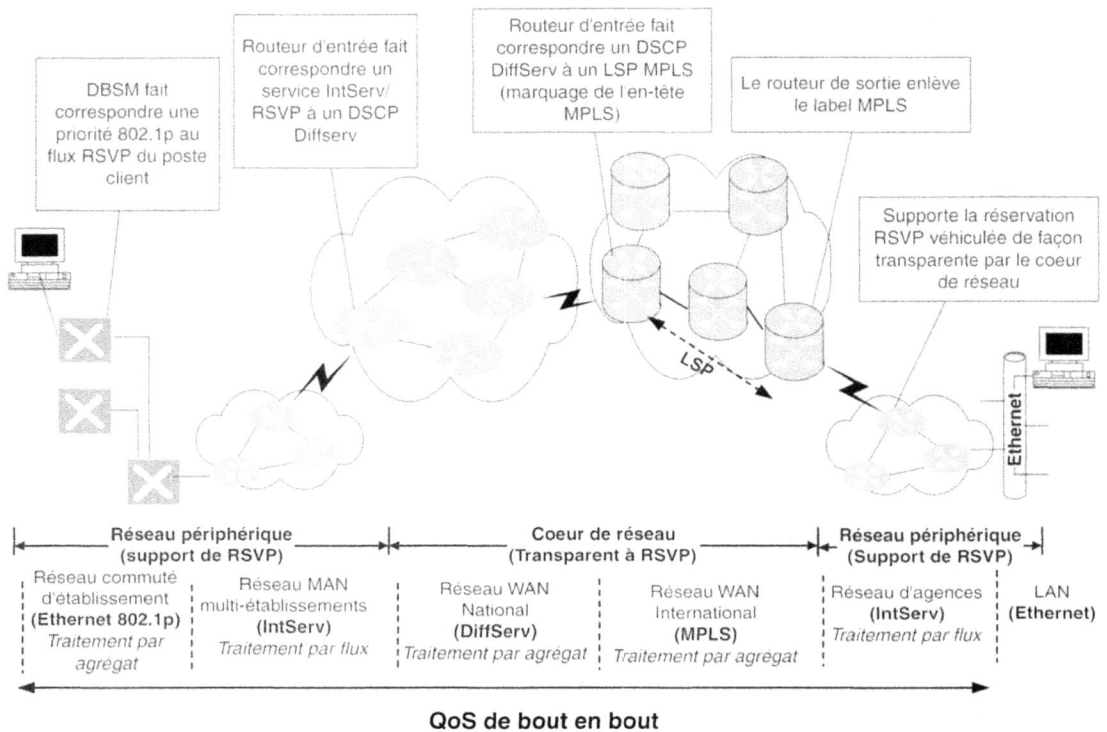

DBSM fait correspondre une priorité 802.1p au flux RSVP du poste client

Routeur d'entrée fait correspondre un service IntServ/ RSVP à un DSCP Diffserv

Routeur d'entrée fait correspondre un DSCP DiffServ à un LSP MPLS (marquage de l'en-tête MPLS)

Le routeur de sortie enlève le label MPLS

Supporte la réservation RSVP véhiculée de façon transparente par le coeur de réseau

LSP

Ethernet

Réseau périphérique (support de RSVP)		Coeur de réseau (Transparent à RSVP)		Réseau périphérique (Support de RSVP)	
Réseau commuté d'établissement **(Ethernet 802.1p)** *Traitement par agrégat*	Réseau MAN multi-établissements **(IntServ)** *Traitement par flux*	Réseau WAN National **(DiffServ)** *Traitement par agrégat*	Réseau WAN International **(MPLS)** *Traitement par agrégat*	Réseau d'agences **(IntServ)** *Traitement par flux*	LAN **(Ethernet)**

QoS de bout en bout

Figure 7-8

Architecture de QoS préconisée

C'est précisément l'objet du chapitre suivant, consacré à l'administration des réseaux. Nous compléterons donc, à l'issue du chapitre suivant, cet exemple de référence pour définir les éléments d'administration de la QoS. Nous reviendrons également sur cet exemple de référence au chapitre 11, consacré à la mise en œuvre de la QoS, pour expliquer dans le détail comment une session RSVP peut être établie de bout en bout du réseau, entre un poste client et un serveur.

8

Gestion et administration de la QoS

La mise en œuvre de l'ensemble des mécanismes décrits au chapitre 6 est une tâche très lourde. Il est difficile, voire impossible, de configurer manuellement l'ensemble des équipements réseau pour deux raisons essentielles :

- l'abondance des informations de QoS,
- la nature dynamique des configurations de QoS.

Si la configuration manuelle des équipements est envisageable dans un réseau de taille modeste pour une gestion de QoS statique (c'est-à-dire attribuée de manière fixe à certaines applications ou utilisateurs), elle est toutefois à éviter car elle est source d'erreurs. Une gestion dynamique de la QoS (prise en compte d'applications possédant par exemple des plages horaires d'utilisation variables) rend nécessaire une réactivité de configuration, qui est, elle, incompatible avec une gestion manuelle des équipements. En outre, une gestion manuelle est impossible et dangereuse sur de grands réseaux. Le recours à des outils de gestion adaptés à la QoS s'avère indispensable dans la plupart des cas et dépasse de loin la vision traditionnelle de l'administration de réseau. À l'aide de ces nouveaux outils, il devient alors possible de spécifier au réseau les actions à entreprendre pour permettre à un utilisateur particulier d'exécuter une application spécifique (visioconférence par exemple), à une heure spécifique.

Nous rappellerons tout d'abord le fonctionnement et les outils de gestion standard des réseaux, puis nous préciserons les outils plus spécifiquement adaptés à la gestion de la QoS qui viennent compléter cette gestion administrative. Nous définirons à cet égard la notion de **politique**, qui permet de définir les actions à entreprendre en fonction d'une situation donnée et les concepts associés pour permettre d'atteindre ces objectifs. Notons que la gestion de réseau fondée sur la mise en œuvre de politiques (ensembles de règles de fonctionnement), ou *Policy based networking*, peut s'appliquer à de nombreux domaines (QoS, sécurité, etc.). Ainsi, les modèles de gestion et les protocoles développés par les organismes de normalisation ont généralement un domaine d'application assez large. Bien évidemment, dans le cadre de cet ouvrage, nous ne retiendrons que l'application de ces principes dans le champ d'application de la QoS. Précisons tout de suite qu'il s'agit d'un vaste chantier, dont la normalisation n'est pas achevée, même si certains produits sont disponibles sur le marché. Il faudra probablement encore du temps avant que des solutions interopérables ne soient disponibles, et pour que les entreprises et les opérateurs aient le temps d'assimiler ces concepts et les mettent en œuvre.

Enfin, nous terminerons ce chapitre avec les outils de contrôle permettant de vérifier l'efficacité de la gestion de la QoS proposée. C'est un sujet hautement sensible, dont l'objectif principal sera souvent de permettre à l'entreprise de vérifier que le SLA proposé par l'opérateur est bien respecté, en se fondant sur des outils de mesure non fournis par l'opérateur. Nous observerons à ce propos, qu'outre les outils sophistiqués, il est possible de mettre en œuvre de simples utilitaires permettant de rendre compte de la QoS pratiquement disponible. Ces utilitaires éviteront donc à l'entreprise une deuxième administration (étant entendu que l'intérêt de disposer d'un opérateur pour son réseau est d'éviter son administration souvent complexe).

Rappels sur la gestion de réseaux

Le modèle de base

Le cube ci-dessous schématise les différentes fonctions de la gestion de réseaux. Sous forme matricielle, on croise les différents niveaux de l'administration (opérationnel, tactique, stratégique), avec les entités à administrer (applications, postes de travail, serveurs, réseaux, infrastructures) et les types d'information recherchés (configuration, anomalie, performance, sécurité, analyse des coûts).

Figure 8-1

*Le cube
de l'administration*

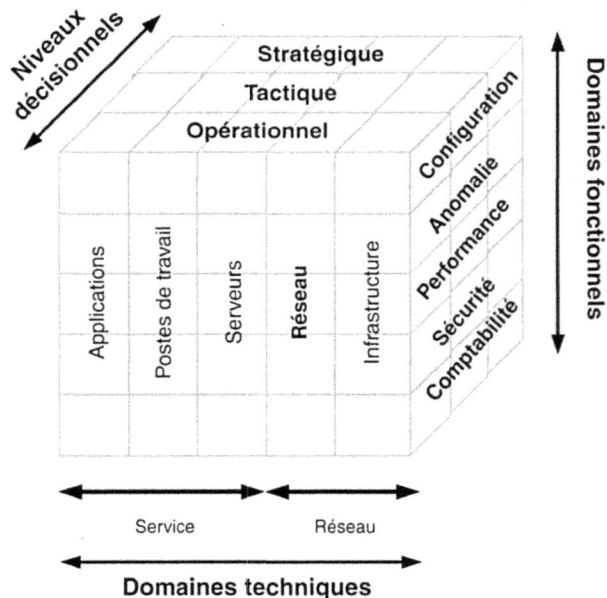

Mettre en place une gestion de réseaux revient donc à répondre aux trois questions suivantes qui sont indissociables :

• Quels sont les objets administrés (domaines techniques) ?

• Dans quel objectif administre-t-on (niveaux décisionnels) ?

• Quelles sont les fonctions gérées (domaines fonctionnels) ?

L'ordre de réponse à ces questions importe peu, dans la mesure où une réponse doit être apportée à chacune de ces questions (elles sont indissociables).

Domaines techniques

Ils représentent les objets administrés.

• Infrastructure : les éléments physiques (câblage *via* certains équipements de gestion) mais également les équipements et réseaux de transmission de type PDH ou SDH peuvent être inclus dans un système global d'administration.

• Réseaux : les équipements réseau comprennent les hubs, les commutateurs, les routeurs, etc.

• Serveurs : les systèmes serveur comportent à la fois la gestion de l'équipements physique du serveur, mais également la gestion liée aux paramètres du système d'exploitation (Unix, NT, Netware, etc.).

• Postes : la gestion des postes de travail est de plus en plus intégrée à un système global d'administration.

• Applications : la mise en œuvre d'applications client/serveur impose une gestion des composants serveur.

Traditionnellement et historiquement décomposée en plusieurs domaines techniques, l'administration des systèmes d'information, fondés de plus en plus sur des architectures de type client/serveur, impose une gestion multidomaine. Concernant les performances et la QoS, il est nécessaire d'obtenir un fonctionnement cohérent de la chaîne : serveur/réseau/poste client. Le principal enjeu consiste alors à casser la frontière traditionnelle de l'administration entre, d'une part, les applications/système et, d'autre part, le réseau. Toutefois, la mise en œuvre d'hyperviseurs censés intégrer au sein d'un même système d'administration de multiples composants se révèle souvent ardue et procure la plupart du temps des résultats médiocres, l'une des difficultés à résoudre étant l'hyperspécialisation des administrateurs dans un domaine technique particulier. Ainsi, l'interprétation d'un message d'alerte réseau non explicite ne pourra être réalisée que par un spécialiste réseau du constructeur de l'équipement ayant généré le message d'alerte. De même, l'interprétation d'un message d'alerte système non explicite ne pourra être réalisée que par un spécialiste système du constructeur (ou de l'éditeur) dudit système. On en déduit la nécessité de représentation des entités gérées dans un langage de haut niveau, indépendant des matériels et des constructeurs, pour assurer une véritable administration globale. Il faudra alors disposer d'un personnel d'administration doté d'une bonne connaissance générale de l'ensemble des composants d'une architecture client/serveur (connaissance transversale). On peut donc affirmer qu'une bonne administration globale relève davantage de généralistes que de spécialistes.

Domaines fonctionnels

Ils regroupent les cinq grands domaines définis par l'OSI.

1. Gestion des configurations : elle consiste en la possibilité de visualiser et modifier les configurations des équipements à distance. Cela suppose qu'il est possible d'enregistrer l'ensemble des fichiers de configuration en cours d'utilisation, mais également de disposer d'un historique de ces configurations. Cette gestion implique également le suivi du microcode des équipements, voire, dans certains cas, leur mise à jour de façon automatisée.

2. Gestion des anomalies et des incidents : c'est l'aspect le plus connu de l'administration, pour lequel l'opérateur dispose (dans le cas du réseau) d'une cartographie des équipements du réseau avec son état fonctionnel (vert : OK, orange : fonctionnement non optimal mais équipement opérationnel, et rouge : équipement non opérationnel ou non géré). Au-delà de l'aspect graphique, il est obligatoire de disposer d'un bac des incidents (fichier historique des incidents), qui permettra de suivre les opérations de maintenance qui ont été réalisées suite à l'incident.

3. Gestion de la performance et de la qualité de service : c'est souvent une préoccupation relativement récente de l'administration. Signalons, à cet effet, que la gestion de la performance devra être envisagée de bout en bout. Ainsi, dans le cas d'un problème de lenteur d'une application client/serveur sur un poste client, il est nécessaire de déterminer où se situe le point de congestion dans la chaîne de traitement suivante : performance du poste client – performance du LAN auquel il est rattaché – performance du WAN d'interconnexion – performance du LAN auquel le serveur distant est rattaché – performance de la plate-forme hébergeant l'application – performance de l'application. Aujourd'hui, de nombreuses entreprises n'ont pas une bonne perception du sujet. Il n'est alors malheureusement pas rare de voir s'affronter les différentes parties prenantes, chacune accusant l'autre de son mauvais niveau de performance. Pour autant, il existe de nombreux outils permettant de vérifier rapidement ce type de chaîne de liaison.

4. Gestion de la sécurité : c'est également une préoccupation relativement récente, mais les perspectives des applications d'e-business ou de celles liées à la mise en œuvre d'applications sensibles ont rapidement convaincu les entreprises de la nécessité des règles en la matière. Cependant, la mise en œuvre d'une politique de sécurité se heurte encore fréquemment à des problématiques d'incompatibilité entre équipements de sécurité, ce qui oblige dans bien des cas à recourir à une administration manuelle fastidieuse et nettement moins performante que si elle était automatisée. Nous verrons à la section *Les politiques de QoS* comment des outils génériques de gestion de politique permettront, dans un proche avenir, de gérer de manière homogène et cohérente la performance, la sécurité et, potentiellement, les coûts.

5. Gestion des coûts : cette partie est évidemment la plus sensible dans le cas des réseaux d'opérateurs. La grande difficulté actuelle provient du fait qu'il est difficile de facturer les clients selon de nombreux critères. En effet, beaucoup de systèmes de facturation d'opérateurs font encore appel à des opérations manuelles. En conséquence, de nombreuses facturations sont établies à partir d'un système forfaitaire qui dépend de la nature de la connexion et de son débit. Il est alors complexe d'envisager une facturation qui dépende de facteurs aussi divers que la durée de connexion, la volumétrie des échanges, la classe de service utilisée, la destination demandée, etc. De ce point de vue, la mise en place d'offres avec classes de service constitue à ce jour un vrai problème pour les opérateurs et les ISP.

Niveaux décisionnels

Enfin, il est nécessaire de bien préciser le but des outils d'administration mis en place. En effet, l'administration doit s'envisager à trois niveaux décisionnels :

- **opérationnel :** il concerne la gestion ordinaire du réseau pour son maintien en état opérationnel. Dans le cas d'un réseau d'entreprise géré par un opérateur, l'administration opérationnelle est habituellement réalisée par ce dernier à l'aide d'une plate-forme d'administration standard (Netview, HP-Open-view, etc.), généralement fondée sur le protocole SNMP (Simple Network Management Protocol) de l'IETF, ou son équivalent ISO faisant appel au protocole CMIP (Common Management Information Protocol). L'inconvénient de ce type de solutions est qu'elles ne permettent qu'une gestion statique des composants du réseau. La mise en œuvre d'une gestion dynamique suppose la définition de règles qui pourront être appliquées par le réseau, sous certaines conditions définies à l'avance et réunies dans un annuaire. C'est le principe du concept DEN (Directory Enabled Network) qui a donné lieu à de nombreuses réflexions dans différents organismes de normalisation (voire section suivante). Enfin, dans le cas de l'administration d'un réseau d'entreprise par un opérateur, il est prudent que le contrôle de l'administration soit assuré par l'entreprise à deux niveaux :

  - de façon permanente, à l'aide d'utilitaires fonctionnant en mode autonome et qui permettent de vérifier et de tracer les événements réseau,

  - mensuellement, à l'aide du rapport de qualité de service fourni par l'opérateur dans le cadre du SLA (Service Level Agreement, ou engagement de qualité de service), proposé par l'opérateur ;

- **tactique :** ce domaine permet d'optimiser le fonctionnement du réseau. Ainsi, à partir des statistiques de trafic en tendance recueillies par le système d'administration sur une période significative, il pourra être décidé d'augmenter le débit d'un lien. Il convient de préciser à ce propos que la plupart des statistiques de trafic fournies par les opérateurs à leurs clients à ce jour relèvent de cette catégorie. Ainsi, les statistiques de trafic mensuelles sont davantage des informations d'ordre tactique qu'opérationnel. De ce point de vue, les graphiques des trafics mensuels que les administrateurs réseau des entreprises reçoivent de l'opérateur ne leur apprennent rien, car les valeurs seront trop lissées (moyennées) dans le temps. À défaut d'un opérateur proposant des courbes de trafic quasi-temps réel en ligne, il sera nécessaire pour l'entreprise de se doter d'utilitaires permettant de représenter les trafics sous forme de graphiques ;

- **stratégique :** il s'agit, à partir des statistiques du suivi du réseau, de planifier son évolution en modifiant si nécessaire l'architecture. Dans le cas d'un réseau externalisé à un opérateur, cette réflexion doit être menée par le client avec l'appui technique éventuel de son opérateur et d'un conseil extérieur.

L'administration opérationnelle

Comme nous venons de le signaler, l'administration opérationnelle est généralement réalisée à l'aide de plates-formes fondées sur le protocole SNMP (Simple Network Management Protocol).

Cette architecture est représentée dans la figure ci-après.

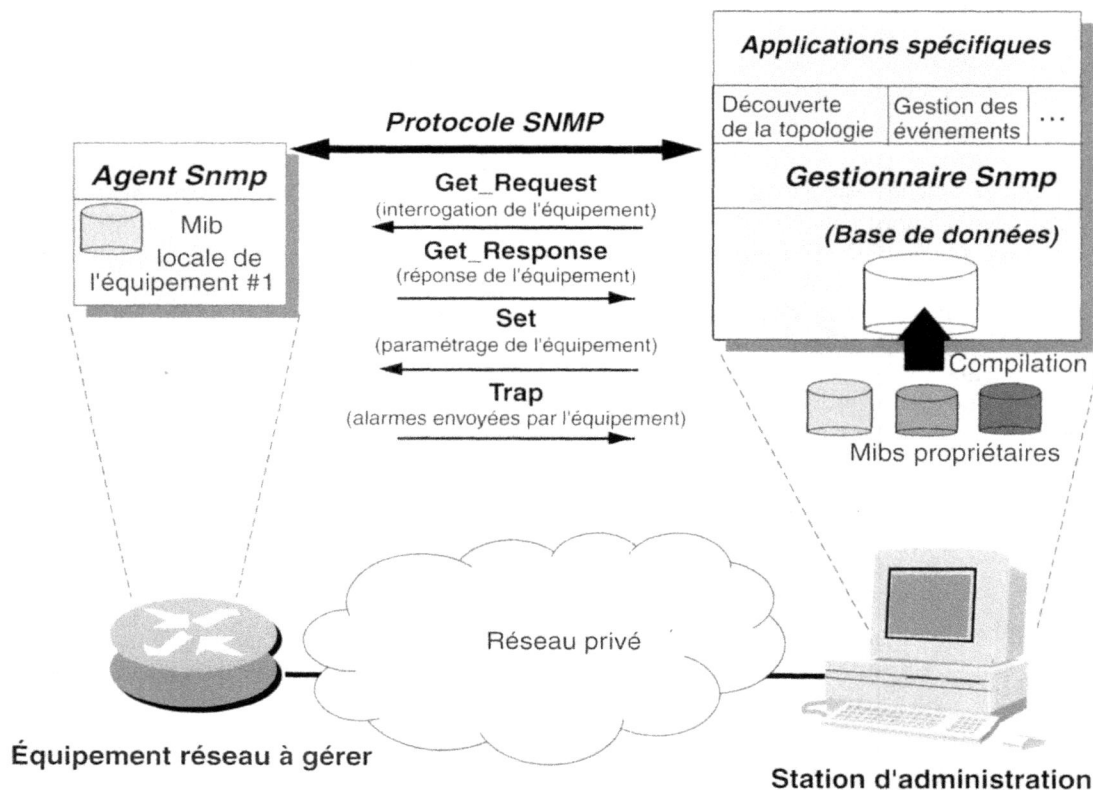

Figure 8-2

Organisation d'une administration SNMP

Représentation des informations gérées

Les informations gérées par les équipements correspondent aux variables d'une structure d'information appelée MIB (Management Information Base). La MIB attribue des noms aux informations gérées (les variables), selon une hiérarchie d'enregistrements. Plus formellement, la syntaxe de représentation des variables dans une MIB est conforme à ASN-1 (Abstract Syntax Notation One), qui est une norme OSI (8824). Cette syntaxe de représentation est orientée objet.

Ainsi, une MIB est une structure hiérarchisée de classe d'objets. Afin d'assurer une administration minimale des réseaux fondés sur le protocole TCP/IP, l'IETF a défini historiquement une première MIB minimale, que les équipements devront prendre en charge : la MIB I. Cette première MIB a été complétée par la définition d'une MIB II (RFC 1213), comprenant environ 200 variables. Ainsi, tout équipement réseau gérable par le protocole SNMP doit supporter au minimum les 200 variables de la MIB II. En complément du support de cette MIB standard, la plupart des équipements prennent en charge de nombreuses autres variables qui tiennent compte des spécificités de l'équipement. L'ensemble de ces variables complémentaires forment ce que l'on appelle une MIB propriétaire, car sa définition (toujours réalisée en syntaxe ASN.1) est propre à un constructeur d'équipement. Il est nécessaire, pour exploiter les variables de cette MIB d'équipement, d'intégrer un fichier texte (contenant la description ASN.1 des variables) dans la base de données globale de la station d'administration. Cette opération, appelé compilation, nécessite donc de disposer des fichiers de description (MIB) de chaque équipement à gérer. La station d'administration aura alors accès à un grand nombre de variables sur les équipements, et pourra réaliser une gestion plus fine qu'avec les 200 variables par défaut de la MIB II.

La MIB RMON (Remote MONitor), définie par l'IETF (RFC 1271), élargit grandement l'horizon un peu pauvre des MIB I et II, avec la notion de sonde embarquée dans les équipements. Le standard RMON couvre neuf groupes de données :

1. Statistics : les statistiques permettent par exemple d'établir le taux d'erreurs sur une ligne série.

2. History : les historiques décrivent le comportement du réseau pendant un période de temps (cela nécessite donc de la mémoire de stockage sur l'équipement réseau).

3. Alarms : les alarmes permettent de connaître l'état de fonctionnement des interfaces ou le franchissement de seuils de gestion (niveau de trafic, par exemple, sur une interface).

4. Hosts : permet d'enregistrer les postes de travail actifs sur le réseau.

5. Hosts Top N : *via* cette fonction, on peut par exemple de connaître les postes de travail générant le plus de trafic sur le réseau.

6. Traffic Matrix : permet de dresser une matrice des flux entre les postes de travail les plus « bavards » sur le réseau.

7. Filters : grâce aux filtres, il est possible de contrôler certains trafics.

8. Packet Capture : cette fonction permet de capturer l'ensemble du trafic consécutivement à un événement déclencheur. Elle sert principalement à la détermination de problèmes.

9. Events : permet de contrôler les événements gérés par les agents.

La MIB RMON II (RFC 2021) est une amélioration de la MIB RMON qui fournit des informations sur le fonctionnement des protocoles de haut niveau. Elle permet par exemple de savoir :

• quelles sont les applications (HTTP, Telnet, FTP, etc .) utilisées sur le réseau et par qui, par examen du port TCP ou UDP ?;

• quels sont les protocoles utilisés sur le réseau ?

Elle autorise donc une analyse qualitative du réseau, et non quantitative comme RMON I. Elle est particulièrement utile dans un contexte de QoS, car elle permet de connaître la typologie des flux circulant en différents points du réseau (sous réserve bien sûr de disposer de plusieurs sondes RMON II embarquées dans les équipements). Le surcoût lié à l'intégration d'une sonde RMON (et *a fortiori* RMON II) sur un équipement explique le recours à des sondes RMON II externes aux équipements. En effet, l'intérêt de ces sondes par rapport aux informations déjà fournies par les MIB des équipements se traduit principalement soit pour un audit de dysfonctionnement, soit par l'établissement de profils de trafic sur des périodes de référence (nous reviendrons sur cette utilisation à la fin de ce chapitre).

Mode de fonctionnement

La station d'administration possède donc, à l'issue de la phase de compilation, les MIB propriétaires des équipements, un arbre hiérarchisé contenant l'ensemble des variables de tous les équipements. Afin de mettre à jour les valeurs des variables de la base de données centrale, la station d'administration enverra un message SNMP à l'équipement, de type GET_REQUEST (nom de la variable à récupérer). En retour, l'équipement lui adressera, à l'aide d'un message SNMP GEST_RESPONSE, la valeur de la variable demandée. La fréquence d'interrogation de l'équipement sera par exemple définie à 10 minutes par l'administrateur du réseau. Ainsi, en reprenant l'exemple précédent, la station pourra demander à l'équipement le nombre d'octets reçus sur le routeur par l'interface série. La station d'administration pourra alors, par différence avec la dernière valeur reçue, connaître le trafic ayant transité sur l'interface série dans l'intervalle de temps. En répétant cette mesure toutes les 10 minutes et en reportant les valeurs sur un graphe, l'utilisateur pourra disposer du graphe de charge journalier de l'interface série. Un autre moyen consiste à recourir à une sonde RMON qui enregistrera les valeurs de façon autonome, évitant ainsi le trafic SNMP régulier d'interrogations de l'équipement.

En complément de ces possibilités d'interrogation/réponse, la station d'administration a la possibilité de configurer les équipements à l'aide de la commande SNMP SET, qui sert aussi bien à configurer le fonctionnement de l'équipement (sa vitesse d'horloge sur une ligne série par exemple) qu'à définir des seuils de gestion (treshold) sur l'équipement : valeur du trafic maximal, par exemple. En fonction de ces seuils, l'équipement pourra générer une alarme automatiquement en direction de la station d'administration, pour l'avertir qu'un seuil a été dépassé.

Limites

Cette administration est relativement statique, dans la mesure où l'initiative de configuration et de modification des équipements provient de la station d'administration. En d'autres termes, ce mode d'administration convient à la gestion des configurations, des erreurs et, dans une moindre mesure, des performances. Il est en revanche relativement mal adapté à une gestion du réseau dynamique, caractérisée par la modification dynamique du comportement de ce dernier, en fonction des exigences de certains flux.

Ces différentes raisons ont motivé la mise au point de systèmes adaptés à la gestion dynamique et temps réel des trafics réseau, à des fins d'application de politique de QoS ou de sécurité.

Les règles de QoS (QoS Policies)

Les besoins de règles

La qualité de service au sein d'un réseau revient à regrouper les paquets d'un flux d'application dans une certaine classe de trafic. Cette classification a pour objet d'accorder à ces paquets un traitement plus ou moins prioritaire par rapport à d'autres paquets. Ainsi, certains utilisateurs (au travers de leurs applications) recevront un meilleur service que d'autres. Il est alors inévitable que les utilisateurs cherchent à obtenir le meilleur service, sans en payer le prix (sur les réseaux d'opérateurs) ou sans y être autorisé (sur les réseaux intranet d'entreprise).

On conçoit qu'il est nécessaire de disposer de certains mécanismes sur le réseau, afin de mettre en œuvre des règles de gestion des trafics, faisant appel à une architecture, un certain nombre de protocoles et modèles de représentation des données, sous forme d'objets. Leur normalisation est en cours. L'issue des travaux de normalisation et la disponibilité de produits répondant à ces norme, représentent un enjeu essentiel pour une mise en œuvre aisée de la QoS dans les réseaux d'entreprise ou d'opérateurs. Au-delà de la gestion de la QoS, il sera nécessaire de gérer d'autres problématiques essentielles, comme la sécurité et la politique tarifaire. Comme on le voit, la mise en place d'outils d'administration répondant à un processus de définition de règles de QoS et à leur mise en place correspond à un besoin générique couvrant un domaine d'application relativement large. Partant, il est nécessaire de trouver des architectures d'administration génériques, pouvant couvrir l'ensemble des problématiques d'administration. Cela suppose également que les modèles d'information définissant les règles d'administration soient suffisamment génériques pour être applicables dans différents domaines. En ce sens, les technologies d'annuaires jouent un rôle essentiel.

En raison du spectre d'application d'une architecture générique de gestion de régles de QoS, la normalisation est prise en charge à la fois au sein de l'IETF et au sein du DMTF (Distributed Management Task Force : www.dmtf.org) par plusieurs groupes de travail. Ainsi, au sein de l'IETF, deux groupes de travail sont en charge de la gestion des réseaux au sens que l'on vient de définir :

- Ressource Allocation Protocol (RAP) Working Group,
- Policy Framework Working Group.

Définition d'une politique de Qos

Une politique de Qos est un ensemble de règles associées à certains services.

Les règles définissent les critères à satisfaire pour obtenir ces services ; elles sont définies en fonction de conditions et d'actions, les actions découlant du respect des conditions.

Figure 8-3

Une règle de politique
(Policy Rule)

Conditions ⟶ Actions

Voici un exemple simple de règle : les flux de trafic issus de mon application SAP doivent être prioritaires par rapport aux autres flux. Dans ce cas, la condition est la suivante : « si les flux de trafic sont des flux SAP », et l'action est : « assignation de la plus haute priorité à ces flux ».

Dans la pratique, une règle pourra elle-même contenir d'autres règles. Ce principe de *hiérarchie de règles* permet de construire des politiques complexes, à partir de règles simples. Le mode de définition de ces conditions et ces actions doit être établi d'une façon globale, de sorte à maintenir une cohérence entre les différents domaines de gestion de politique de QoS différents. En d'autres termes, un flux défini comme prioritaire dans un domaine de gestion (le réseau interne de l'entreprise) doit rester prioritaire s'il traverse un réseau d'opérateurs qui correspond à un autre domaine de gestion. Pour assurer une portabilité des règles, il est nécessaire que la définition de celle-ci soit réalisée dans un langage de description de haut niveau, indépendant des équipements.

Structure et architecture d'une politique de QoS

À l'origine, le groupe de travail RAP (RSVP Admission Policy) de l'IETF a défini un modèle pour gérer le contrôle des règles de QoS associées à RSVP et le modèle IntServ qu'il représente. Ce modèle décrit dans la RFC 2753 a été repris pour s'appliquer à l'ensemble des technologies de QoS. Il s'agit d'un modèle d'architecture général, et il est d'ailleurs applicable à d'autres domaines que la QoS, comme la sécurité.

En résumé, l'architecture générique définie par l'IETF permet la mise en œuvre d'un contrôle d'admission des requêtes d'allocation de ressources (réseau), fondé sur la mise en en œuvre de politiques (policy-based admission control).

Le modèle est très simple, dans le sens où il identifie deux composants principaux :

- le **PEP** (Policy Enforcement Point) : il constitue le point d'application de la politique (et donc des règles). Il joue le rôle du policier ;
- le **PDP** (Policy Decision Point) : il constitue l'organe de décision d'applications des règles, en fonction d'entités les définissant (base de données des politiques, serveur d'authentification, serveurs de règles etc.). Il joue le rôle du juge.

En complément, on distingue :

- la base de données des politiques (policy repository) : elle est en charge du stockage des règles de QoS. Pour mémoire, on rappelle qu'une règle consiste en la définition des conditions et des actions dans un langage de haut niveau approprié. Le modèle d'information lié à la définition de ces règles est défini dans le document draft-ietf-policy-core-info-model-07.txt, disponible sur le site web de l'IETF. C'est un modèle orienté objet que nous décrirons sommairement plus loin ;
- la console de gestion des politiques : c'est la console centrale permettant à l'utilisateur d'éditer, de modifier ou de consulter les règles contenues dans la base de données. Elle possède généralement une interface graphique conviviale pour assurer ces fonctions.

Cette architecture est représentée à la figure 8-4.

Le principe d'interaction entre les éléments repose sur les facteurs suivants :

- le PEP reçoit une notification ou un message (RSVP, par exemple) de demande de ressources, qui nécessite une décision d'application d'une politique ;
- dans une telle situation, le PEP formule une demande pour obtenir une décision d'application de politique pour la demande de ressources et l'envoie au PDP. La requête de contrôle de politique émise par le PEP vers le PDP peut contenir un ou plusieurs éléments qui seront véhiculés au travers d'objets appropriés (voir la notion d'objets dans la description du protocole COPS ci-dessous), en complément des informations de contrôle d'admission (comme la spécification de flux ou la taille de la bande passante réclamée) ;
- le PDP retourne sa décision, et le PEP l'applique en acceptant ou en refusant la demande d'allocation de ressources du message RSVP.

Il faut noter que la séparation du PEP, du PDP et de l'annuaire (*policy repository*) est logique et ne correspond pas forcément à une mise en œuvre physique. Ainsi, il est parfois possible que l'ensemble des composants soient situés sur un nœud réseau. Dans d'autres cas, les nœuds réseau peuvent comprendre un PEP et un PDP (*policy server*) local, devant être complété par

LDAP (Lightweight Directory Access Protocol) est un standard de l'IETF permettant la création et l'interrogation d'un annuaire.
COPS (Common Open Policy Service) est un standard de l'IETF pour la communication entre un PEP et un PDP.

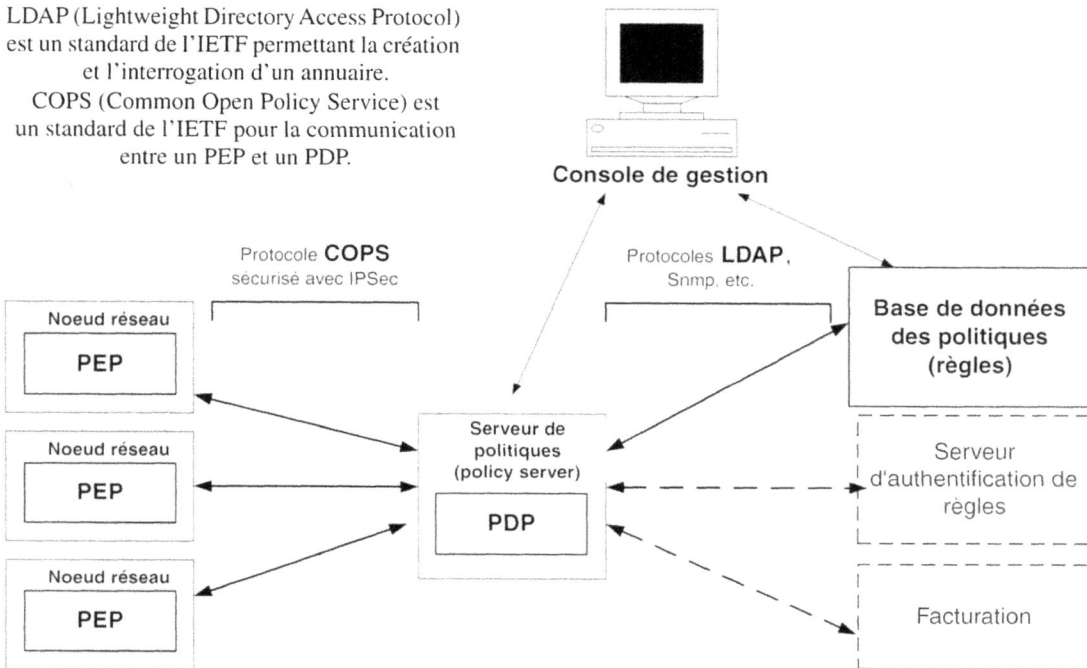

Figure 8-4

Éléments d'une gestion de politique

un PDP (Policy Server) global. Dans ce dernier cas, le PDP associé au PEP sera appelé Local PDP (LPDP) et permettra d'appliquer une politique locale à l'équipement. Cependant, l'architecture prévoit, pour éviter des « trous » de sécurité, que le LPDP se réfère à un PDP pour la décision finale quant à la politique à appliquer. L'architecture précise également qu'il est possible d'en avoir plusieurs (PDP/Base de données des politiques associées) pour fiabiliser la gestion du réseau et introduire un niveau de redondance. Ce nombre doit néanmoins être limité, afin de simplifier l'administration.

Une autre représentation de l'architecture est présentée à la figure 8-5.

Cette représentation met en évidence les interfaces à définir :

- l'interface de définition des clauses de la politique : MOF (Managed Object Format),
- l'interface dédiée au stockage et à l'accès aux règles : LDAP,
- l'interface de communication entre le PDP et le PEP : COPS.

Ces différentes interfaces sont décrites dans la suite de ce chapitre.

Figure 8-5

Architecture d'une politique et interfaces

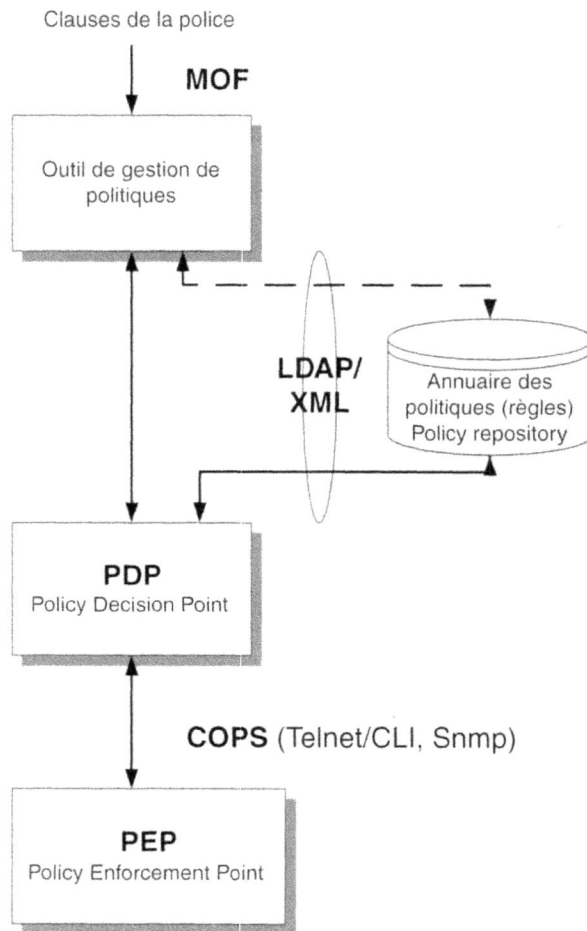

Clauses de la police

MOF

Outil de gestion de politiques

LDAP/ XML

Annuaire des politiques (règles) Policy repository

PDP
Policy Decision Point

COPS (Telnet/CLI, Snmp)

PEP
Policy Enforcement Point

Les fonctions

Dans l'architecture précédente nous avons évoqué les fonctions de décision et d'application d'une politique, respectivement assignées au PDP et au PEP. D'une manière générale, on considère que les trois fonctions suivantes doivent être associées à une politique :

- la fonction de décision : cette fonction réalisée par le PDP suppose la recherche d'une politique, son interprétation, la détection de conflits entre politiques (les règles, la réception de la description des interfaces des équipements, la réception des requêtes des PEP, la détermination de la politique à appliquer ;

- la fonction d'application (enforcement) : cette fonction implique un PEP agissant selon les décisions du PDP, en fonction des politiques à appliquer et des conditions du réseau ;

- la fonction de mesure (metering) : cette fonction permet de vérifier la mise en place de la politique et son respect.

Types de PDP

La mise en œuvre de PDP est réalisée sur trois types d'équipements :

* les systèmes serveur spécifiques : pour la QoS, il s'agit de la sécurité ;
* les équipements réseau spécifiques : commutateurs de niveau 3, routeurs périphériques, etc. ;
* le gestionnaire de bande passante (BB, Bandwith Broker) : ils sont principalement utilisés pour l'approvisionnement de bande passante (et QoS) dans un contexte multidomaine.

Les protocoles

Outre les composants décrits ci-dessus, cette architecture recourt à deux protocoles majeurs :

* COPS (Common Open Policy Service) : c'est le protocole sécurisé permettant les échanges entre les PEP et le (ou les) PDP ;
* LDAP (Lightweight Directory Access Protocol) : c'est le protocole utilisé pour accéder à la base de données des règles.

Nous les décrivons brièvement ci-dessous.

Le protocole COPS

COPS est le protocole qui permet l'échange d'informations entre le PDP et les PEP. Il est décrit dans la RFC 2748. On notera certaines similitudes avec le protocole RSVP, en termes de conception et de souplesse.

Caractéristiques du protocole

Le COPS se caractérise par les éléments suivants :

* le protocole de type client/serveur entre le serveur PDP et les clients PEP ;
* le protocole fiable fondé sur le protocole TCP (utilisation du port TCP 3288 côté serveur). Le PEP est responsable de l'initialisation de la connexion TCP vers un PDP. Il utilise ensuite cette connexion pour envoyer des requêtes de règles et recevoir du PDP les décisions relatives à la réglemention ;
* le protocole COPS qui est extensible dans la mesure où il prend en compte des objets contenant leurs propres définitions. Ce protocole a été créé pour l'administration, la configuration et l'application de règles (correspondant à une politique). C'est un protocole générique dont les définitions peuvent être étendues dans un contexte d'application particulier (un peu comme RSVP) ;
* le protocole COPS a été étudié pour prendre en compte plusieurs types de clients. Chaque type est alors défini dans une spécification particulière, indépendante de COPS ;
* le protocole COPS fournit une sécurisation des messages : authentification, protection contre la répétition et contrôle d'intégrité. COPS peut également s'appuyer sur le protocole IPSEC [1] pour sécuriser le canal entre le PEP et le PDP ;

---

1. IPSEC (IP SECurity) est une extension du protocole IP pour un transport sécurisé d'informations basé sur le cryptage des données.

- un protocole qui mémorise des informations d'états de configuration (stateful). Concrètement, cela signifie que plusieurs configurations peuvent être installées et qu'elles sont référencées par un objet *handle*, côté PDP et PEP. Une configuration peut correspondre au paramètrage d'un flux RSVP par exemple (voir COPS-RSVP ci-dessous). Dans le cas de RSVP, il y aura donc de nombreuses configurations (partant de nombreux handle à mémoriser), une par type de flux RSVP. Dans d'autres types d'applications de l'architecture PEP/PDP, comme COPS-ODRA (voir cette application ci-dessous), un état de configuration peut représenter l'ensemble des ressources allouées à un PEP par le PDP. Dans ce cas, il y aura un unique handle. Cette notion d'état de configuration et de référencement commun entre le PEP et le PDP offre les avantages suivants :

  - les requêtes des clients PEP sont installées ou rappelées par le PDP distant jusqu'à ce qu'elles soient explicitement effacées par le PEP,

  - le serveur PDP peut répondre à de nouvelles requêtes différemment en vertu d'informations d'état relatives à des requêtes/décisions antérieures,

  - le protocole permet au serveur PDP de mettre en place des informations de configuration dans le client et de les effacer quand elles ne sont plus applicables, en recourant au handle approprié.

Figure 8-6

COPS – Modèle de base

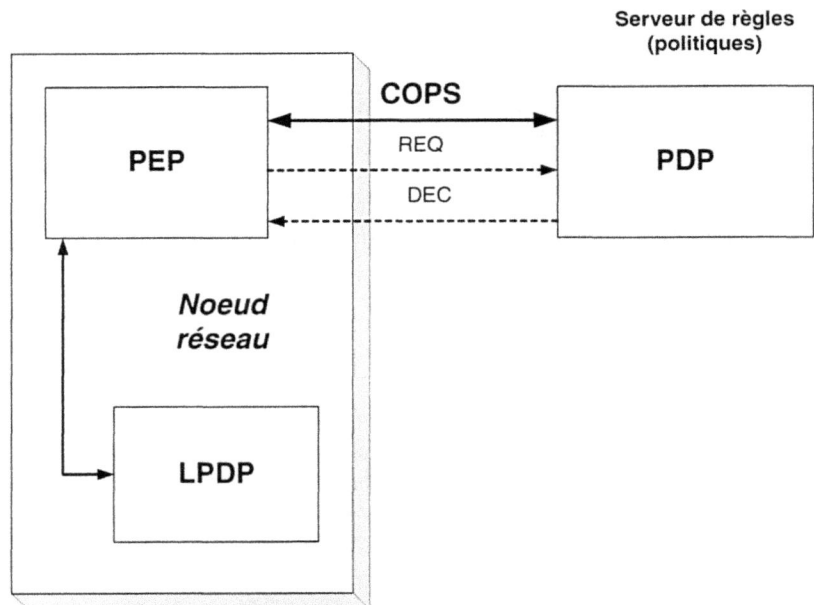

Un PDP est interrogé par un PEP chaque fois qu'une décision spécifique de politique à prendre s'impose, suite à la reception d'un message RSVP pour l'allocation d'une ressource, par exemple. Toutefois, nous avons déjà signalé la présence d'un PDP co-localisé avec le PEP dans le même équipement (LPDP, Local PDP). Le LPDP (s'il existe) permet au PEP de vérifier préalablement si une requête de signalisation est compatible avec les règles actuelles. Le PDP prend sa décision en se fondant sur la requête de ressource et le résultat du LPDP. Cette décision est prépondérante. Ainsi, le LPDP sera utilisé comme seule source de décision, uniquement dans le cas où le PDP est indisponible. Il faut préciser que le protocole COPS permet de tenir compte de plusieurs PDP. La communication entre le PEP et LPDP est en dehors de la définition de COPS.

Le PEP a pour tâche d'initier une connexion TCP avec le PDP. Le PDP doit, de son côté, être à l'écoute sur le port TCP référencé par l'IANA (COPS = 3288). La communication entre le PEP et le PDP est assurée sous la forme d'échanges de requêtes/décisions référencées (pour être mémorisées). Toutefois, le PDP peut occasionnellement envoyer des décisions non sollicitées par le PEP pour forcer un changement par rapport à une situation antérieure. Le PEP a la capacité d'informer le PDP distant qu'il a correctement appliqué la décision du PDP.

Le protocole COPS comprend un certain nombre de messages dont la structure est précisée à la figure 8-7.

Figure 8-7

Format d'un message COPS

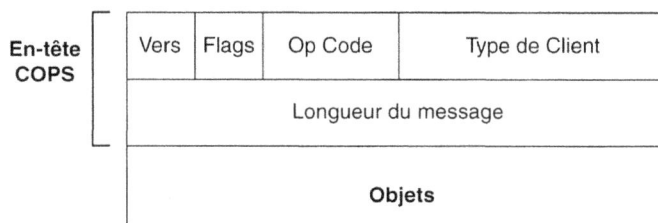

Les champs du message COPS comprennent les éléments répertoriés ci-après.

* Version (4 bits) : version du protocole COPS. – Actuellement version 1
* Flags (4 bits) : un flag de sollicitation de message indique que ce message est sollicité par un autre message COPS.
* Op Code (8 bits) : précise le type d'opération COPS :
    – 1 = Request (REQ),
    – 2 = Decision (DEC),
    – 3 = Report State (RPT),
    – 4 = Delete Request State (DRQ),
    – 5 = Synchronize State Req (SSQ),
    – 6 = Client-Open (OPN),
    – 7 = Client-Accept (CAT),
    – 8 = Client-Close (CC),
    – 9 = Keep Alive (KA),
    – 10 = Synchronize Complete (SSC).
* Type de client (16 bits) : précise la nature du client (COPS-RSVP, COPS OPRA etc., voir ces définitions ci-dessous). La nature du client permet de préciser le mode d'application de COPS (voir ci-dessous) et induit des définitions complémentaires par rapport au fonctionnement de base de COPS.
* Longueur du message (32 bits) : c'est la longueur du message en octets, qui inclut l'en-tête COPS et l'ensemble des objets.

La structure des objets COPS ressemble à celle des objets RSVP évoquée au chapitre 6. Nous ne la détaillerons pas, afin de ne pas nuire à la compréhension générale du fonctionnement de COPS et de l'utilité de la gestion de politiques.

Déroulement des opérations

Dans la pratique, les opérations se déroulent selon la séquence suivante :

1. Le client PEP établit une connexion avec le PDP, à l'aide d'un message COPS-OPN (Client-Open) précisant son type (COPS-RSVP, COPS-ODRA etc., voir ces définitions ci-dessous).

2. Le serveur PDP répond, s'il possède les capacités de gestion réclamées par le type de client spécifié, en envoyant un message COPS-CAT (Client-Accept). Dans la négative, le PDP renvoie un message COPS-CC (Client-Close).

3. Une fois la connexion établie, le PEP formule des requêtes de demande de règles à l'aide d'un message COPS-REQ en précisant le handle auquel la requête se rapporte.

4. Le PDP répond par un message de décision COPS-DEC, en indiquant le même handle. La façon dont le PDP obtient les règles n'est pas comprise dans le périmètre de COPS. Pour mémoire, l'objet handle identifie de manière unique un état de configuration installé côté PEP et PDP.

Modèles de gestion de politiques (Domaines d'applications)

COPS est un protocole de type question/réponse qui supporte deux modèles de contrôles de politiques :

1. Le mode de fonctionnement de COPS explicité jusqu'à maintenant correspond au **modèle d'externalisation** (*outsourcing model*) dans lequel le PEP doit prendre une décision qu'il externalise au PDP. Ce modèle est parfaitement adapté à des environnements réseau utilisant des protocoles de signalisation comme RSVP, dans lesquels les demandes de ressources de RSVP seront traitées de manière centralisée. La RFC 2749 précise d'ailleurs l'utilisation de COPS pour RSVP. Cette implémentation particulière de COPS est appelée COPS-RSVP. D'autres protocoles de signalisation, comme MPLS-LDP ou Multicast Join ICMP, peuvent également tirer parti de ce mode de gestion de politiques. Le modèle d'externalisation est parfois qualifié de mode tiré (pull) ou réactif (reactive), dans la mesure où le PEP « tire » les règles de décision depuis le PDP et le PDP réagit aux événements du PEP.

Une autre utilisation importante du modèle d'externalisation est envisagée pour l'allocation de services DiffServ. Cette implémentation, appelée COPS-ODRA (COPS-Outsourcing DiffServ Ressource Allocation), est à ce jour à l'état de draft IETF. Un scénario de mise en œuvre est tiré de la configuration IntServ over DiffServ que nous avons évoquée au chapitre 6 et dans laquelle le routeur de bordure du domaine DiffServ reçoit des requêtes RSVP du réseau IntServ. Dans ce cas précis, afin d'appliquer un DSCP au flux RSVP, le routeur de bordure du domaine DiffServ (considéré alors comme un PEP) s'adressera, à l'aide du protocole COPS-ODRA, au PDP du domaine DiffServ. Ce PDP est appelé, dans la terminologie DiffServ, un gestionnaire de bande passante (BB, Bandwidth Broker). Nous reviendrons sur cette utilisation de COPS à la fin de ce chapitre et au chapitre 11 *Mise en œuvre de la QoS*.

2. Le protocole COPS supporte également un modèle de configuration, encore appelé **modèle d'approvisionnement** (COPS-PR : *provisionning model*), dans lequel le paramétrage de certains éléments réseau peut dépendre de politiques réseau. Dans ce cas, un PDP peut télécharger des nouvelles informations de configuration ou des mises à jour partielles dans les équipements, en réponse à des événements administratifs. Il peut s'agir de changements de politique tarifaire d'un opérateur, se traduisant par des seuils de gestion différents sur les équipements. Ce modèle met en œuvre une structure de données adaptée aux politiques dénommée PIB (Policy Information Base), fondée sur l'expérience acquise avec les MIB SNMP. Cette structure sert donc à spécifier les informations de politiques qui seront transmises à un équipement réseau, pour la configuration des politiques sur cet équipement. La PIB sera détaillée à la section *Stockage et codage des politiques*. COPS-PR (COPS Usage for Policy Provisionning) est à l'état de draft au sein de l'IETF, qui a prévu que la spécification puisse s'adapter à un grand nombre de politiques (QoS, sécurité, etc.). Signalons, pour finir, que le modèle d'approvisionnement est parfaitement adapté au contrôle des politiques des réseaux non fondés sur des protocoles de signalisation (généralement des réseaux de type DiffServ ou MPLS) ou encore à la configuration d'équipements, dans un contexte VPN (réseaux privés virtuels) ou VoIP (Voix sur IP).

Une représentation de l'origine des actions est fournie à la figure 8-8.

Figure 8-8

Modèles COPS (externalisation/approvisionnement)

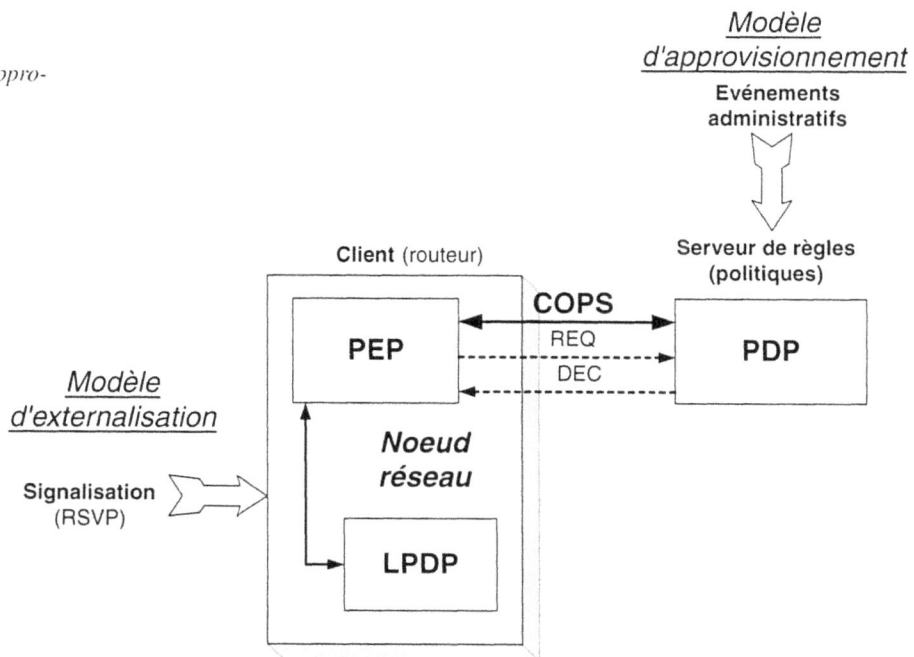

Le modèle d'externalisation (outsourcing model) est maintenu par le PEP en temps réel, tandis que le modèle de configuration (provisionning model) est pris en charge par le PDP dans un espace-temps plus flexible, sur un large ensemble d'aspects de configuration des PEP.

Les deux modèles utilisent des serveurs de politique (policy server) au niveau du PDP, pour contrôler les équipements réseau qui appliquent la politique (élément PEP). En complément du protocole COPS utilisé pour communiquer les informations de politique entre les PDP et les PEP, le protocole LDAP (non représenté dans le schéma précédent) est utilisé pour accéder à la base des règles.

Enfin, signalons qu'une combinaison du modèle d'externalisation (outsourcing model) et du modèle d'approvisionnement (provisionning model) peut être utilisé pour fournir une solution générale et flexible de gestion de QoS sur des réseaux IP. Ainsi, l'opérateur d'un domaine DiffServ pourra s'appuyer sur l'utilisation conjointe des deux modèles :

- le modèle d'externalisation COPS-ODRA pour la gestion des flux dynamiques fondés sur l'utilisation de la signalisation RSVP. Dans ce cas, une demande de réservation de ressources du protocole RSVP déclenchera sur le routeur de bordure du domaine DiffServ (assimilé à un PEP) une requête COPS-ODRA vers le PDP (gestionnaire de bande passante) du domaine DiffServ, pour attribuer un DSCP au flux IP (modèle IntServ over DiffServ) ;

- le modèle d'approvisionnement COPS-PR pour la gestion des flux statiques. Il s'agit ici de mettre en place, dans les routeurs DiffServ, les PHB correspondant aux DSCP des paquets IP à traiter, ou bien de définir statiquement la façon dont sera traitée la signalisation RSVP.

> **REMARQUE** Les deux possibilités décrites ci-dessus sont également référencées dans la documentation relative à DiffServ, en tant qu'allocation dynamique de trafic ou allocation fixe de trafic. Il semble évident qu'il est plus facile, à la fois pour les opérateurs (en raison de la planification de ressources) et pour les clients (en raison des budgets de télécommunications fixés à l'avance) d'opérer sur un modèle d'allocation fixe de bande passante. Ce modèle donnera lieu à l'établissement d'un SLA statique. Toutefois, il est nécessaire de fournir des services de type DiffServ à la demande (à l'équivalent d'un appel). C'est notamment le cas pour des événements particuliers, comme une visioconférence ou la diffusion d'une vidéo événementielle (le discours d'un PDG, par exemple, sur les orientations stratégiques de la société). Dans ce cas, il sera nécessaire pour l'opérateur de proposer de l'allocation dynamique. Il sera également nécessaire de définir un SLA dynamique entre le client et l'opérateur. En conclusion, même s'il est à peu près évident que la plupart des offres d'opérateurs vont d'abord proposer (et proposent déjà pour certains d'entre eux) une allocation fixe de bande passante établie sur un SLA fixe, des offres de service d'allocation dynamique apparaîtront certainement dans un deuxième temps.

Stockage et codage des politiques

Après avoir examiné les mécanismes de mise en œuvre de règles entre PEP et PDP, et les domaines de mise en œuvre, nous abordons maintenant le formalisme de définition et de stockage des règles, ainsi que le mode d'accès à ces règles depuis le PDP.

Il faut rappeler que la base de données des politiques doit être indépendante des constructeurs et des équipements afin d'être appliquée de façon homogène et cohérente dans plusieurs domaines de gestion. Les utilisateurs doivent également pouvoir saisir des règles de haut niveau, grâce à une interface conviviale. Ces règles seront alors traduites automatiquement par le système d'administration en règles de bas niveau propres à un constructeur et/ou à un équipement spécifique par le PDP ou le PEP, avant d'être exécutées. Il est alors possible aux administrateurs de se concentrer sur la logique des règles, indépendamment du langage de commande des équipements. Une explication plus détaillée sur le codage des politiques est fournie par la suite.

Les approches de mise en œuvre

Nous avons observé au début de cette section la structure d'une politique et les principaux composants de l'architecture permettant de mettre en œuvre les politiques. Il est nécessaire de définir maintenant la façon dont les politiques seront codées pour être stockées dans une base de données. Nous nous intéressons maintenant à la façon dont les politiques réseau (définies dans les contrats de services des opérateurs de type SLA) sont converties en règles (politiques) de sorte à être utilisées par le PDP.

Ce travail de définition des politiques et d'administration est pris en charge au sein de l'IETF par le groupe de travail Policy. Le but premier de ce groupe de travail est de supporter la QoS. Pour mémoire, d'autres services (notamment la sécurité), qui requièrent également un contrôle d'accès, pourront bénéficier de ces travaux. Le travail de spécification de l'IETF s'appuie sur le travail réalisé par plusieurs autres organismes, et notamment le DMTF (Distributed Management Task Force, autrefois appelé Desktop Management Task Force) et le DEN (Directory Enabled Network).

L'initiative DEN

Le DEN a été créé initialement par Microsoft et Cisco dans l'optique d'intégrer les équipements réseau aux technologies d'annuaire, comme Active Directory (Microsoft). Cette initiative part des constats suivants :

*   il est nécessaire de gérer les équipements, comme il est possible de gérer les utilisateurs avec les annuaires existants ;
*   il convient également d'associer les utilisateurs, les applications et les services aux équipements.

La solution préconisée consiste à définir un modèle d'information qui établit les abstractions de gestion des :

*   profils et règles,
*   équipements, support et protocoles,
*   services.

Les objets d'annuaire existants, et qui ont des limites (propriétés) bien définies, posent problème, car les éléments réseau et les services nécessitent des objets complexes, qui évoluent dans un environnement mouvant (propriétés non limitées). Dès lors, un simple schéma d'annuaire est insuffisant. Il est nécessaire de modéliser les interactions entre les éléments réseau. On peut donc dire que l'idée maîtresse est de transformer les services d'annuaire existants, principalement orientés vers la gestion administrative, en de véritables outils dynamiques, gérant une infrastructure intelligente.

À partir de ce beau concept, et de nombreuses batailles politico-marketing, les standards DEN ont été adoptés par le DMTF comme partie intégrante du modèle d'information CIM (Common Information Model). Il s'agit d'un modèle générique, qui a servi de base à l'IETF dans le cas d'un modèle d'information adapté pour la mise en œuvre de politiques de QoS.

CIM

C'est un modèle orienté objet qui représente et organise l'information dans un environnement géré. Les objets CIM comprennent les ordinateurs, les périphériques (imprimantes, etc.), les contrôleurs (PCI, USB, etc.), les fichiers, les logiciels, les éléments physiques (baies informatiques, connecteurs, etc.), les utilisateurs, les organisations, les réseaux, etc.

> En complément de la description des données brutes (composants), CIM permet la définition d'associations et de méthodes. Les associations décrivent les relations entre objets, les dépendances, les connexions, etc.

CIM définit une série d'objets en respectant un ensemble de classes de base et d'associations. Les modèles d'informations suivants sont définis :

- modèles de base (Core Model) : ils incluent des notions applicables à l'ensemble des domaines de gestion ;

- modèles communs (Common Models) : ils comprennent des notions communes, applicables à des domaines de gestion spécifiques, indépendamment d'une technologie propre ou d'une mise en œuvre. Les domaines communs incluent les systèmes, les applications, les périphériques, les utilisateurs et les réseaux. Ces modèles fournissent la base pour le développement d'applications de gestion et incluent un ensemble de classes de base pour des extensions dans des domaines technologiques spécifiques.

Les modèles sont extensibles. Les schémas d'extension représentent les additions spécifiques d'une technologie par rapport aux modèles communs. Nous examinons par exemple ci-dessous les travaux de l'IETF qui définissent plus particulièrement le modèle PCIM (Policy Core Information Model), comme extension au modèle CIM du DMTF pour la technologie de gestion des politiques. D'autres extensions sont définies pour tenir compte, par exemple, de la gestion de certains systèmes d'exploitation par d'autres organismes.

L'objectif du DMTF est de modéliser l'ensemble des aspects d'un environnement géré et de permettre, en définissant les objets, leurs propriétés, méthodes et associations de façon uniforme, de gérer efficacement les informations de tous les composants (réseaux, périphériques, systèmes, utilisateurs et applications).

L'utilisation d'une approche objet permet :

- une abstraction des objets et une classification : afin de réduire la complexité des domaines de gestion, les objets gérés sont définis et groupés en classes, établies en fonction de propriétés communes, et associations avec d'autres classes et méthodes. Les objets gérés peuvent être physiques ou logiques ;

- un héritage d'objet : en créant des sous-classes d'objets à partir d'objets fondamentaux de haut niveau, les développeurs peuvent ajouter le niveau approprié de détail et de complexité au modèle. Les sous-classes héritent de l'ensemble des propriétés, associations et méthodes de leur objet parent ;

- possibilité de modéliser les dépendances, appartenance et associations de connexions entre objets : les relations entre objets et les associations peuvent être modélisées directement. La façon dont les relations sont nommées et définies traduit la sémantique des associations d'objets. Les propriétés des associations peuvent être utilisées pour fournir des sémantiques complémentaires et des informations ;

- méthodes d'héritage standard : la définition de méthodes standard d'objets (comportement) apporte également un niveau d'abstraction intéressant. Il est ainsi possible d'établir une méthode standard de définition de filtres réseau, indépendamment du logiciel de l'équipement ou du périphérique.

Les schémas CIM sont décrits au format MOF (Managed Object Format) ; il s'agit d'un format de description de la structure et du contenu du modèle.

La contribution de l'IETF à la gestion des politiques

L'IETF a pris pour base le modèle CIM et l'a étendu aux techniques de gestion des politiques. Le modèle obtenu (PCIM, Policy Core Information Model) est donc une extension du modèle CIM avec lequel il est en relation.

À ce jour, l'IETF a défini :

* un modèle d'information et un schéma LDAP pour une politique générique, à savoir le modèle PCIM ;

* un modèle d'information et un schéma LDAP pour une politique de QoS réseau. Ce deuxième ensemble, qui traite spécifiquement des politiques de QoS, constitue une amélioration du modèle générique PCIM (lui-même représentant déjà une amélioration du modèle commun CIM du DMTF). Notons que l'IETF a également prévu de compléter le modèle générique PCIM dans le domaine de la sécurité.

Ces spécifications sont actuellement à l'état de draft. Nous allons examiner successivement le modèle PCIM puis le schéma LDAP associé concernant la définition de politiques (approche générique). Le modèle d'information et le schéma LDAP pour les politiques réseau ne seront pas exposés.

Modèle d'information d'une politique « générique »

Une politique traduit des objectifs de fonctionnement et leur matérialisation sur le réseau. Le SLA (Service Level Agreement) proposé par un opérateur représente un exemple de politique couramment utilisée sur le réseau. Il comprend des définitions de services et des métriques associées (connues sous le nom de SLO, Service Level Objectives, ou SLS : Service Level Specification), qui permettent de spécifier le service rendu par le réseau de l'opérateur pour un client en particulier. (Dans la pratique, malheureusement, la plupart des SLA sont standard et tiennent rarement compte des besoins réels du client). Le SLA réseau est décrit, comme toute police d'assurance par exemple, en un langage de haut niveau spécialisé (souvent hermétique d'ailleurs au client). Les définitions de service (SLO ou SLS) adressent des métriques plus spécifiques au SLA (voir plus loin dans ce chapitre).

Ces définitions de haut niveau des services réseau doivent être traduites en définitions de bas niveau, mais tout en restant indépendantes des équipements et des constructeurs (marques d'équipements). L'objectif de description de la politique « de base » (Policy Core Schema) est donc de servir de fondement à cette description de haut niveau qui est indépendante des produits et des marques. Ce modèle, appelé PCIM (Policy Core Information Model), est actuellement à l'état de draft au sein de l'IETF. Il est générique et destiné à la description de tout type de politique (QoS, sécurité, etc.).

Le modèle d'information de politique générique se fonde sur une approche orientée objet, dérivée du modèle commun de DMTF (CIM). Ce modèle, hérité de CIM, définit deux hiérarchies de classes d'objets :

- les classes structurelles (structural classes), qui représentent les informations de la politique et de contrôle. Elles comprennent : PolicyRule, PolicyGroup, PolicyCondition, PolicyTimePeriodCondition, PolicyAction ;

- les classes relationnelles (relationship classes), qui indiquent comment les instances des classes structurelles sont en relation les unes avec les autres. Elles comprennent (on ne cite pas les associations avec les autres classes du modèle général CIM) : PolicyGroupInPolicyGroup, PolicyRuleInPolicyGroup, PolicyConditionInPolicy-Rule, PolicyActionInPolicy-Rule.

Figure 8-9

Classes de politique générique et associations

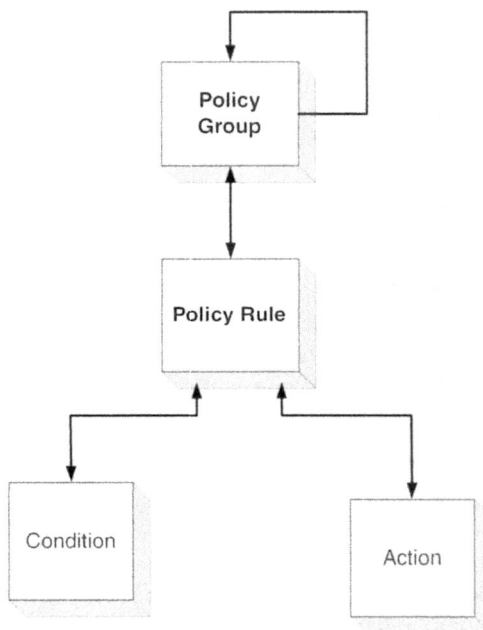

Les politiques sont composées de règles (rule) qui sont elles-mêmes composées de conditions et d'actions. Les groupes de politiques (policy groups) sont l'agrégation de règles (policy rule) ou l'agrégation de groupes de politiques.

Schéma LDAP de la politique générique

Les hiérarchies de classes d'objets désignées ci-dessus doivent être associées à un mécanisme de stockage particulier. Le draft de l'IETF (Policy Core LDAP Schema) définit la correspondance des classes PCIM à un annuaire qui utilise LDAPv3 en tant que protocole d'accès. Deux types de correspondance sont concernés :

- les classes structurelles du modèle d'information correspondent aux classes LDAP et les propriétés du modèle d'information correspondent aux attributs LDAP ;

- les classes relationnelles sont mises en correspondance selon trois modes (que nous ne détaillerons pas).

Figure 8-10

*Hiérarchie de classes
LDAP du modèle PCIM*

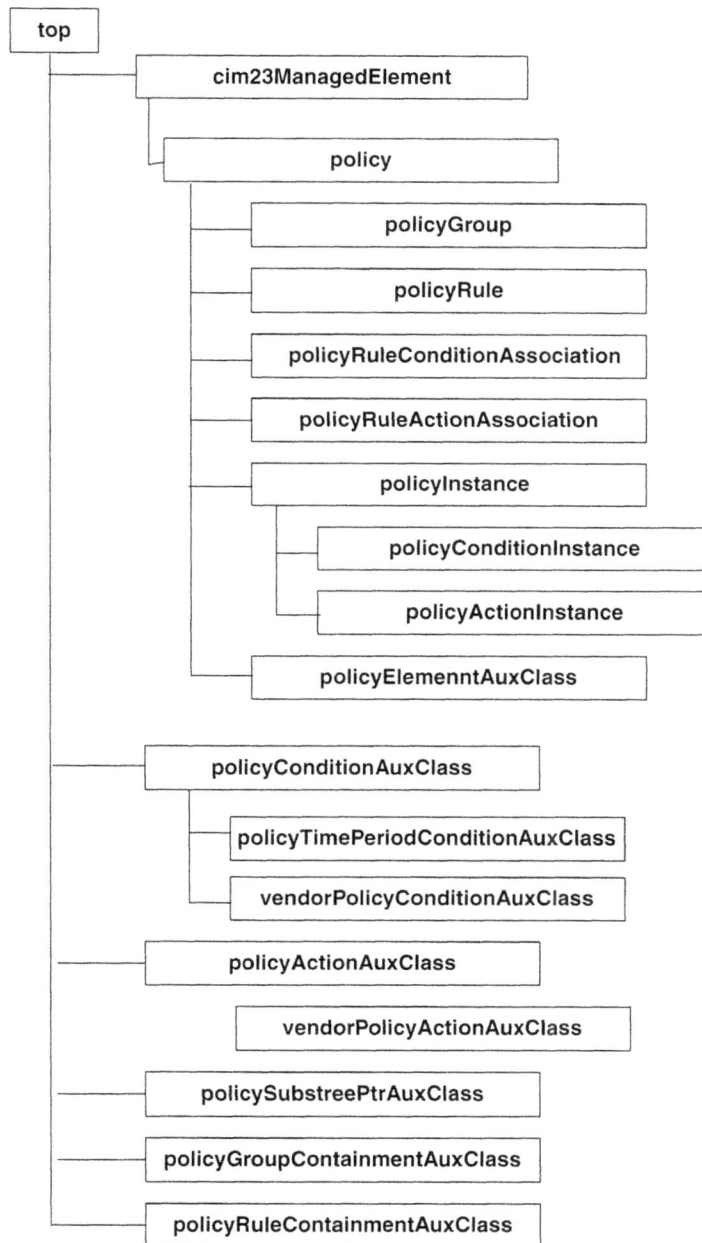

Le schéma LDAP comprend six classes générales :

- policy (classe abstraite),
- policyGRoup,
- policyRule,
- policyConditionAuxClass,
- policyTimePeriodConditionAuxClass,
- policyActionAuxClass.

Le schéma comprend également deux classes spécifiques constructeur :

- vendorPolicyConditionAuxClass,
- vendorPolicyActionAuxClass.

Pour assurer la correspondance des relations CIM, le schéma contient deux classes auxiliaires :

- policyGroupContainmentAuxClass,
- policyRuleContainmentAuxClass.

Deux classes sont définies pour optimiser la recherche LDAP :

- policySubtreesPtrAuxClass,
- policyElementAuxClass.

Six autres classes sont introduites pour tenir compte de la distinction entre les règles spécifiques et les conditions de la politique et actions réutilisables.

- policyRuleConditionAssociation,
- policyRuleActionAssociation,
- policyInstance,
- policyConditionInstance,
- policyActionInstance,
- policyRepository.

Comme nous l'avons précisé, la figure 8-10 décrit des classes générales pour la définition de politiques. Concernant plus spécifiquement les politiques de QoS, il est nécessaire d'affiner le modèle. Cela suppose donc de compléter les classes définies dans le modèle PCIM par des sous-classes adaptées à la QoS. Ces définitions sont également à l'état de draft IETF.

Mise en œuvre

Nous avons distingué deux méthodes de gestion de politique liées à COPS : un modèle d'externalisation (outsourcing model) et un modèle d'approvisionnement (provisionning model). Nous détaillons ci-dessous un cas de mise en œuvre propre à chaque modèle.

Modèle d'externalisation : l'objet Policy_Data de RSVP

Nous avons examiné au chapitre 6 le fonctionnement d'un réseau IntServ fondé sur la signalisation RSVP. Dans un tel réseau, nous avons évoqué la possibilité pour le protocole de signalisation RSVP de convoyer un objet POLICY_DATA pour qu'un réseau IntServ d'opérateurs, par exemple, puisse effectuer un contrôle d'admission. Nous sommes maintenant en mesure, à l'aide des éléments précisés dans ce chapitre, de définir un tel fonctionnement.

Dans la figure ci-dessous, nous représentons le réseau d'un opérateur offrant un service IntServ. Dans ce cas, l'objet POLICY_DATA sert de container et contient les informations de politiques au sein des messages RSVP-PATH et RSVP-RESV. Quand le message RSVP-PATH arrive sur le routeur frontière du réseau de l'opérateur, ce dernier, en tant que PEP, transmet l'objet POLICY-DATA au PDP du réseau de l'opérateur pour procéder au contrôle d'admission.

Figure 8-11
RSVP
Policy_Data

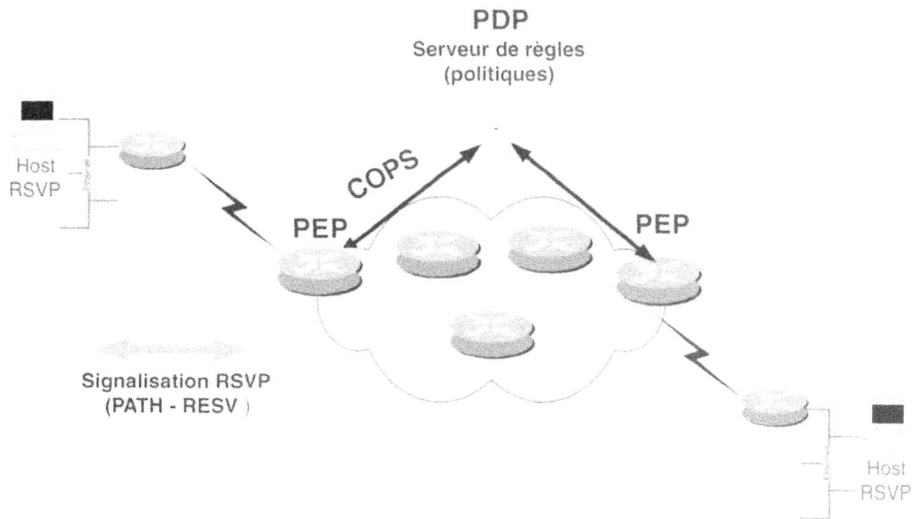

Le format de l'objet POLICY_DATA est précisé dans la RFC 2750 (RSVP Extensions for Policy Control). Il peut comprendre plusieurs éléments de contrôle. À ce jour, deux éléments ont été définis :

* un élément pour l'identification des utilisateurs et des applications (RFC 2752 : Identity Representation for RSVP) : l'élément AUTH_DATA contenu dans l'objet POLICY_DATA véhiculé dans le message RSVP, permet donc au PEP de l'opérateur d'authentifier l'utilisateur auprès du PDP de l'opérateur et de décider si la requête peut être acceptée ou non ;

* un élément pour la préemption de priorité (RFC 2751 : Signaled Preemption Priority Policy Element) : la réservation de ressources sur un réseau IntServ s'effectue habituellement selon le principe : première requête arrivée – première requête servie. Ce mode de fonctionnement par défaut peut poser un problème, si par exemple les ressources à allouer sont en nombre limité et qu'elles sont toutes affectées lorsqu'un flux prioritaire se présente. Il est donc nécessaire de tenir compte, dans la réservation de ressources, de la priorité relative des flux, indépendamment des ressources qu'ils réclament. Ainsi, les nœuds réseau, qui supportent la préemption, doivent considérer la priorité d'un flux pour « préempter » des flux de plus basse priorité, afin de libérer des ressources pour un nouveau flux plus prioritaire. L'élément PREEMPTION_PRI, contenu dans l'objet POLICY_DATA, est véhiculé à cette fin dans un message RSVP. Le lecteur souhaitant observer le détail de fonctionnement pourra consulter la RFC 2751.

Modèle d'approvisionnement : PIB

Nous avons vu que la politique applicable aux équipements réseau est stockée, en tant que langage de haut niveau, dans l'annuaire des règles de la politique (policy repository). Il est alors nécessaire de traduire ces règles de haut niveau en des paramètres de plus bas niveau, qui pourront être compris par les PEP. C'est notamment le but de la base d'informations de la politique (Policy Information Base).

La PIB est un modèle d'information utilisé avec le protocole COPS-PR (COPS-Provisionning) pour décrire les politiques et le format des informations associées, échangées entre le PEP et le PDP. La figure suivante illustre cette configuration. COPS-PR peut être utilisé pour configurer différents types de services réseau, comme des routeurs DiffServ, des routeurs MPLS, des éléments de sécurité, la configuration de services VPN, etc.

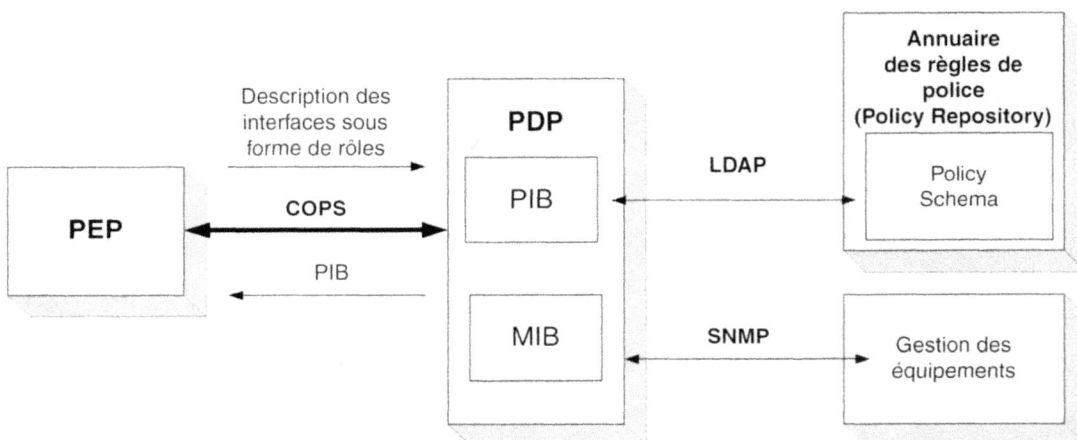

Figure 8-12

PIB (Policy Information Base)

Dans une telle configuration, les informations de la PIB sont « poussées » du PDP vers les PEP. La PIB utilise l'encodage ASN.1 et le format BER. Elle est donc similaire à la syntaxe des MIB (Management Information Base) utilisée en SNMP. La PIB peut être décrite comme un arbre nommé, dont les branches représentent des classes d'approvisionnement (PRC, Provisionning Class), tandis que les feuilles illustrent différentes instances d'approvisionnement (PRI, Provisionning Instance). Ainsi, si l'on désire installer plusieurs filtres de contrôle d'accès, le PRC peut constituer un filtre de contrôle d'accès générique, tandis que chaque PRI représentera un filtre de contrôle d'accès spécifique à appliquer.

Les instances d'approvisionnement (PRI) sont identifiées individuellement par un PRID (Provisionning Instance Identifier). Un PRID est un nom véhiculé dans un objet COPS qui identifie une instance particulière de classe.

Figure 8-13

Arbre PIB

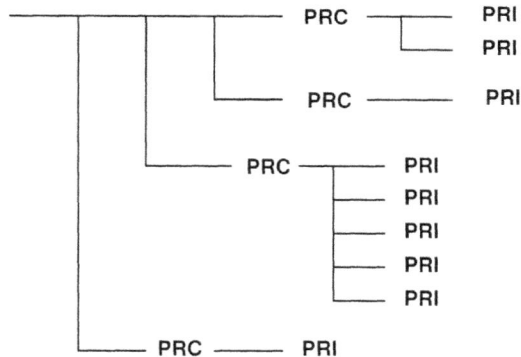

Un ensemble de classes d'approvisionnement liées entre elles forme ce que l'on appelle un module PIB. Bien que voisins de la syntaxe des MIB, les modules PIB font appel à un sous-ensemble des informations de gestion de SNMP (SMI-SNMP ou MIB) et requièrent quelques adaptations : leur syntaxe est appelée SPPI (Structure of Policy Provisionning Information). Nous ne rentrerons pas dans le détail de SPPI qui est à l'état de draft de l'IETF à ce jour, et nous bornerons à retenir que la syntaxe de description est proche de celle bien connue des MIB SNMP.

La grande spécificité de l'approche est liée au concept de rôle que nous expliquons brièvement. Généralement, la politique à appliquer sur une interface dépend de nombreux facteurs, comme les caractéristiques de l'interface (Ethernet), son statut (Half ou Full Duplex) ou la configuration de l'utilisateur (interface comptabilité ou finance, par exemple). Au lieu d'être spécifiées explicitement pour chaque interface de tous les équipements du réseau, les politiques sont définies en termes de fonctionnalités d'interface. C'est précisément là qu'intervient le concept de rôle. Un rôle est tout simplement un nom associé à une interface et désignant une fonctionnalité particulière. Une interface peut comporter plusieurs rôles simultanément. Certaines classes d'approvisionnement (PRC) possèdent un attribut Combinaison de rôles. Les instances d'une classe d'approvisionnement seront alors appliquées à une interface, si et seulement si l'ensemble des rôles dans la combinaison de rôles correspond à ceux de l'interface. Concrètement, les rôles permettent d'associer une politique à une interface, sans qu'il soit nécessaire d'identifier explicitement les interfaces sur tous les équipements du réseau. Ainsi, si une même politique doit être appliquée sur plusieurs interfaces du même équipement, la politique sera communiquée à l'équipement une seule fois, pour peu que les interfaces soient configurées avec la même combinaison de rôles (un ensemble de filtres d'accès, par exemple).

À l'heure où nous terminons cet ouvrage, la société Cisco Systems propose dans la version 2 du produit QPM (QoS Policy Manager) un module QPM-COPS supportant le modèle d'outsourcing pour l'administration de politiques utilisateur dynamiques. Ce module vient compléter le module standard QPM-PRO permettant la mise en place de services différenciés sur un ensemble de routeurs de façon centralisée. Pour de plus amples informations, le lecteur peut consulter sur le site Cisco l'url suivante : *www.cisco.com/warp/public/cc/pd/wr2k/qoppmn/prodlit/index.shtml*. Il y trouvera une application concrète des principes exposés dans ce chapitre.

Comparaison de COPS et SNMP

Pour conclure sur l'administration de réseau fondée sur l'application de politiques (de QoS dans le cas qui nous intéresse), il est intéressant de comparer le fonctionnement de SNMP et celui de COPS.

Le tableau présenté à la figure 8-14 est extrait d'un document de la société IP Highway.

Critère	COPS	SNMP	Inconvénient/Avantage
Connexion	Fiable, TCP	Non fiable, UDP	Limitation de la taille des informations de politique
Initiative de la session	PEP (routeur)	Serveur SNMP	COPS possède un mécanisme de protection contre les pannes serveur et non-SNMP. Un PEP décide du niveau de support requis.
État du protocole	Stateful – Pas besoin d'interrogation	Stateless – Nécessite une interrogation permanente	SNMP n'est pas adapté aux grands réseaux. COPS transmet uniquement les différences.
Plusieurs serveurs de contrôle	Pas possible ou permis	Possible et recommandé	De multiples maîtres peuvent perturber le PEP.
Blocage des ressources	Bloque les ressources en cours d'utilisation	Non disponible	
Mise à jour des états	Asynchrone, bidirectionnel, transactionnel	SNMP Sets et Trap	Pas d'intégrité transactionnelle (permet des mises à jour partielles) . Les Traps sont peu évolutives pour traiter des problèmes temps réel.
Modèle de données et représentation	PIB (Policy Information Base) avec la notion de « rôle »	MIB (Management Information Base)	PIB conçus pour des opérations importantes. Les « rôles » permettent l'approvisionnement d'interfaces virtuelles

Figure 8-14

Comparaison COPS/SNMP

WBEM

WBEM (Web Based Entreprise Management) résulte de l'initiative de cinq constructeurs (BMC Software, Cisco Systems, Compaq Computer, Intel et Microsoft) et remonte à juillet 1996 ; elle a été intégrée dans DMTF en 1998.

Son objectif est, comme son nom l'indique, de fournir une administration fondée sur un ensemble de technologies de gestion et Internet, afin d'unifier la gestion des environnements réseaux et systèmes des entreprises.

WBEM inclut CIM comme modèle de définition de donnée, XML comme méthode de transport et d'encodage et HTTP comme mécanisme d'accès.

Des informations complémentaires sur ce modèle sont disponibles sur le site web du DMTF (*www.dmtf.org*).

Mise en œuvre de l'administration

Nous pouvons maintenant reprendre l'exemple de référence présenté à la fin du chapitre 6 pour y ajouter les éléments d'administration.

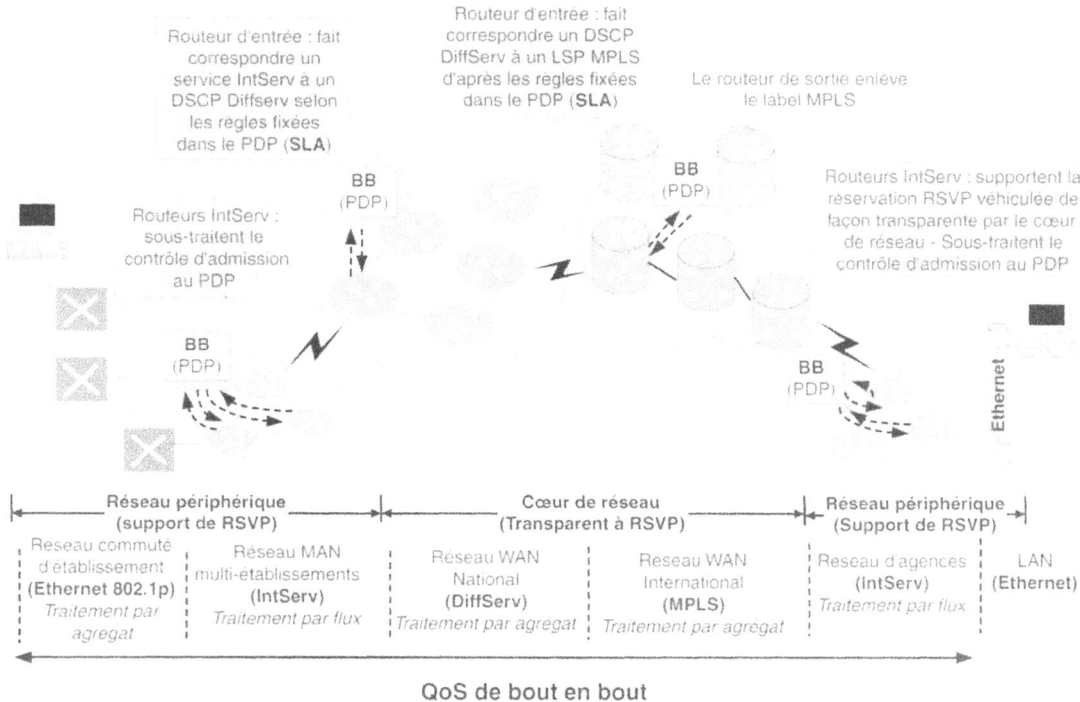

Figure 8-15

Mécanismes d'allocation de bande passante

Phase de signalisation

On peut imaginer, dans la figure précédente, le cas d'un message de signalisation RSVP-PATH, émis par le poste de travail situé sur la gauche.

1. La requête de réservation RSVP-PATH émise par le poste de travail sera directement prise en compte et exécutée sur le réseau local (LAN) d'établissement par le DSBM décrit au chapitre 6. Ce dernier effectue un contrôle d'accès et transmet la requête vers le routeur suivant.

2. Parvenu sur le routeur d'accès au MAN (jouant le rôle de PEP), le contrôle d'accès de la requête RSVP sera externalisé vers le PDP (gestionnaire de bande passante ou BB, Bandwidth Broker) du domaine privé, à l'aide du protocole COPS-RSVP. Le gestionnaire de bande passante (BB) vérifiera les données de politique contenues dans l'objet POLICY_DATA et convoyées par la requête RSVP. Il déterminera notamment si l'usager/application est autorisé et si le flux peut utiliser (le cas échéant) un droit de préemption

sur le MAN, en fonction de sa priorité et du taux de charge du MAN. À l'issue de ce contrôle d'accès, le message RSV-PATH est acheminé de proche en proche par les routeurs qui mémorisent les informations d'états du chemin.

3. Le message RSVP-PATH parvient au routeur de bordure du réseau DiffServ de l'opérateur qui interprète la signalisation RSVP. Ce routeur externalise le contrôle d'accès au réseau vers le PDP. Le PDP vérifie si l'utilisation est conforme par rapport au SLA et donne la réponse au routeur DiffServ de bordure. Le message RSVP-PATH est acheminé de façon transparente par les routeurs du domaine DiffServ vers le routeur RSVP suivant.

4. Le message traverse le domaine MPLS, sur un LSP par défaut, vers le routeur de bordure du domaine IntServ. On suppose que le réseau MPLS ne supporte pas la signalisation dynamique (le routeur d'entrée ne supporte pas RSVP).

5. Sur le domaine IntServ, le processus est alors identique à l'étape 2.

6. Le message RSVP-PATH est finalement délivré au destinataire avec la spécification de flux de l'émetteur (TSPEC) et la spécification de flux additionnelle (ADSPEC) mise à jour par les routeurs des deux domaines DiffServ et, potentiellement, le PDP du domaine DiffServ, en fonction du SLA. Le récepteur renvoie alors un message RSVP-RESV, en précisant le flux (objet FLOW_SPEC) devant faire l'objet d'une réservation.

7. Le message transite en retour vers l'émetteur selon le chemin établi par la requête RSVP-PATH. Les routeurs du domaine IntServ procèdent à la réservation des ressources après avoir sous-traité le contrôle d'admission au PDP.

8. Le message RSVP-RESV transite vers le prochain routeur RSVP (routeur d'entrée du domaine DiffServ) en traversant de manière transparente le réseau MPLS sur un LSP par défaut et le réseau DiffServ.

9. Arrivé sur le routeur d'entrée du domaine DiffServ (supportant RSVP), ce dernier doit effectuer la réservation correspondant à FlowSpec. Deux options de mise en œuvre sont possibles :

    – allocation statique : dans ce cas, on suppose que le routeur de bordure (PEP) a été préconfiguré (grâce au modèle COPS-PR) à partir du PDP (BB) du domaine DiffServ. Le routeur établit alors, en fonction de sa configuration, une correspondance entre la demande RSVP-RESV et l'affectation d'un DSCP DiffServ ;

    – allocation dynamique : dans ce cas, le routeur de bordure du domaine DiffServ (PEP) émet un message COPS-RSVP à destination du PDP (BB) du domaine DiffServ pour le contrôle d'accès (vérification des éléments de l'objet POLICY_DATA) de la requête et l'affectation d'un DSCP DiffServ.

    Dans les deux cas, le routeur renseigne l'objet DCLASS pour indiquer à l'émetteur la valeur de DSCP affectée.

10. Le message RSVP-RESV transite sur le réseau IntServ. Le processus est alors identique à l'étape 6.

11. Arrivé sur le réseau commuté Ethernet, le message de réservation est traité par le DBSM qui lui affecte une priorité 802.1p. Le DBSM génère un objet TCLASS pour indiquer à l'émetteur la valeur de priorité 802.1p affectée en fonction de la demande de réservation (objet Flow_Spec).

12. Le message RSVP-RESV atteint l'émetteur avec les deux objets TCLASS et DCLASS renseignés

Phase de transfert :

13. Les paquets IP sont émis sur le réseau Ethernet commuté avec la bonne valeur de priorité 802.1p, issue de l'objet TCLASS. Par ailleurs, l'en-tête du paquet IP contient la bonne valeur de DSCP, obtenue grâce à l'objet DCLASS.

14. La trame est véhiculée sur le réseau commuté Ethernet en fonction de la valeur de priorité 802.1p.

15. Le paquet transite sur le réseau IntServ selon la réservation effectuée. Chaque routeur procède à une classification multichamp du paquet IP.

16. Arrivé sur le domaine DiffServ, le paquet est traité dans les routeurs, en fonction du niveau de priorité indiqué par la valeur DSCP dans l'en-tête du paquet IP.

17. À l'entrée, sur le réseau MPLS, le paquet emprunte un LSP adapté à la valeur DSCP du paquet IP. Ce routeur d'entrée aura été préalablement configuré (modèle d'approvisionnement) à partir du PDP (BB) du domaine MPLS.

18. Arrivées sur le domaine IntServ de destination, les opérations sont identiques à l'étape 15.

19. Finalement, le paquet est remis au destinataire.

REMARQUES L'étape 17 correspond à une allocation statique. On aurait pu mettre en place une allocation dynamique de LSP sur le domaine MPLS. Il aurait été nécessaire que le routeur de bordure du domaine MPLS puisse interpréter la signalisation RSVP. Dans ce cas, à la réception du message RSVP-PATH, le routeur de bordure du réseau MPLS (PEP) aurait émis un message COPS-RSVP à destination du PDP (BB) du domaine MPLS, pour le contrôle d'accès (vérification des éléments de l'objet POLICY_DATA). Lors de la réception du message RSVP-RESV, ce routeur de bordure aurait pu obtenir du PDP le LSP à appliquer en fonction de la spécification de flux (Flow_Spec).

Le même mécanisme s'applique au dialogue du poste de travail de droite vers celui de gauche.

Partie 3

Mise en œuvre
et applications de la QoS

Aborder la QoS réseau sans l'associer à des utilisations contribue à maintenir le clivage existant entre les technologies réseau et les technologies du couple système/application. L'objectif de cette partie est donc d'abord de compléter les mécanismes de QoS réseau, afin de fournir un ensemble d'outils nécessaires et suffisants, notamment pour le fonctionnement des applications multimédias. Il ne s'agit pas d'options de la QoS mais de compléments indispensables, afin de transformer l'IP de base en un véritable outil multimédia.

Enfin, un exposé sur la QoS se doit, pour être complet, d'établir le statut des principaux champs d'application de la QoS à ce jour. Cette partie fait le point sur ces usages et constitue en quelque sorte une mise en pratique des notions acquises dans les deux premières parties.

9

Les compléments de la QoS pour le multimédia

Nous avons examiné jusqu'à maintenant les mécanismes de QoS inhérents au réseau. Afin de mettre en œuvre des applications multimédias tirant parti de cette QoS, il est nécessaire de disposer de mécanismes complémentaires pour fournir une solution globale à ces applications.

Les éléments nécessaires à la mise en œuvre d'applications multimédias sont exposés ci-dessous.

- Bande passante : il faut tout d'abord disposer d'une bande passante minimale. En effet, il est illusoire de vouloir acheminer une visioconférence sur des lignes à très bas débit, même si les Codecs (Codeurs/Décodeurs) sont en progrès constant.

- Mécanismes de multicast : de nombreuses applications multimédias sont naturellement destinées à être diffusées vers un nombre important de destinataires (par exemple, les applications de visioconférence multiparties ou encore les vidéos retraçant un événement en temps réel). Les applications s'appuyant sur les mécanismes de multicast permettent d'envoyer le même flux de données à un groupe de récepteurs, au lieu de nécessiter l'émission de plusieurs copies du même flux vers chaque récepteur.

- Réservation de bande passante : même si la bande passante est suffisante, il est nécessaire d'en garantir aux applications multimédias face à d'autres applications moins sensibles au délai, qui pourraient s'en accaparer (transfert de fichiers FTP, par exemple). Des mécanismes de réservation de bande passante sont donc nécessaires.

- Synchronisation des paquets grâce à une horloge : les réseaux IP et notamment l'Internet sont des réseaux à commutation de paquets : ces derniers sont acheminés indépendamment les uns des autres sur le réseau. Ils peuvent subir des délais de transport variables, et même une perte de synchronisation, consécutivement à une modification topologique du réseau. En dépit des techniques de réservation de bande passante et de QoS évoquées précédemment, il est nécessaire de définir des nouveaux protocoles de transport qui tiennent compte des besoins d'horodatage des flux audio et vidéo, afin qu'ils puissent être reconstitués à l'arrivée avec la bonne synchronisation des paquets reçus et la fréquence adaptée.

- Contrôle des sources : il doit exister des outils standard à disposition des applications afin de gérer la fourniture et la présentation des données multimédias.

Au chapitre 5, nous avons examiné quelques technologies réseau permettant le support de débits importants. Nous évoquerons en conclusion les évolutions des supports réseau vers le tout optique et d'autres possibilités. Les mécanismes de réservation de bande passante, et notamment le protocole de signalisation RSVP accessible aux applications, a été détaillé au chapitre 6. Nous allons donc, dans un premier temps, aborder ici les mécanismes de multicast liés à IP. Puis, nous traiterons du protocole de transport RTP (Real Time Protocol) permettant la synchronisation des paquets IP et la mise en œuvre d'une horloge pour les applications multimédias. Enfin, nous verrons comment le protocole RTSP (Real-Time Streaming Protocol) fournit un ensemble de mécanismes de base pour le contrôle des sources multimédias.

Nous aurons ainsi examiné l'ensemble des briques de base (RSVP, RTP, RTSP et le multicast) qui constituent les fondations des services multimédias temps réel sur IP.

Le multicast IP

Les mécanismes de multicast jouent un rôle de plus en plus important dans les nouvelles applications Internet, intranet ou extranet. L'objectif de ce chapitre est de préciser le fonctionnement général du multicast IP, les différentes options de mise en œuvre et la relation avec les technologies de QoS.

L'adressage IP multicast

Pour mémoire, l'adressage IP est divisé en quatre classes (voir chapitre 2). La classe D est réservée au trafic multicast. La fourchette d'adresses disponibles commence à 224.0.0.0 et va jusqu'à 239.255.255.255. Chaque adresse représente un groupe multicast. Deux types d'adresse sont supportées :

- les adresses permanentes. Ce sont des adresses réservées par l'IANA (Internet Assigned Numbers Authority). Les adresses de multicast IP réservées sont précisées dans la RFC 1700 *Assigned Numbers*. En voici quelques exemples :

  - La plage d'adresses entre 224.0.0.0 et 224.0.0.255 est réservée aux protocoles de routage et aux autres protocoles de découverte ou de maintenance,

  - 224.0.0.1 : sélectionne tous les hosts multicast de tous les groupes sur le LAN,

  - 224.0.0.2 : sélectionne tous les routeurs multicast du LAN,

  - 224.0.0.4 : sélectionne tous les routeurs DVMRP (protocole de routage multicast),

  - 224.0.0.13 : sélectionne tous les routeurs PIM (protocole de routage multicast),

  - d'autres adresses et plages d'adresses ont été réservées comme le protocole NTP, qui utilise l'adresse 224.0.1.1 pour la distribution de l'heure sur le réseau ;

- les adresses temporaires. Ce sont les adresses multicast utilisables par les applications.

Time To Live (TTL)

Les paquets multicast utilisent le champ de l'en-tête IP Time To Live pour indiquer l'étendue de diffusion du message multicast. Le champ TTL sert ainsi à contrôler le nombre de sauts (routeurs) autorisés pour le paquet multicast. Chaque fois qu'un routeur achemine un paquet de multicast, il décrémente la valeur du champ TTL. Les paquets dont la valeur TTL est nulle sont alors détruits. Des valeurs standard de TTL ont été définies pour le MBONE :

- 1 : pour restreindre le trafic multicast au réseau local ;
- 15 : pour restreindre le trafic multicast à un site ;
- 63 : pour restreindre le trafic multicast à une région (la France par exemple) ;
- 127 : pour diffuser le trafic multicast au monde entier.

DÉFINITION **MBONE** (Multicast BackBONE) est le réseau multicast défini sur l'Internet. Des informations utiles sont disponibles à l'adresse : *www.univ-valenciennes.fr/CRU/MBone/*

Description du processus d'émission/réception

Processus d'émission multicast

Il fait appel aux principes généraux suivants :

- une adresse multicast est une adresse de destination ;
- les émetteurs renseignent toujours leur adresse unicast ;
- on ne recourt pas au mécanisme ARP (Adress Resolution Protocol) pour établir la correspondance entre adresse IP multicast et adresse MAC, car il existe un mécanisme dédié, se fondant sur les principes suivants :
  - réservation d'adresses MAC pour les groupes de multicast :
    de 01-00-5E-00-00-00 à 01-00-5E-FF-FF-FF,
  - les 23 bits de poids faible de l'adresse IP multicast sont placés dans les 23 bits de poids faible de l'adresse MAC.

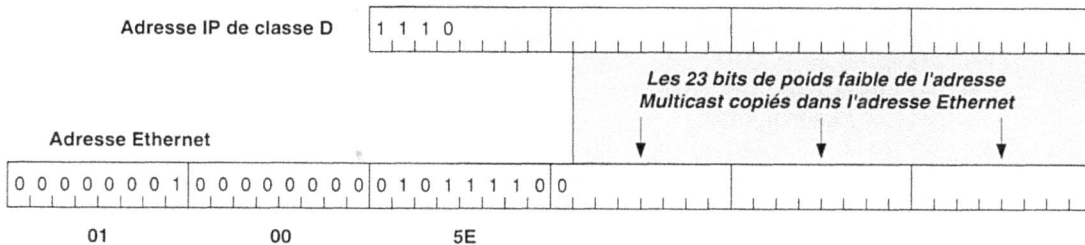

Figure 9-1

Correspondance adresse IP multicast et adresse Ethernet multicast

Comme on peut le constater, 5 bits ne sont pas codés, ce qui peut provoquer des doublons, même si, dans la pratique, cela peut être évité.

Processus de réception multicast

Le processus est légèrement plus complexe. En standard, le coupleur d'une carte Ethernet écoute :

- son adresse (fixée en PROM),
- l'adresse de broadcast (FF-FF-FF-FF-FF-FF).

Les autres adresses doivent être programmées dans le coupleur par le pilote de la carte. Pour une réception multicast, il est nécessaire d'écouter l'équivalent Ethernet de 224.0.0.1 (tous les hôtes multicast du LAN) et l'équivalent Ethernet du groupe de multicast que l'on souhaite recevoir.

En résumé

La prise en charge d'une application multicast sur un LAN requiert :

- une application multicast de type visioconférence, par exemple,
- une pile de protocole TCP/IP supportant l'émission et la réception multicast,
- une carte interface réseau et un pilote (driver) qui supporte le multicast (assignation et filtrage en réception).

Pour mettre en œuvre le multicast sur plusieurs réseaux interconnectés avec des routeurs, il faut implémenter en complément :

- un protocole de routage multicast (à mettre en œuvre sur les routeurs),
- un protocole de gestion de groupe : IGMP (protocole intégré à IP et géré par les routeurs).

Ces conditions supposent que l'ensemble des routeurs entre le (ou les) émetteur(s) et le (ou les) récepteur(s) est être en mesure de supporter le routage multicast. Si un système de protection pare-feu est installé, il est nécessaire de s'assurer que les règles installées autorisent le trafic multicast.

Nous allons maintenant détailler le protocole IGMP de gestion de groupes multicast, puis les différents protocoles de routage multicast.

Enregistrement des membres d'un groupe de multicast - IGMP

IGMP (Internet Group Management Protocol) permet aux routeurs supportant le multicast de connaître l'existence de membres d'un groupe de multicast sur ses interfaces directement raccordées.

IGMP peut également être utilisé de routeur à routeur, mais sa description actuelle dans les normes ne concerne que l'interaction entre le(s) routeur(s) multicast d'un LAN et les postes de travail (hosts) multicast du LAN.

Format des messages IGMP

Le protocole IGMP est intégré à IP, tout comme ICMP. Les messages IGMP sont encapsulés dans des paquets IP, avec, dans l'en-tête IP, un champ Type de protocole égal à 2. Le format des messages est fixe.

Il existe trois versions d'IGMP :

- la version 1 est définie dans la RFC 1112 (1989) ;
- la version 2 est définie dans la RFC 2236 (nov 97) ;
- la version 3 est à l'état de draft : draft.ietf.idmr-v3-04.txt.

Figure 9-2

Format du message IGMP

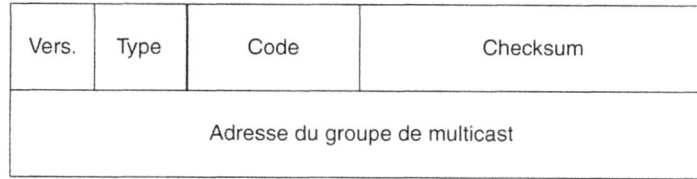

Vers.	Type	Code	Checksum
Adresse du groupe de multicast			

Les types de messages IGMP de la version 2 sont les suivants (nous détaillons l'utilisation des messages à la section suivante) :

- Membership Query, qui a deux sous-types de messages :
  - General Query, qui permet de déterminer les groupes qui ont des membres dans un réseau connecté au routeur (sur une des ses interfaces) ;
  - Group-Specific Query, utilisé pour savoir si un groupe particulier a un membre connecté au routeur ;
- Version 2 Membership Report : ce message est utilisé par un poste du réseau (hôte) pour signaler son appartenance à un groupe de multicast ;
- Leave Group : utilisé par un poste du réseau (host) pour indiquer qu'il quitte un groupe de multicast ;
- le message Version 1 Membership Report est fourni pour assurer une compatibilité avec la version 1 d'IGMP.

Utilisation d'IGMP

Rejoindre un groupe de multicast est un processus dynamique. En effet, un utilisateur peut à tout moment lancer son application pour se connecter à une Chaîne TV, puis la quitter ultérieurement. Quand une station du réseau (un host) veut joindre un groupe multicast, elle émet une trame IGMP/IP spécifique, appelée « Igmp Report » pour avertir le routeur de son intention. Par ailleurs, le routeur est chargé de vérifier régulièrement (toutes les 60 secondes), par l'envoi d'un message « Igmp Query », la présence de membres dans les groupes de multicast. Afin d'éviter que toutes les stations du réseau (hosts) appartenant à un groupe de multicast ne répondent en même temps et provoquent une congestion, le protocole prévoit qu'une station (host) reporte sa réponse à un temps aléatoire, si elle n'a pas vu une réponse pour le même groupe d'une autre station.

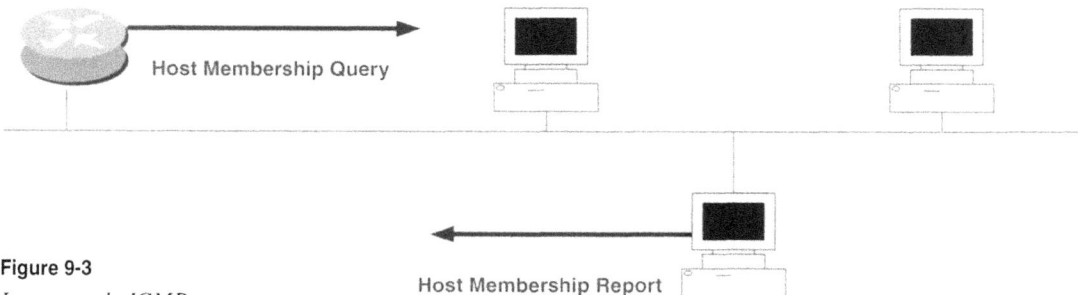

Host Membership Query

Host Membership Report

Figure 9-3

Le protocole IGMP

Grâce à ces échanges, le routeur conserve en mémoire une liste des groupes de multicast actifs et distribue ainsi le trafic uniquement vers les segments réseau concernés. Il faut noter que les routeurs multicast n'ont pas besoin de connaître la liste des membres (stations du réseau) d'un groupe de multicast. Aussi, une adresse IP multicast n'est pas assignée à un ensemble d'adresses IP unicast. Le routeur multicast a seulement besoin de connaître la liste des groupes de multicast qui comportent au moins un membre actif sur le sous-réseau qui lui est rattaché. En ce cas, il émet une trame Ethernet multicast. Il incombe aux pilotes des hosts mettant en œuvre le multicast de vérifier que la trame de multicast est destinée à leur groupe. La figure ci-dessous schématise ces opérations.

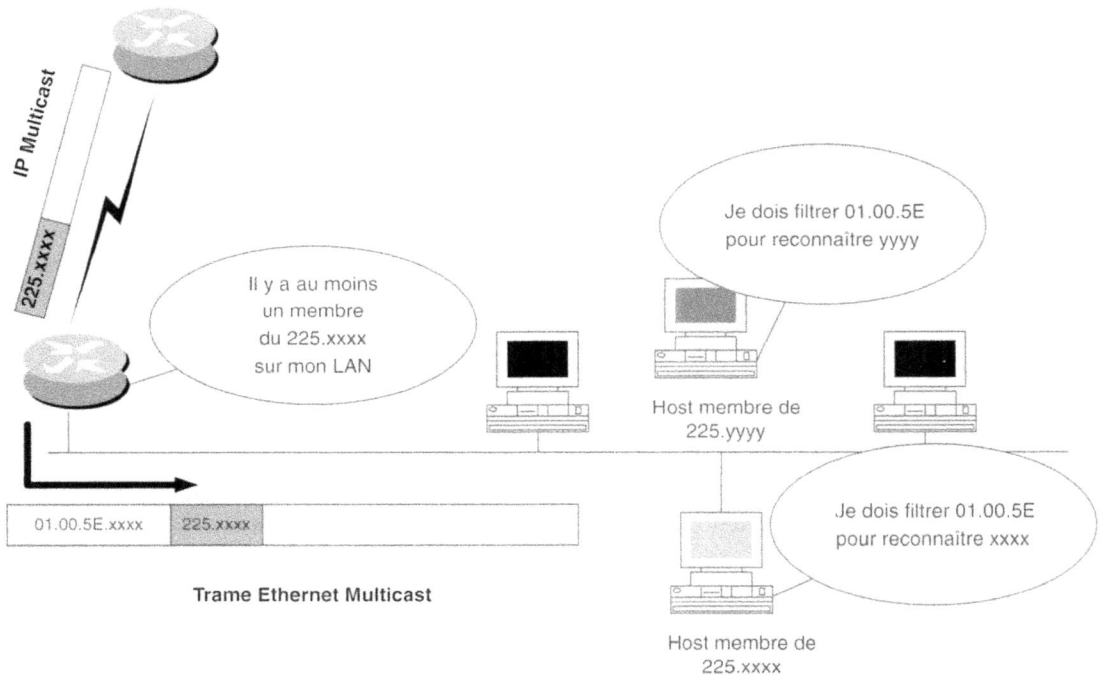

Figure 9-4

Réception d'un paquet multicast.

Le routeur désigné (designated router) est le routeur sélectionné parmi l'ensemble des routeurs d'un sous-réseau, pour prendre en charge les opérations de multicast.

Dans le cas d'un LAN composé de plusieurs routeurs, IGMP est également utilisé pour élire un routeur désigné (DR, Designated Router). Il sera le seul à émettre les requêtes IGMP.

Les problèmes d'adressage et d'enregistrement des stations étant solutionnés, il reste à résoudre la problématique du routage des trafics multicast dans le réseau.

Les protocoles de routage multicast

À la différence d'une adresse unicast qui identifie une adresse de destination, une adresse multicast identifie une session particulière de transmission. Une station du réseau particulière est en mesure de rejoindre une session multicast en cours, en utilisant IGMP pour communiquer ce souhait au routeur de son réseau.

Il est alors nécessaire d'établir des relations optimisées entre les routeurs multicast afin d'éviter de transmettre du trafic inutilement. La technique du spanning tree est utilisée à cet effet.

Spanning tree

Les routeurs multicast construisent un *arbre recouvrant* (spanning tree) qui connecte tous les membres d'un groupe de multicast. La racine de l'arbre se fonde sur l'adresse réseau source d'un groupe de multicast, les feuilles étant les réseaux destinataires.

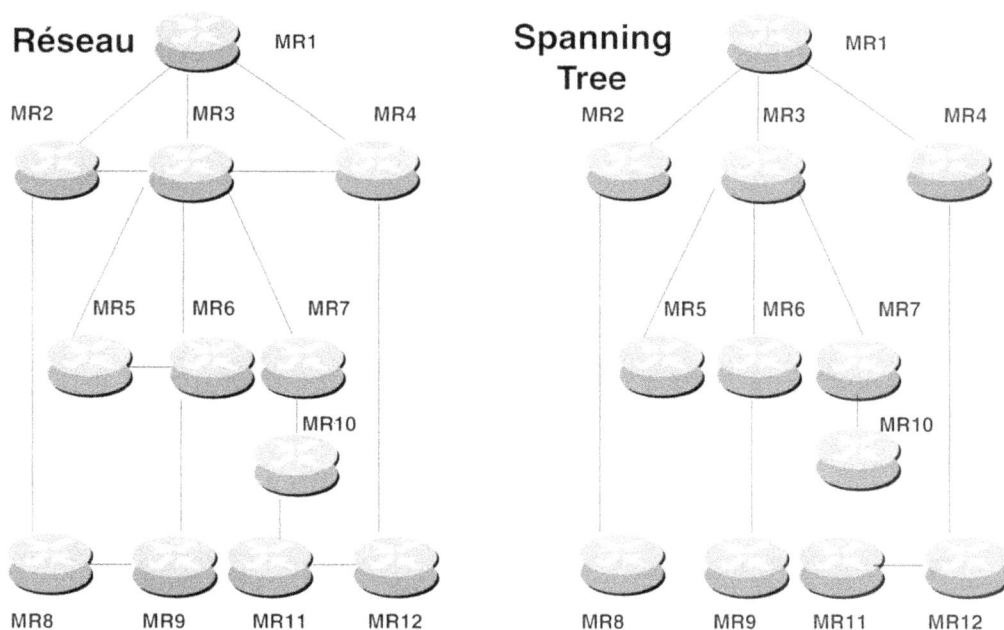

Figure 9-5

Arbre recouvrant (spanning tree) des protocoles de routage multicast

Un arbre recouvrant possède uniquement la connectivité nécessaire pour relier de manière unique chaque paire de routeurs, et est dépourvu de boucles. En effet, dans ce cas, la copie d'un paquet multicast est optimisée.

Les groupes de multicast étant dynamiques (les membres les rejoignant ou les quittant à tout moment), il est nécessaire que l'arbre soit mis à jour dynamiquement. Ainsi, les branches qui n'ont plus de récepteurs doivent être ignorées (ou taillées, *pruned*). Plusieurs protocoles de routage multicast IP ont été développés avec différents objectifs et fonctionnalités. Ils mettent en œuvre différents algorithmes et modes d'interaction entre les routeurs.

Les deux approches du routage multicast

On peut classer les protocoles de routage multicast en deux approches distinctes.

- Le mode dense (Dense mode) : cette approche suppose que les membres des groupes de multicast sont nombreux et répartis sur l'ensemble du réseau et, en outre, que la bande passante est abondante. Ce mode convient donc à des applications locales sur un intranet d'entreprise, par exemple. Dans ce cas, les protocoles de routage multicast s'appuient sur l'inondation (flooding) du réseau pour initialiser et maintenir le spanning tree. Des exemples de protocoles de routage multicast de type Dense Mode sont : DVMRP (Distance Vector Multicast Routing Protocol), MOSPF (Multicast OSPF) et PIM – Dense Mode (Protocol Independent Multicast).

- Le mode clairsemé (Sparse mode) : cette approche suppose, à l'inverse, que les membres des groupes de multicast sont répartis sur le réseau et que la bande passante n'est pas abondante. Ce mode convient donc aux applications déployées sur des grands réseaux et notamment sur l'Internet. Dans ce cas, les protocoles de routage multicast doivent s'appuyer sur des techniques plus sélectives pour initialiser et maintenir les arbres de multicast. Voici des exemples de protocoles de type Sparse mode : CBT (Core Based Trees) et PIM-Sparse Mode (Protocol Independant Multicast).

Le routage multicast

Les protocoles de type Dense mode

On fait appel à eux lorsque les membres des groupes de multicast sont nombreux et que la bande passante est abondante. Ces protocoles multicast vont établir un arbre de distribution multicast, dès qu'une source émettra un trafic multicast.

DVMRP (Distance Vector Multicast Routing Protocol)

Ce protocole est décrit dans la RFC 1075. Il construit un spanning tree pour chaque source et les récepteurs multicast du groupe qui constituent les feuilles de l'arbre. Une fois construit, l'arbre fournit le plus court chemin vers les récepteurs du groupe multicast, fondé sur le nombre de sauts (hop). La métrique est donc fonction du nombre de routeurs (hop) traversés, comme pour les protocoles unicast à vecteur de distance. L'arbre est construit à la demande, c'est-à-dire dès qu'une source commence à transmettre des messages vers un groupe de multicast selon un processus de diffusion – élagage.

Dans l'exemple ci-dessous, nous supposons, pour simplifier, que l'ensemble des routeurs supportent le protocole de routage multicast DVMRP. DVMRP suppose au départ que toutes les stations du réseau appartiennent au groupe de multicast (nous sommes dans une approche en mode dense). Il faut noter que DVMRP comporte son propre protocole de routage unicast, doté de fonctionnalités spécifiques.

Le processus de diffusion fonctionne comme suit :

1. Le routeur désigné sur le sous-réseau source transmet un message multicast à tous les routeurs adjacents.

2. Chacun de ses routeurs achemine sélectivement le message aux routeurs suivants jusqu'à ce qu'il arrive aux membres du groupe de multicast. L'acheminement sélectif durant la constitution du spanning tree fonctionne à l'aide d'un mécanisme appelé RPB (Reversed Path Multicasting). Il fonctionne de la manière suivante : quand un routeur reçoit un

message de multicast, il vérifie ses tables de routage unicast pour déterminer l'interface qui permet de le relier à la source par le plus court chemin. Si cette interface correspond à celle par laquelle est arrivé le message de multicast, alors le routeur mémorise des informations d'état pour identifier le groupe de multicast dans ses tables internes et diffuse le message à tous les routeurs adjacents, en dehors de celui qui lui a transmis le message de multicast. Si le routeur détermine que le message de multicast est reçu par le routeur sur une interface qui n'est pas le meilleur chemin pour le relier à la source du message, il ignore le message. Ce mécanisme de Reversed Path Multicasting assure qu'il n'y a pas de boucle dans l'arbre et que ce dernier fournira le plus court chemin de la source aux récepteurs.

Le processus d'élagage (prune) élimine alors les branches qui ne conduisent pas à des membres du groupe de multicast. Pour rappel, c'est le protocole IGMP qui permet de maintenir les informations relatives à l'existence des membres d'un groupe de multicast dans les routeurs. Ainsi, quand un routeur d'extrémité de l'arbre détermine qu'aucune station du réseau derrière lui n'appartient au groupe de multicast, il envoie un message d'élagage au routeur amont. Ce processus est mis en œuvre jusqu'à ce que toutes les branches superflues soient éliminées de l'arbre. Cette fonction de troncature de l'arbre est identifiée par l'algorithme TRPB, algorithme utilisé dans la version 1 de DVMRP.

Pour améliorer le processus de diffusion, à l'étape 1, chaque routeur multicast détermine d'abord, en consultant sa table de routage unicast, les routeurs adjacents qui le reconnaîtront comme étant le plus court chemin vers la source. Il émettra alors le message multicast à ce seul sous-ensemble de routeurs adjacents, améliorant ainsi le processus de diffusion. La figure ci-après illustre ce processus. Dans la première étape de diffusion, le routeur MR1 diffuse le message vers MR2, MR3 et MR4. MR2 diffuse vers MR8, mais pas vers MR3, car il sait que le chemin n'est pas optimal. De même, MR3 diffuse vers MR5, MR6 et MR7, mais pas vers les routeurs adjacents MR2 et MR4, car il sait que ces derniers ne le reconnaîtront pas comme chemin optimal pour MR1. MR4 diffuse vers MR12. Les diffusions ultérieures suivent la même logique.

À la deuxième étape (élagage), les routeurs MR8 et MR5 réalisent qu'ils sont des routeurs d'extrémité de l'arbre. Ne disposant d'aucun membre du groupe de multicast enregistrés, ils envoient un message d'élagage vers les routeurs situés en amont (respectivement MR2 et MR3). À son tour, MR2, n'ayant pas de membres enregistrés, envoie un message d'élagage vers MR1. L'arbre résultant est représenté à droite de la figure 9-6.

À l'issue de la construction de l'arbre, les messages sont envoyés de la source vers les membres du groupe de multicast. Comme le processus d'appartenance à un groupe de multicast est dynamique (de nouveaux membres peuvent s'enregistrer ou bien des membres existants peuvent disparaître), le protocole DVMRP réinitialise périodiquement la construction de l'arbre de la source jusqu'aux membres actifs. Cette reconstruction périodique, qui entraîne un trafic non négligeable, n'est justifiée que si les membres des groupes de multicast sont nombreux et répartis sur la majeure partie du réseau. En outre, comme pour les protocoles de routage à vecteur de distance, il est conseillé de ne pas mettre en œuvre ce protocole sur de grands réseaux. Il faut notamment veiller à la taille des tables de multicast, en fonction du nombre de couples (source, groupe de multicast).

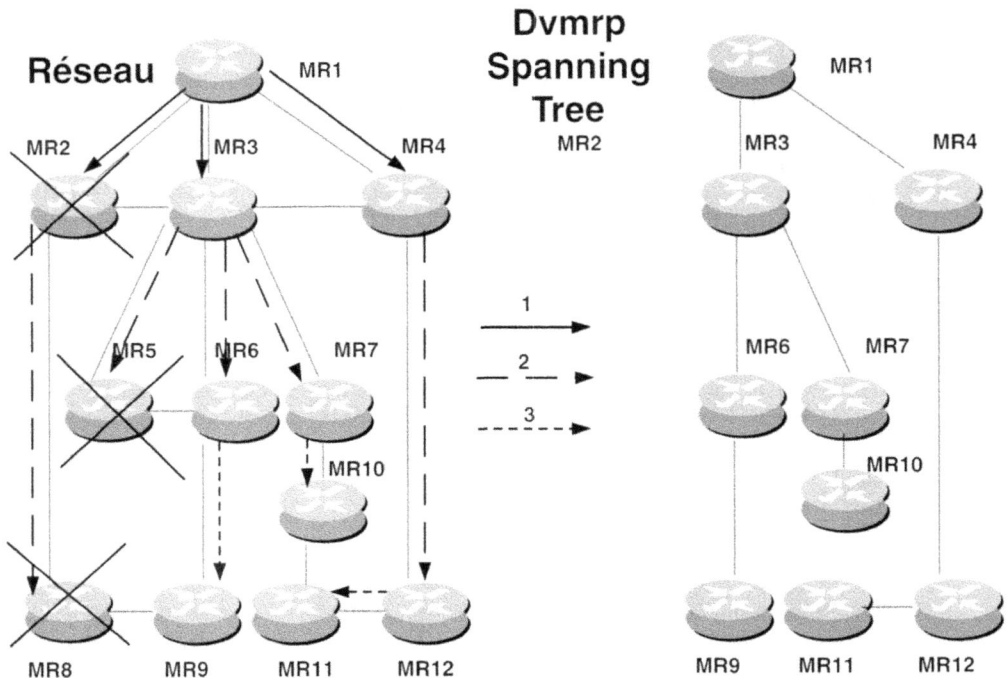

Figure 9-6

Fonctionnement de DVMRP

Multicast Open Shortest Path First (MOSPF)

Les extensions multicast au protocole de routage unicast OSPF v2 sont définies dans la RFC 1584. Le protocole OSPF est un protocole de routage unicast de type link state (état de liens). Le choix de la meilleure route est fonction de son coût. En effet, à chaque lien réseau est affecté un coût dont la valeur est soit administrative et déterminée par l'exploitant, soit par défaut, en fonction du débit du lien. Dans ce dernier cas, la route sélectionnée par OSPF sera théoriquement la plus rapide (celle empruntant les liens de plus grand débit).

Le protocole multicast MOSPF est utilisé conjointement avec OSPF qui constitue sa contre-partie unicast. Chaque routeur construit donc, comme en OSPF, sa vision topologique du réseau. Ainsi, il recueille périodiquement des informations relatives aux membres de groupes de multicast, à l'aide du protocole IGMP. Cette information, combinée avec les informations d'état des liens (link state) est diffusée à l'ensemble des routeurs du domaine de routage dans des messages LSA (Link State Advertisement). À l'aide des informations reçues, chaque routeur met à jour sa vision topologique du réseau et, fort de cette vision, peut calculer indépendamment un spanning tree, avec l'adresse unicast source comme racine de l'arbre et les membres du groupe de multicast comme feuilles de cet arbre. Cet arbre représente alors le chemin utilisé pour router le trafic multicast de la source vers chaque membre du groupe de multicast. Afin de réduire le nombre de calculs, l'arbre de plus court chemin est calculé uniquement lors de la réception du premier paquet d'un flux multicast (c'est-à-dire à la demande). Le résultat du calcul est alors mémorisé pour être utilisé pour tous les paquets suivants.

Figure 9-7

*Vision topologique
du réseau
des routeurs MOSPF*

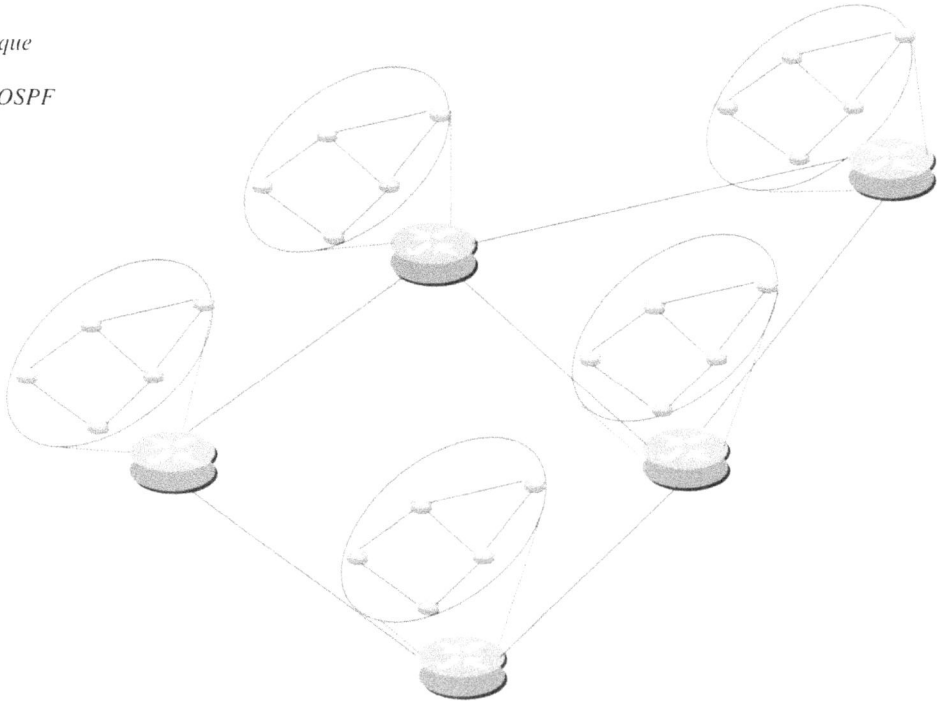

OSPF permet de découper un système autonome en aires (area). Dans ce cas, la connaissance complète et détaillée du système autonome se perd entre les différentes aires. Ainsi, dans le cas d'un multicast entre plusieurs aires, seul un arbre de plus court chemin incomplet peut être construit. Cela peut induire un routage non efficace. Cependant, comme en OSPF, la taille des aires doit être limitée (nombre de routeurs dans une même aire) afin de limiter les effets de diffusion des informations d'états des liens.

PIM (Protocol Independant Multicast)

Contrairement aux protocoles précédents, PIM est un protocole de routage multicast interdomaine (DVMRP et MOSPF sont à usage monodomaine). De même, c'est un protocole de routage multicast indépendant des mécanismes de routage unicast. Il existe deux modes de fonctionnement de PIM : un est adapté au contexte Dense mode, l'autre l'est au contexte Sparse mode.

Tout comme DVMRP, PIM-DM utilise la technique du RPM (Reverse Path Multicasting) pour construire son arbre de multicast fondée sur l'inondation (flooding) et l'élagage. Cela signifie que le paquet multicast est acheminé si l'interface de réception d'un routeur PIM correspond à celle utilisée pour acheminer un paquet unicast vers la source du paquet. (L'interface de réception doit être le plus court chemin vers l'émetteur.) Si PIM est indépendant du protocole de routage unicast, c'est parce que PIM exploite directement la table de routage unicast, générée par le protocole de routage unicast. Le paquet de multicast est alors acheminé sur toutes les autres interfaces. Cela suppose que tous les systèmes en aval veulent recevoir le paquet multicast. C'est une technique optimale pour les groupes de multicast comportant de nombreux membres répartis sur le réseau. Si certaines parties du réseau n'ont pas de membre dans le groupe de multicast, PIM-DM élaguera les branches correspondantes. De même, si des membres quittent le groupe de multicast, les branches qui les supportaient seront également élaguées.

À la différence de DVMRP, les paquets sont diffusés sur toutes les interfaces (exceptée celle d'entrée) jusqu'à ce que l'élagage ait lieu. (DVMRP utilisait l'information parent-enfant pour limiter le nombre d'interfaces de sortie avant l'élagage.) Il en résulte une optimisation moindre par rapport à DVMRP, mais une indépendance vis-à-vis du protocole de routage unicast.

Les protocoles de type Sparse mode

Les protocoles de routage multicast du type Dense mode se fondaient sur l'inondation périodique de messages sur le réseau. Ce principe n'est absolument pas envisageable sur de très grands réseaux, où il existe de très nombreux groupes de multicast vers des utilisateurs dispersés. Ainsi, si les protocoles de type Dense mode recourent à une approche fondée sur l'émission de trafic pour construire l'arbre de distribution multicast, les protocoles de type Sparse mode utilisent un processus initialisé par le récepteur. Ainsi, un routeur est impliqué dans la construction de l'arbre de distribution multicast uniquement lorsque, sur un sous-réseau, une des stations désire appartenir à un groupe de multicast.

Core Base Tree (CBT)

Ce protocole, en version 2, est défini dans la RFC 2182. Il est destiné aux applications multicast comportant nombre d'émetteurs actifs (sources de trafic), comme les jeux vidéo distribués ! En effet, dans ce cas, il paraît inefficace de construire des arbres de multicast pour chaque source de trafic (rappelons que les protocoles de type Dense mode construisent un arbre pour chaque couple : groupe de multicast/source). CBT construit dans ce cas un arbre unique qui est partagé par l'ensemble des membres du groupe de multicast.

Un arbre partagé CBT possède un routeur central (core routeur), utilisé pour construire l'arbre. Ce routeur joue le rôle d'un point de rencontre pour le groupe de multicast. On parle également de point de « rendez-vous » (ou RP, Rendez-vous Point). Un routeur qui détecte la présence d'un membre (suite à sa demande) va rejoindre l'arbre en émettant une requête « join_request » vers le routeur central. Quand le routeur central reçoit la requête, il y répond par un message « join_ack » sur le chemin de retour. Le message « join_request » ne transite pas forcément jusqu'au routeur central. En effet, si le message atteint un routeur sur l'arbre avant de rejoindre le routeur central, le routeur intermédiaire termine la demande et y répond également avec un « join_ack ». La figure 9-8 illustre ce processus.

La concentration de trafic autour du routeur central peut potentiellement constituer un problème. C'est pourquoi certaines versions et implémentations de CBT proposent l'utilisation de plusieurs routeurs centraux.

Figure 9-8

*Arbre
partagé CBT*

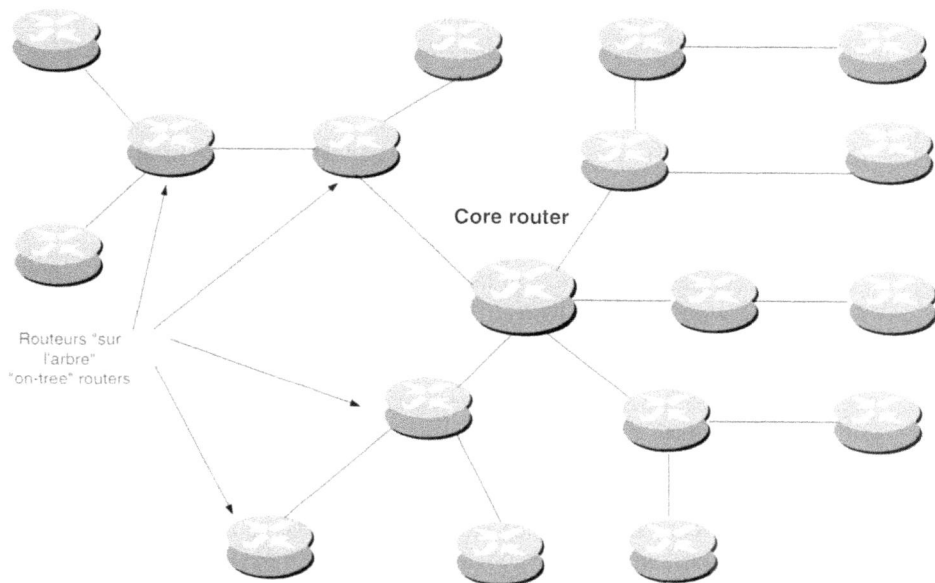

Core router

Routeurs "sur
l'arbre"
"on-tree" routers

PIM – Sparse Mode

Ce protocole est décrit dans la RFC 2117 (juin 97). Comme CBT, il se fonde sur la présence d'un routeur central jouant le rôle de RP (Rendez-vous Point) et possédant une adresse connue de tous. Le RP est la racine de l'arbre de multicast partagé (shared tree). Les sources s'enregistrent auprès de lui. Le destinataire s'abonne à l'arbre en envoyant un message Join au RP. Il peut y avoir plusieurs RP pour des groupes différents.

Mise en œuvre du multicast

Nous développons ci-dessous différentes considérations liées à la mise en œuvre des protocoles de multicast.

Contraintes sur les routeurs

La première considération concerne bien évidemment la charge de traitement supplémentaire induite sur les routeurs qui doivent alors prendre en compte les protocoles de routage unicast et multicast. Il sera également nécessaire d'augmenter la mémoire des routeurs pour le support des tables de routage. Il est donc nécessaire de disposer de routeurs puissants pour prendre en charge efficacement ce double routage. Le choix du protocole de routage se fera selon les caractéristiques de protocoles décrites ci-dessus. Généralement, dans le contexte d'un réseau d'entreprise, on sélectionnera le protocole DVMRP ou PIM (Dense Mode).

Support du multicast sur les commutateurs Ethernet

Nous n'avons pas spécifié jusqu'à maintenant la façon dont le multicast IP (niveau 3) est pris en charge par les réseaux commutés Ethernet (niveau 2), mis en œuvre sur les réseaux locaux d'établissement. En effet, par défaut, un multicast IP se traduira par une diffusion de trames sur l'ensemble d'un réseau commuté de niveau 2 (Ethernet).

Plusieurs approches permettent de contrôler le trafic multicast sur les commutateurs Ethernet (niveau 2) .

- Des VLAN peuvent être définis en correspondance avec les limites du groupe de multicast. C'est une approche rudimentaire qui ne permet pas le changement dynamique de groupe de multicast et ajoute du travail de configuration à la définition des VLAN.

- Les commutateurs Ethernet peuvent enregistrer sur quels ports les requêtes IGMP sont faites et à quel groupe de multicast ils appartiennent. Ainsi, lors d'un trafic multicast reçu pour un groupe de multicast, le commutateur ne le diffusera que vers les ports concernés (sur lesquels un poste de travail s'est enregistré pour le groupe de multicast afférent). Cependant la surveillance des données de multicast et des paquets de contrôle consomme de la capacité de traitement du commutateur et peut induire une baisse de performance de l'acheminement des trames et l'augmentation de la latence induite.

- Autre solution : tirer parti de l'attribut générique du protocole d'enregistrement (IEEE 802.1p) qui permet aux systèmes terminaux de communiquer directement avec le commutateur, pour rejoindre un groupe 802.1p correspondant à un groupe de multicast. Une grande partie de la responsabilité de configuration des groupes de multicast de niveau 3 passe alors au niveau 2. Ce mécanisme convient aux grands réseaux commutés à plat (sans routage).

- Le rôle traditionnel d'un routeur comme point de contrôle d'un réseau peut être maintenu, en définissant un protocole spécifique de dialogue entre routeur et commutateur. Ce protocole permet au routeur de configurer les tables de multicast du commutateur pour correspondre aux groupes de multicast présents. CGMP (Cisco Group Multicast Protocol) constitue un bon exemple de ce protocole.

Interopérabilité des protocoles de multicast

L'interopérabilité des protocoles de multicast est souhaitable à deux niveaux :

- entre les protocoles de routage multicast et les protocoles de routage unicast ;
- entre les protocoles de routage multicast.

Le premier niveau est assuré soit par la conception d'un protocole de routage multicast faisant appel au protocole de routage unicast (c'est le cas de MOPSF conçu sur OSPF version 2) ou à un protocole de routage multicast indépendant du protocole de routage unicast (c'est le cas de PIM qui se fonde sur les tables de routage générées par le protocole de routage unicast, pour assurer son indépendance). Il est également possible d'envisager, sur des très grands réseaux, une mise en œuvre partielle du protocole de routage multicast, en établissant des tunnels pour relier des îlots multicast (voir section suivante).

L'interopérabilité entre protocoles multicast est souhaitable pour assurer la mise en œuvre du multicast sur de très grands réseaux comportant à la fois des clients dispersés et des îlots de clients multicast très concentrés. Dans cette situation, il est intéressant de combiner un protocole de routage multicast de type Sparse mode pour les clients distribués et un protocole de routage de type Dense mode pour les clients regroupés dans des îlots déterminés. Toutefois, cette interopérabilité pose un problème dans la mesure où le mode Sparse fait appel à la mise en œuvre de requêtes spécifiques (join_request) de la part des routeurs représentant les participants (pour rejoindre un arbre partagé), alors que le mode Dense se fonde sur la détection d'un flux multicast d'un émetteur (pour former un arbre spécifique à chaque couple : source/ groupe de multicast). Il est donc nécessaire de disposer d'un mécanisme spécifique permettant de relier les deux protocoles de routage. La solution envisagée consiste à mettre en œuvre un routeur de bordure du groupe Dense mode. Ce routeur doit alors envoyer de manière explicite des requêtes « join_request » au groupe Sparse mode. Ces problèmes d'interopérabilité font actuellement l'objet de nombreux travaux au sein de l'IETF.

Création de tunnels sur les grands réseaux

Il s'agit ici de déployer graduellement des solutions de multicast sur de très grands réseaux, en permettant de relier par une technique de *tunneling* des sites mettant en œuvre le multicast, sans pour autant que les routeurs du réseau fédérateur (backbone) ne le prennent en charge. À cet effet, les paquets multicast d'un site sont encapsulés dans un paquet IP unicast, qui est alors routé à l'aide des protocoles de routage unicast *via* le réseau fédérateur, vers le site de destination. Lorsqu'il arrive sur le site de destination, le paquet multicast est extrait du paquet unicast l'ayant transporté et délivré localement.

Ce principe est retenu par le réseau MBONE (Multicast BackBONE), qui est le réseau multicast lié à Internet. Dans ce cas, les routeurs multicast des sites encapsulent les paquets IP multicast dans des paquets IP unicast, à l'attention des routeurs multicast du MBONE. La figure suivante illustre cette approche.

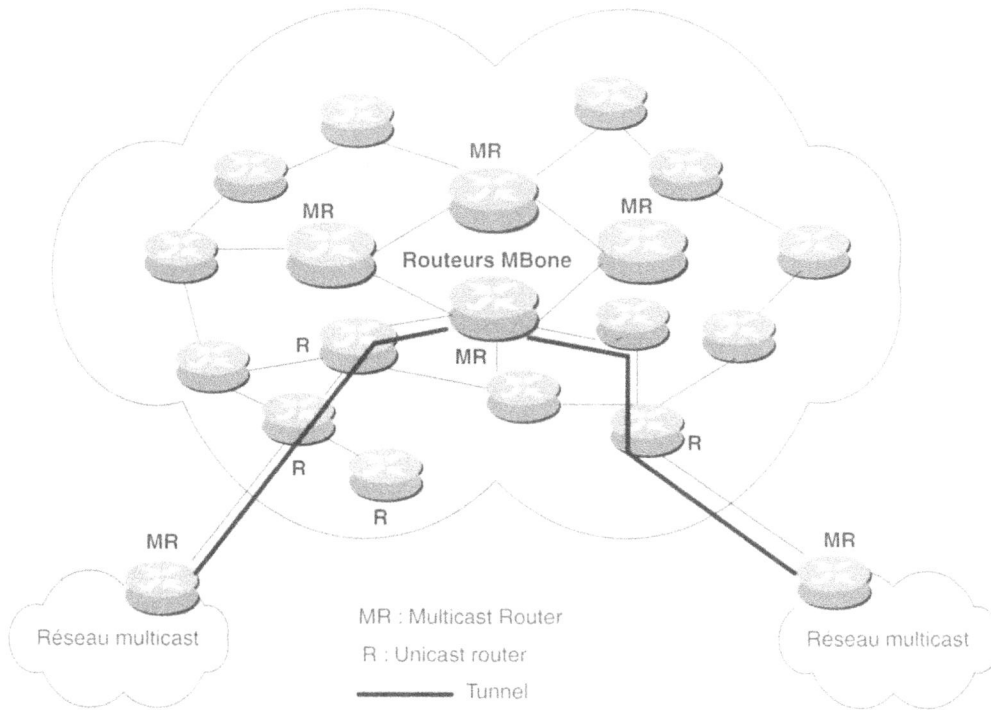

Figure 9-9
Principe de tunneling pour le MBONE

Prise en charge de la QoS

Nous avons observé que les mécanismes de multicast sont bénéfiques aux flux multimédias distribués, en ce sens qu'ils permettent une économie de la bande passante.

Les mécanismes de multicast ne sont pas liés au problème de la QoS. On peut même dire que la problématique de QoS est orthogonale aux techniques de multicast. Nous avons souligné que le protocole RSVP est un protocole de signalisation fondé sur une réservation de ressources, depuis le récepteur. Cette caractéristique est parfaitement adaptée au multicast. Sa mise en œuvre est à ce niveau totalement indépendante du protocole de routage multicast qui sera sélectionné (voir la description du protocole RSVP au chapitre 6).

Les autres protocoles IP pour le multimédia

Nous allons nous intéresser maintenant à la définition et au comportement des protocoles faisant appel à IP, dans le cas de la mise en œuvre de la QoS. Nous rappelons en premier lieu l'organisation de la pile IP, en y faisant figurer les protocoles utilisés dans le cadre du support d'applications multimédias.

Figure 9-10

Pile de protocoles IP pour le multimédia

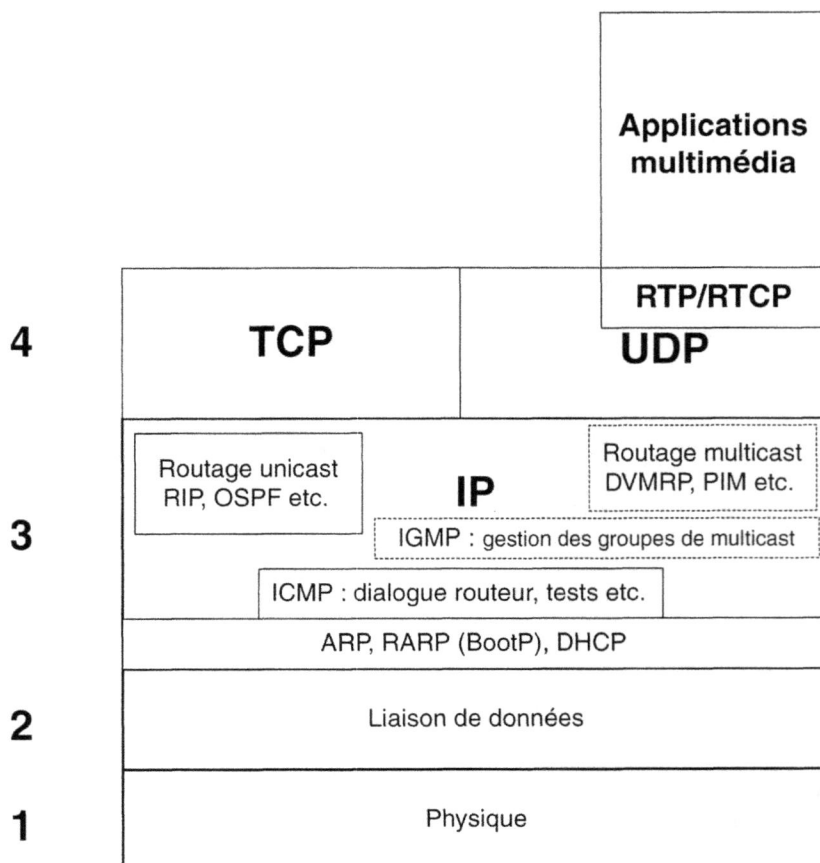

Tout d'abord, il convient de remarquer que le protocole TCP n'est pas adapté aux applications multimédias en raison de mécanismes propres à ce protocole :

• mécanisme d'acquittement incompatible avec la transmission des données en temps réel ;

• mécanismes de contrôle de congestion, incompatible avec le débit naturel des applications audio et vidéo.

Les applications multimédias font donc appel au protocole UDP, beaucoup moins contraignant. Il a toutefois été nécessaire de développer des protocoles complémentaires pour tenir compte des besoins des applications multimédias. Nous avons déjà évoqué le protocole de signalisation RSVP, permettant aux applications d'indiquer au réseau leurs besoins en QoS. En complément, d'autres protocoles temps réel ont été développés, comme RTP, RTCP et RTSP. Nous les décrivons brièvement.

RTP

Le protocole IP n'est pas synchrone et ne comprend pas de signal d'horloge indispensable aux flux audio ou vidéo. Le *Streaming IP* consiste donc à inclure des informations supplémentaires dans les trames IP, pour synchroniser émetteurs et récepteurs. La récupération et la reconstitution de l'horloge source incombent au(x) récepteur(s).

Description du protocole

L'IETF a adopté le protocole RTP (Real-time Transport Protocol) comme standard de transport de « streams » sur IP. Il est décrit dans la RFC 1889. Le protocole de transport des données RTP est complété dans la même spécification par un protocole de contrôle RTCP.

Les services RTP incluent l'identification du type de charge utile, la numérotation des paquets et l'horodatage. RTCP permet la surveillance des sessions multicast en cours, l'identification des participants et un contrôle minimal des échanges. RTP ne fournit pas toutes les fonctionnalités des protocoles de transport. Cependant RTP et RTCP sont conçus pour être indépendants des couches de transport et réseau. Dans la pratique, RTP s'exécute en général sur UDP et utilise ses services de multiplexage et de checksum. Cependant, RTP peut fonctionner sur d'autres protocoles de transport. Il supporte les transferts de données vers des destinations multiples, en utilisant des mécanismes de distribution multicast, s'ils sont fournis par les couches réseau inférieures (voir section précédente). Il est rappelé que RTP ne gère pas la réservation de ressources et ne garantit pas la QoS pour les services temps réel (rôle dévolu à RSVP). Les numéros de séquence inclus dans RTP permettent au récepteur de reconstruire la séquence de paquets de l'émetteur, suite à une désynchronisation résultant d'une modification topologique du réseau.

Le protocole RTP est adaptable et il est destiné à être inclus dans une application particulière plutôt que d'être mis en œuvre comme une couche protocolaire indépendante. Ainsi, RTP est une trame de protocole volontairement incomplète. La RFC 1889 décrit les aspects communs à toutes les implémentations de RTP. Des compléments à la spécification de base permettent une mise en œuvre de RTP pour une application particulière, à savoir :

• une spécification de profil (profile specification) : elle définit un ensemble de codification de « charge utile » (payload) et leurs associations à l'encodage utilisé. Un profil peut également définir des extensions ou des modifications apportées à RTP, et spécifiques à une classe d'applications. Généralement une application s'exécutera sous un seul profil ;

- une spécification de charge utile (payload specification) : elle définit comment une charge utile spécifique, comme un encodage audio ou vidéo, doit être transporté dans RTP.

Nous fournissons à la figure 9-11 les RFC complémentaires disponibles à ce jour.

```
RTP Profile for Audio and Video Conferences with Minimal Control (RFC 1890)
RTP Payload Format of Sun's CellB Video Encoding (RFC 2029).
RTP Payload Format for H.261 Video Streams (RFC 2032)
RTP Payload Format for H.263 Video Streams (RFC 2190).
RTP Payload for Redundant Audio Data (RFC 2198).
RTP Payload Format for MPEG1/MPEG2 Video (RFC 2250).
RTP Payload Format for Bundled MPEG (RFC 2343).
RTP Payload Format for ITU-T Rec. H.263 Video (H.263+). (RFC 2429)
RTP Payload Format for BT.656 Video Encoding (RFC 2431)
RTP Payload Format for JPEG-compressed Video (RFC 2435).
RTP Payload Format for PureVoice(tm) Audio (RFC 2658) .
An RTP Payload Format for Generic Forward Error Correction (RFC 2733).
Guidelines for Writers of RTP Payload Format Specifications (RFC 2736).
RTP Payload for Text Conversation (RFC 2793).
RTP Payload for DTMF,Telephony Tones and Telephony Signals (RFC 2833).
RTP Payload Format for Real-Time Pointers (RFC 2862).
```

Figure 9-11

Profile et Payload RTP définis

Une autre classificaîton fait apparaître en fonction du Payload Type (PT), le nom du Codec et la RFC correspondante (figure 9-12).

PT	NOM	Type	Fréq Horloge (Hz)	Audio channels	References
0	PCMU	Audio	8000	1	RFC 1890
1	1016	Audio	8000	1	RFC 1890
2	G721	Audio	8000	1	RFC 1890
3	GSM	Audio	8000	1	RFC 1890
4	G723	Audio	8000	1	
5	DVI4	Audio	8000	1	RFC 1890
6	DVI4	Audio	16000	1	RFC 1890
7	LPC	Audio	8000	1	RFC 1890
8	PCMA	Audio	8000	1	RFC 1890
9	G722	Audio	8000	1	RFC 1890
10	L16	Audio	44100	2	RFC 1890
11	L16	Audio	44100	1	RFC 1890
12	QCELP	Audio	8000	1	

Figure 9-12 *(à suivre)*

Codecs supportés par RTP

PT	NOM	Type	Fréq Horloge (Hz)	Audio channels	References
13	Reserved				
14	MPA	Audio	90000	RFC 1890, RFC 2250	
15	G728	Audio	8000	1	RFC 1890
16	DVI4	Audio	11025	1	
17	DVI4	Audio	22050	1	
18	G729	Audio	8000	1	
-					
25	CellB	Video	90000		RFC 2029
26	JPEG	Video	90000		RFC 2435
27	Reserved				
28	nv	Video	90000		RFC 1890
29	Reserved				
30	Reserved				
31	H261	Video	90000		RFC 2032
32	MPV	Video	90000		RFC 2250
33	MP2T	Audio/ Video	90000		RFC 2250
34	H263	Video	90000		
35					
–					
71					
72					
– Reserved					
76					
77					
-					
95					
96					
– dynamic					
127					

Figure 9-12 *(suite)*

Codecs supportés par RTP

Fonctionnement du protocole RTP

Nous allons prendre l'exemple d'une visioconférence *via* un réseau étendu reliant plusieurs personnes raccordées à des débits différents, afin d'illustrer les principales capacités du protocole.

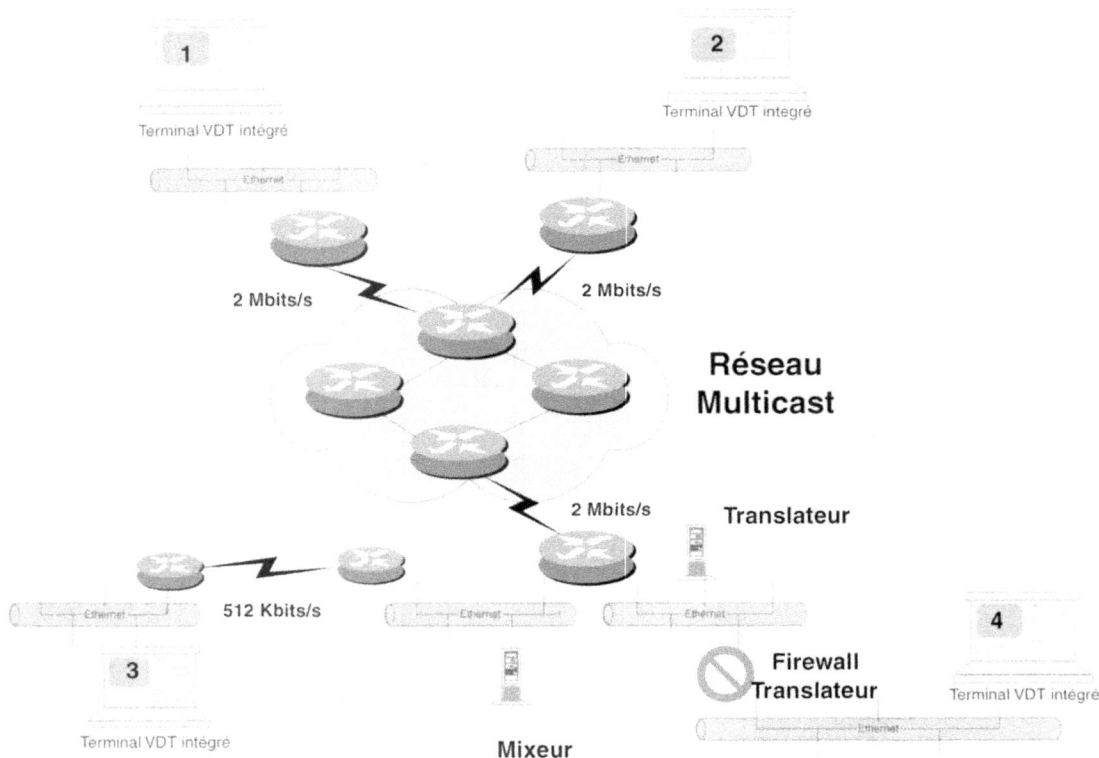

Figure 9-13
Visioconférence sur RTP

L'ensemble des postes de travail participants à la visioconférence partageront une adresse IP de multicast. En outre, 4 numéros de port seront utilisés :

- une paire de numéros pour l'audio : un port pour les données audio encapsulées en RTP et un port pour le contrôle RTCP. L'en-tête RTP indique le type d'encodage audio utilisé ;

- une paire de numéros pour la vidéo : un port pour la vidéo encapsulée en RTP et un port pour le contrôle RTCP. L'en-tête RTP indique le type d'encodage vidéo utilisé.

Les paquets de données (audio et vidéo) peuvent subir des variations de délai de transmission sur le réseau, et même être reçus dans un ordre différent. L'en-tête RTP contient des informations d'horodatage et un numéro de séquence permettant au récepteur de reconstruire l'horloge produite par la source. Comme les membres de la visioconférence peuvent rejoindre ou quitter le groupe de multicast (la conférence), il est utile de connaître les participants et de savoir qui reçoit les données audio et/ou vidéo. Pour cela, chaque instance de l'application audio et de l'application vidéo transmet en multicast un rapport de réception, plus le nom de son utilisateur, sur le port RTCP (fonction de contrôle). Quand un utilisateur sort de la visio-conférence, il émet un paquet RTCP BYE pour l'audio et pour la vidéo. Il n'y a ainsi pas de couplage au niveau RTP entre la session audio et la session vidéo, si ce n'est qu'un utilisateur qui participe à une session audio/vidéo doit utiliser le même nom dans les paquets de contrôle RTCP des deux sessions audio et vidéo, pour qu'elles puissent être associées.

L'une des raisons de cette séparation est de permettre à des participants à la conférence de ne recevoir qu'un seul média (audio ou vidéo) s'ils le désirent. Malgré cette séparation, on peut obtenir une synchronisation des sources audio et vidéo en utilisant les informations d'horo-datage contenues dans les paquets RTCP des deux sessions.

Dans la configuration précédente, un des participants est raccordé au réseau avec une ligne de bas débit (512 Kbit/s). Au lieu de forcer l'ensemble des participants à utiliser des Codecs (audio/vidéo consommant moins de bande passante (produisant donc une visioconférence de moins bonne qualité), on peut placer un relais RTP, appelé *mixeur*, à proximité de la ligne de faible bande passante. Ce mixeur a pour objectif de resynchroniser les paquets audio et vidéo de l'émetteur, de les mixer dans un flux audio et un flux vidéo, puis de convertir l'encodage utilisé en un encodage moins consommateur de bande passante et finalement de retransmettre les flux audio et vidéo sur la ligne à basse vitesse. L'en-tête RTP dispose d'un moyen qui permet au mixeur d'identifier la source du flux, de sorte que l'information peut être transmise au récepteur. Pour les participants situés derrière un système pare-feu (firewall) fonctionnant en relais applicatif, il sera nécessaire de mettre en œuvre un autre type de relais RTP, appelé *translateur* (en fait, une paire de translateurs).

L'utilisation des mixeurs et des translateurs est assez variée. On peut imaginer utiliser un mixeur pour assembler les images individuelles de personnes en un flux composite simulant un groupe de personnes. Le translateur, de son côté, ne modifie pas l'arrangement des flux audio ou vidéo, mais permet, par exemple, de porter RTP sur un autre protocole qu'UDP, pour relier des participants à un réseau autre qu'IP (Novell IPX ou AppleTalk, par exemple).

Définition détaillée du protocole RTP

> **REMARQUE** Les lecteurs intéressés par une vue générale du protocole peuvent se reporter directement à la section décrivant RTCP.

Pour examiner de plus près le protocole RTP, il est nécessaire de préciser les définitions suivantes :

- charge utile RTP (RTP Payload) : elle désigne les données audio ou vidéo transportées dans le paquet RTP ;

- paquet RTP : il comprend un en-tête fixe, une liste de sources et la charge utile ;

- paquet RTCP : c'est un paquet de contrôle constitué d'un en-tête fixe similaire à RTP, et suivi par des éléments qui dépendent du type de paquet RTCP. Plusieurs paquets RTCP peuvent former un paquet RTCP composite, qui sera acheminé dans un seul paquet du protocole inférieur (UDP, par exemple) ;

- port : il s'agit de la définition au sens IP (voir chapitre 2) ;

- adresse de transport : la combinaison d'une adresse réseau (IP par exemple) et d'un numéro de port identifie un point de terminaison au niveau transport (par exemple, une adresse IP et un numéro de port UDP). Les paquets RTP sont transmis d'une adresse de transport source vers une adresse de transport destination ;

- session RTP : elle désigne l'association d'un ensemble de participants qui communiquent en RTP. Pour chaque participant, la session est définie par une paire d'adresses de destination particulière (une adresse réseau IP par exemple, plus un port UDP pour RTP et un port UDP pour RTCP). Dans une session multimédia (voix/vidéo par exemple), chaque médium (voix ou vidéo) est transporté dans une session RTP distincte, avec ses propres paquets RTCP ;

- source de synchronisation (SSRC, Synchronization Source) : la source d'un flux de paquets RTP est identifiée par une valeur de SSCR (sur 32 bits), et véhiculée dans l'en-tête RTP, afin de ne pas être dépendant de l'adresse réseau (une station IP peut communiquer avec une station IPX grâce aux translateurs). Une application de télésurveillance, mais également un mixeur RTP peuvent constituer des exemples de source de synchronisation. Une source de synchronisation est susceptible de modifier le format de données (c'est-à-dire du codec) dans le temps. La valeur SSCR est unique durant la session et elle est choisie de manière aléatoire. Un participant n'est pas obligé de choisir la même valeur de SSRC pour toutes les sessions RTP dans une session multimédia (audio/vidéo par exemple). Si un participant génère de multiples flux dans la même session RTP (par exemple, depuis plusieurs caméras vidéo), chacune doit être identifiée par un SSRC différent ;

- source de contribution (CSRC, Contributing Source) : c'est une source de flux produite par un mixeur RTP et issue d'une combinaison de flux. Le mixeur insère la liste des identifiants SSRC des sources ayant contribué à la génération d'un paquet dans l'en-tête RTP de ce paquet : il s'agit de la liste CSRC. Un exemple d'application est l'audioconférence, où le mixeur indique tous les participants dont le dialogue a été combiné pour permettre au récepteur de préciser la personne en cours de dialogue, même si tous les paquets audio contiennent le même identifiant SSRC (celui du mixeur) ;

- système terminal : c'est une application qui génère le contenu à envoyer dans les paquets RTP et/ou exploite le contenu des paquets RTP reçus. Un système terminal peut agir comme une ou plusieurs sources de synchronisation dans une session RTP donnée, mais généralement une seule ;

- mixeur (*mixer*): c'est un système intermédiaire qui reçoit les paquets RTP depuis une ou plusieurs sources. Il peut changer les formats des données (de codec), combiner les paquets d'une certaine façon et retransmettre un nouveau paquet RTP. Comme les horloges en provenance de sources multiples ne seront généralement pas synchronisées, le mixeur procédera à un ajustement entre les différents flux et générera sa propre horloge pour le flux résultant. Ainsi, tous les paquets de donnés issus d'un mixeur seront identifiés avec le mixeur comme source de synchronisation (SSRC) ;

- translateur (*translator*) : c'est un système intermédiaire qui retransmet les paquets avec leur source de synchronisation (SSRC) et leur identifiant de source intacts. Les équipements qui convertissent les encodages sans opérer de mixage, les réplicateurs de flux multicast en flux unicast et les filtres d'application dans les systèmes pare-feu constituent des exemples de translateurs ;

- moniteur (*monitor*) : c'est une application qui reçoit les paquets RTCP émis par les participants dans une session RTP, et tout particulièrement les rapports de réception, et évalue la QoS. Elle fournit des statistiques et diagnostique les fautes. La fonction de monitoring est normalement intégrée dans les applications qui participent à la session. Elle peut être mise en œuvre dans une application séparée, qui ne participe pas aux échanges RTP ;

- dispositifs non-RTP : ils désignent les protocoles et mécanismes qui peuvent être nécessaires en complément de RTP pour fournir un service utilisable. Exemple : mécanisme de distribution d'une adresse multicast pour une visioconférence multipartie, etc.

À l'aide de ces définitions, on peut détailler l'en-tête d'un paquet RTP (figure 9-14).

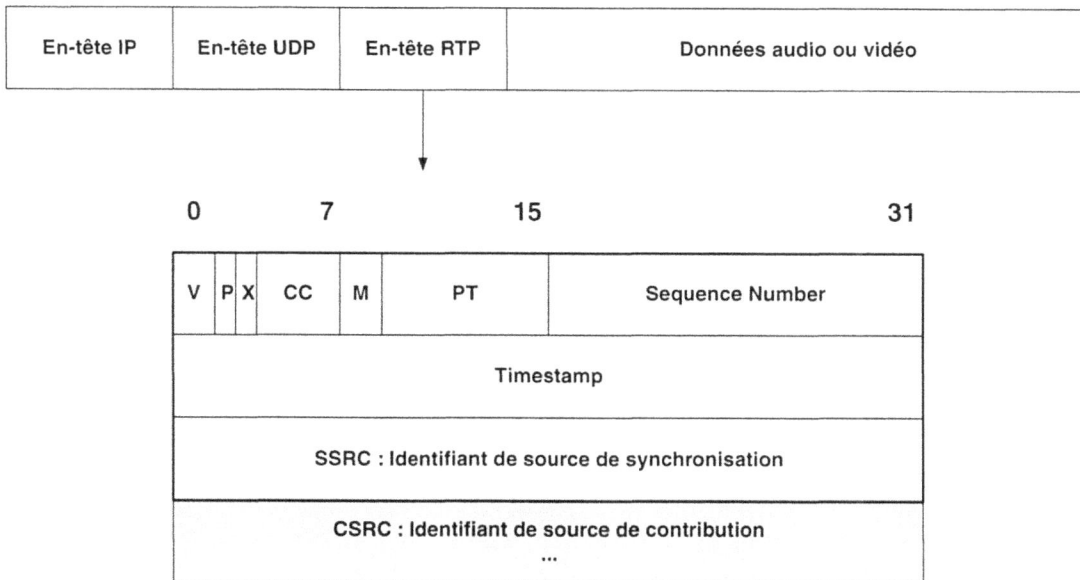

Figure 9-14

Format de l'en-tête RTP

Les 12 premiers octets sont présents dans tous les paquets RTP, tandis que la liste des identifiants CSRC est présente uniquement quand elle est insérée par un mixeur.

- V - Version (2 bits) : la version actuelle est la version 2.

- P - Padding (1 bit) : quand il est égal à 1, cela indique que le paquet contient un ou plusieurs octets de bourrage.

- X – Extension (1 bit) : si ce bit est indiqué, cela signifie que l'en-tête est suivi d'une extension.

- CC - CSRC Count (4 bits) : indique le nombre d'identifiants CSRC qui suivent l'en-tête fixe.

- M – Marker (1 bit) : son interprétation est définie dans le profil.

- PT – Payload Type (7 bits) : ce champ identifie le format de la charge utile du paquet RTP. Un profil définit une association statique d'un code de charge utile à un format de charge utile. Cependant, d'autres codes peuvent être définis dynamiquement par des dispositifs non-RTP. Les valeurs par défaut ont été exposées précédemment. Un émetteur RTP émet un seul type de charge utile, à un instant donné.

- Sequence Number (16 bits) : le numéro de séquence est incrémenté de 1, à chaque émission de paquet RTP. Il peut être utilisé par le récepteur pour détecter la perte de paquet ou pour restaurer la séquence de paquets.

- Timestamp (32 bits) : l'horodatage représente l'instant d'échantillonnage du premier octet dans le paquet RTP. Cette valeur doit être obtenue à partir d'une horloge, dont la fréquence dépend du format des données transportées dans la charge utile. Elle est indiquée dans la spécification du profil ou du format de la charge utile.

- SSRC (32 bits) : ce champ identifie la source de synchronisation. La valeur est aléatoire. Elle est déterminée par un algorithme.

- CSCR list (de 0 à 15 références de 32 bits chacune) : cette liste identifie la liste des contributeurs de la charge utile contenue dans le paquet. Le nombre d'identifiants est précisé dans le champ CC. Les identifiants CSRC sont insérés par les mixeurs grâce aux identifiants SSRC des sources de contribution.

RTCP

Le protocole RTCP (RTP Control Protocol) se fonde sur la transmission périodique de paquets de contrôle à l'ensemble des participants d'une session, par le biais du même procédé de distribution que les paquets de données. Le protocole de niveau inférieur (UDP, par exemple) doit fournir le multiplexage des données et des paquets de contrôle en utilisant des numéros de port différents.

RTCP réalise 4 fonctions :

1. Il permet de rendre compte de la qualité de la distribution. Cela fait partie du rôle d'un protocole de transport ; grâce à cette fonction, il est possible par exemple de mettre en place un codage adaptatif. Elle est réalisée grâce aux rapports de l'émetteur RTCP et du récepteur RTCP.

2. Il permet d'identifier la source RTP : RTCP transporte un identifiant permanent du niveau transport pour une source RTP, appelé CNAME (Canonical NAME). En effet, l'identifiant SSRC peut changer en raison d'un conflit de numéro ou d'un redémarrage de l'application. Il est toutefois nécessaire que le récepteur conserve la trace de chaque participant. Le récepteur a également besoin du CNAME pour associer plusieurs flux de données d'un participant donné, en vue de synchroniser par exemple l'audio et la vidéo

3. Il contrôle la fréquence d'émission des paquets RTCP : comme chaque participant émet des paquets RTCP vers tous les autres, il peut en résulter un trafic RTCP important, s'il y a beaucoup de participants. Chaque participant peut calculer, en fonction du nombre de participants, le débit auquel il faut émettre les paquets RTCP, afin de limiter le trafic global de contrôle.

4. Il transporte des informations de contrôle sur la session : il peut s'agir d'informations minimales, comme l'identifiant du participant qu'il convient d'afficher dans l'interface utilisateur (fonction facultative).

Les paquets RTCP commencent par un en-tête fixe, semblable au paquet RTP de données. L'en-tête est suivi d'éléments structurés de longueur variable, en fonction du type de paquet.

On distingue les types de paquets RTCP suivants :

- SR (Sender Report) : ces paquets transportent des statistiques sur des participants qui sont des émetteurs actifs ;

- RR (Receiver Report) : ces paquets transportent des statistiques sur des participants qui ne sont pas des émetteurs actifs ;

- SDES (Source Description Items) : ces paquets transportent des informations concernant la source, et notamment le CNAME ;

- BYE : ce paquet indique la fin de participation ;

- APP : ce type de paquet est utilisé pour des fonctions spécifiques à l'application.

L'empilement successif des couches protocolaires IP/UDP/RTP contribue à une perte d'efficacité, principalement sensible sur les lignes à bas débit.

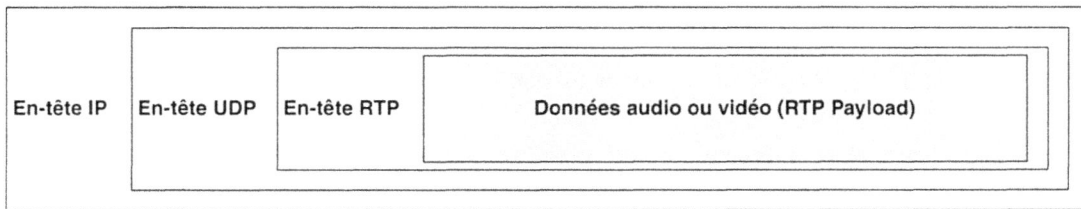

En-tête IP	En-tête UDP	En-tête RTP	Données audio ou vidéo (RTP Payload)

Figure 9-15

Empilement IP/UDP/RTP

Pour limiter cet empilement d'en-têtes de protocoles représentant au total 40 octets, la RFC 2508 spécifie un mécanisme applicable par lien bas débit et permettant d'obtenir un en-tête réduit à 4 octets.

RTSP

Objectifs du protocole

RTSP (Real Time Streaming Protocol) est un protocole de présentation, fonctionnant en mode client-serveur, qui permet de contrôler la distribution de flux multimédias sur des réseaux IP. Il offre des fonctionnalités de contrôle à distance de type magnétoscope (VCR, Video Cassette Recorder) pour des flux audio et vidéo : fonction de pause, rembobinage rapide, avance rapide et arrêt sur image ou sur son. Les sources de données peuvent être soit en temps réel, soit des clips stockés.

RTSP est un protocole de niveau application (au sens IP), prévu pour fonctionner avec des protocoles de niveaux inférieurs, de type RTP et RSVP pour fournir un service de flux complet sur les réseaux IP et sur l'Internet. Il fournit les moyens de choisir les canaux de distribution (comme UDP et TCP) et les mécanismes de distribution fondés sur RTP.

RTSP a été développé conjointement par les sociétés Real Network, Netscape et l'Université de Columbia, à partir de l'expérience acquise sur les produits RealAudio de Real Network et LiveMedia de Netscape. C'est à ce jour une RFC de l'IETF (n°2326).

Description du protocole

Le protocole RTSP établit et contrôle une ou plusieurs sources de flux audio ou vidéo. Il ne fournit pas lui-même les flux. En d'autres termes, RTSP agit comme un contrôleur distant des serveurs multimédias, au travers du réseau.

Il permet les opérations suivantes :

• recherche d'un média sur un serveur de médias : le client peut demander une description de la présentation *via* HTTP. S'il s'agit d'une présentation multicast, sa description fournira les adresses multicast et les ports à utiliser pour accéder au média. Si la présentation doit être envoyée à un seul client en unicast, c'est ce dernier qui fournit la destination pour des raisons de sécurité ;

• invitation d'un serveur de médias à une conférence : un serveur de médias peut être invité à joindre une conférence existante, soit pour restituer un média dans la présentation, soit pour enregistrer tout ou partie du média dans la présentation. Ce mode est utilisé principalement pour des applications d'enseignement ;

• ajout d'un média à une présentation existante : le serveur peut avertir le client d'un média supplémentaire qui devient disponible.

RTSP a pour but de fournir les mêmes services pour les flux audio et vidéo que HTTP pour les textes et les graphiques. Ainsi, il a été conçu pour avoir une syntaxe et des opérations similaires, de sorte que les mécanismes complémentaires à HTTP puissent être également ajoutés à RTSP.

Dans RSTP, chaque présentation et chaque flux vidéo ou audio sont référencés dans une URL RTSP. La présentation globale et les propriétés des médias afférentes sont définies dans un fichier de description de la présentation. Une présentation peut bien sûr comprendre plusieurs flux (audio et vidéo, par exemple). Ainsi, ce type de fichier contient la description des différents flux et, pour chacun d'eux, les encodages disponibles ainsi qu'un certain nombre d'autres paramètres, permettant au client de sélectionner la combinaison de médias le plus appropriée.

En outre, chaque flux média est référencé dans la description de présentation par :

• une URL RTSP qui pointe sur le serveur de média contenant ce flux,

• le nom du flux stocké sur ce serveur.

Plusieurs flux de médias peuvent être stockés sur différents serveurs. C'est le cas des flux audio et vidéo ce qui assure ainsi un partage de charges. La description énumère également quelles méthodes de transport peuvent être mises en œuvre par le serveur. Notons que le fichier de description de session peut être obtenu, quant à lui, par le client, en utilisant HTTP, RTSP ou d'autres moyens, tels que la messagerie.

RTSP diffère cependant de HTTP pour les deux raisons ci-dessous.

1. Tout d'abord, RTSP est un protocole à états, alors que HTTP est un protocole sans état. En effet, un serveur de médias a besoin de maintenir des informations d'états pour être en mesure de corréler les demandes RTSP avec un flux. En outre, RTSP peut utiliser indépendamment un autre protocole de transport que celui du flux. Généralement RTSP sera véhiculé en TCP, tandis que les flux de médias utiliseront UDP.

2. En second lieu, HTTP est un protocole asymétrique : le client fournit des requêtes et le serveur répond à ces requêtes. En RTSP, le client et le serveur de médias peuvent exprimer des requêtes.

Les messages RTSP

RTSP est un protocole fondé sur du texte, qui utilise le jeu de caractères ISO 10646. Les lignes se terminent par CRLF. Les messages peuvent être transportés sur n'importe quel protocole de transport qui supporte le format 8 bits.

Les services sont pris charge par les méthodes présentées à la figure 9-16.

```
Méthode          direction        objet    condition
    DESCRIBE     C->S             P,S      recommandé
    ANNOUNCE     C->S, S->C       P,S      optionnel
    GET_PARAMETER C->S, S->C      P,S      optionnel
    OPTIONS      C->S, S->C       P,S      requis
                      (S->C: optionnel)
    PAUSE        C->S             P,S      recommandé
    PLAY         C->S             P,S      requis
    RECORD       C->S             P,S      optionnel
    REDIRECT     S->C             P,S      optionnel
    SETUP        C->S             S        requis
    SET_PARAMETER C->S, S->C      P,S      optionnel
    TEARDOWN     C->S             P,S      requis
 P : Présentation - S : Stream (flux)
```

Figure 9-16

Services supportés

- DESCRIBE : le client récupère la description de la présentation (ou de l'objet média) identifié par l'URL fournie par le serveur.

- ANNONCE : quand elle est envoyée du client vers le serveur, ANNONCE poste la description d'une présentation ou de l'objet média identifié par la requête URL au serveur.

- GET_PARAMETER : récupère la valeur d'un paramètre de la présentation ou d'un stream spécifié dans l'URI.

- OPTIONS : le client ou le serveur indique à l'autre partie les options qu'il peut accepter.

- PAUSE : le client arrête momentanément le flux transmis, sans pour autant libérer les ressources sur le serveur.

- PLAY : le client demande au serveur de démarrer l'envoi des données d'un stream alloué *via* SETUP.

- RECORD : le client initie l'enregistrement selon les paramètres de la description de présentation.

- REDIRECT : le serveur informe les clients qu'ils doivent se connecter à un autre serveur.

- SETUP : le client demande au serveur l'allocation de ressources pour un flux et démarre une session RTSP.

- SET_PARAMETER : renseigne les valeurs d'un paramètre pour une présentation ou un flux spécifié par l'URI.

- TEARDOWN : le client demande au serveur d'arrêter de fournir le flux spécifié et libère les ressources associées.

> **REMARQUE** PAUSE est une fonction recommandée, mais non requise (c'est le cas pour les serveurs d'événements). Ainsi, si un serveur ne supporte pas cette méthode (ou une autre), il doit retourner un message approprié et le client ne doit pas réutiliser cette méthode sur ce serveur.

RTSP en action (exemple)

Nous prenons l'exemple suivant, tiré de la RFC 2326. Le client C demande un film d'un serveur de médias A (*audio.example.com*) et V (*video.example.com*). La description du média est stockée sur un serveur Web W. La description du média contient les descriptions de la présentation et de tous ses flux, y compris les codecs disponibles, les types de charges utiles RTP, la pile de protocole utilisé ainsi que des informations, comme le langage ou les restrictions de droits d'auteurs. Il peut également fournir une indication sur la durée du film. Dans cet exemple, le client n'est intéressé que par la partie finale du film !

La séquence se présente comme indiqué en figure 9-17.

Même si les flux audio et vidéo se trouvent sur deux serveurs différents et qu'ils peuvent démarrer à des instants légèrement différents et dériver l'un par rapport à l'autre, le client peut synchroniser les deux, en utilisant les méthodes standard de RTP (en particulier l'échelle de temps contenue dans les rapports d'émission RTCP).

```
C->W: GET /twister.sdp HTTP/1.1
    Host: www.example.com
    Accept: application/sdp
W->C: HTTP/1.0 200 OK
    Content-Type: application/sdp
    v=0
    o=- 2890844526 2890842807 IN IP4 192.16.24.202
    s=RTSP Session
    m=audio 0 RTP/AVP 0
    a=control:rtsp://audio.example.com/twister/audio.en
    m=video 0 RTP/AVP 31
    a=control:rtsp://video.example.com/twister/video
C->A: SETUP rtsp://audio.example.com/twister/audio.en RTSP/1.0
    CSeq: 1
    Transport: RTP/AVP/UDP;unicast;client_port=3056-3057
A->C: RTSP/1.0 200 OK
    CSeq: 1
    Session: 12345678
    Transport: RTP/AVP/UDP;unicast;client_port=3056-3057;
        server_port=5000-5001
C->V: SETUP rtsp://video.example.com/twister/video RTSP/1.0
    CSeq: 1
    Transport: RTP/AVP/UDP;unicast;client_port=3058-3059
V->C: RTSP/1.0 200 OK
    CSeq: 1
    Session: 23456789
    Transport: RTP/AVP/UDP;unicast;client_port=3058-3059;
        server_port=5002-5003
C->V: PLAY rtsp://video.example.com/twister/video RTSP/1.0
    CSeq: 2
    Session: 23456789
    Range: smpte=0:10:00-
V->C: RTSP/1.0 200 OK
    CSeq: 2
    Session: 23456789
    Range: smpte=0:10:00-0:20:00
    RTP-Info: url=rtsp://video.example.com/twister/video;
     seq=12312232;rtptime=78712811
C->A: PLAY rtsp://audio.example.com/twister/audio.en RTSP/1.0
    CSeq: 2
    Session: 12345678
    Range: smpte=0:10:00-
A->C: RTSP/1.0 200 OK
    CSeq: 2
    Session: 12345678
    Range: smpte=0:10:00-0:20:00
    RTP-Info: url=rtsp://audio.example.com/twister/audio.en;
     seq=876655;rtptime=1032181
C->A: TEARDOWN rtsp://audio.example.com/twister/audio.en RTSP/1.0
    CSeq: 3
    Session: 12345678
A->C: RTSP/1.0 200 OK
    CSeq: 3
C->V: TEARDOWN rtsp://video.example.com/twister/video RTSP/1.0
    CSeq: 3
    Session: 23456789
V->C: RTSP/1.0 200 OK
    CSeq: 3
```

Figure 9-17

Exemple de dialogue RTSP (RFC 2326)

Conclusion

Le protocole RTP est très largement utilisé à ce jour par toutes les applications multimédias sur l'Internet (Real Audio, Real Video) et également par la Voix sur IP (VoIP), par exemple. Sur de nombreux réseaux privés, les routeurs savent reconnaître le port UDP correspondant à RTP, pour lui donner une priorité très forte (revoir le chapitre 3). Le protocole associé RTCP sert à indiquer, dans le cas de l'utilisation d'applications telles que NetMeeting de Microsoft, les actions entreprises par les correspondants avec lesquels vous êtes en conférence (appel, abandon de la conférence, etc.). Le protocole RTSP est aussi largement utilisé par les produits du marché permettant de consulter des serveurs vidéo en ligne.

Malheureusement les protocoles de routage multicast sont très peu utilisés. Sur l'Internet, ils ne sont disponibles que sur le Mbone, dont la continuité en France est réalisée sur Renater (Réseau de l'enseignement et de la recherche en France). Généralement, les FAI (Fournisseurs d'accès à Internet, ou ISP en Anglais) ne proposent pas à leurs clients le support du multicast. En conséquence, il est impossible d'envisager à ce jour une réelle diffusion de programmes radio, de télévision ou de grands événements sur l'Internet. Les fonctions d'audio ou de vidéo disponibles à la demande (notamment sur les serveurs web des chaînes de télévision ou de radio) correspondent à un besoin, mais elles ne vont pas dans le sens de l'économie de bande passante sur l'Internet. Elles impliquent de délivrer autant de streams audio ou vidéo que de personnes se connectant et nécessitent des serveurs très puissants. Le constat est identique sur les réseaux privés d'entreprise.

10

Contrat de service
et mesure de la QoS

La mise en œuvre de la QoS est complexe, comme vous avez pu en juger. Il est donc nécessaire de vérifier que l'opérateur l'implémente correctement, pour qu'elle remplisse ses promesses. Nous fournissons, dans ce chapitre, à la fois les éléments contractuels permettant de spécifier comment le service doit être rendu, et des outils de mesure simples à déployer pour contrôler l'efficacité du service rendu.

Contrat de service : le SLA (Service Level Agreement)

Le SLA désigne un contrat de service entre une société et un prestataire de services. D'abord utilisé par les opérateurs de télécommunications, il est applicable à tout type de service externalisé : hébergement de serveurs, gestion de la sécurité du système d'informations, etc. Nous restreindrons par la suite notre propos à la gestion de réseau externalisée à un opérateur, pour le compte d'une entreprise.

Définition globale de la qualité de service

Si les critères de QoS (qualité de service) sont des arguments techniques utilisés par les opérateurs pour attirer les entreprises, ils ne doivent pas faire oublier que ces dernières sont également en droit d'attendre un service de qualité.

En effet, trop souvent les SLA (Service Level Agreement, Engagements de services) proposés par les opérateurs ne comprennent que les critères techniques évoqués à la section précédente et occultent volontiers la qualité du service client. C'est la raison pour laquelle nous précisons, par la suite, les conditions de mesure des paramètres techniques de la QoS, en y ajoutant la mesure du service client.

Les enjeux du SLA

Nous allons considérer le cas d'un SLA passé avec un opérateur. Notons toutefois que, de nombreux réseaux d'entreprise sont gérés au sein des sociétés, en interne, avec les mêmes soucis de performance et qu'il n'est pas rare à ce jour de voir le service réseau d'une entreprise définir des SLA pour ses clients, « internes » à l'entreprise.

Le rôle d'un SLA est donc de définir précisément les engagements de l'opérateur en ce qui concerne la qualité du service proposé. Notons dès à présent que la définition d'un SLA, pour rigoureuse qu'elle soit, doit pouvoir s'adapter aux besoins spécifiques du client. En effet, la plupart des opérateurs proposent à leurs clients un SLA standard qui, dans bien des cas, ne sera pas adapté à l'attente de service du client.

Une fois que l'on a convenu des termes du SLA et des valeurs d'engagement de l'opérateur, il est nécessaire de préciser la façon dont les mesures seront réalisées. En effet, suivant les conditions des mesures, les valeurs des engagements seront plus ou moins faciles à respecter. Il faut donc être vigilant.

Enfin, il convient de définir les pénalités applicables en cas de non-respect des engagements du SLA. Là encore, les pénalités devront être adaptées à l'usage du client et être suffisamment dissuasives pour inciter l'opérateur à remédier aux carences constatées. En effet, il n'est pas rare de constater que certains opérateurs préfèrent payer des pénalités modiques au lieu d'améliorer les indices de performance, ce qui leur demanderait un effort financier beaucoup plus conséquent !

En conclusion, le SLA, souvent présenté comme une garantie absolue de service, n'assure pas dans la pratique une protection totale. En outre, il est essentiel de rappeler que le SLA définit la limite au-delà de laquelle l'opérateur s'engage à verser des pénalités à son client. Dans la pratique, les valeurs moyennes relevées sur les différents paramètres de QoS sont bien meilleures que celles figurant dans le SLA. Ces valeurs sont également importantes à connaître, car elles permettent d'évaluer la vraie qualité de service proposée. En effet, deux opérateurs peuvent proposer les mêmes limites contractuelles dans le SLA et disposer de valeurs opérationnelles différentes. Il suffit simplement que l'un d'entre eux prenne davantage de risque sur le contrat SLA !

Définition des conditions de mesures

Les conditions de mesure d'un SLA comprennent les éléments suivants :

- le périmètre technique,
- la fréquence des mesures,
- les outils utilisés.

Voici le détail de chacun des éléments.

Le périmètre technique

Avant tout, il est nécessaire de définir précisément le niveau du service attendu de l'opérateur. C'est souvent une source de confusion et de malentendus entre les opérateurs et leurs clients. En effet, prenons le cas d'une interconnexion de réseaux locaux IP, *via* le réseau Frame Relay d'un opérateur. L'opérateur fournit en général non seulement le service Frame Relay (service de niveau 2), mais également le service de niveau 3, en IP. Ainsi, il fournit le routeur d'extrémité situé chez le client. Il a alors pour charge de fournir un service IP depuis l'interface LAN du routeur, localisé sur le site du client, jusqu'à l'interface LAN d'un autre routeur, lui aussi situé côté client. Il est alors important que les mesures de QoS se fassent également entre ces deux points de référence, et non uniquement sur la partie Frame Relay. Les intervalles de mesure sont précisés dans la figure 10-1.

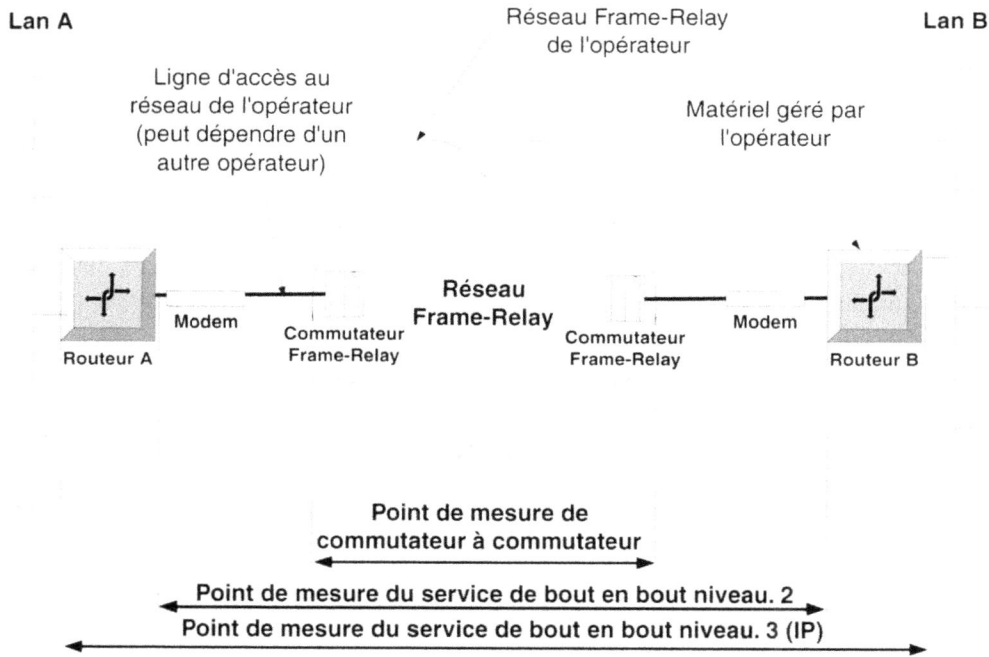

Figure 10-1

Périmètre technique

La ligne d'accès à l'opérateur (encore appelée boucle locale) peut avoir un impact prépondérant sur les performances. C'est pourquoi les mesures de QoS doivent être réalisées de bout en bout. Dans le cas d'une interconnexion IP, comme à la figure précédente, il est également recommandé de réclamer des engagements au niveau du SLA de l'interface LAN du routeur A à l'interface LAN du routeur B. De plus, si le contrat de service stipule une interconnexion de sites en IP, il est logique d'exiger que les indicateurs de qualité de service soient exprimés en paquets (IP), et non en trames Frame Relay.

La fréquence des mesures

Il convient également d'être vigilant sur la fréquence à laquelle sont mesurées les performances de QoS du réseau. En effet, selon les intervalles de mesure choisis, certains problèmes seront lissés dans le temps et pourront même disparaître !

Les outils utilisés

La nature des outils utilisés pour réaliser les mesures est également déterminante pour la pertinence des résultats obtenus. La plupart du temps, ils se fondent sur les outils intégrés aux plates-formes utilisées par les opérateurs (les commutateurs Frame Relay dans l'exemple précédent), car elles ont été conçues pour prendre en charge ces fonctionnalités. On encourt alors le risque de ne pas disposer d'une mesure de bout en bout, comme nous l'avons déjà évoqué. Les équipements mis en place chez le client disposant rarement d'outils de mesures performants, il sera souvent nécessaire de comparer les informations provenant des équipements en place chez l'opérateur, avec celles relatives aux équipements de l'utilisateur.

Toutefois, il peut être convenu de mettre en place des outils spécifiques pour obtenir une vision plus détaillée des performances. Ainsi, dans des cas bien précis, la mesure de la gigue, qui nécessite souvent un appareillage sophistiqué, pourra être mise en œuvre lors de la recette d'installation, et à des périodes définies contractuellement.

Soulignons néanmoins que les outils de mesure des performances de la QoS sont implémentés et exploités par l'opérateur. Il convient donc de s'assurer, lors de la recette, du mode de fonctionnement de ces outils et, si nécessaire, d'en demander la certification à l'aide d'outils de contrôle qui seront fournis à l'initiative du client (« auditabilité » des moyens de mesure de l'opérateur).

Les composantes d'un SLA

Nous allons répertorier les différentes métriques de la QoS dont nous avons précisé la portée ; nous nous attacherons à préciser leur composition et la façon dont on les mesure dans la pratique. Prenons comme hypothèse la mesure de performance de la QoS, au niveau IP, avec pour unité de mesure le paquet IP. Des mesures réalisées au niveau 2 ATM feraient appel à la cellule ATM comme élément de mesure. Toutefois, à la différence de la cellule ATM, dont la longueur est fixe (53 octets), le paquet IP est de longueur variable. Il faut donc s'accorder sur une taille de paquets de référence, principalement pour la mesure de la latence, en raison du délai de sérialisation. Généralement, les mesures sont effectuées avec des paquets IP de longueur 64 ou 128 octets.

La disponibilité

Elle est généralement dissociée en deux valeurs :

* la disponibilité du réseau backbone,
* la disponibilité de la liaison d'accès à ce backbone.

La disponibilité du réseau backbone est généralement excellente, dans la mesure où l'ensemble des opérateurs dispose d'équipements réseau redondés, et également de liaisons redondantes entre ces équipements. À titre d'exemple, la disponibilité d'un backbone Frame Relay d'opérateur est généralement supérieure à 99,99 %.

La disponibilité de la liaison d'accès reliant le site client à l'opérateur sera généralement fonction de plusieurs paramètres :

* la localisation de la ligne d'accès : selon les pays, les fiabilités des liaisons louées fournies par l'opérateur national pour accéder au réseau de l'opérateur peuvent varier considérablement ;
* les options de sécurisation éventuelles : pour améliorer la disponibilité d'une ligne d'accès, il peut être envisagé de la secourir par une deuxième ligne. La plupart du temps, cette deuxième ligne est constitué d'une ligne commutée ISDN (RNIS) entre le point de l'abonné et un deuxième PoP (Point of Presence, point de présence) du réseau de l'opérateur.

Deux types de mesures peuvent être réalisées :

- la mesure de la disponibilité du réseau,

- la mesure de la disponibilité d'un lien.

La disponibilité mensuelle d'un réseau sera calculée selon la formule suivante :

$$\frac{24 \times \text{Nbre de jours du mois} \times \text{Nbre de sites} - \text{Temps d'indisponibilité du réseau } (h)}{24 \times \text{Nbre de jours du mois} \times \text{Nbre de sites}}$$

La disponibilité mensuelle d'un lien entre deux sites sera calculée selon la formule suivante :

$$\frac{24 \times \text{Nbre de jours du mois} - \text{Temps d'indisponibilité du lien } (h)}{24 \times \text{Nbre de jours du mois}}$$

Il est important de remarquer que plus le nombre de sites est élevé, moins la défaillance d'un lien se remarque dans le cas d'une disponibilité de réseau. Il est donc préférable d'exiger une disponibilité de lien !

La bande passante

Il faut distinguer la bande passante théorique de la bande passante pratique. La première est constituée par le débit de la ligne de raccordement à l'opérateur (la ligne spécialisée). Cependant, dans le cas d'un transit sur un réseau à commutation de trames (ATM, Frame Relay) ou paquets (réseau IP), le débit pratique sera inférieur, en raison de l'optimisation réalisée par l'opérateur. Dans le cas particulier du Frame Relay, le débit garanti par l'opérateur s'appelle un CIR (Comitted Information Rate). Il faut donc s'assurer, dans ce cas de figure, que le seuil de débit est bien respecté.

La latence

Rappelons une fois encore qu'il est indispensable de préciser la longueur du paquet IP utilisé pour cette mesure (généralement 64 octets). La latence moyenne d'un réseau est difficile à évaluer et ne fournit pas d'information intéressante. En revanche, il est plus intéressant de connaître la latence d'un lien.

La latence moyenne d'un lien sera mesurée selon la formule suivante :

$$\frac{\text{Nbre de paquets transmis} \times \text{délai d'aller-retour du paquet (round trip delay)}}{\text{Nbre de paquets transmis} \times 2}$$

Si l'on se réfère à la figure 10-1, on peut mettre en évidence que la latence du lien entre A et B est due à la latence introduite par :

- le routeur A,

- la ligne d'accès de A au réseau de l'opérateur,

- le délai expérimenté sur le réseau de l'opérateur,

- la ligne d'accès vers B,

- le routeur B.

Ainsi, la mesure de latence de bout en bout sera meilleure avec des lignes d'accès à haut débit. Il convient donc, dans ce cas, de définir précisément les conditions de mesure. En outre, si l'on considère le réseau de l'opérateur (de commutateur à commutateur, dans notre exemple), les valeurs d'engagement seront généralement différentes selon les géographies, eu égard à la couverture mondiale d'un opérateur. En effet, la latence qui existe au sein de l'Europe ou des États-Unis sera généralement meilleure qu'en Amérique du Sud, par exemple. L'engagement de l'opérateur sera donc généralement formulé selon plusieurs couples de destination, pour refléter le degré de déploiement de son architecture, dans une géographie particulière. C'est donc un bon moyen pour connaître indirectement la structure interne du réseau de l'opérateur (débit des lignes, etc.) sur une géographie, dans la mesure où il est souvent difficile d'obtenir directement ce type d'informations.

La gigue

C'est un paramètre rarement fourni, car sa mesure est délicate et réclame la plupart du temps un appareillage spécialisé. Il faut donc en général se contenter d'une valeur fournie par l'opérateur, supposée stable dans le temps. En fait, comme nous l'avons vu, il n'en est rien puisque cette valeur est liée au type et volume du trafic réseau d'une part, et au type et nombre d'équipements réseau d'autre part. Ainsi, concernant le transfert de flux sensibles à ce paramètre (principalement les streams audio/vidéo de bonne qualité), il doit être exigé une mesure mensuelle de ce paramètre.

Le taux d'erreurs

Le taux d'erreurs peut être évalué selon la formule suivante :

$$\frac{\text{Nbre de paquets transmis}}{\text{Nbre de paquets reçus sans erreur}}$$

Ce paramètre est dû, rappelons-le, à une mauvaise qualité de la ligne (ce qui est cependant de plus en plus rare), ou à des phénomènes de congestion sur le réseau de l'opérateur, qui peut alors éliminer des paquets. Ce paramètre est lui aussi rarement fourni alors qu'il constitue un précieux indicateur sur l'état de surbooking du réseau de l'opérateur.

> **REMARQUE** La valeur de ce paramètre doit être mesurée dans des conditions valides d'utilisation du réseau. Dans le cas d'un réseau Frame Relay par exemple, l'opérateur doit s'engager à transmettre quasiment 100 % du trafic situé en dessous de la valeur d'engagement du trafic moyen (CIR). Il est en revanche autorisé à éliminer des paquets au-delà du CIR, si son réseau est congestionné. Comme on le voit, la mesure du taux d'erreurs est également un précieux indicateur du taux de congestion du réseau de l'opérateur.

Le service client

Les métriques précédentes ont permis de vérifier la QoS du réseau de l'opérateur. Pour autant, les entreprises attendent à ce jour une bonne réactivité de leur opérateur, ce qui suppose un service client performant. La mesure du service client ne fait pas partie des critères normés à ce jour. De manière empirique, nous avons cependant établi cinq éléments qui nous paraissent significatifs.

• Le délai de réponse commercial : il s'agit du temps pris par l'opérateur pour répondre à une demande de devis concernant le raccordement d'un nouveau site, la modification des paramètres de connexion d'un site ou toute autre opération relative à l'extension du service fourni. Ce paramètre traduit la maîtrise des coûts de l'opérateur et du fonctionnement harmonieux entre ses services techniques et commerciaux. Pour l'usager, cela lui permet de répondre aux impératifs financiers (budget, planification des coûts, etc.) lié au réseau.

- Le délai de réponse technique : il s'agit du temps de réponse lié aux opérations suivantes :
  - délai de réponse du support technique suite à un incident,
  - délai de réponse technique par rapport à une question de l'équipe réseau de l'usager.

  Ce paramètre permet de juger des structures de support de l'opérateur et de leur degré de connaissance technique du contexte particulier d'un utilisateur.

- Les délais d'installation ou de modification des caractéristiques du réseau : ce délai peut varier selon les opérations demandées (ajout d'un site, modification des paramètres de connexion ou autre opération). L'opérateur doit alors fournir pour chaque opération un délai contractuel (c'est rarement le cas). Pour les nouveaux raccordements, les opérateurs doivent inclure les délais d'opérateurs locaux qui mettent en place la ligne d'accès, si le site à raccorder ne se situe pas dans le pays d'origine de l'opérateur. La modification de paramètres de connexion (valeur du CIR, par exemple, dans le cas d'un réseau Frame Relay) doit être extrêmement rapide (de l'ordre de la journée), dans la mesure où elle ne nécessite pas d'intervention physique sur les équipements.

- Les délais d'intervention : le délai d'intervention varie en fonction des opérations à réaliser. L'opérateur doit alors fournir pour chaque opération un délai contractuel (c'est rarement le cas). Tout comme les délais d'installation, il sera différent, selon les géographies, sur un réseau international, car il doit inclure le temps d'intervention de l'opérateur local qui varie d'un pays à un autre. À ce temps d'intervention, il est souhaitable, quand c'est possible ou nécessaire (site sensible par exemple) de préférer un temps de rétablissement. En France, cela correspond au contrat GTR (garantie de temps de rétablissement) de France Telecom.

Les paramètres que nous venons de présenter sont non seulement importants pour mesurer la réactivité de l'opérateur en phase d'exploitation, mais également en phase de projet d'installation. Ce dernier critère sera particulièrement sensible pour les entreprises qui disposent de nombreux sites. Elles souhaitent trouver un partenaire réactif à leurs demandes.

> **REMARQUE** Un bon service client s'appuiera nécessairement sur un système de gestion performant du réseau, au sens où nous l'avons présenté à la section précédente.

Modèle type de SLA

Le SLA proposé comprendra les sections suivantes :

1. Désignation des parties

   Ce paragraphe précise les coordonnées des sociétés signataires ainsi que les intervenants en charge de l'application des obligations réciproques. Il sera ainsi précisé au minimum :
   - le chef de projet du prestataire et du client ;
   - le responsable chez l'opérateur du suivi du service Client et SLA. Le responsable du service Client est important, dans la mesure où il représente une réelle garantie de continuité du service. Il constitue un contre-pouvoir objectif au pouvoir du chef de projet du prestataire.

2. Période

   Ce paramètre précise la période de validité du SLA. Elle dure généralement un an et est renouvelable par tacite reconduction.

3. Services inclus

   Les services fournis doivent être définis techniquement de manière précise (détail des performances obtenues).

Les indicateurs (métriques) associés aux différents services proposés doivent être définis de la manière suivante :

– nom de la métrique,

– signification,

– description des conditions, points et outils de mesure,

– description des personnes en charge des mesures,

– description des conditions de contrôle des mesures.

4. SLS

Dans le cas d'une offre de réseau supportant la QoS, la définition précise des niveaux de service sera précisée à la section SLS (Service Level Specification) du SLA (Service Level Agreement), telle que préconisée par l'IETF (Internet Engineering Task Force). En outre, la section SLS doit contenir une section TCS (Traffic Conditionning Specification), précisant les paramètres de service pour chaque niveau de service (voir description du SLS ci-dessous).

5. Pénalités

La définition des pénalités doit être formulée en fonction des indicateurs non atteints. Il est important de rappeler que les pénalités ne justifient pas le rôle du SLA dont l'objectif est davantage de clarifier les relations entre le client et l'opérateur.

Les pénalités seront fortement aggravées en cas d'indicateurs non atteints de façon répétitive afin d'inciter l'opérateur de service à améliorer les carences constatées.

6. Reporting et revues

Un modèle des différents rapports doit être fourni dans le SLA avec les explications nécessaires à sa compréhension. Chaque modification de rapport fera l'objet d'un avenant au contrat initial.

La fréquence de production des rapports sera mensuelle. Elle sera revue lors de la réunion mensuelle avec le client.

7. Auditabilité

Le client doit avoir accès aux informations de gestion des équipements en mode lecture afin de pouvoir contrôler les informations fournies. Cela se traduira souvent par la possibilité de lire les MIB des équipements et/ou logiciels gérés.

SLS (Service Level Specification)

Les informations fournies ici sont tirées du document draft-tequila-diffserv-sls-00 de l'IETF, qui précise les détails techniques d'un contrat de service (SLA), dans le cas d'une interconnexion avec le réseau d'un opérateur de type DiffServ, ou présentant une interface de service équivalente.

Un SLS est associé aux flux unidirectionnels. Il est toutefois possible de prévoir des contrats bidirectionnels incluant un ou plusieurs SLS.

Domaine d'application du SLS

Le domaine d'application d'un SLS doit se traduire par un couple d'interfaces d'entrées et de sorties auxquelles il s'applique. Concrètement, un SLS peut être défini entre des interfaces (d'entrée et de sortie) spécifiques, un ensemble d'interfaces ou bien être valable sur toutes les interfaces. Dans le cas d'un SLS international, des restrictions géographiques peuvent être apportées. Un opérateur pourra ainsi disposer, par exemple, d'un jeu de spécifications valables, par grande plaque géographique : Europe, Amérique du Nord, Amérique du Sud, etc., voire à un niveau plus fin (en France par exemple pour certains opérateurs !).

Identification des flux

L'identifiant des flux (Flow_Id) d'un SLS précise pour quels paquets le niveau de service proposé doit être fourni. Un identifiant doit être spécifié avec au moins un des attributs suivants :

- DSCP : il s'agit d'une des valeurs de DSCP définie dans la RFC 2474 ;
- information sur la source des paquets : adresse IP, ensemble d'adresses IP, préfixe IP ou n'importe quelle adresse IP (non spécifié) ;
- information sur la destination (idem précédent) ;
- information sur l'application : numéro de protocole, numéro de port source, port destination, toutes les applications (non spécifié).

Cet identifiant de flux permet alors de classer les flux par rapport au routeur frontière du domaine DiffServ de l'opérateur. Les paramètres devront être spécifiés selon le type de classification de flux réalisée par le routeur de l'opérateur. Ainsi dans le cas d'une classification BA (Behavior Agregate, voir chapitre 6), l'attribut DSCP doit être spécifié. Les autres paramètres n'étant pas utilisés, ils ne seront pas spécifiés. Pour une classification multichamp, l'ensemble des paramètres peuvent être précisés.

Conformité des trafics

La conformité des trafics a pour objet de déterminer les paquets du Flow_Id qui correspondent au profil et ceux qui n'y correspondent pas et, qui sont donc en excès de trafic. La spécification doit préciser les paramètres de trafic en fonction de la méthode de mesure utilisée.

Ainsi, avec une méthode de type Token Bucket (méthode du seau à jeton, voir chapitre 4), on peut appliquer les paramètres suivants :

- r : débit du seau à jeton (Token Bucket Rate) en octet/sec (de 1 octet/sec à 40 téraoctets/sec) ;
- b : taille du seau à jetons en octets (de 1 octet à 250 gigaoctets) ;
- p : débit du pic de trafic (Peak Data Rate) ;
- m : taille minimale pour le contrôle (Minimum Policed Unit) ;
- M : taille maximale de paquet (Maximum Packet Size). Le récepteur peut ainsi comparer cette information à la valeur minimale de MTU (Maximum Transmission Unit) disponible sur le réseau.

Traitement des trafics en excès

Les trafics en excès peuvent être éliminés, lissés ou marqués, voire re-marqués (voir chapitre 4). Suivant l'action entreprise par le réseau de l'opérateur, le détail sera fourni. Par exemple, dans le cas d'un lissage des trafics, le débit de référence du lissage doit être précisé.

Garanties de performance

Les garanties de performances peuvent être exprimées de manière quantitative (les valeurs sont fournies pour chaque paramètre de performance) ou qualitative (les valeurs ne sont pas fournies et seuls certains paramètres sont qualifiés).

Garanties quantitatives de performance

Les quatre paramètres de performance sont :

- le délai ou latence (delay) : cette valeur est la valeur limite. Il lui sera parfois préféré une valeur plus réaliste pour 99,5 % des paquets, par exemple ;
- la gigue (jitter) : cette valeur est la valeur limite. Il lui sera parfois préféré une valeur plus réaliste pour 99,5 % des paquets, par exemple ;
- le taux de perte paquet (packet loss) : cette valeur est spécifiée pour les paquets dans le profil ;
- le débit (throughput) : si le trafic en excès est autorisé, la valeur du débit indique une garantie minimale (celle pour les paquets dans le profil).

Garanties qualitatives de performance

Dans ce cas, seuls les paramètres « délai (delay) » et « taux de perte paquet (packet loss) » doivent être qualifiés.

Les valeurs de délai possibles sont :

- haute pour le service « or » ;
- moyenne pour le service « argent » ;
- basse pour le service « bronze ».

Les valeurs de perte de paquets possibles sont :

- basse pour le service « vert » ;
- moyenne pour le service « jaune » (ou « orange ») ;
- haute pour le service « rouge ».

Types de garantie

- La garantie de service offerte par le SLS est dite quantitative, si au moins un des 4 paramètres est quantifié.
- La garantie de service offerte par le SLS est qualitative, si elle n'est pas quantitative.
- La garantie de service offerte par le SLS est dite « best effort » si elle n'est ni quantifiée ni qualifiée.

Horaires de fonctionnement du service

Il précise les horaires d'ouverture et de fermeture du service et, dans le cas d'un service 24 heures sur 24, 7 jours sur 7, les plages de maintenance pendant lesquelles le service peut être perturbé, sans pour autant que le SLA soit applicable.

Notons qu'il convient de bien faire attention à ces plages de maintenance qui peuvent influer notablement sur la disponibilité du service (voir ci-dessous).

Disponibilité

La disponibilité doit préciser le temps maximal d'interruption moyen par an (MDT, Mean DownTime) et le temps maximal autorisé pour la réparation (TTR, Time To Repair) en cas d'une interruption de service.

Autres paramètres

Les autres paramètres concernant le routage et la sécurité ne sont pas à ce jour spécifiés dans le document de l'IETF cité en référence.

Les outils de mesure de la QoS

Compte tenu des nombreuses méthodes de mise en œuvre de la QoS sur un réseau, il est important de pouvoir mesurer correctement leur efficacité.

La parfaite compréhension des différents mécanismes de QoS mis en œuvre représente bien évidemment un préalable indispensable à toute mesure. Il est également nécessaire de s'accorder sur des méthodes de mesures et une terminologie.

Les outils de mesure de la QoS

Il est exclu d'établir ici un panorama exhaustif des outils de mesure de la QoS. C'est un secteur très dynamique, qui a vu se développer de jeunes sociétés spécialisées dans les outils de mesure de la QoS à destination des utilisateurs, en marge des éditeurs traditionnels de l'administration, dont les outils visent davantage les spécialistes. Ces outils de mesure nécessitent toutefois une démarche rigoureuse (nous l'aborderons succinctement) et ils s'inscrivent dans une indispensable politique de suivi de la QoS. Toutefois, en l'absence d'un réel suivi de la QoS, il est souvent utile de disposer sur le terrain de petits utilitaires permettant de rendre compte rapidement de l'état du service rendu. Nous détaillons ci-dessous le fonctionnement de quelques utilitaires ou outils à titre d'exemple.

Mesure intrusive

Elle consiste à injecter du trafic dans le réseau de manière contrôlé et à analyser les paquets retournés. Elle présente néanmoins le problème suivant : les mécanismes de QoS ne sont visibles que lorsque le réseau commence à être surchargé et que l'introduction d'un nouveau trafic pour la mesure renforce la congestion. En outre, l'observation de l'état dynamique du réseau perturbe cet état. Dans cette catégorie, les deux principaux outils dont disposent les utilisateurs sont PING et TRACEROUTE.

PING génère un message ICMP (Internet Control Message Protocol) de type echo request, à l'intention d'une adresse IP de destination, qui renvoie alors un message ICMP de type echo reply.

Le but premier de cet outil est donc de vérifier que l'adresse distante (on peut spécifier soit une adresse IP, soit un nom qui sera résolu par le DNS) répond bien, et qu'elle est par conséquent connectée au réseau. Cela valide implicitement le routage mis en place pour atteindre cette adresse, puisqu'il aura alors été nécessaire d'atteindre cette destination. Si un nom (et non une adresse IP) est précisé, cela permet également de vérifier que la résolution de noms DNS est opérationnelle.

```
Exemple :
ping www.acte-ing.com
Envoi d'une requête 'ping' sur home.fr.clara.net [212.43.194.56] avec 32 octets de données :
Réponse de 212.43.194.56 : octets = 32 temps = 65 ms TTL = 240
Réponse de 212.43.194.56 : octets = 32 temps = 59 ms TTL = 240
Réponse de 212.43.194.56 : octets = 32 temps = 64 ms TTL = 240
Réponse de 212.43.194.56 : octets = 32 temps = 68 ms TTL = 240
Statistiques Ping pour 212.43.194.56:
Paquets : envoyés = 4, reçus = 4, perdus = 0 (perte 0 %),
Durée approximative des boucles en ms :
minimum = 59 ms, maximum = 68 ms, moyenne = 64 ms
```

Figure 10-2

Commande PING

Enfin, et c'est ce qui nous intéresse pour la QoS, l'outil PING permet de déterminer le délai aller-retour nécessaire pour atteindre l'adresse distante. La mesure de nombre de paquets perdus peut indiquer le taux de congestion actuel du réseau.

TRACEROUTE est un utilitaire qui génère une succession de paquets UDP avec des valeurs de TTL (Time To Live) croissantes, pour provoquer une erreur sur les routeurs (valeur de TTL dépassée). TRACEROUTE mesure alors le délai entre la génération du paquet et la réception du message ICMP TTL et note quel routeur génère l'erreur ICMP TTL.

TRACEROUTE permet ainsi de prendre connaissance :

• routeur par routeur, du chemin sélectionné par le routage jusqu'à la destination (et éventuellement du nom des routeurs, si la résolution DNS inverse est mise en œuvre, comme dans l'exemple ci-dessous) ;

• du temps aller-retour (min., moyen et max.), entre l'émission du paquet et le retour du message d'erreur ICMP sur chaque routeur.

```
Détermination de l'itinéraire vers www.acte-ing.com [212.43.194.56]
avec un maximum de 30 sauts :
 1   25 ms   28 ms   28 ms  ca-ol-bab-1-1.abo.wanadoo.fr [213.56.36.1]
 2  117 ms   96 ms   53 ms  BDX5.rain.fr [195.101.15.53]
 3 180 ms  110ms   62 ms  POS-6-0-0.NCBOR101.Bordeaux.raei.francetelecom.net
    [194.51.162.1]
 4   36 ms   37 ms   38 ms  PO-1.nrpoi101.Poitiers.francetelecom.net [193.252.100.50]
 5  47 ms  34 ms   43 ms  P2-3.ntaub101.Aubervilliers.francetelecom.net [193.251.126.190]
 6   46 ms   39 ms   49 ms  193.251.126.154
 7   48 ms   51 ms   48 ms  PO-0-0.TELAR1.Paris.opentransit.net [193.251.128.154]
 8   50 ms   53 ms   42 ms  193.251.129.210
 9   47 ms   44 ms   46 ms  195.219.14.167
10   130 ms   376 ms   321 ms  teleglobe.net [195.219.35.122]
11   61 ms   63 ms   58 ms  atm-2-0-1-faubourg-ig88.router.fr.clara.net [212.43.193.2]
12   73 ms   69 ms   69 ms  fe-0-tarzan.router.fr.clara.net [212.43.193.98]
13   64 ms   71 ms   82 ms  home.fr.clara.net [212.43.194.56]
Itinéraire déterminé.
```

Figure 10-3

Commande TRACEROUTE

Ce type de mesure présente l'inconvénient de n'être pas intégré aux flux de l'utilisateur. Ainsi, si des mécanismes de QoS sont utilisés, ils auront pour effet d'apporter des caractéristiques (notamment de délai) différentes, selon le type de flux. Si les flux ICMP ne sont pas prioritaires, les valeurs relevées lors d'une congestion risquent de ne pas rendre compte des mécanismes de QoS œuvrant pour les flux prioritaires. Il faut rappeler que la QoS ne génère pas de bande passante, mais que son principal intérêt est d'optimiser la gestion des trafics.

L'objectif du groupe de travail IPPM (IP Performance Metrics, appelé auparavant IP Provider Metrics), créé au sein de l'IETF, est de prendre en charge le développement d'un ensemble de métriques standard applicables tant à la qualité, la performance qu'à la fiabilité des services Internet. Ces métriques doivent pouvoir être mises en œuvre par les opérateurs, les utilisateurs ou des sociétés indépendantes. Elles répondent aux principes de mesures intrusives, car elles consistent à envoyer des flux de bout en bout d'un réseau IP pour en mesurer les caractéristiques. Les métriques suivantes ont été définies :

- métrique « latence » (delay) dans un seul sens (RFC 2679),
- métrique « latence aller-retour » (round trip delay) (RFC 2681),
- métrique « perte de paquets » dans un seul sens (RFC 2680),
- métrique « connectivité » (RFC 2678).

La fonction SAA (Service Assurance Agent), disponible sur les routeurs Cisco, permet de suivre les performances du réseau en mesurant les métriques suivantes :

- latence (Latency),
- gigue (Jitter) en UDP seulement,
- disponibilité,
- erreurs,
- perte de paquets.

La configuration suivante illustre le principe de fonctionnement. Cisco propose un outil complémentaire (IPM, Internetwork Performance Monitor) pour recueillir les mesures et assurer une représentation graphique conviviale des résultats.

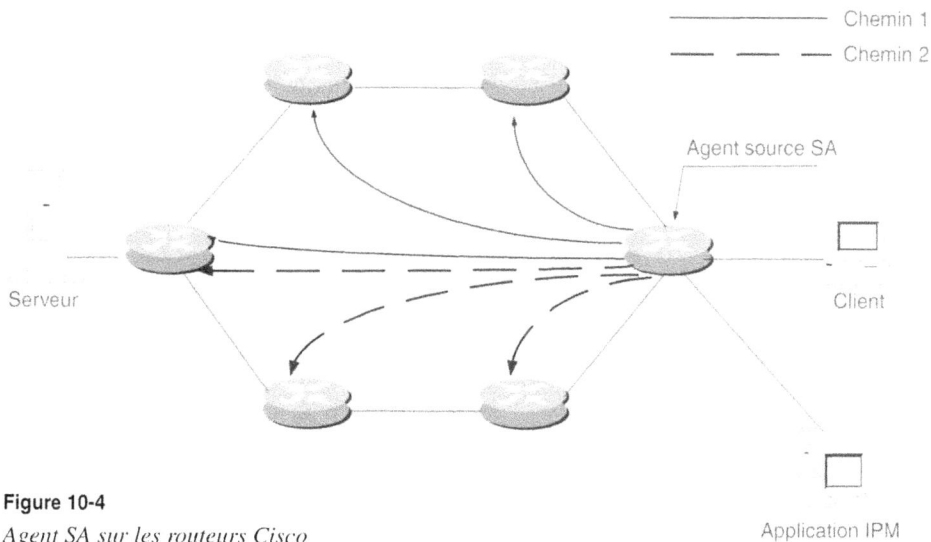

Figure 10-4

Agent SA sur les routeurs Cisco

L'agent SA des routeurs peut mesurer les performances en se fondant sur les protocoles suivants :

- Internet Control Message Protocol (ICMP) Echo,
- IP Path Echo,
- 3270 Ping,
- Systems Network Architecture (SNA),
- User Datagram Protocol (UDP) Echo,
- UDP Jitter,
- Transmission Control Protocol (TCP) Connect,
- Domain Name System (DNS),
- Dynamic Host Configuration Protocol (DHCP),
- HTTP (for static URLs),
- DLSw.

La mesure des performances requiert la spécification d'un des protocoles cités ci-dessus, un intervalle de mesure, la taille du paquet et le niveau de priorité du paquet. Ainsi, pour les réseaux faisant appel à la mise en œuvre d'une QoS de type DiffServ, il est possible de tenir compte de la priorité du paquet pour réaliser la mesure des métriques (latence, gigue, disponibilité, erreurs et perte de paquet).

Mesure non intrusive

Elle consiste à observer et à analyser les paquets reçus sur un système. L'opération typique consiste à interroger les variables de la MIB II d'un équipement réseau doté d'un agent SNMP (Simple Network Management Protocol), en utilisant un lien différent de celui à analyser (out-band management).

Le principal outil à la disposition des usagers est l'outil MRTG, qui est un logiciel du domaine public.

MRTG (Multi-Router Traffic Grapher) est un logiciel qui permet de surveiller les variables MIB d'un routeur (compteurs de trafic principalement), *via* le protocole SNMP, d'enregistrer les valeurs et de les présenter sous forme de graphes, accessibles en mode Web.

Figure 10-5

L'outil MRTG

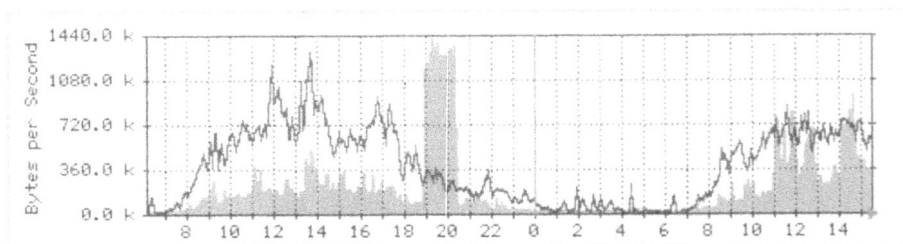

Les opérateurs utilisent des plates-formes d'administration plus complexes, qui leur permettent de prendre connaissance du comportement externe des différents éléments de QoS : taux d'utilisation des liens, état d'encombrement des files d'attentes, etc.

Ce genre de mesure pose la problématique suivante : elle ne permet pas de rendre compte de la qualité au niveau de l'utilisateur (mesure de bout en bout du réseau).

Notons que le groupe de travail RTFM (Realtime Traffic Flow Measurement) de l'IETF a défini un certain nombre de RFC pour assurer une mesure des trafics (mesure non intrusive) sur l'Internet, et notamment une MIB de mesures (RFC 2720). L'objectif de ces travaux est toutefois davantage orienté vers la comptabilisation des trafics pour aboutir, le cas échéant, à une facturation. L'outil NetraMet (Network Traffic Meter), disponible dans le domaine public, résulte de ces travaux.

Logiciels d'analyse

Les outils cités jusqu'ici permettent de disposer de mesures qui vont générer des quantités énormes d'informations. Il est intéressant de pouvoir recourir à des outils permettant alors d'en dégager les données essentielles, caractéristiques de la vie du réseau.

La technologie des services Netflow de Cisco permet de récupérer, sur la base d'informations d'un système Unix, des statistiques de trafic issues des routeurs. Les statistiques de trafic peuvent être utilisées à des fins d'analyse de trafic, d'administration, de comptabilité, de facturation ou de data mining. Il est alors nécessaire de disposer de logiciels exploitant cette base d'informations.

L'outil DashBoard de la société Perform (société française spécialisée dans le suivi de la QoS) est un outil simple à utiliser, qui permet non seulement d'accéder rapidement à des indicateurs de performance ou à des rapports d'exception traduisant un fonctionnement anormal du réseau, mais de prédire en outre l'évolution du réseau grâce à des rapports de tendance établis sur une période de 3 mois. Ainsi, il est possible de prédire l'évolution de trafic du réseau, et donc de planifier celles de ce dernier avant qu'il ne soit saturé. Il est utile de préciser que DashBoard sait exploiter les MIB SAA et NetFlow citées précédemment. Pour plus d'informations sur ces solutions, consultez le site web de la société Perform, à l'adresse : *www.perform.fr.*

La méthode

Comme toujours, les outils doivent s'inscrire dans une méthode. Nous définissons ci-dessous une méthode simplifiée pour mettre en place un système de suivi des paramètres de QoS. Elle comprend les étapes exposées ci-après.

1. Définir les indicateurs et les métriques : avant toute chose, il faut déterminer les indicateurs à observer dans le détail et les métriques associées. Les indicateurs usuels sont les suivants (en montant dans l'analyse des couches ISO) :
   - les statistiques d'erreurs de bas niveau (erreurs de CRC, etc .),
   - l'utilisation du réseau : débit entrant/sortant sur les segments du réseau, pointes de trafic sur ces segments, taux d'erreurs au niveau protocolaire (IP), etc. ;
   - les sources de trafic : établissement d'une liste des 10 machines les plus consommatrices de bande passante (top ten) ;
   - les statistiques d'accès aux service : vérification de la connectivité applicative ;
   - le profil de consommation des applications : l'indicateur précédent rapportait la consommation par rapport à des adresses réseau, il s'agit ici d'établir la consommation par rapport à des applications réseau (en analysant les numéros de ports applicatifs). Il sera intéressant à ce sujet de disposer d'outils (voir étape suivante) permettant de décoder automatiquement l'application.

   Il existe bien évidemment beaucoup d'autres indicateurs qui devront être déterminés en fonction des besoins réels d'exploitation du client, et non par rapport à des indicateurs standard.

2. Sélectionner les logiciels et outils de mesures adaptés aux objectifs d'exploitation du client : à l'issue de la première étape, le choix des outils sera établi en fonction du compromis entre budget, charge d'exploitation de l'outil et adéquation aux objectifs. Il sera souvent préférable, dans le contexte de l'entreprise, de favoriser des outils peu coûteux et faciles à mettre en

œuvre par rapport aux outils complexes, onéreux et longs à implémenter. En effet, ces derniers sont davantage destinés aux opérateurs qui en ont un usage régulier.

3. Établir un profil de trafic de référence : le profil de référence consiste à enregistrer l'état du réseau sur une période significative, afin de connaître son fonctionnement normal. La connaissance *a priori* des périodes d'activité du réseau est une condition indispensable pour déduire les périodes d'utilisation réduite et les périodes critiques. Chacune de ces périodes devra être validée par des mesures, afin de consolider le référentiel. Il sera également nécessaire de repérer les segments critiques du réseau et des segments peu chargés. En bref, il s'agit de connaître parfaitement l'état de son réseau sur des périodes significatives : la journée, la semaine et le mois. L'ensemble des profils de charge ainsi collectés sera stocké et documenté pour servir ultérieurement de référence.

4. Analyser les données recueillies et interpréter les résultats à des intervalles définis. La plupart du temps, les solutions d'administration recueillent des myriades d'information qu'il est difficile de « dépouiller » et qui nécessitent alors un travail important. Ainsi, dans de nombreux cas, l'interprétation est sacrifiée au prix de quantité de courbes ! Il est donc important de conserver à l'esprit la nécessité de produire peu d'informations, mais des informations pertinentes, à des intervalles réguliers. Un certain nombre de jeunes sociétés ont bien compris cette priorité, et ont développé des offres en ce sens. Aussi, la mise en place de tableaux de bords pertinents est-elle une tâche complexe mais nécessaire. Il faut également définir la façon d'interpréter les résultats de ces tableaux.

La réalité

Les outils commerciaux (plates-formes d'administration, analyseurs de trames et de protocoles, sondes RMON2, etc.) sont bien souvent complexes et coûteux (principalement en temps) à mettre en œuvre dans le cadre d'une entreprise. En outre, ils sont souvent mal adaptés à des petits sites, qui nécessitent précisément une surveillance accrue, dans la mesure où il existe rarement des compétences réseau sur place. En conséquence, peu d'entreprises connaissent leur trafic et il leur est alors difficile de juger de la facilité de mise en œuvre d'une nouvelle application qui nécessite une certaine QoS (application de type ERP, par exemple).

Les tableaux de bord fournis par l'opérateur (quand ils le sont !) sont souvent peu utiles, car ils se limitent la plupart du temps à établir une simple volumétrie des trafics, en évitant soigneusement d'aborder les couches applicatives pour dresser une typologie des consommateurs (applications/hosts/utilisateurs) de bande passante. L'objectif est souvent de prouver que les liens réseau sont chargés, pour justifier une évolution de la bande passante des liens.

Pour autant, les entreprises renâclent à mettre en place des outils, alléguant que l'externalisation des réseaux répond précisément à la volonté de se décharger de l'exploitation. Elles ne voient donc pas pourquoi elles seraient obligées de mettre en place des outils d'administration.

Comme nous l'avons précisé au début de ce chapitre, il n'est évidemment pas question de rebâtir une administration opérationnelle, qui sera généralement du ressort de l'opérateur pour les liaisons distantes, et de plus en plus confiée à un prestataire externe pour les liaisons intra-établissement. En revanche, un contrôle de cette administration s'impose pour que l'entreprise puisse vérifier son efficacité et prenne connaissance de ses trafics afin de décider stratégiquement de l'évolution de ses réseaux. Ainsi, sans pour autant procéder à une nouvelle administration, il est tout à fait possible d'avoir recours à des logiciels d'analyse de trafic. Ces outils sont largement disponibles à ce jour, soit auprès de sociétés spécialisées dans le suivi de performance, soit même dans le domaine public ! Attention toutefois à ne pas oublier la méthode pour obtenir des résultats pertinents !

11

Mise en œuvre de la QoS

Nous disposons maintenant de l'ensemble des éléments pour présenter des cas concrets de mise en œuvre de la QoS. Le champ d'application des technologies de QoS est toutefois encore limité dans les entreprises et chez les opérateurs. Certes, certains font exception, mais il serait erroné de croire que toutes les technologies présentées dans cet ouvrage sont largement déployées à ce jour.

Nous commençons ce chapitre par différents scénarios d'utilisation de la QoS, disponibles sur les réseaux. Nous envisageons, côté application, les deux cas de figure suivants :

- application ne sachant pas signaler ses besoins de QoS au réseau : la plupart des applications actuelles correspondent à ce cas de figure. Il est donc nécessaire qu'un élément du réseau effectue la classification des applications ;

- application sachant signaler ses besoins de QoS au réseau : les nouvelles applications multimédias ont été développées pour tirer parti des nouvelles interfaces de développement (Winsock 2 notamment). Ces interfaces sont en mesure de signaler au réseau les demandes de QoS de l'application.

Face à ces deux situations, nous détaillons les opérations côté réseau, en nous fondant sur différents modèles de QoS mis en œuvre par les opérateurs (IntServ, DiffServ, MPLS ou ATM). Nous envisageons également les deux cas de figure côté opérateur :

- gestion statique des flux client faisant appel à une offre de service de QoS statique (SLA statique) : les offres d'opérateurs (quand elles existent) correspondent à ce cas de figure ;

- gestion dynamique des flux se fondant sur la disponibilité d'une offre de service de QoS dynamique (SLA dynamique) : c'est une vision d'avenir, dans laquelle les opérateurs pourront accepter le traitement dynamique de certains flux dynamiques issus des entreprises, comme une visioconférence entre plusieurs sites. Cette offre de service de QoS dynamique (à la demande) sera donc généralement complémentaire de la précédente qui traite les flux réguliers de l'entreprise.

À l'issue de ces différents cas de figure, nous évoquerons deux domaines d'application souvent présentés comme des domaines phare. Il était donc impossible de ne pas les aborder, même si chacun d'eux nécessiterait un ouvrage à part entière. Il s'agit de :

- l'intégration de la voix sur les réseaux, et plus particulièrement de la Voix sur IP ;
- la QoS sur les réseaux privés virtuels (RPV ou VPN, Virtual Private Network).

Intégration des applications dans un schéma de QoS[1]

Parmi les applications, on peut généralement distinguer plusieurs niveaux de besoins :

1. Les applications temps réel, qui vont nécessiter une QoS rigoureuse.

2. Les applications critiques de l'entreprise : applications de type ERP qui requièrent un traitement préférentiel.

3. Les autres applications, qui vont se satisfaire d'un niveau de service standard, encore appelé service en best effort.

Généralement, seules les applications du cas n° 1 ont été développées avec le souci de signalisation des besoins de QoS. Les applications critiques de l'entreprise ne sont en principe pas en mesure de signaler leurs besoins.

Mise en œuvre des applications sans signalisation

Il s'agit essentiellement des applications actuelles, et notamment des applications de gestion critiques de l'entreprise. Généralement, elles se contenteront d'une QoS fondée sur un traitement préférentiel. Les technologies de QoS se référant à la priorité (Ethernet 802.1p, DiffServ et, d'une certaine façon, les réseaux MPLS) sont donc bien adaptées à ces besoins.

Nous prenons comme exemple de mise en œuvre l'interconnexion de deux réseaux locaux d'entreprise, fondés sur Ethernet, au travers d'un réseau DiffServ privé et d'un réseau DiffServ d'opérateur.

Nous allons examiner comment sont alloués les services aux utilisateurs d'un domaine client, et dans un second temps, comment l'opérateur alloue les ressources à ses clients.

À la figure 11-1, le client souhaite utiliser un service DiffServ AF pour envoyer des données vers le récepteur. Le site client #1 possède un SLA fixe, avec l'opérateur.

1. Le client dialogue avec le serveur sur un port TCP.

2. Le routeur R1 du client effectue une classification multichamps des paquets reçus du réseau Ethernet. En fonction du numéro de port TCP, le routeur R1 place le champ DSCP dans l'en-tête des paquets IP reçus du client. Les paquets sont mis dans la file d'attente du service AF. La prévention de congestion est assurée par un mécanisme de type RED ou RIO.

3. Le routeur R2 met en place, le cas échéant, une fonction de lissage de trafic (shaping) conformément au contrat SLA qui le lie à l'opérateur.

---

1. Cette section nécessite que le lecteur étudie préalablement la deuxième partie de l'ouvrage. Il est sinon invité à se reporter directement à la section intitulée *QoS et intégration des flux*.

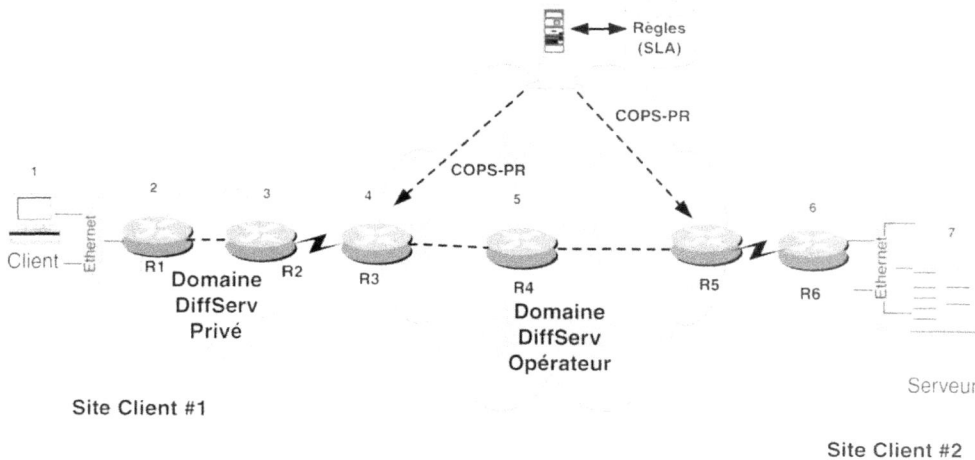

Figure 11-1

Service assuré (AF) en DiffServ avec un SLA fixe

4. Le routeur R3 surveille le trafic (fonction de policing). Le trafic classé *out* (en dehors du profil) par les routeurs du site client restent *out*. Si le trafic classé *in* (dans le profil) excède le débit défini dans le SLA, le champ DSCP des paquets en excès seront remis dans le service BE (Best effort). L'ensemble des paquets entre dans la file d'attente du service AF. Le mécanisme RED ou RIO est appliqué à la file d'attente.

5. L'ensemble des routeurs de l'opérateur effectue une classification BA, fondé sur la valeur du champ DS (DSCP). Ils mettent en œuvre le mécanisme de prévention de la congestion (RED ou RIO).

6. Le routeur R5 effectue les mêmes opérations que le routeur R2.

7. Les paquets sont délivrés au serveur.

REMARQUES

• Si le site client #1 n'était pas lié à l'opérateur par un SLA, son trafic ne pourrait être émis qu'en BE (Best effort). Ainsi, la valeur du champ DSCP définie par les routeurs du client en AF serait ignorée par l'opérateur qui la positionnerait en BE.

• Dans cet exemple, nous avons supposé que le routeur R3 de l'opérateur fait confiance au DSCP défini par le domaine DiffServ du client. Dans la pratique, le routeur R2 sera généralement fourni et géré par l'opérateur. Si tel n'est pas le cas, le routeur R3 effectuera en principe une nouvelle classification multi-champ. Puis, il affectera une valeur de DSCP au paquet, indépendamment de celle contenue dans l'en-tête du paquet IP reçu.

• Nous avons supposé que le routeur R3 possédait les informations concernant l'application du SLA pour cet utilisateur. Dans la pratique, ce routeur de bordure (PEP) aura été préalablement configuré par un PDP contenant les paramètres applicables pour les différents clients raccordés (mode approvisionnement des PEP). Le protocole utilisé entre le PDP et les PEP du domaine DiffServ sera le protocole COPS-PR.

Mise en œuvre d'une application avec signalisation

Nous allons examiner, dans cette section, comment les applications temps réel peuvent bénéficier de la signalisation RSVP au travers de différents modèles de QoS.

Utilisation de la signalisation RSVP

Nous avons vu que RSVP est un mécanisme de signalisation permettant de réserver des ressources dans un réseau IntServ. Nous avons indiqué à plusieurs reprises que l'utilisation de ce protocole de signalisation n'était pas limitée à ce seul domaine, mais qu'au contraire, il pouvait être utilisé par exemple pour mettre en place automatiquement des configurations DiffServ ou MPLS. En fait, comme nous allons le voir, RSVP constitue un moyen d'unifier l'ensemble des mécanismes de QoS.

Il est utile à ce stade de faire le point sur les mécanismes de QoS rencontrés jusqu'à maintenant, à savoir :

• des mécanismes de signalisation de la QoS (c'est-à-dire servant à annoncer dynamiquement les besoins de QoS d'une application) ;

• des mécanismes de traitement des données des applications.

Nous avons en outre observé que les mécanismes de signalisation sont applicables aux trafics, soit par flux, soit par agrégat (ces terminologies ont été précisées à la section *Concepts de QoS*, au chapitre 3). Le tableau suivant permet de classer les mécanismes de QoS.

	Signalisation	Traitement des données
Par flux	RSVP (standard)	IntServ / RSVP (IP) ATM (niveau liaison)
Par agrégat	RSVP-TE (Traffic Engineering) RSVP par agrégat	DiffServ (IP) MPLS (IP) 802.1 p (niveau liaison)

Figure 11-2

Classification des mécanismes de QoS

Comme le montre ce tableau, les technologies DiffServ, MPLS et 802.1p sont des technologies qui fonctionnent sur des agrégats de flux et utilisent le marquage des informations (signalisation In-Band). Elles sont de ce fait adaptées à des grands réseaux, car elles ne nécessitent pas la mémorisation exhaustive d'informations d'états pour chaque flux (signalisation Out-Band).

En revanche, elles ne disposent pas d'un mécanisme de signalisation issue directement des applications utilisatrices. En d'autres termes, le marquage des informations (paquet IP ou trame Ethernet) doit s'effectuer en fonction d'une classification multichamp, qui a généralement lieu en périphérie du réseau. Cependant, il peut y avoir un intérêt évident à associer la signalisation RSVP et les techniques de QoS par agrégat (DiffServ, MPLS ou 802.1p), pour constituer une chaîne cohérente de bout en bout.

La configuration, qui va nous servir d'exemple, est présentée à la figure 11-3.

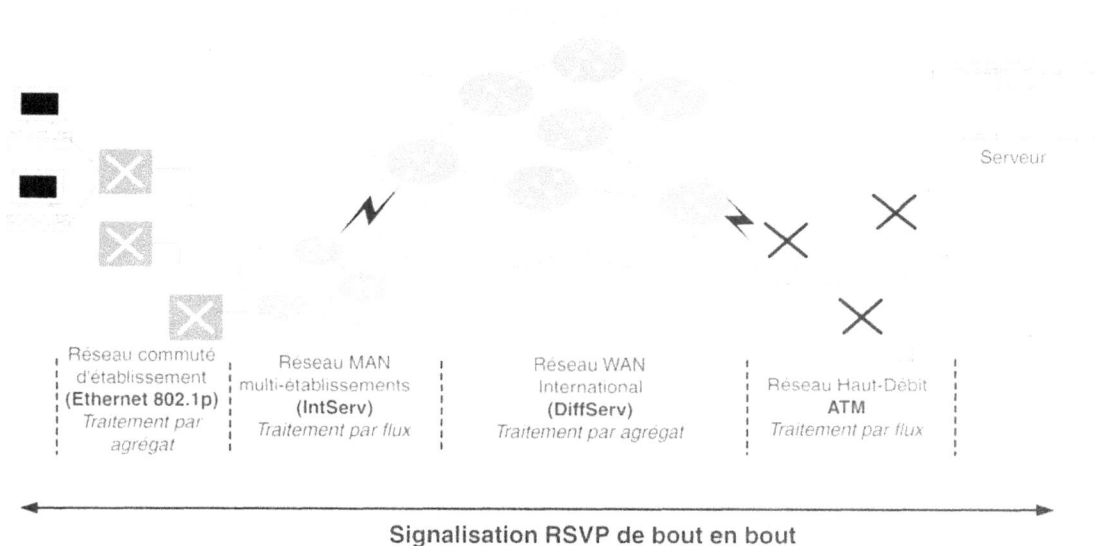

Signalisation RSVP de bout en bout

Figure 11-3
RSVP de bout en bout

Nous allons maintenant décrire le processus de signalisation et d'acheminement des informations de bout en bout. Rappelons toutefois, avant d'examiner étape par étape le cheminement du processus, le rôle de chaque équipement concernant la signalisation et l'acheminement des informations.

- Le poste de travail signale les besoins de chaque flux.
- Les équipements réseau examinent la requête :
  - ils peuvent affecter la requête à un niveau de service agrégé ;
  - ou satisfaire la requête sur la base de sa demande initiale ;
  - ils vérifient la disponibilité des ressources ;
  - ils peuvent approuver ou rejeter la requête ;
  - ils peuvent retourner un objet DCLASS (précisant le DSCP affecté à la requête sur un réseau DiffServ) ou un objet TCLASS (précisant le niveau de priorité 802.1p affecté à la requête sur un réseau 802)
- Enfin, les équipements réseau acheminent les informations.

Sur la base de la configuration précédente, nous allons illustrer une demande de réservation entre un poste client et un serveur vidéo, en précisant également le processus d'activation de la QoS aux extrémités du réseau.

Nous allons d'abord décrire l'acheminement du message RSVP-PATH, depuis le poste client jusqu'au serveur vidéo (figure 11-4).

Poste Client   Serveur Vidéo

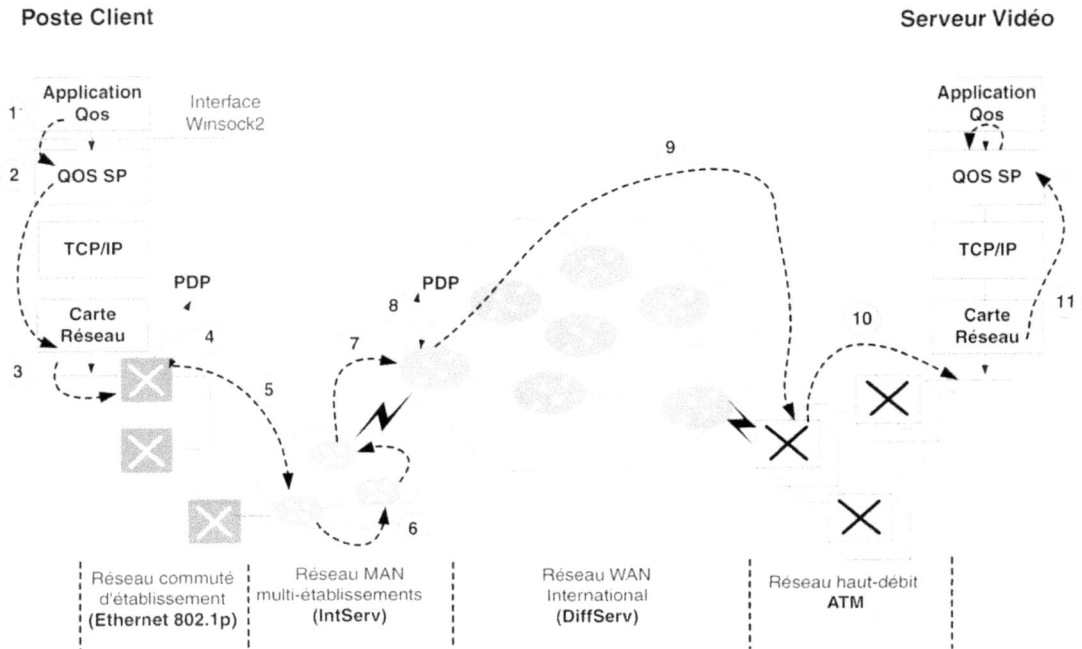

Figure 11-4

Message PATH de bout en bout

Les étapes sont les suivantes :

1. L'application indique à l'interface Winsock2 qu'elle supporte la QoS et lui fournit les paramètres demandés.

2. Le fournisseur de service du poste client construit les objets RSVP (TSPEC, ADSPEC, POLICY_DATA, etc.) et envoie le message PATH sur le réseau.

3. Le message PATH arrive sur le commutateur Ethernet qui supporte 802.1p et la fonction de gestionnaire de bande passante DBSM.

4. Le gestionnaire DBSM effectue le contrôle d'admission par rapport à l'annuaire local ou déporté sur un serveur de politique (PDP), en se fondant sur l'objet POLICY_DATA.

5. Si le contrôle d'admission est correct, le message PATH est transmis au saut suivant (routeur RSVP).

6. Le message PATH est acheminé de routeur en routeur sur le domaine IntServ, avec un contrôle d'admission sur chaque équipement (on aurait pu envisager un contrôle centralisé sur un PDP).

7. Le message PATH est alors transmis sur le routeur d'entrée du domaine DiffServ.

8. Le routeur d'entrée du domaine DiffServ vérifie l'admission du message eu égard au SLA applicable à ce client et à la politique définie. Ces éléments sont stockés sur un PDP qui fait office de gestionnaire de bande passante pour le domaine (BB, Bandwidth Broker).

9. Si la requête est acceptée, le message est acheminé de manière transparente par les routeurs DiffServ jusqu'au routeur d'entrée sur le réseau ATM (les routeurs DiffServ n'interprètent pas le message RSVP et acheminent le paquet IP comme tout paquet IP).

10. Le routeur d'entrée sur le réseau ATM achemine le message PATH vers le serveur vidéo, grâce un circuit virtuel ATM.

11. Le fournisseur de service de QoS sur le serveur vidéo reçoit le message PATH.

Nous allons maintenant décrire le processus de réponse du serveur vidéo et la mise en place des réservations de ressource.

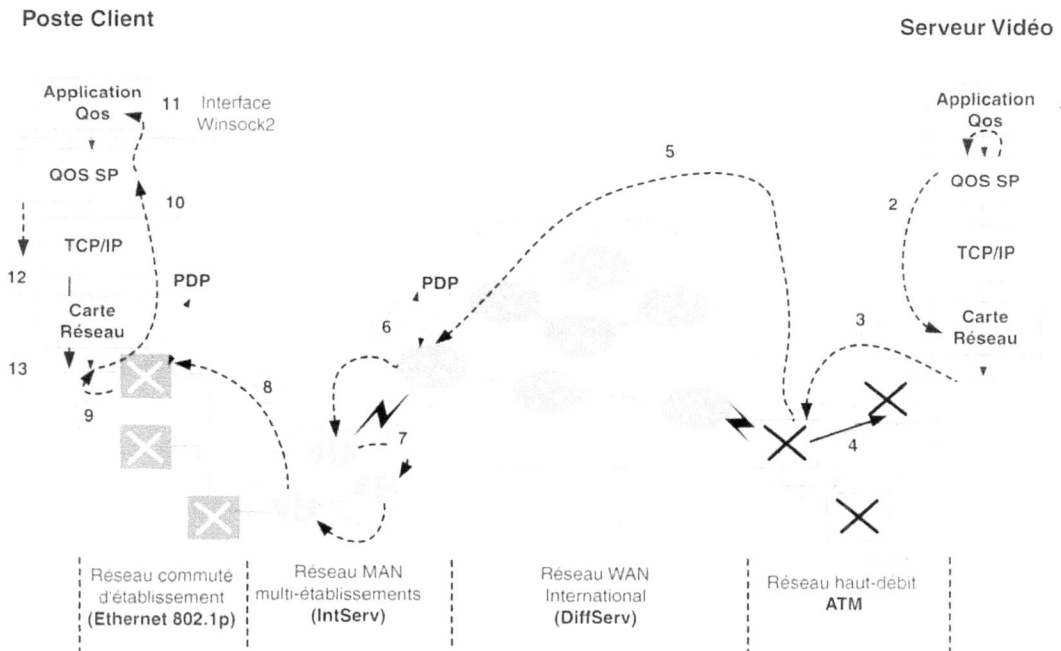

Figure 11-5

Message RESV de bout en bout

Les étapes sont les suivantes :

1. L'application indique qu'elle peut recevoir.

2. Le fournisseur de service QoS du serveur vidéo envoie un message RESV au réseau avec les classes d'objets adéquates (FLOW_SPEC, POLICY_DATA) et en précisant le style de réservation.

3. Le message RESV atteint le routeur d'entrée du réseau ATM (chemin inverse de celui emprunté par le message PATH).

4. Si l'admission est correcte, un circuit virtuel (VC) est créé sur le réseau ATM pour le transport des données, avec la QoS correspondante (probablement un circuit virtuel, en classe de service VBR-RT).

5. Le message RESV est transmis de manière transparente au routeur d'entrée sur le réseau DiffServ.

6. Le routeur d'entrée DiffServ demande au PDP de vérifier la conformité des ressources demandées dans l'objet FLOW_SPEC en fonction des informations du SLA. Après vérification, le PDP renvoie la valeur de DSCP à affecter au paquet IP. Cette valeur est incluse dans l'objet DCLASS.

7. Si la requête est admise, le message RESV est acheminé sur le réseau IntServ où chaque routeur du chemin inverse établi par le message PATH procède à une réservation de ressources.

8. Le message RESV est transmis vers le commutateur portant la fonction DBSM pour allouer les ressources.

9. DBSM renvoie le message RESV vers l'émetteur en affectant une valeur de priorité 802.1p dans l'objet TCLASS.

10. Le message RESV revient du réseau en indiquant un contrôle d'admission réussi et en précisant les objets DCLASS (DSCP affecté sur DiffServ) et TCLASS (priorité 802.1p).

11. Le fournisseur de service QoS du client indique à l'application que le contrôle d'admission est réussi.

12. Le fournisseur de service de QoS informe le contrôle de trafic du client des valeurs de marquage à réaliser pour Ethernet et DiffServ

13. Les données transmises sont marquées avec la valeur du DSCP dans l'en-tête IP, et la valeur de priorité 802.1p dans l'en-tête MAC de la trame Ethernet.

REMARQUES • Le procédé exposé a permis de créer une session RSVP du client vers le serveur vidéo. Il est bien évidemment nécessaire de créer une session du serveur vidéo vers le client, pour pouvoir engager un transfert utile.

• Nous avons supposé que le routeur de bordure du domaine DiffServ (considéré comme un PEP) se réfère à un PDP pour le contrôle d'accès du réseau et l'allocation de ressources. Ce mode de fonctionnement correspond à une *allocation dynamique de ressources* sur le domaine DiffServ. Nous aurions pu imaginer une allocation statique de ressources, comme dans l'exemple précédent, où le routeur DiffServ aurait été programmé à l'avance, pour assigner un DSCP fixe, en fonction de la requête RSVP-IntServ reçue.

L'acheminement des paquets s'effectuera dans les conditions suivantes :

• quand les paquets IP transiteront sur le réseau d'établissement (en Ethernet commuté), ils seront acheminés selon la valeur de priorité du marquage 801.1p contenu dans l'en-tête MAC de la trame Ethernet les convoyant ;

• lorsque les paquets IP parviendront au réseau MAN (IntServ), ils seront analysés par chaque routeur afin que soit identifié le flux correspondant (fonction de classification multi-champ des routeurs). Ils seront alors acheminés selon les informations d'état mémorisées pour le flux correspondant ;

• quand les paquets atteindront le réseau DiffServ, ils seront acheminés selon la valeur de marquage DSCP contenue dans l'en-tête du paquet IP ;

• enfin, quand ils arriveront sur le réseau ATM, ils emprunteront le circuit virtuel (VC) dédié, doté de la QoS adéquate (classe de service VBR-RT).

Correspondance des mécanismes de QoS

Dans cet exemple, nous avons réalisé une association de mécanismes de QoS de différentes technologies. Des correspondances standard ont été préconisées par l'IETF entre ces différents mécanismes. Nous fournissons ci-dessous les valeurs de marquage par défaut recommandées, correspondant aux services de type IntServ/RSVP. Pour ATM, il n'y a pas (sous toute réserve) de recommandations existantes d'association. On peut toutefois établir qu'un service IntServ garanti correspond à une classe de service ATM, de type CBR, que le service IntServ à charge contrôlée correspond à une classe de service ATM, de type GFR (ou ABR) et enfin que le service de type Best effort correspond à la classe de service ATM, de type UBR.

Service IntServ	Valeur 802.1p	DSCP (DiffServ)
Garanti	5	DSCP=5
Charge contrôlée	3	DSCP=3
Best Effort	0	DSCP=0

Figure 11-6
Valeurs de marquage standard

Ces valeurs d'association standard peuvent être remplacées :

- soit statiquement par des valeurs conservées dans des tables du poste client,
- soit statiquement ou dynamiquement (à l'aide d'un PDP) par les objets RSVP (DCLASS – DiffServ, TCLASS 802.1p) renvoyés par le réseau.

Allocation de services et de ressources

Il est nécessaire de définir comment les différents utilisateurs (host) d'un réseau partagent les services du réseau et ceux de l'opérateur. Ce processus s'appelle l'allocation de services.

Il existe deux possibilités :

1. Chaque utilisateur (host) décide de lui-même du service à utiliser : c'est ce que nous avons supposé jusqu'à maintenant.

2. Un contrôleur de ressources, appelé gestionnaire de bande passante (BB, Bandwidth Broker), prend les décisions pour l'ensemble des utilisateurs (hosts), ce qui implique que ce dernier utilise par exemple RSVP, comme protocole de signalisation avec l'utilisateur (host).

De son côté, l'opérateur doit configurer ses routeurs frontière en fonction des SLA qu'il a signés avec ses clients. Ce processus s'appelle l'*allocation de ressources* (Ressource Allocation). Deux types de SLA sont envisageables :

- le SLA fixe : dans ce cas, les routeurs frontière (boundary routers) peuvent être configurés manuellement pour accepter le trafic entrant (règles de classification, de surveillance et de lissage de trafic) de chaque client. Les ressources non utilisées sont alors réparties entre les autres clients. Une amélioration de ce procédé consiste à utiliser une programmation automatique des routeurs frontière, grâce à un PDP centralisé. Ce dernier vient alors télécharger les configurations des routeurs frontière, à l'aide du protocole COPS-PR ;

- le SLA dynamique : dans ce cas, l'allocation de ressources dépend d'un processus de signalisation permettant d'informer en temps réel l'opérateur des besoins du client. Nous venons d'observer le cas d'un flux client RSVP. Si le client a mis en place un gestionnaire de bande passante sur son domaine, celui du domaine du client utilisera également RSVP comme protocole de signalisation vers le domaine de l'opérateur.

Nous allons donc maintenant envisager le cas d'un domaine client géré par un gestionnaire de bande passante (pour contrôler l'accès au service) coopérant avec un gestionnaire de bande passante d'opérateur. La configuration proposée se fonde uniquement sur des réseaux de type DiffServ. Il faut noter que si le réseau du client était en IntServ/RSVP, BB1 serait le PDP qui procéderait au contrôle d'admission pour le compte des routeurs RSVP, du domaine IntServ.

Le fonctionnement présenté à la figure 11-7 est tout à fait théorique et prospectif. Il ne correspond pas à ce jour à des travaux publiés.

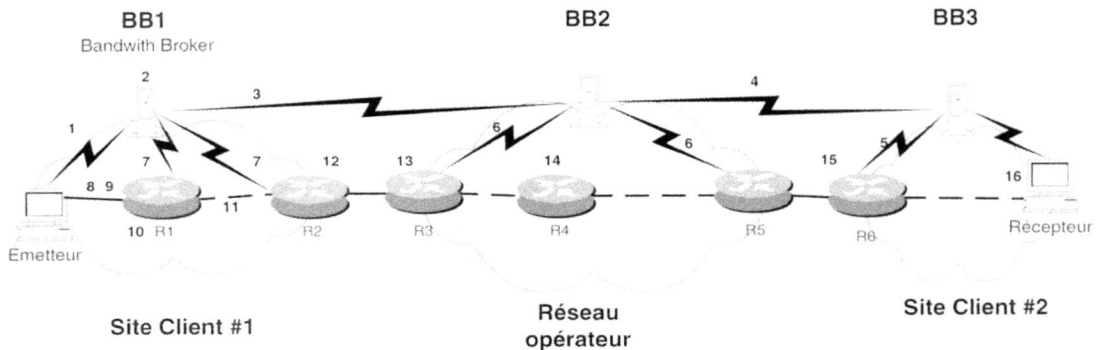

Figure 11-7

Service explicite (EF) DiffServ avec un SLA dynamique

Dans cet exemple, l'émetteur du site client #1 souhaite utiliser le service explicite (EF) ou _Premium_, pour envoyer des données au récepteur situé sur le site client #2.

Phase 1 : signalisation

1. L'émetteur envoie un message RSVP PATH au gestionnaire local de bande passante (BB1).

2. Le gestionnaire de bande passante réalise un contrôle d'admission. Si la requête est rejetée, un message d'erreur est retourné à l'émetteur.

3. Si la requête est acceptée, BB1 envoie le message RSVP PATH au BB de l'opérateur (BB2).

4. BB2 réalise un contrôle d'admission. Si la requête est rejetée, un message d'erreur est renvoyé à BB1, puis ce dernier notifiera un message d'erreur à l'émetteur. Si la requête est acceptée, BB2 envoie la requête au gestionnaire du site client #2 (BB3).

5. BB3 réalise à son tour un contrôle d'admission. Si la requête est rejetée, un message est renvoyé à BB2, puis BB2 le retourne à BB1 qui notifie l'émetteur. Si la requête est acceptée,

BB3 utilisera LDAP ou RSVP pour mettre en place la classification et le contrôle sur le routeur d'entrée du domaine client # 2 (R6). BB3 enverra ensuite un message RSVP RESV à BB2.

6. Après avoir reçu le message RSVP RESV, BB2 configure la classification et le contrôle sur le routeur d'entrée du domaine de l'opérateur (R3), et le contrôle et le lissage de trafic sur le routeur de sortie du domaine opérateur (R5).

7. Quand BB1 reçoit le message RSVP RESV, il définit de la même façon la classification et les règles de lissage de trafic sur le routeur de l'émetteur (R1), de sorte à lisser le trafic pour être conforme au SLA qui le lie à l'opérateur. BB1 détermine également les règles de contrôle et de lissage de trafic sur le routeur de sortie du domaine client #1 (R2). Enfin, BB1 envoie le message RSVP RESV à l'émetteur.

8. Quand l'émetteur reçoit le message RSVP RESV, il peut commencer le transfert de données.

Phase 2 : Transfert de données

9. L'émetteur envoie les données à sa gateway (routeur R1) .

10. Le routeur R1 réalise une classification du trafic multichamp (MF Classification). Si le trafic n'est pas conforme, il est lissé par R1. R1 attribue au champ DSCP la valeur correspondant au service EF. L'ensemble des paquets prend place dans la file d'attente prioritaire.

11. Chaque routeur intermédiaire entre R1 et R2 effectue une classification BA (Behavior Agregate) uniquement fondée sur la valeur du champ DSCP, place les paquets dans la file d'attente prioritaire et les émet.

12. Le routeur d'entrée du domaine opérateur (R3) effectue une classification BA et lisse à nouveau le trafic, pour être certain que le débit crête n'est pas dépassé. Notons que le lissage réalisé par R3 est effectué pour l'ensemble des flux en provenance de R2, et non individuellement pour chaque flux.

13. Le routeur R3 classifie et contrôle le trafic en service EF. Les paquets en excès sont détruits.

14. Les routeurs intermédiaires de l'opérateur réalisent une classification BA. Le routeur de sortie de l'opérateur (R5) lisse une nouvelle fois le trafic, si nécessaire.

15. Le routeur d'entrée de domaine du site client #2 (R6) classifie et contrôle le trafic du service EF. Le trafic excédentaire est détruit.

16. Les paquets sont remis au récepteur.

REMARQUES • Le protocole de signalisation RSVP utilisé ici est différent du processus décrit pour le modèle IntServ. En effet, c'est l'émetteur qui fait la demande des ressources et non le récepteur. De plus, un BB peut rejeter une requête PATH de l'émetteur, alors qu'en IntServ, la requête est rejetée sur réception du message RESV en provenance du récepteur. En outre, un BB peut agréger de multiples requêtes en une requête commune au prochain BB. Enfin, chaque domaine se comporte comme un seul nœud et ainsi les routeurs de l'opérateur ne participent pas au processus de signalisation.

• Les informations d'état installées par le BB sur les routeurs frontière et résultant du processus de signalisation doivent être régulièrement rafraîchies ou elles sont perdues.

QoS et intégration des flux voix

La mise en œuvre de la Qos est un préalable indispensable à l'intégration des flux voix sur les réseaux informatiques. Après des débuts laborieux mais compréhensibles, c'est sans aucun doute, un des grands chantiers à venir.

Objectifs de l'intégration

L'intégration des services voix/données/images est justifiée par quatre composantes principales.

1. La diminution des coûts : c'est plutôt la volonté de maintenir les coûts constants malgré l'accroissement des débits, rendu nécessaire avec l'augmentation des besoins de communication.

2. La simplification des infrastructures : une seule infrastructure est plus simple à gérer que de multiples infrastructures. Elle est également plus robuste.

3. La consolidation : l'intégration des structures permet de consolider les services qui s'appuient sur ces infrastructures : accès à un service annuaire unique, mise en place de services de sécurité importants, etc.

4. Les applications avancées : il est également possible de mettre en œuvre de nouvelles applications tirant parti de l'utilisation combinée de la voix/vidéo et des données (CTI, partage de documents, etc.).

Les besoins de la voix

Rappels sur la téléphonie numérique de base

La voix téléphonique (300, 3400 Hz) est échantillonnée à 8 kHz (théorie de Shannon), soit un échantillon toutes les 125 microsecondes. Chaque échantillon est ensuite codé sur 8 bits, ce qui donne un débit binaire de 8 X 8000 = 64 Kbit/s. Ce débit binaire correspond à une voix numérique non compressée. De nombreux algorithmes permettent de réduire le besoin en bande passante à des débits nettement inférieurs (16, 8 et même 4 kbit/s) et d'augmenter ainsi l'efficacité du transport de la voix sur les réseaux informatiques orientés paquet. Il est également possible de supprimer les silences. L'ensemble de ces techniques vise à traiter la voix afin d'optimiser la bande passante. Différents algorithmes permettent également cette optimisation, nécessaire au transport de la vidéo sur les réseaux depuis la basse qualité (1/4 d'écran informatique à 15 images/seconde) jusqu'à la haute qualité, utilisée pour relier des studios vidéo entre eux.

En complément de ces algorithmes de traitement de la voix (ou de la vidéo), il est nécessaire de transporter et/ou d'interpréter efficacement la signalisation. Ce concept désigne l'ensemble des processus permettant d'établir, de maintenir ou de libérer une communication. L'enjeu est de taille, car les réseaux informatiques fondés sur IP sont dépourvus de connexion, c'est-à-dire qu'il n'existe pas de mécanisme d'appel du correspondant. Il est donc nécessaire de procurer des fonctions d'interconnexion pour assurer une continuité de service entre le monde connecté, issu du RTC (réseau téléphonique commuté) et le monde paquet sans connexion.

Les besoins des applications multimédias

Afin d'assurer une bonne prise en compte des applications multimédias, il est nécessaire d'assurer les paramètres suivants :

- la qualité de la numérisation voix/vidéo,
- la disponibilité d'un réseau de transport de qualité,
- l'existence de mécanismes de contrôle des appels, transparents à l'utilisateur,
- la mise en place de passerelles entre les services traditionnels du RTC et les services intégrés (VoIP, VoATM, etc.), et/ou entre les services intégrés sur des technologies réseau différentes (VoIP et VoATM, par exemple),
- la gestion, la sécurité et l'adressage persistants.

L'ensemble de ces problématiques est schématisé par l'architecture générique présentée à la figure 11-8.

Figure 11-8

Architecture générique d'intégration voix/vidéo

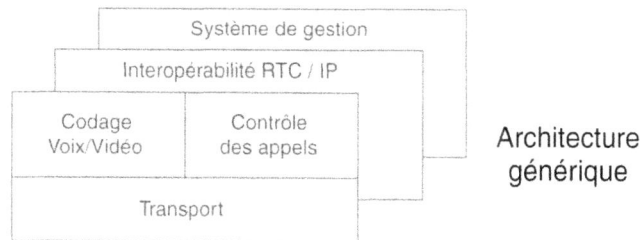

Nous reprenons par la suite les éléments les plus importants.

Qualité de la voix/vidéo

La qualité de la numérisation voix/vidéo est affectée par les paramètres suivants :

- la qualité du codage,
- le délai d'acheminement (delay),
- la gigue (jitter),
- la perte de paquets (packet loss),
- l'écho.

IMPORTANT Nous exposons ci-dessous l'influence de ces paramètres sur la voix.

Qualité du codage

Généralement, plus le taux de compression est élevé par rapport à la référence de 64 Kbit/s, moins la qualité de la voix est bonne. Toutefois, les algorithmes de compression récents permettent d'obtenir des taux de compression élevés, tout en maintenant une qualité de la voix acceptable. L'acceptabilité par l'oreille humaine des différents algorithmes est définie selon le critère MOS (Mean Operationnal Score), défini par l'organisme de normalisation international ITU.

Dans la pratique, les deux algorithmes les plus utilisés sont le G.729 et le G.723.1.

Codeur	Technique temporelle PCM	Technique temporelle MICDA	Analyse et synthèse RPR-LTP	Analyse et synthèse CELP	Paramétrique LPC	Analyse et synthèse LD-CELP	Analyse et synthèse CS-CELP	Analyse et synthèse MP-MLQ-ACELP
Norme /standard	G.711	G.726	GSM 06-10	DOD FS1016	LPC10 FS1015	G.728	G.729	G.723.1
Débit en Kbits/s	64	32	13	4,8	2,4	16	8	6,3 et 5,3
Qualité (MOS)	**4,2**	**4,0**	**3,6**	**3,5**	**2,2**	**4,0**	**4,0**	**3,9/3,7**
Délai codeur+décodeur	125 micros	300 micros	50ms	50ms	50ms	3ms	30ms	90 ms
Complexité MIPS	0,1	12,0	2,5	16,0	7,0	33,0	20,0	16,0

Figure 11-9

Les codecs Voix

Délai d'acheminement : latence (Delay)

Selon la norme ITU G114, le délai d'acheminement permet :

- entre 0 et 150 ms, une conversation normale,
- entre 150 et 300 ms, une conversation de qualité acceptable,
- entre 300 et 700 ms, uniquement une diffusion de voix en half duplex (mode talky walky).
- Au-delà, la communication n'est plus possible.

Précisons que le budget temps (latence) est une combinaison du délai dû au réseau et du délai lié au traitement de la voix par le CODEC (algorithmes de compression/décompression de la voix). Dans la pratique, si l'on enlève le temps dû aux algorithmes de compression, il est impératif que le réseau achemine la voix dans un délai de 100 à 200 ms. Ce délai est toujours garanti sur un réseau ATM international. Il est également souvent garanti sur un réseau Frame Relay international. Il n'est pas garanti sur l'Internet actuel.

Gigue (Jitter)

La gigue (variation des délais d'acheminement des paquets voix) est générée par la variation de charge du réseau (variation de l'encombrement des lignes ou des équipements réseau). Pour compenser la gigue, on peut utiliser des *buffers* côté récepteur, afin de reconstituer un train continu et régulier de paquets voix. Toutefois, cette technique a l'inconvénient de rallonger le délai d'acheminement des paquets. Il est donc préférable de disposer d'un réseau à gigue limitée.

Perte de paquets (packet loss)

La perte de paquets est préjudiciable, car il est impossible de ré-émettre un paquet voix perdu, compte tenu du temps dont on dispose. Le moyen le plus efficace de lutter contre la perte d'informations consiste à transmettre des informations redondantes (code correcteur d'erreurs), qui vont permettre de reconstituer l'information perdue. Des codes correcteurs d'erreurs, comme le Reed Solomon, permettent de fonctionner sur des lignes présentant un taux d'erreurs de l'ordre de 15 ou 20 %. Une fois de plus, ces codes correcteurs d'erreurs présentent l'inconvénient d'introduire une latence supplémentaire. Certains, très sophistiqués, ont une latence très faible, mais ils sont principalement utilisés sur des liaisons professionnelles, de type broadcast, en raison de leur coût.

Écho

L'écho est un phénomène lié principalement à des ruptures d'impédance lors du passage de 2 fils à 4 fils. Le phénomène d'écho est particulièrement sensible à un délai d'acheminement (latence, delay) supérieur à 50 ms. Il est donc nécessaire d'incorporer un annulateur d'écho.

Réseau de transport de qualité

Afin d'assurer des performances optimales sur un réseau, il est nécessaire de mettre en œuvre les modèles de QoS décrits dans cet ouvrage. Les applications voix fondées sur H323 mettent en œuvre la signalisation RSVP. Il n'est cependant pas nécessaire que le modèle de QoS utilisé fasse appel à IntServ.

Aujourd'hui, les domaines pratiques de mise en œuvre de la voix sur paquet sont les suivants :

- VoFR : Voix sur Frame Relay (utilisation de la technique de traffic engineering pour assurer un dimensionnement correct des circuits Frame Relay pour le transport de la voix),

- VoATM : Voix sur ATM (utilisation de la QoS matérielle fournie par ATM pour procurer à la voix un réseau «idéal),

- VoIP : Voix sur IP (utilisation des techniques de QoS logicielle pour assurer aux paquets IP Voix un traitement prioritaire dans les nœuds du réseau).

> **REMARQUE** Notons que la voix sur IP peut alors s'appliquer sur un réseau de type Frame Relay ou ATM, puisque IP est situé au niveau 3 du modèle OSI par rapport aux techniques Frame Relay et ATM, qui se trouvent au niveau 2.

Les options d'architecture

Dans l'interfaçage, il faut résoudre deux types de problématiques :

- le traitement des flux,
- le traitement de la signalisation.

Traitement des flux voix

Il est nécessaire d'adapter les signaux voix/vidéo préalablement à leur transport sur le réseau trame. Les opérations à réaliser concernent :

- la conversion analogique/numérique,
- la compression du signal numérique,
- la suppression des silences,
- la suppression de l'écho, etc.

Traitement des flux de signalisation

Deux modes de fonctionnement sont possibles :

- l'interprétation de la signalisation :
  - VoIP : le réseau VoIP est un équivalent du réseau RTC, doté d'une signalisation spécifique ; il est nécessaire de posséder des passerelles de conversion de protocoles de signalisation entre les deux réseaux si l'on doit fournir des communications entre des terminaux classiques (ceux du RTC) et des terminaux IP (téléphone IP ou PC),
  - VoATM (dans certains cas) : le réseau ATM possède une signalisation (Q 2931), dérivée de la signalisation du réseau RNIS (Q.931). Il est donc possible de faire jouer aux commutateurs ATM, sous certaines conditions, le rôle de commutateurs téléphoniques ;
- le transport transparent de la signalisation : dans ce cas, le réseau ne participe pas au routage des communications. Le réseau trame est considéré comme une liaison point à point entre le point d'entrée et le point de sortie. Cette configuration correspond au mode *trunk*. Le routage de la voix est toujours réalisé par les autocommutateurs (PABX) situés en périphérie du nuage réseau :
  - VoFR est systématiquement utilisé dans ce mode,
  - VoATM l'est fréquemment.

Ces deux modes sont illustrés ci-dessous.

Transport transparent de la signalisation

Figure 11-10

Transport de la signalisation

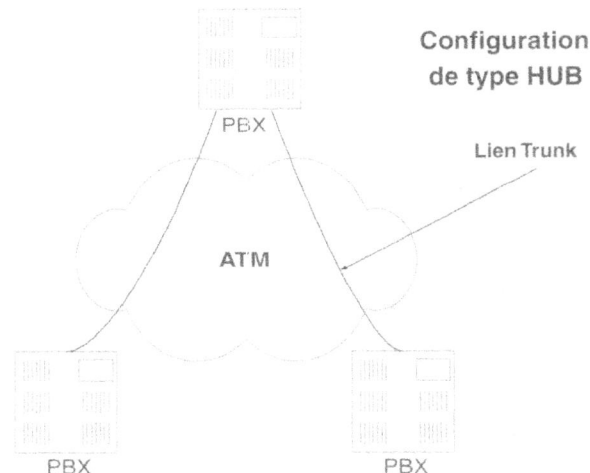

Configuration de type HUB

Le circuit virtuel permanent ATM (PVC) établi entre les deux PBX est qualifié de trunk. Le routage de la voix n'est pas assuré par le réseau, mais par les équipements d'extrémité (les PBX, dans le schéma ci-dessus). Les topologies possibles sont alors de type hub, partially meshed ou fully meshed.

Cette solution présente les avantages suivants :

- la simplicité de mise en œuvre,
- la possibilité de s'adapter à des petites configurations.

Elle comporte cependant des inconvénients relatifs :

- au nombre d'interfaces nécessaires sur les PBX,
- au nombre de liaisons trunk, qui augmentent rapidement.

Le réseau interprète la signalisation

Figure 11-11

Interprétation
de la signalisation

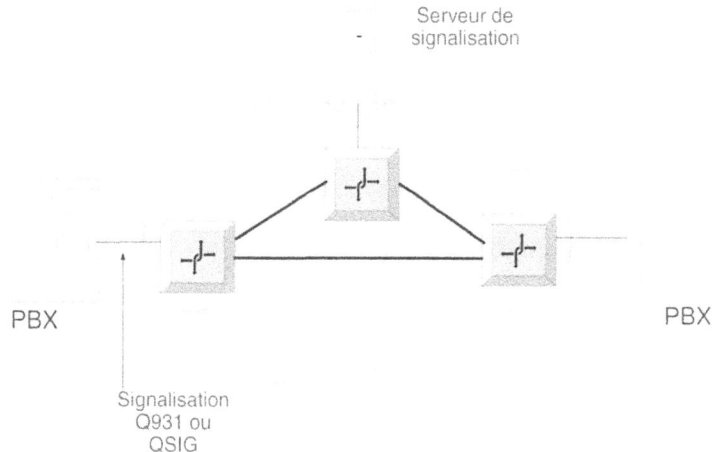

Dans ce cas, le réseau analyse la signalisation issue du PABX (Q.SIG ou Q 931). La signalisation est interceptée par les commutateurs du réseau qui sous-traitent son analyse à un composant spécialisé (serveur de signalisation). Ce dernier opère pour un nombre limité de commutateurs. Dans le cas de très grands réseaux, plusieurs serveurs de signalisation coopèrent pour traiter la signalisation de bout en bout. Cette organisation est relativement similaire au traitement de la signalisation SS7 sur les réseaux publics.

Les solutions techniques

VoFR (Voice over Frame-Relay)

Les éléments caractéristiques de ce type de solution sont :

1. La mise en priorité de la voix à l'aide d'équipements spécifiques VFRAD (Voice Frame Relay Access Device). Ce sont en fait des routeurs dotés de fonctions spécifiques pour le traitement de la voix :

   - le tagging des applications sensibles aux délais (Voix, SNA, etc.) ;
   - la voix a peu d'impact sur les données, car les transmissions sont courtes et exigent peu de bande passante (voix compressée) ;
   - cela exige que l'opérateur ait mis en place différentes QoS (exemple : débit de trames temps réel, débit de trames non traité en temps réel et débit de trames best effort) ;
   - les VFRAD ont la possibilité de définir le bit DE (Discard Eligibility, Priorité à la perte) pour les applications données.

2. La fragmentation :
   - les paquets de données sont fractionnés en petits segments afin d'éviter aux paquets voix une attente trop longue (latence) ;
   - l'effet négatif en est l'augmentation du nombre de trames données, qui entraîne celle de l'overhead protocolaire et la diminution de la bande passante utile. Certains VFRAD sont en mesure de n'activer ce mécanisme que s'il existe des paquets voix à émettre.

3. Le contrôle des délais variables (gigue) :
   - afin de minimiser la taille du buffer de gigue et donc la latence, il faut ajuster le buffer de gigue à la gigue réelle du réseau.

4. La compression de la voix :
   - beaucoup d'accès Frame Relay sont de 64 à 256 K. Il est donc nécessaire que les équipements VFRAD utilisent des algorithmes performants pour permettre un nombre maximal d'appels simultanés.

5. La suppression des silences :
   - 50 % d'une connexion voix full duplex est utilisée à un instant donné ;
   - une conversation comprend environ 10 % de temps de pause ;
   - la suppression des silences permet donc de libérer ces 60 % de bande passante en full duplex.

6. La suppression de l'écho :
   - provient du passage 2 fils/4fils.

Les VFRAD possèdent des caractéristiques plus ou moins avancées. Les opérateurs proposant le service VoFR imposent généralement un type de VFRAD. Le Frame Relay Forum a publié le standard FRF 11 pour le support de la Voix sur Frame Relay.

Les domaines d'application de la Voix sur Frame Relay concernent principalement 2 types de raccordement :

- le raccordement d'agences ou de petits sites sur un site principal (configuration en étoile) : cette configuration permet de mettre en place un PBX d'entreprise sur le site principal, avec son exploitation associée. Les petits sites distants peuvent bénéficier des facilités de cet équipement pour la réception d'appels (utilisation des opératrices du site principal), des raccordements éventuels de cet équipement sur des réseaux longue distance, tout en ayant la possibilité d'établir des communications locales qui seront acheminés vers le réseau public par le VFRAD. En termes d'exploitation, le même raccordement Frame Relay sera partagé pour les communications voix et données. Les économies sont substantielles surtout si elles sont complétées par les services additionnels du PBX central de l'entreprise ;

- les liens internationaux entre PBX (trunk) : l'idée est également de partager les circuits Frame Relay internationaux entre la voix et les données.

REMARQUE — La motivation purement économique est désormais beaucoup plus faible grâce à la concurrence acharnée entre les opérateurs téléphoniques longue distance.

VoATM (Voice over ATM)

Les caractéristiques de ces solutions sont les suivantes :

1. Rappel des caractéristiques d'ATM :
   - une technologie multiservice,
   - une technologie faisant appel à des cellules de longueur fixe (53 octets : 5 octets d'en-tête et 48 octets de charge utile),
   - plusieurs catégories de service (CBR, VBR RT/nRT, ABR, UBR), adaptées à des besoins de transport différents,
   - une adaptation des applications grâce à des fonctions AAL (ATM Adaptation Layer).

2. La fragmentation des paquets :
   - la prise en compte native de la fragmentation des paquets en cellules ATM, par le processus SAR (Segmentation and Reassembling), mis en œuvre dans les cartes ATM.

3. La mise en priorité :
   - elle est assurée grâce aux paramètres de QoS d'ATM ;
   - les caractéristiques CBR (Constant Bit Rate, Débit binaire constant) et AAL1 sont utilisées pour la voix dans le service émulation de circuit (CES, Circuit Emulation Service). Ce service de base offre aux PBX l'équivalent d'une liaison à 2 Mbit/s (30 canaux B permettant donc 30 communications simultanées). Ce service n'autorise pas la compression de la voix et la suppression des silences. Il est donc moins performant qu'un multiplexeur voix/données. Il sera donc principalement utilisé à l'intérieur d'un campus ou sur un réseau métropolitain, où l'occupation d'une bande passante de 2 Mbit/s sur un total de 155 ou 622 Mbit/s est considérée comme marginale. Dans ce contexte, il est économiquement plus rentable de disposer d'une interface de base (mode CBR), que d'une interface plus évoluée, comme celle que nous décrivons ci-après ;
   - les caractéristiques VBR-RT (Variable Bit Rate – Real Time, Débit binaire variable en temps réel) et AAL2 sont utilisées pour améliorer le rendement des lignes ATM : ATM Trunking. Ce service amélioré est plus adapté au transport de la voix sur des réseaux ATM longue distance. Le coût de telles interfaces est bien évidemment supérieur à celles évoquées précédemment.

Le schéma ci-dessous établit un résumé des caractéristiques des solutions normalisées par l'ATM Forum et de leurs avantages comparés.

	Compression de la voix	Suppression des silences	Suppression des canaux vides	Concentration commutée
CES (Circuit Emulation Service)	-	-	-	-
DB-CES (Dynamic Bandwidth CES)	-	-	Oui	-
ATM Trunking using AAL1	-	-	Oui	Oui
ATM Trunking using AAL2	Oui	Oui	Oui	Oui

Figure 11-12

Solutions VoATM de l'ATM Forum

Il faut signaler que certains PBX d'entreprise disposent initialement d'interfaces ATM. En effet, certains PBX ont une architecture interne reposant sur un cœur de commutation ATM. La connexion d'interfaces distantes en ATM est alors facilitée.

Les domaines d'application de la Voix sur ATM concernent :

* les sites campus,
* les réseaux MAN,
* les liaisons internationales.

VoIP (Voice over IP)

Les caractéristiques de ces solutions sont les suivantes :

1. Rappel sur le protocole IP

   – un protocole de niveau 3 sans connexion ;

   – les paquets IP peuvent emprunter des chemins différents, suite à une modification topologique du réseau par exemple ;

   – les en-têtes IP sont importants (20 octets tandis que Frame Relay sont de 2 octets et ATM de 5 octets) et entraînent un overhead conséquent ;

   – IP n'étant pas initialement conçu pour transmettre des informations temps réel, il a été nécessaire de lui adjoindre un protocole supplémentaire RTP (Real Time Protocol) pour supporter des paquets temps réel, ce qui ajoute encore un overhead à l'en-tête IP ;

   – des techniques semblables à celles de Frame Relay et ATM sont utilisées pour une numérisation efficace de la voix.

2. La mise en priorité :

   – les techniques sont directement issues de la QoS détaillées dans cet ouvrage. Il est à noter que les applications VoIP mettent en œuvre la signalisation RSVP. Comme nous l'avons vu, le modèle de QoS utilisable n'est pas nécessairement IntServ ;

   – la réelle contrainte à respecter est toujours le budget temps entre deux interlocuteurs (addition de la latence due aux codecs et celle liée au réseau). Dans la pratique, outre le support d'IP sur ATM ou Frame Relay, les réseaux IP d'opérateurs de nouvelle génération (fondés sur DiffServ ou MPLS) sont généralement aptes à supporter la Voix sur IP.

3. La fragmentation IP :

   – IP ajoute beaucoup d'overhead en raison de l'importance des en-têtes IP. Le trafic voix sur IP consomme ainsi 50 % de bande passante de plus que sur Frame Relay.

4. Compression et surpression des silences et de l'écho :

   – les techniques sont comparables à celles évoquées pour Frame Relay. Toutefois, en raison de l'empilement protocolaire IP/UDP/RTP/paquet Voix, des techniques spécifiques de compression d'en-tête sont nécessaires afin d'améliorer l'efficacité du lien IP sur des lignes à faible débit. Cela peut être le cas de la ligne de raccordement au réseau de l'opérateur. (Voir les RFC suivantes : RFC 1144, *Compressing TCP/IP Headers for Low-Speed Serial Links,* RFC 2507, *IP Header Compression* et RFC 2508, *Compressing IP/UDP/RTP Headers for Low-Speed Serial Links*) ;

   – la suppression de l'écho est importante en VoIP à cause des délais importants de transmission.

Les domaines d'application de la Voix sur IP concernent :

- le réseau local d'établissement (LAN) : il s'agit dans ce cas de remplacer purement et simplement le PBX par un PBX LAN fondé sur IP. Aux téléphones traditionnels se substituent les téléphones IP qui se raccordent en Ethernet sur le système de câblage de l'entreprise. La fonction de PBX fait place au couple gateway/gatekeeper sur lequel nous reviendrons à la section suivante ;
- le trunking sur des longues distances : il s'agit comme dans le cas du Frame Relay de compresser la voix pour la transporter sur des longues distances ;
- intégration d'applications : il s'agit d'un déploiement partiel de Voix sur IP autour d'un système spécifique pour mettre en œuvre des applications CTI (Couplage téléphonie informatique).

Résumé des techniques actuelles

1. Des techniques différentes :
   - les techniques de mise en priorité, les protocoles de signalisation et les algorithmes de compression sont incompatibles ;
   - les solutions d'interopérabilité entre technologies sont propriétaires.
2. La situation du Frame Relay :
   - le Frame Relay Forum a défini le standard FRF.11 ;
   - c'est une définition de base et beaucoup d'options diffèrent entre les équipements VFRAD (négociation, mode de commutation, etc.) ;
   - la phase 2 du FRF.11 qui adresse ces problèmes est peu mise en œuvre.
3. La situation d'ATM :
   - le service CES est une solution stable mais peu efficace, car elle utilise beaucoup de bande passante ;
   - la solution AAL2 Trunking est beaucoup plus performante, mais elle est récente.
4. La situation de H323 (souvent associé à IP, même si H323 peut fonctionner sur d'autres protocoles) :
   - définit le comportement des nœuds terminaux, mais pas l'adressage, la mise en priorité et la sécurité ;
   - entraîne beaucoup d'interprétations possibles et donc de nombreux problèmes d'interopérabilité.

En résumé, les solutions d'intégration de la Voix sont exploitées sur des niches de marché. En effet, la motivation économique du départ a rapidement été dépassée par la concurrence féroce entre opérateurs téléphoniques. Les entreprises préfèrent donc aujourd'hui faire jouer la concurrence entre opérateurs au lieu de mettre en place des solutions techniques alternatives dont le seuil de rentabilité est difficile à évaluer d'emblée, d'autant qu'il est nécessaire de prévoir la formation du personnel d'exploitation aux nouvelles techniques.

Pratiquement, les solutions techniques de Voix sur IP qui devraient, à terme, s'imposer, souffrent encore de deux principales limites :

- une fiabilité qui n'est pas toujours au rendez-vous. Cette faiblesse sera d'ailleurs davantage liée à la plate-forme système, utilisée pour les fonctions de gestion (gatekeeper et gateway) ;
- un manque d'interopérabilité entre constructeurs et de logiciels d'administration. Fort curieusement, les systèmes de Voix sur IP sont censés être plus ouverts aux développe-

ments logiciels que les PBX qui sont des systèmes fermés et propriétaires. Pourtant, des fonctions de base comme la taxation sont souvent absentes des solutions proposées.

En dépit de ces faiblesses, les solutions de Voix sur IP vont permettre, dans le futur, d'associer plus intimement la voix aux applications informatiques. Les solutions qui s'imposeront devront étroitement conjuguer la téléphonie classique et la téléphonie sur IP, au travers de passerelles adéquates. De toute évidence, la Voix sur IP ne doit pas réinventer la téléphonie, mais intégrer l'existant et le compléter. À ce jour, les principaux constructeurs ont d'ailleurs intégré la signalisation téléphonique SS7 (signalisation utilisée sur les réseaux publics) sur leurs systèmes, pour permettre le développement d'applications qui puissent s'adresser non seulement aux terminaux de VoIP, mais aussi et surtout aux centaines de millions de téléphones existants.

VoIP en détail

En raison des motivations expliquées ci-dessus, nous détaillons les solutions de Voix sur IP. Nous distinguons les domaines d'utilisation et les technologies associées. Il ne s'agit pas ici d'une étude approfondie des technologies, car ce n'est pas le but de cet ouvrage et le temps n'y suffirait pas. En revanche, VoIP est un bon exemple d'illustration des différentes technologies de multimédia sur IP, présentées au chapitre 9 :

- l'utilisation de la signalisation RSVP pour la réservation de ressources dans le réseau,
- l'utilisation des mécanismes de multicast pour les conférences audio et vidéo,
- l'utilisation du service RTP/RTCP, pour le transport effectif de la voix (vidéo).

Protocoles et normes de VoIP

Les suites de protocoles et normes faisant appel à IP sont nombreuses et non compatibles. Les solutions proposées se fondent toutes sur les éléments de base suivants :

- le protocole IP,
- les protocoles de transport associés (TCP ou UDP),
- le protocole de transport temps réel RTP/RTCP des données voix,
- un certain nombre de codecs (CODeurs/DECodeurs) normalisés.

Elles divergent ensuite principalement sur les mécanismes de signalisation utilisés, les rendant provisoirement incompatibles. Dans la pratique, les organismes de normalisation œuvrent à la définition de mécanismes de conversion de ces signalisations. On distingue les familles suivantes :

1. ITU-T, recommandations H323 : il s'agit de la suite de protocoles la plus ancienne et la plus déployée à ce jour. Elle a été conçue à l'origine pour le support de la vidéo sur des réseaux à bande passante non garantie. Elle souffre de lourdeurs héritées de ses origines, mais reste malgré tout l'architecture logicielle la plus utilisée.

2. IETF : l'IETF a récemment développé le protocole SIP - RFC 2543, qui est un protocole de signalisation beaucoup plus léger que celui intégré à H.323 et qui est spécifiquement adapté à IP. Il a été conçu dans la logique de HTTP et il s'appuie sur des extensions de DNS pour la résolution du n° Tél./ Nom.

3. MGCP-Megaco (Multimedia Gateway Control Protocol), qui est le RFC 2705 développé par l'IETF comme protocole très léger conçu pour le raccordement résidentiel et SOHO (Small Office Home Office). On part ici de l'idée que les terminaux utilisateur peuvent être des téléphones IP très simples, branchés sur des modems câble, et que l'intelligence doit donc être située chez l'opérateur. Il n'est pas nécessaire de convertir un PC en téléphone ! Cette norme vise donc le marché grand public de la téléphonie sur IP, à des coûts très bas.

Pas moins de 4 groupes de travail se chargent de la Voix sur IP au sein de l'IETF :

- IP Telephony (IPTEL),
- PSTN and Internet Internetworking (PINT),
- Media Gateway Control (MEGACO),
- Media Gateway Control Protocol (MGCP).

Les tendances actuelles de l'adaptation du multimédia sur IP sont représentées au sein de consortiums qui tentent d'influencer le marché en faveur de l'adoption de suites de protocoles. On peut citer les organismes suivants :

- IMTC (International Multimedia Teleconferencing Consortium) : *www.imtc.org*,
- Internet Telephony Consortium : *itel.mit.edu*,
- Von coalition : *www.von.org*,
- TIPIA (TIPHON IP Telephony Implementation Association) : *www.tipia.org*,
- Typhon (Telecommunications & Internet Protocol Harmonization Over Networks) : *www.etsi.org/tiphon/Tiphon.htm*.

Architecture H323

La figure 11-13 schématise l'architecture VoIP fondée sur H 323.

Figure 11-13

Architecture VoIP

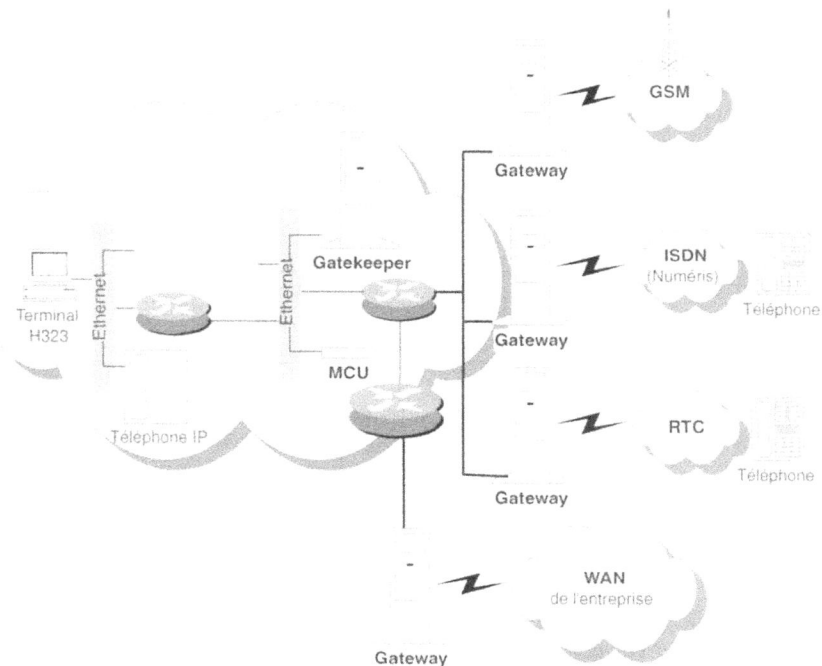

Les 4 composants de cette architecture sont les suivants :

- le terminal utilisateur : il s'agit soit des PC multimédias, équipés d'un microphone et de haut-parleur (le casque est recommandé !) avec les couches logicielles adéquates, soit directement des téléphones IP, dotés d'une interface Ethernet pour se connecter au LAN de l'établissement ;

- les gateways (passerelles) : elles permettent le dialogue avec les systèmes traditionnels de téléphonie et incluent donc des codecs voix et une conversion entre la signalisation du réseau public et celle du réseau VoIP ;

- le gatekeeper : il agit comme point central de contrôle des appels. Il réalise deux fonctions essentielles : la traduction d'adresses IP en adresses téléphoniques et la gestion de la bande passante (gère le nombre de communications possibles en fonction des réseaux sur lesquels il fonctionne et de la limite d'utilisation fixée par l'administrateur). Il peut s'occuper en outre du routage des appels afin d'effectuer un contrôle sur ces derniers ; ;

- le Multipoint Control Unit (MCU) : cette unité permet de réaliser les conférences audio et/ ou vidéo.

Ces composants peuvent être soit des éléments matériels, soit des éléments logiciels PC. Généralement, les gateways appartiennent à la première catégorie, tandis que les gatekeepers sont des fonctions logicielles mises en œuvre sur une plate-forme système NT ou Unix.

H323 en détail

Rôle	Normes	Description
Terminal, contrôle et administration	H.225.0	Signalisation d'appel, paquetisation des signaux, enregistrement, admission et état (RAS) au garde barrière
	H.245	Contrôle (négociation et établissement de sessions)
	RTP	Real-time Transport Protocol Protocole de transport pour les applications temps réels
	RTCP	Real-time Transport Control Protocol
	RSVP	Ressource reSerVation Protocol
Données	T.120	Contrôle des données et des conférences
Applications audio/video	G.7XX	Codecs audio (G711 et G722, G723, G728, G729)
	H.26X	Codecs video (ex H.261, H.263)
Services supp.	H.450	Définit les services téléphoniques (transfert d'appel, renvoi, attente ...)
Sécurité	H.235	Procédures de sécurité dans l'environnement H323

Nous détaillons maintenant la suite de protocoles connue sous le nom de standard H 323. Ce protocole se caractérise par les éléments suivants :

- une famille de standards et de protocoles pour la voix et la vidéo issue de l'ITU (International Telecommunications Union) ;

- il est inspiré de la famille H.32x qui permet le support de visioconférence sur un large éventail de réseaux, les plus connus étant la norme H.320 de visioconférence sur RNIS (Numéris) et la norme H 324 de visioconférence sur RTC (analogique) ;
- plusieurs versions depuis 1996 (V3 actuellement) ;
- H 323 permet de s'adapter à des réseaux dont la latence est variable et, partant, de s'accommoder de n'importe quel réseau, même s'il est préférable de disposer de réseaux mettant en œuvre la QoS ;
- un adressage souple (n° Tél., @IP, URL, @électronique, etc.) ;
- H 323 utilise des codecs standard ;
- le support du multipoint : H323 supporte le transport multicast pour les conférences multipoints ;
- la compatibilité entre réseaux : grâce aux fonctions passerelles, les terminaux H323 peuvent interopérer avec des téléphones ou des systèmes de visioconférence sur RNIS (Numéris).

Le terminal H323

Il répond aux caractéristiques suivantes :

- c'est un nœud terminal sur un LAN (Exemple : PC avec Microsoft NetMeeting, ou un téléphone Ethernet ou IP) ;
- il supporte des communications à deux sens avec d'autres terminaux H323 ;
- la prise en charge de la vidéo (codec) et des données (T120) est facultative ;
- tous les terminaux doivent comporter un codec audio ;
- le support du protocole H.245, qui intervient dans la négociation de l'utilisation du canal et les capacités mutuelles entre deux entités H 323 ;
- l'utilisation de H225 (sous-ensemble de Q.931), qui est le protocole de signalisation utilisé pour l'établissement des appels ;
- la fonction RAS (Registration, Admission, Status) destinée à la communication avec le gatekeeper ;
- le support de RTP/RTCP pour le séquencement des paquets audio/vidéo.

Les composants optionnels sont donc :

- les codecs vidéo,
- le protocole T.120 pour la conférence données (permettant le support du tableau blanc, le partage d'applications, etc.),
- les capacités de multipoint (MCU).

Ces éléments figurent à la figure 11-14.

La passerelle H323

- Elle sert d'interface entre le réseau H.323 et d'autres types de terminaux localisés sur les réseaux commutés (SCN, Switched Circuit Network). (Notamment avec les téléphones classiques).
- Elle assure donc la conversion des formats et la conversion de la signalisation H323 en signalisation RTC (Q 931).

Figure 11-14

Terminal H.323

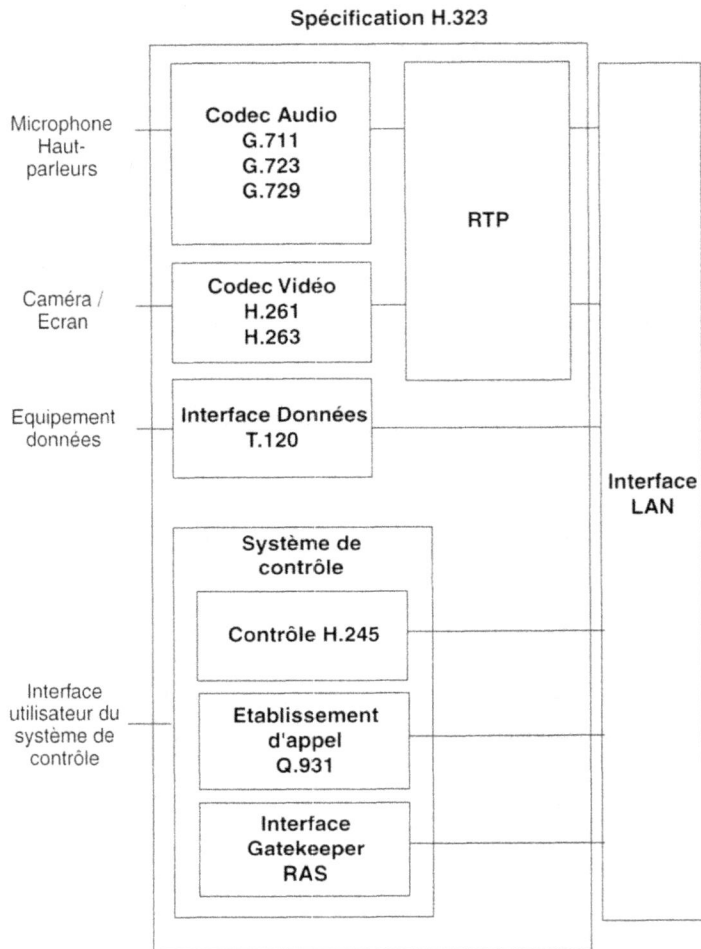

Spécification H.323

Microphone Haut-parleurs

Codec Audio
G.711
G.723
G.729

RTP

Caméra / Ecran

Codec Vidéo
H.261
H.263

Equipement données

Interface Données
T.120

Interface LAN

Interface utilisateur du système de contrôle

Système de contrôle

Contrôle H.245

Etablissement d'appel
Q.931

Interface Gatekeeper
RAS

- Elle assure la compression/décompression de la voix.
- Il existe un large éventail de gateways en fonction du type de conversion réalisé et du nombre de voies supportées.

Ces fonctions sont représentées à la figure 11-15.

Si des connexions à d'autres réseaux ne sont pas nécessaires, la mise en œuvre d'une passerelle n'est pas obligatoire, dans la mesure où des terminaux H.323 peuvent directement dialoguer entre eux. Les terminaux communiquent avec la passerelle en utilisant le protocole H.245 de négociation de capacité et la signalisation H 225 (Q.931). Avec les transcodeurs associés, la gateway peut supporter le dialogue vers des terminaux de type H.310, H.321, H.323 et V.70.

Figure 11-15

Gateway H.323

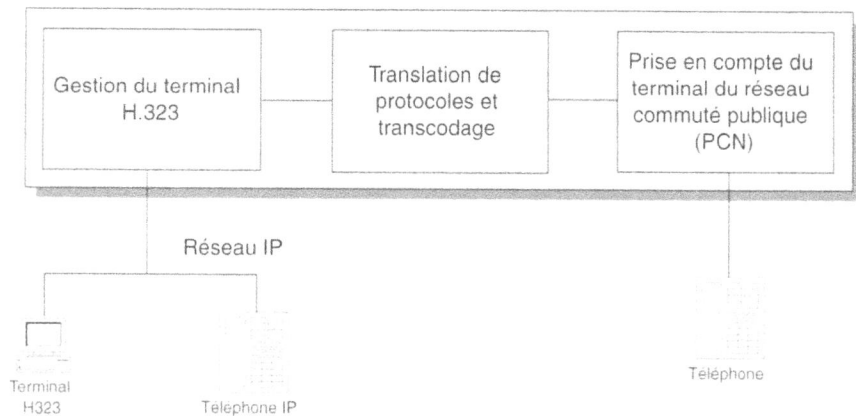

Le gatekeeper (garde-barrière) H323

C'est le composant le plus important d'un réseau H.323. Il agit comme un composant central pour tous les appels, à l'intérieur de la zone (voir définition ci-dessous) qu'il contrôle.

> Une zone est un ensemble de terminaux, passerelles et MCU (contrôleurs multipoints) géré par un seul garde-barrière (gatekeeper).

Le gatekeeper (garde-barrière) agit comme un commutateur virtuel. Toutefois, son utilisation n'est pas obligatoire sur un réseau H.323. Il possède les caractéristiques suivantes :

- il gère une zone H.323 qui correspond à une collection logique de périphériques ;

- ses fonctions obligatoires sont : le contrôle des appels et de la bande passante, la conversion d'adresses et la gestion de la zone (fourniture des services ci-dessus pour les terminaux, gateways et MCU qui sont enregistrés dans sa zone) ;

- ses fonctions optionnelles sont : le contrôle de la signalisation, l'autorisation des appels, la gestion de la bande passante et des appels ;

- plusieurs gatekeepers peuvent coexister à des fins d'équilibrage de charge ou de backup ;

- un gatekeeper est généralement mis en œuvre sur une plate-forme système PC, par opposition à une gateway qui est une plate-forme matérielle propriétaire.

La gestion de la signalisation par le gatekeeper est donc optionnelle. Les deux options sont illustrées dans les figures 11-16 et 11-17.

La richesse fonctionnelle des gatekeepers est donc variable, suivant les produits proposés. Elle constitue souvent le facteur différenciateur, dans la mesure où la richesse fonctionnelle des applications proposées et la stabilité de la plate-forme devront au minimum être équivalentes aux fonctions disponibles sur un PBX traditionnel.

Figure 11-16

Gatekeeper non impliqué dans la signalisation

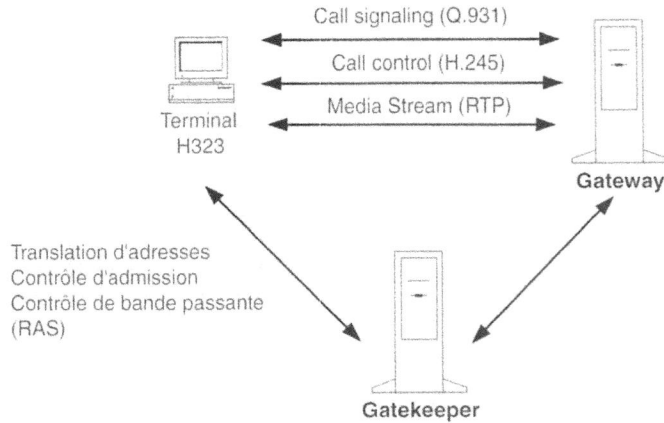

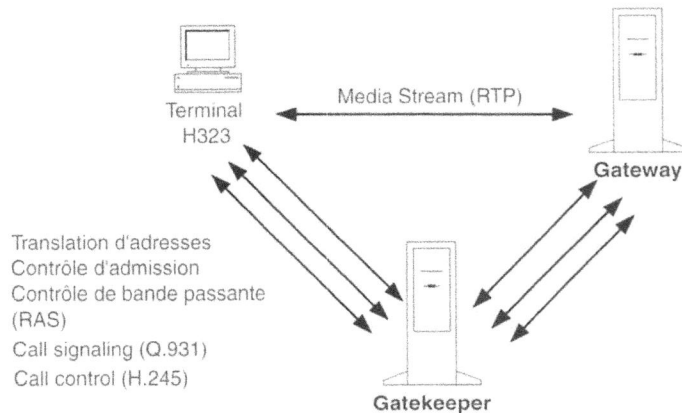

Call signaling (Q.931)

Call control (H.245)

Media Stream (RTP)

Terminal H323

Gateway

Translation d'adresses
Contrôle d'admission
Contrôle de bande passante
(RAS)

Gatekeeper

Figure 11-17

Gatekeeper impliqué dans la signalisation

Terminal H323

Media Stream (RTP)

Gateway

Translation d'adresses
Contrôle d'admission
Contrôle de bande passante
(RAS)
Call signaling (Q.931)
Call control (H.245)

Gatekeeper

MCU – H323

La MCU (Multipoint Control Unit) est utilisée pour des fonctions de conférence entre au moins trois terminaux. Elle est constituée logiquement de deux parties :

- le MC (Multipoint Controller) : il prend en charge la signalisation et le contrôle des messages pour initier et gérer la conférence ;

- le MP (Multipoint Processor) : il accepte les streams des différents points, les réplique et les transmet aux participants.

H323 – Fonctionnement des protocoles

La figure 11-18 représente la pile de protocoles du standard H323.

On peut remarquer que les messages de contrôle (signalisation H.225-Q.931, échanges de capacités mutuelles H.245) sont transportés sur la couche fiabilisée TCP. Il en va de même des applications de conférence données, fondées sur T.120.

Figure 11-18

Pile de protocoles
H.323–Version 2

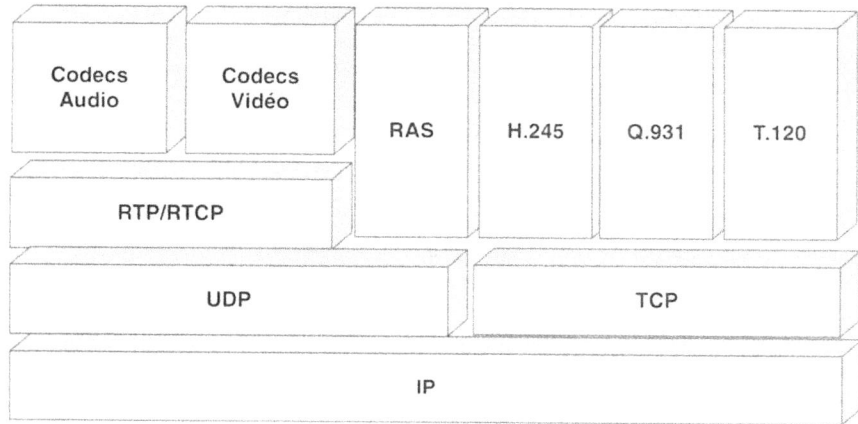

En revanche, le trafic utile est transporté sur le protocole non fiabilisé UDP, car une retransmission en cas d'erreur n'est pas envisageable. Le protocole RTP/RTCP sert aux échanges effectifs et RTCP aux échanges périodiques des statuts et des contrôles.

H323 en action

Nous allons représenter un dialogue de base H323, entre deux terminaux H.323.

Figure 11-19

Dialogue H.323

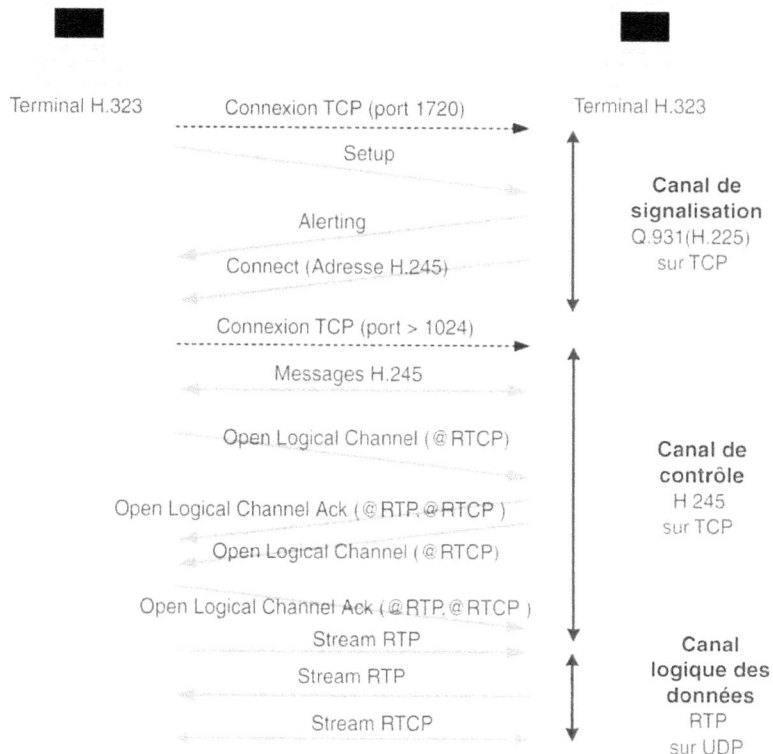

Le dialogue commence par l'ouverture d'une session TCP sur le port 1720 pour l'échange des données de signalisation. Durant cet échange, les terminaux conviennent d'un numéro de port TCP supérieur à 1 024 qui sera utilisé pour les échanges de contrôle (H 245). Les messages H.245 échangés correspondent à la négociation des paramètres (type de codec voix et, le cas échéant, type de codec vidéo, etc.). Puis, une séquence d'initialisation des canaux logiques H.323 est échangée.

> **REMARQUE** Dans H.323, un canal logique correspond à une voie de dialogue. Ainsi, pour établir une communication, il est nécessaire d'établir deux voies logiques H.323. Chaque voie logique fondée sur RTP requiert deux connexions UDP : l'une pour RTP, qui véhicule les flux de données utiles, l'autre pour RTCP qui sert au contrôle de ces données et qui est bidirectionnelle. Il faut donc en tout 4 ports UDP (voir chapitre 9).

Pour simplifier la description, nous n'avons pas fait figurer le gatekeeper. Sa mise en œuvre impliquant l'adjonction du canal RAS aux trois canaux décrits ci-dessus, on obtient finalement les 4 canaux suivants :

1. Le canal RAS (Registration, Admission, Status) : c'est un canal entre le terminal et le gatekeeper.
2. Le canal de signalisation : il transporte les informations de contrôle.
3. Le canal de contrôle H245 : il permet la négociation des capacités d'échanges des terminaux.
4. Le canal logique des données : il permet le transport effectif de la voix ou de la vidéo.

En H.323 version 2, le canal de contrôle (H.245) et le canal de signalisation (Q.931) sont transportés sur un service de transport fiable comme TCP. En H.323 version 3, le canal de signalisation peut être véhiculé de façon optionnelle sur UDP.

La version 3 de H323 apporte par ailleurs des définitions de service complémentaires. Elle permet en outre de signaler ses besoins de QoS.

SIP

SIP (Session Invitation Protocol) est un protocole récent, imaginé par l'IETF pour prendre en compte la signalisation Voix sur IP. Bien que peu utilisé à ce jour, il emporte l'adhésion de nombreux constructeurs et éditeurs de logiciels (Microsoft continue à soutenir H323).

Les flux de données sont acheminés de la même façon que pour H323, sur RTP.

Les principales différences entre H.323 et SIP concernent la signalisation et le contrôle.

Avantages de SIP :

- protocole de signalisation plus rapide que H323,
- adressage : *sip://user@domaine*, conforme à la logique Internet,
- tire parti du DNS déployé,
- plus léger à mettre en œuvre que H323 V2.

Inconvénients :

- protocole récent,
- pas supporté par Microsoft !

SIP est décrit dans la RFC 2543 de l'IETF. C'est un protocole de contrôle du niveau application, qui permet d'établir, de modifier et de terminer des sessions ou des communications multimédias.

Les éléments définis dans la norme sont de deux types :

- UA : (User Agent) il réside dans les terminaux SIP et contient deux composants :
    - UAC (User Agent Client) : il est chargé d'émettre les requêtes SIP,
    - UAS (User Agent Server) : il lui incombe de répondre aux requêtes SIP ;
- serveur Réseau. Il en existe trois :
    - proxy server,
    - redirect server,
    - location (registrar) server.

Un appel de base SIP ne requiert pas la présence de serveurs, mais la plupart des fonctionnalités avancées se fondent sur leurs mises en œuvre. Ainsi, on peut assimiler le composant SIP User Agent à un terminal H.323 et les serveurs SIP à un gatekeeper H.323.

On recourt au protocole SIP pour établir, maintenir et clore une session multimédia. Il se fonde sur l'utilisation d'adresse de type SIP-URL, se présentant comme suit : *sip:user@host .domain*. Le format des messages SIP se réfère au format HTTP, qui utilise un encodage texte directement interprétable.

Le protocole SDP (Session Description Protocol) est utilisé conjointement avec SIP, pour mettre en œuvre toutes les fonctions de signalisation liées à la téléphonie IP. De façon simplifiée, on peut donc dire que SIP est l'équivalent de RAS et de Q.931 dans H323, tandis que SDP est l'équivalent de H.245.

Une comparaison avec H323 permet de mieux comprendre les fonctions de signalisation et de contrôle de SIP.

Présentés au départ comme deux visions très différentes, les principes de fonctionnement de ces deux modèles tendent à se rejoindre. Certains constructeurs proposent des passerelles entre les deux architectures.

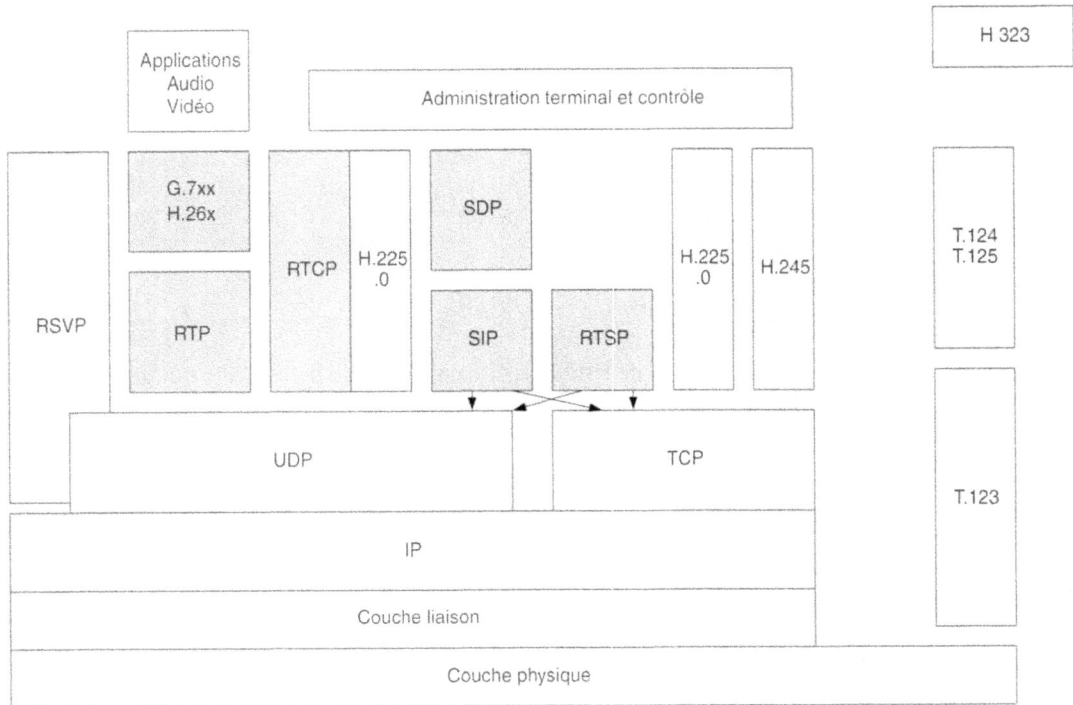

Figure 11-20

Comparaison SIP/H.323

Offres d'opérateur et conclusion

Offres des opérateurs

Nous limiterons le propos à la voix, la mise en œuvre de liaisons vidéo étant encore très limitée (hormis en ATM). Nous évoquons ci-dessous les offres des opérateurs disponibles pour les entreprises. Par ailleurs, il est utile de préciser que les opérateurs alternatifs longue distance (disposant d'un préfixe ou non) utilisent tous des techniques de compression de la voix, la plupart du temps sur une infrastructure IP.

VoFR

De nombreux opérateurs (Equant, Global One, etc.) proposent cette solution (faisant appel à des VFRAD). Il est théoriquement possible de mettre en œuvre ses propres équipements (plates-formes multiservices), si le réseau Frame Relay de l'opérateur est performant (faible latence et gigue relativement constante, sans passer par l'offre VoFR de l'opérateur).

Le recours au service VoFR d'un opérateur impose la mise en œuvre de VFRAD homologués par ce dernier.

VoATM

Il n'est pas utile de recourir à une offre spécifique d'opérateur pour mettre en œuvre ce type de solution, car la technologie ATM est de fait multiservice. La garantie de fonctionnement est assurée nativement par la technologie ATM. Toutefois, le coût des interfaces et la nécessité de hauts débits pour justifier le recours à un réseau ATM limitent ce type de solutions.

La vidéo sur ATM connaît un bon développement dans le domaine de la médecine (téléchirurgie), la télésurveillance, etc.

VoIP

Très peu d'opérateurs disposent d'une offre internationale (Equant sur 50 pays et Infonet sur 30 pays). Cependant, presque la totalité des opérateurs se préparent activement à cette évolution.

Conclusion

On peut résumer la situation par les éléments suivants :

• l'intérêt de l'intégration multimédia est évident pour le futur ;

• la situation actuelle n'est pas encore suffisamment stable :

  – en termes de normalisation, l'évolution continue,

  – du point de vue de l'offre des opérateurs ;

• la mise en œuvre de solutions multimédias (voix ou vidéo) nécessite une équipe technique importante et compétente.

Concernant plus particulièrement la voix, la baisse constante et rapide des tarifs des opérateurs, les changements technologiques à venir et les investissements matériels et humains à consentir invitent à une grande prudence sur la mise en œuvre de ces solutions dans un seul but économique. En effet, elles ne se justifient souvent que si la voix est associée à des applications informatiques. Néanmoins, sur des liaisons identifiées, les solutions voix sur paquets peuvent présenter un intérêt économique (trunking de PABX sur des liens internationaux, par exemple). Il faut alors s'assurer d'un rapide retour sur investissement de la solution.

QoS sur les réseaux privés virtuels (VPN)

Objectifs d'un RPV (VPN)

La notion de réseau privé virtuel (RPV) (ou VPN, Virtual Private Network) est assez floue et souvent utilisée abusivement à des fins marketing, par les opérateurs de télécommunications.

Nous retiendrons ici une définition pratique, fondée sur l'observation de caractéristiques communes à l'ensemble des offres de RPV. Sur cette base, on retiendra qu'un RPV vise les objectifs suivants :

• un réseau permettant de véhiculer de façon transparente et sécurisée des flux de l'entreprise : c'est l'aspect privé de la dénomination. Cela implique tout ou partie des caractéristiques suivantes :

  – le support multiprotocole (même si IP est le protocole de convergence de la plupart des entreprises) ;

   – le respect du plan d'adressage privé des entreprises. Dans le cas du protocole IP, le plan d'adressage des entreprises est souvent établi à partir des adresses recommandées dans la RFC 1918. Concrètement, la plupart du temps, le plan d'adressage d'un réseau d'entreprise se fonde sur le réseau 10.x.x.x. Il faut donc pouvoir relier les sites d'entreprises différentes qui ont fréquemment adopté cet adressage ;

   – des techniques de sécurisation des flux transportés ;

   – et qui disposent d'une administration et de statistiques d'utilisation propre à ce réseau ;

• l'utilisation du réseau public d'un opérateur, c'est-à-dire une infrastructure partagée : c'est l'aspect virtuel de la dénomination. Selon les technologies d'opérateurs utilisés, on précisera alors le niveau de virtualité. La technologie Frame Relay permet de constituer des RPV de niveau 2 (par analogie au niveau de la couche ISO). La technologie MPLS permet, quant à elle, de constituer des RPV de niveau 3 (couche réseau IP).

Caractéristiques

Des objectifs cités précédemment, on en déduit les composantes fondamentales d'une solution RPV :

1. Un mécanisme de tunnel pour les trafics de l'entreprise afin qu'elle puisse circuler sans contrainte de protocole ou d'adresse sur le réseau de l'opérateur.

2. Des mécanismes de sécurité permettant de protéger le contenu des informations transportées.

3. Des mécanismes de QoS permettant d'offrir à l'entreprise plusieurs niveaux de service adaptés à ses différents flux.

4. Des outils de gestion permettant d'offrir la même administration que s'il s'agissait d'un réseau indépendant.

5. Des outils de planification pour anticiper les besoins d'évolution en débit si nécessaire.

On constatera bien sûr que peu de RPV mis en place à ce jour possèdent l'ensemble de ces critères. Nous n'allons toutefois pas développer ces caractéristiques, car cela nécessiterait beaucoup trop de temps et sortirait de surcroît du cadre de cet ouvrage. Nous allons plutôt nous concentrer sur le support de la QoS relativement aux différentes technologies de RPV utilisées à ce jour.

Scénarios de mise en œuvre

Souvent, la motivation principale liée à la mise en œuvre d'un RPV est économique et stratégique. En effet, de nombreuses entreprises souhaitent externaliser la gestion de leurs réseaux, autrefois composés majoritairement de lignes spécialisées. Elles souhaitent dans le même temps rendre cette externalisation la plus compétitive possible. Il s'agit d'un réel enjeu pour la QoS, comme nous allons le préciser à la section suivante.

Prenons l'exemple d'une société internationale et observons les étapes d'externalisation. Elles seront généralement les suivantes :

• étape 0 : l'entreprise possède ses propres équipements d'interconnexion (ses routeurs) et dispose de lignes spécialisées pour interconnecter ses sites ;

- étape 1 : la première étape a été (et est souvent encore) de remplacer les lignes spécialisées par des liaisons mutualisées, de type circuit virtuel Frame Relay ou ATM. L'avantage est de disposer d'une tarification plus attrayante, spécifiquement pour les longues distances, et d'une souplesse de raccordement dans les configurations point à multipoint. Le raccordement du siège de l'entreprise au réseau Frame Relay se fera à l'aide d'une ligne unique, sur laquelle seront créés plusieurs circuits virtuels, un par site distant ;

- étape 2 : elle consiste à confier la gestion de l'ensemble de ses équipements et de ses liens à un seul opérateur. Généralement, l'architecture sera constituée d'une infrastructure fondée sur des circuits virtuels permanents (CVP) Frame Relay ou ATM, si les débits le justifient. Sur cette infrastructure de niveau 2, l'opérateur proposera généralement à son client de définir des routeurs de concentration par plaque géographique, pour optimiser les coûts et les trafics (possibilité de communication de type any to any). Dans l'exemple ci-dessous, des routeurs de concentration sont placés en Espagne et en France, et permettent de réduire le nombre de circuits internationaux (CVP) tout en autorisant des communications régionales à moindre coût sur des circuits nationaux. Ces routeurs sont dédiés au client et ils seront généralement localisés chez l'opérateur. Dans le cas d'un site isolé sur une géographie, ce premier est directement raccordé, à l'aide d'un CVP international, à l'un des routeurs du réseau fédérateur. Cette configuration est caractéristique d'un VPN de niveau 2 ;

Figure 11-21
RPV fondé sur un niveau 2 Frame Relay

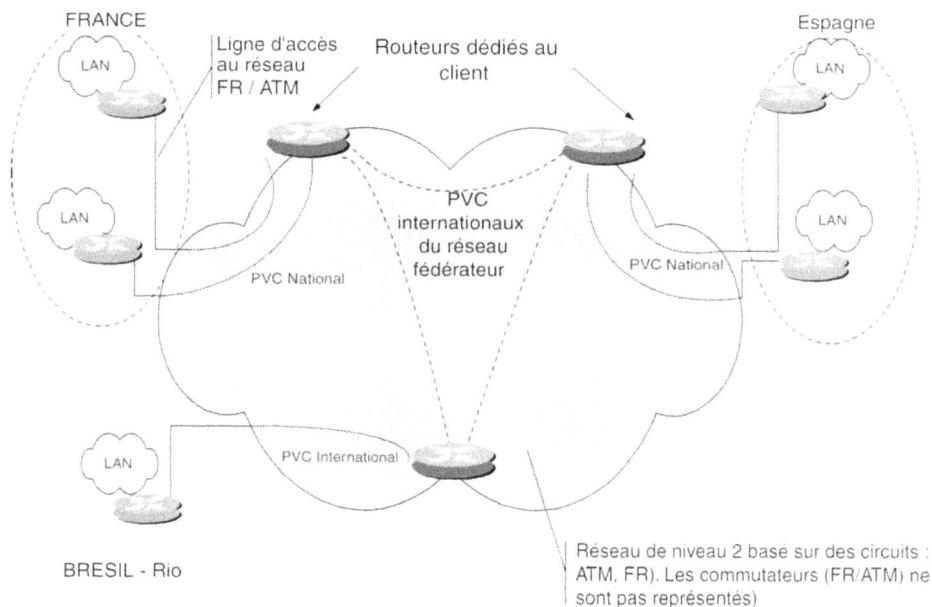

- étape 3 : elle consiste à s'appuyer sur une offre VPN de niveau 3 (en l'occurrence IP). Deux options techniques sont possibles :
  - VPN sur le réseau d'un opérateur : il s'agit dans ce cas du réseau IP d'un opérateur généralement fondé sur la technologie MPLS. Les circuits virtuels du Frame Relay (niveau 2 du modèle ISO) sont remplacés par des chemins virtuels (LSP, Label Switch Path). Toutefois, dans cette configuration, il n'existe plus de routeurs fédérateurs dédiés

au client. Ces derniers sont mutualisés (l'architecture MPLS permet de combiner les techniques de niveau 2 et de niveau 3). L'étanchéité entre réseaux IP est assurée grâce à l'utilisation de LSP (chemins virtuels) propres à chaque client. La QoS sera généralement prise en compte par une classification des paquets et un marquage du champ DSCP en périphérie du réseau (routeurs CE, Customer Edge). Ces routeurs sont fournis et contrôlés par l'opérateur. Les labels seront assignés sur les routeurs d'entrée du réseau de l'opérateur (routeurs PE, Provider Edge). L'assignation de labels pourra s'effectuer en fonction de l'interface de raccordement (permettant de dissocier les clients entre eux), les adresses réseau du champ IP et/ou la valeurs de QoS indiquée dans le champ DSCP. Les routeurs centraux se contentent alors d'acheminer les paquets selon le label présenté à la figure 11-22.

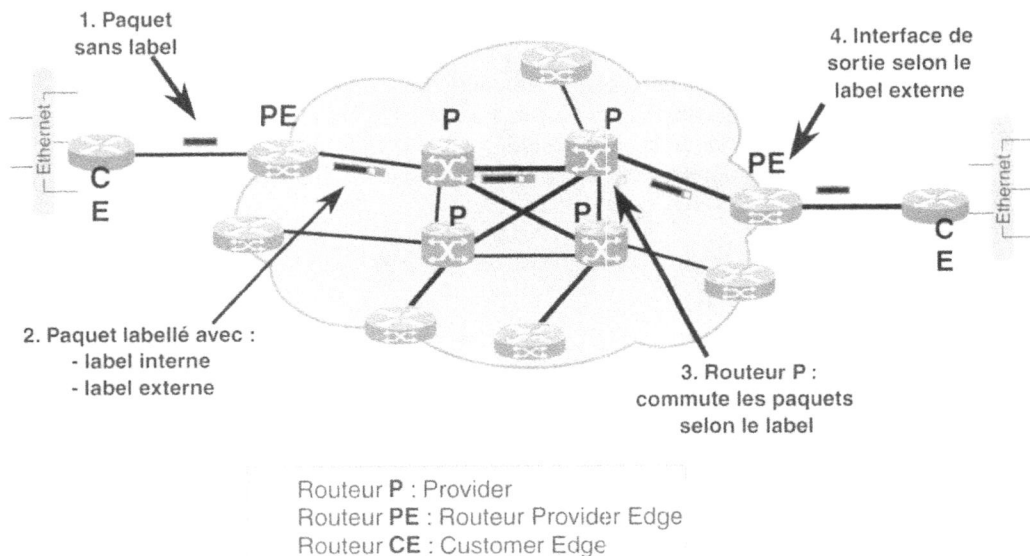

Figure 11-22

VPN fondé sur IP (MPLS-VPN)

– VPN sur Internet : cette solution fait appel à la mise en œuvre de tunnels cryptés sur l'Internet, entre les sites à raccorder. Deux niveaux de mise en œuvre sont possibles : l'infrastructure Internet d'un ISP international ou des connexions Internet issues de plusieurs ISP. Dans un contexte de QoS, seule la première solution est envisageable. En effet, certains ISP n'hésitent pas, sur leurs infrastructures Internet à proposer des SLA avec des engagements sur les délais, à condition bien sûr que les deux extrémités soient reliées sur son infrastructure.

On constate, à partir de ces exemples de mise en œuvre de VPN, offre spécifiquement adressée aux entreprises, que les opérateurs issus de la culture circuit évoluent vers une offre IP et, dans le même temps, que les ISP (Internet Service Provider) issus de la culture best effort de l'Internet convergent vers des solutions techniques et des offres semblables. L'enjeu est d'attirer le public des entreprises, qui est synonyme de marché rentable. Cette convergence n'est pas pour autant achevée à ce jour. Les opérateurs ont encore beaucoup de mal à « monter » dans les couches ISO et donc à comprendre les problématiques des applications IP de leurs clients (sans parler des problèmes d'adressage IP et de nommage DNS). Les ISP, de leur côté, doivent fiabiliser le service Client et la gestion des réseaux, pour prétendre captiver le trafic des entreprises.

Le support de la QoS

La progression des solutions évoquées précédemment n'a que partiellement pris en compte les problématiques liées au support de la QoS. Généralement, les entreprises possèdent trois niveaux d'applications :

- applications standard : messagerie, accès Web, réplications notes, etc.,
- applications critiques : SAP, PeopleSoft, etc.,
- applications temps réel : Voix sur IP, Visioconférence.

Le degré de prise en compte de ces niveaux d'application va dépendre :

- des possibilités intrinsèques de l'architecture VPN à supporter différents niveaux de QoS ;
- des possibilités d'administration de la QoS *via* une politique adaptée à l'entreprise, qui se traduira par un SLA. Les SLA proposés à ce jour sont statiques, c'est-à-dire conçus pour prendre en compte les flux réguliers des entreprises.

L'enjeu de l'administration et de la gestion de la QoS est majeur dans la mesure où le client et l'opérateur vont devoir définir conjointement un contrat de service et des règles qui précisent les traitements à appliquer aux typologies d'application et les performances attendues. Ce travail de définition nécessite de part et d'autre une compréhension mutuelle des mécanismes mis en œuvre :

- l'opérateur devra comprendre et s'adapter rapidement à l'évolution du contexte des applications de son client (modification des règles pour prendre en compte une nouvelle application par exemple) ;
- le client devra comprendre les techniques mises en œuvre par l'opérateur pour savoir dans quelles limites ses applications pourront fonctionner.

À partir de cette compréhension mutuelle, les règles de fonctionnement pourront être établies et mises en œuvre sur les équipements. À ce stade, il paraît intéressant de revenir sur les possibilités futures de définir, en complément du SLA statique (qui régit le comportement des flux réguliers de l'entreprise), un SLA dynamique, permettant de prendre en compte des flux temporaires (à la demande). Ainsi, définir les conditions de mise en œuvre d'un SLA dynamique, permettra de disposer de sessions à la demande, de type : établissement d'une visioconférence entre plusieurs sites, cette demande étant générée automatiquement par le gestionnaire de bande passante du domaine client vers le gestionnaire du domaine de l'opérateur.

En résumé, on ne pourra réellement parler de service de QoS que si les composants de QoS sont effectivement opérants sur le réseau et si les processus d'administration et de gestion de la QoS sont disponibles et ont été correctement définis.

Service QoS = Mécanismes de QoS + Processus de gestion

Gageons que cet ouvrage a modestement contribué à établir les bases de connaissance permettant à l'ensemble des intervenants d'initier correctement le dialogue.

Conclusion

En l'occurrence, la conclusion n'est pas aisée dans la mesure où la QoS est un sujet qui est loin d'être clos. De nombreux travaux de normalisation sont encore en cours. En outre, l'abondance des mécanismes décrits dans cet ouvrage peut laisser perplexe. Certes, l'aspect best effort des technologies IP, et notamment de l'Internet, a montré ses limites face aux nouveaux besoins. Sans vouloir évoquer à tout prix le multimédia, force est de constater que le streaming audio/vidéo prend de plus en plus d'importance sur les réseaux. Or, les préoccupations premières des entreprises concernent aujourd'hui avant tout le fonctionnement des applications critiques de gestion. Quand bien même on se réfère incessamment aux fabuleux outils de communication multimédia qui feront probablement partie de notre quotidien dans le futur, il est surprenant de constater le décalage entre les besoins de QoS annoncés et la réalité.

En effet, les réseaux d'entreprise actuels sont encore relativement simples et leurs trafics majoritairement issus d'applications peu sensibles à la QoS (messagerie, réplication de bases Notes, transfert de fichiers ou accès à des serveurs Web intranet). Les entreprises qui déploient de nouvelles applications de gestion ou d'ERP pour remplacer les anciennes applications sur leur site central mettent d'abord en œuvre des gestionnaires de bande passante externes au réseau. Ces derniers sont simples à implémenter et ils reconnaissent un grand nombre d'applications du marché. Ils disposent généralement d'une interface graphique permettant d'assigner facilement un niveau de priorité aux applications. Ils sont efficaces dans des topologies réseau en étoile, qui concentrent les sites distants autour du siège de l'entreprise contenant les systèmes serveur centraux de l'entreprise. Ces solutions ont été évoquées au chapitre 3.

Cependant, face à la généralisation de ce type d'applications et à l'évolution des réseaux vers des topologies maillées (partiellement ou totalement), les entreprises sont actuellement à la recherche d'opérateurs [1] proposant une offre d'interconnexion comportant au minimum trois

---

1. La notion d'opérateur concerne aussi bien un opérateur externe à une entreprise qu'une entreprise opérant elle-même son réseau. Dans ce cas, les services réseaux de l'entreprise seront considérés comme un opérateur interne.

niveaux de services : un service best effort pour les applications non sensibles, un service interactif pour les applications critiques de l'entreprise et un service temps réel pour les applications de voix ou vidéo sur IP. Il est important de rappeler qu'à ce jour, la plupart des applications ne savent pas signaler dynamiquement leurs besoins en QoS pour recevoir le niveau de service adapté. Ce sont donc les équipements (routeurs) d'entrée du réseau de l'opérateur qui devront établir la correspondance entre les applications du client et le niveau de service à appliquer. Il est donc nécessaire que le client et l'opérateur se mettent d'accord sur des règles d'affectation des niveaux de service à chaque application. Cette allocation statique de niveaux de service suppose que l'opérateur soit suffisamment réactif lors de la mise en place d'une nouvelle application, ce qui n'est pas si évident, dans la mesure où les opérateurs sont depuis toujours habitués à prendre en compte et à facturer des services qui évoluent peu. Les lecteurs qui ont fréquemment requis de l'opérateur des modifications des caractéristiques de raccordement (modification du CIR d'un circuit virtuel Frame Relay, par exemple) pourront à n'en pas douter confirmer ces propos !

Il est donc nécessaire que les opérateurs disposent d'outils de gestion de la QoS conformes à ceux exposés au chapitre 8 de cet ouvrage, pour être réactifs aux évolutions des demandes de leurs clients. Dans un contexte de QoS, où **le réseau devient une ressource critique de l'entreprise**, il est également indispensable que celle-ci connaisse exactement l'évolution de ses réseaux et du service rendu par l'opérateur. La définition d'un SLA adapté aux besoins de l'entreprise représente un préalable indispensable. La négociation d'un tel contrat nécessite une bonne compréhension des mécanismes de QoS. Espérons que cet ouvrage y aura modestement contribué. Le suivi de l'opérateur et des trafics s'impose en toute état de cause pour maîtriser et optimiser l'existant, et surtout pour planifier les évolutions. Comme toute ressource stratégique, l'exploitation d'un réseau avec QoS peut être confiée à un prestataire externe, à condition d'exercer un droit de regard permanent. En outre, les évolutions doivent être maîtrisées par l'entreprise. Il est en outre intéressant de remarquer que la QoS sur les réseaux est devenue un enjeu stratégique pour les entreprises, au même titre que la sécurité. Ces deux disciplines se fondent d'ailleurs sur une parfaite maîtrise des flux de communication qui alimentent le système d'informations de l'entreprise.

Évolution de la QoS

Il est évident que les technologies de QoS se développeront encore plus rapidement sur les réseaux, s'il existe davantage d'applications pour en tirer parti. De même, de nouvelles applications ne seront développées qu'à condition que les mécanismes de QoS soient disponibles.

À ce jeu de « la poule et de l'œuf », les opérateurs et les constructeurs d'équipements ont initialement répondu par le développement d'une technologie réseau spécifiquement conçue pour le support natif de la QoS et l'intégration de tous les besoins. La technologie ATM est donc née dans ce contexte. Voilà pour l'aspect positif de l'histoire. Malheureusement, la difficulté d'intégration d'un existant de plus en plus fondé sur IP et l'apparition tardive d'interfaces de développement pour le support de nouvelles applications ont limité le déploiement de cette technologie. À ces deux inconvénients, il convient encore d'ajouter la richesse, mais aussi la complexité, de la signalisation ATM, qui a restreint des déploiements à grande échelle et qui a contribué à augmenter le coût des équipements.

Les technologies de QoS sur IP ont donc été conçues comme des compléments au protocole IP de base. Nous nous retrouvons alors face à un paradoxe : le succès du protocole IP fondé sur sa simplicité a contribué à condamner une technologie comme ATM et le développement de nouveaux usages sur les réseaux IP conduisent à complexifier le fonctionnement de base du protocole IP. Dans ces conditions, la QoS sur IP n'est-elle pas aussi condamnée ? Il semble que les choses progressent vite, à en croire les améliorations pour le support de la QoS dans les systèmes d'exploitation comme Windows ou Linux. La disponibilité d'interfaces de service de QoS sur ces plates-formes, qui bénéficient directement de la signalisation RSVP, semble indiquer que l'évolution est bien engagée. Côté réseau, les organismes de standardisation comme l'IETF ont tiré les leçons d'une signalisation trop complexe, en définissant des modèles de QoS plus simples, et fondés sur une priorité relative des flux. Les mécanismes de signalisation (RSVP) ont été révisés afin de permettre une meilleure intégration au réseau (modèle IntServ sur DiffServ).

Néanmoins, un travail considérable reste à faire. Les solutions de gestion de la QoS exposées au chapitre 8 sont encore, pour la plupart, à l'état de projet de standard (draft) à l'IETF. Le contrôle d'admission, l'allocation dynamique de ressources et la facturation des usagers sont autant de problématiques encore toutes nouvelles. Les modèles de gestion de politiques de la QoS comprennent un grand nombre de règles qui doivent également être validées. De fait, le comportement de la plupart des mécanismes présentés dans cet ouvrage restent encore à apprécier à grande échelle. On pourra mesurer la difficulté en constatant que, sur des offres Frame Relay ou ATM disponibles depuis quelques années, très peu d'opérateurs (un seul à notre connaissance) proposent des circuits virtuels commutés, et que les niveaux de service sur ATM sont proposés en nombre limité. À l'issue du déploiement des technologies de QoS sur IP, les opérateurs seront confrontés à la problématique essentielle : comment facturer des services aussi divers ?

Les plus pessimistes diront que les nouvelles technologies optiques, comme le DWDM ou encore la commutation optique, que nous n'avons pas abordées dans cet ouvrage et qui commencent à être déployées chez les opérateurs, vont rendre caduques les technologies de QoS trop complexes à implémenter. Là encore, il y a un grand décalage entre cette vision et la réalité. Il faudra de nombreuses années avant que des débits conséquents arrivent jusqu'à l'utilisateur. Pendant ce même temps, les besoins en débit auront augmenté de façon considérable et le problème se posera à nouveau.

Enfin, l'histoire des transports (et pas seulement celle des informations) a toujours montré que, malgré l'apparition de nouvelles techniques sans cesse plus rapides, il est toujours nécessaire de disposer d'un système de priorité pour les informations les plus urgentes. En outre, les systèmes qui réussissent sont ceux qui disposent d'un système de gestion performant pour assurer un bon service client.

À méditer !

Bibliographie

G.Armitage, *Quality of Service in IP Networks*, MacMillan Technical Publishing, 2000

P. Ferguson, G.Huston, *Quality of Service : delivering QoS on the Internet and in Corporate Networks*, New York, John Wiley & Sons, 1998

C.Huitema, *Le routage dans l'Internet*, Eyrolles, 1995

J.L Montagnier, *Pratique des réseaux d'entreprise*, Eyrolles, 1996

J.L Mélin, *Pratique des réseaux ATM*, Eyrolles, 1998

Ressources Internet

IETF (Internet Engineering Task Force)

http://www.ietf.org

Et plus particulièrement les groupes de travail suivants :

Operation and Management Area

POLICY (Policy Framework)

http://www.ietf.org/html.charters/policy-charter.html

RAP (Resource Allocation Protocol)

http://www.ietf.org/html.charters/rap-charter.html

Routing Area

MPLS (Multiprotocol Label Switching)

http://www.ietf.org/html.charters/mpls-charter.html

MOSPF (Multicast Extensions to OSPF)

http://www.ietf.org/html.charters/mospf-charter.html

PIM (Protocol Independant Multicast)

http://www.ietf.org/html.charters/pim-charter.html

Transport Area

DIFFSERV (Differentiated Services)

http://www.ietf.org/html.charters/diffserv-charter.html

INTSERV (Integrated Services)

http://www.ietf.org/html.charters/intserv-charter.html

ISSLL (Integrated Services over Specific Link Layers)

http://www.ietf.org/html.charters/issll-charter.html

RSVP (Resource Reservation Protocol)

http://www.ietf.org/html.charters/rsvp-charter.html

QosForum

http://www.qosforum.com

DMTF (Distributed Management Task Force)

http://www.dmtf.org

IMPI (IP Multicast Initiative)

http://www.ipmulticast.com

ITRC (Information Technology Professionnal's Resource Center)

http://www.itprc.com/qos.htm

UREC (Unité Réseaux du CNRS)

http://www.urec.fr

ATM Forum

http://www.atmforum.com

Frame-Relay Forum

http://www.frforum.com

Site de Stardust (modérateur de nombreux forums)

http://www.stardust.com

Glossaire (anglais)

Glossaire du Forum QoS (la taille du fichier PDF téléchargeable est de 131 Ko) :

http://www.qosforum.com/white-papers/qos-glossary-v4.pdf

Index

www.ingramcontent.com/pod-product-compliance
Lightning Source LLC
Chambersburg PA
CBHW080903220326
41598CB00034B/5456